工业和信息化人才培养规划教材　高职高专计算机系列

INDUSTRY AND INFORMATION TECHNOLOGY TRAINING PLANNING MATERIALS

TECHNICAL AND VOCATIONAL EDUCATION

After Effects CS5 实例教程（第2版）

After Effects CS5 Tutorial

郭厚民 王康 ◎ 主编
孟范立 刘希 孙良睿 ◎ 副主编

人民邮电出版社
北京

图书在版编目（C I P）数据

After Effects CS5实例教程 / 郛厚民，王康主编
. -- 2版. -- 北京 ：人民邮电出版社，2012.5（2018.3重印）
工业和信息化人才培养规划教材. 高职高专计算机系
列
ISBN 978-7-115-27663-6

Ⅰ. ①A… Ⅱ. ①郛… ②王… Ⅲ. ①图象处理软件，
After Effects CS5－高等职业教育－教材 Ⅳ.
①TP391.41

中国版本图书馆CIP数据核字(2012)第055926号

内 容 提 要

本书全面系统地介绍了After Effects CS5的基本操作方法和影视后期制作技巧，内容包括After Effects入门知识、图层的应用、制作遮罩动画、应用时间线制作特效、创建文字、应用特效、跟踪与表达式、抠像、添加声音特效、制作三维合成特效及渲染与输出等内容。

本书内容的讲解均以课堂案例为主线，通过对各案例的实际操作，学生可以快速熟悉软件功能和影视后期设计思路。书中的软件功能解析部分使学生能够深入学习软件功能和影视后期制作技巧。课堂练习和课后习题，可以拓展学生的实际应用能力，提高学生使用软件的技巧。

本书适合作为高等职业院校数字媒体艺术专业After Effects课程的教材，也可作为After Effects自学人员的参考用书。

工业和信息化人才培养规划教材——高职高专计算机系列

After Effects CS5 实例教程（第 2 版）

◆ 主　　编　郛厚民　王康
　 副 主 编　孟范立　刘希　孙良睿
　 责任编辑　王威

◆ 人民邮电出版社出版发行　　北京市丰台区成寿寺路 11 号
　 邮编　100164　　电子邮件　315@ptpress.com.cn
　 网址　http://www.ptpress.com.cn
　 固安县铭成印刷有限公司印刷

◆ 开本：787×1092　1/16
　 印张：17.75　　　　　2012 年 5 月第 2 版
　 字数：455 千字　　　　2018 年 3 月河北第 8 次印刷

ISBN 978-7-115-27663-6

定价：39.80 元（附光盘）

读者服务热线：(010)81055256　印装质量热线：(010)81055316
反盗版热线：(010)81055315
广告经营许可证：京东工商广登字 20170147 号

第 2 版前言

After Effects 是由 Adobe 公司开发的影视后期制作软件。它功能强大、易学易用，深受广大影视制作爱好者和影视后期设计师的喜爱，已经成为这一领域最流行的软件之一。目前，我国很多高职院校的数字媒体艺术类专业，都将 After Effects 作为一门重要的专业课程。为了帮助高职院校的教师全面、系统地讲授这门课程，使学生能够熟练地使用 After Effects 来进行影视后期制作，我们几位长期在高职院校从事 After Effects 教学的教师和专业影视制作公司经验丰富的设计师合作，共同编写了本书。

我们对本书的编写体系做了精心的设计，按照“课堂案例－软件功能解析－课堂练习－课后习题”这一思路进行编排，力求通过课堂案例演练，使学生快速熟悉软件功能和影视后期设计思路；通过软件功能解析使学生深入学习软件功能和制作特色；通过课堂练习和课后习题，拓展学生的实际应用能力。在内容编写方面，我们力求细致全面、重点突出；在文字叙述方面，我们注意言简意赅、通俗易懂；在案例选取方面，我们强调案例的针对性和实用性。

本书配套光盘中包含了书中所有案例的素材及效果文件。另外，为方便教师教学，本书配备了详尽的课堂练习和课后习题的操作步骤以及 PPT 课件、教学大纲等丰富的教学资源，任课教师可登录人民邮电出版社教学服务与资源网（www.ptpedu.com.cn）免费下载使用。本书的参考学时为 48 学时，其中实践环节为 18 学时，各章的参考学时可以参见下面的学时分配表。

章　节	课 程 内 容	学 时 分 配	
		讲　授	实　训
第 1 章	After Effects 入门知识	1	
第 2 章	图层的应用	3	2
第 3 章	制作遮罩动画	3	2
第 4 章	应用时间线制作特效	3	2
第 5 章	创建文字	3	2
第 6 章	应用特效	4	2
第 7 章	跟踪与表达式	2	2
第 8 章	抠像	3	2
第 9 章	添加声音特效	3	2
第 10 章	制作三维合成特效	3	2
第 11 章	渲染与输出	2	
	课 时 总 计	30	18

本书由广州科技贸易职业学院的邬厚民和广东轻工职业技术学院的王康任主编，吉林工业职业技术学院的孟范立、湖南艺术职业学院的刘希、广东理工职业学院的孙良睿任副主编。邬厚民编写第 1 章~第 3 章，王康编写第 2 章、第 10 章，孟范立编写了第 7 章、第 9 章，刘希编写了第 5 章、第 6 章及第 11 章，孙良睿编写了第 4 章、第 8 章。

由于时间仓促，水平有限，书中难免存在错误和不妥之处，敬请广大读者批评指正。

编　者

2012 年 3 月

After Effects 教学辅助资源及配套教辅

素材类型	名称或数量	素材类型	名称或数量
教学大纲	1 套	课堂实例	60 个
电子教案	15 单元	课后实例	15 个
PPT 课件	15 个	课后答案	15 个
基础素材	14 单元	附赠效果	20 个
第 2 章 图层的应用	飞舞组合字	第 7 章 跟踪与表达式	放射光芒
	海上热气球		降噪
	运动的线条		汽泡效果
	飞舞的雪花		手绘效果
第 3 章 制作遮罩动画	粒子文字		单色保留
	粒子破碎效果		火烧效果
	调色效果		单点跟踪
	爆炸文字		四点跟踪
第 4 章 应用时间线制作特效	粒子汇集文字		放大镜效果
	可爱的瓢虫		跟踪飞机运动
	粒子海文字		跟踪对象运动
	美味蔬菜	第 8 章 抠像	抠像效果
	水墨过渡效果		复杂抠像
第 5 章 创建文字	打字效果		替换人物背景
	烟飘文字		外挂抠像
	流光文字	第 9 章 添加声音特效	为帆船视频添加背景音乐
	飞舞数字流		为骏马视频添加背景音乐
	运动模糊文字		为动画添加背景音乐
第 6 章 应用特效	精彩闪白		为城市添加声音特效
	水墨画效果	第 10 章 制作三维合成特效	三维空间
	修复逆光照片		星光碎片
	动感模糊文字		光束
	透视光芒		光环

目 录

第1章 After Effects 入门知识

本章对 After Effects CS5 的工作界面、文件的基础知识、文件格式、视频输出和视频参数设置进行了详细讲解。读者通过对本章的学习，可以快速了解并掌握 After Effects 的入门知识，为后面的学习打下坚实的基础。

课堂学习目标

- After Effects 的工作界面
- 软件相关的基础知识
- 文件格式以及视频的输出

1.1 After Effects 的工作界面

After Effects 允许用户定制工作区的布局，用户可以根据工作的需要移动和重新组合工作区中的工具箱和面板，下面将详细介绍常用工作面板。

1.1.1 菜单栏

菜单栏几乎是所有软件都有的重要界面要素之一，它包含了软件全部功能的命令操作。After Effects CS5 提供了 9 项菜单，分别为文件、编辑、图像合成、图层、效果、动画、视图、窗口、帮助，如图 1-1 所示。

图 1-1

1.1.2 项目面板

导入 After Effects CS5 中的所有文件、创建的所有合成文件、图层等，都可以在项目面板中找到，并可以清楚地看到每个文件的类型、尺寸、时间长短、文件路径等，当选中某一个文件时，可以在项目面板的上部查看对应的缩略图和属性，如图 1-2 所示。

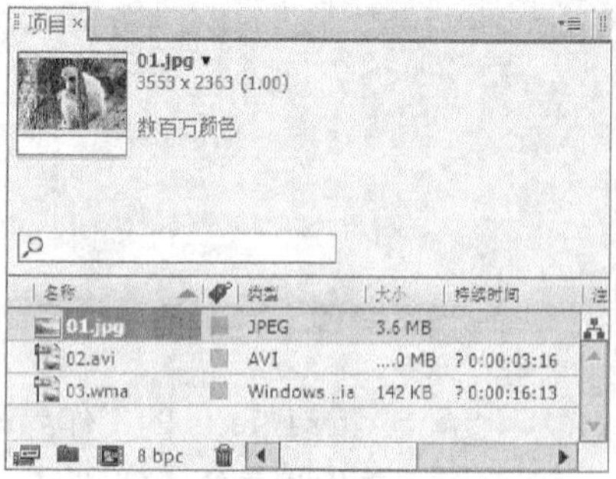

图 1-2

1.1.3 工具面板

工具面板中包括了经常使用的工具，有些工具按钮不是单独的按钮，在其右下角有三角标记的都含有多重工具选项，例如在“矩形遮罩”工具上按住鼠标不放，即会展开新的按钮选项，拖动鼠标可进行选择。

工具栏中的工具如图 1-3 所示。包括选择工具、手形工具、缩放工具、旋转工具、合并摄像机工具、定位点工具、矩形遮罩工具、钢笔工具、横排文字工具、画笔工具、图章工具、橡皮擦工具、ROTO 刷工具、自由位置定位工具，本地轴方式工具、世界轴方式工具、查看轴模式工具。

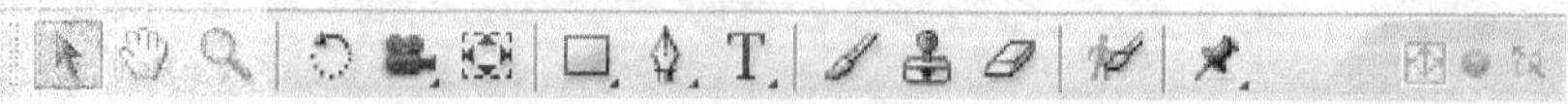

图 1-3

1.1.4　合成预览窗口

合成窗口可直接显示出素材组合特效处理后的合成画面。该窗口不仅具有预览功能，还具有控制、操作、管理素材、缩放窗口比例、当前时间、分辨率、图层线框、3D 视图模式和标尺等操作功能，是 After Effects CS5 中非常重要的工作窗口，如图 1-4 所示。

图 1-4

1.1.5　时间线面板

时间线面板可以精确设置在合成中各种素材的位置、时间、特效和属性等，可以进行影片的合成，还可以进行层的顺序调整和关键帧动画的操作，如图 1-5 所示。

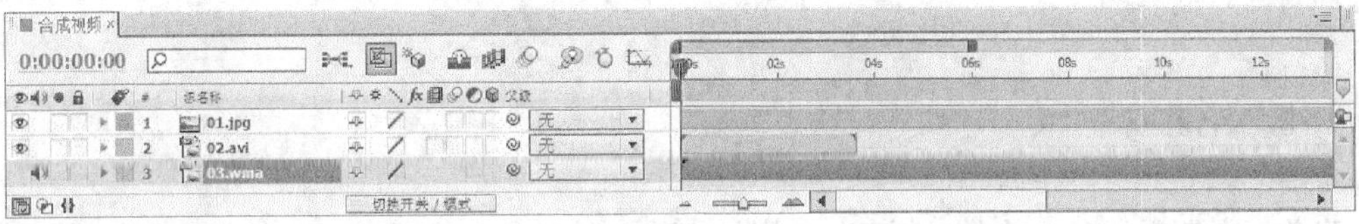

图 1-5

1.2　软件相关的基础知识

在常见的影视制作中，素材的输入和输出格式设置的不统一，视频标准的多样化，都会导致视频产生变形、抖动等错误，还会出现视频分辨率和像素比的标准问题。这些都是在制作前需要了解清楚的。

1.2.1　模拟化与数字化

传统的模拟录像机被用来把实际生活中看到听到的东西录制为模拟格式。如果是用模拟摄像机或者其他模拟设备（使用录像带）进行制作，还需要将模拟视频数字化的捕获设备。

一般计算机中安装的视频捕获卡就是起这种作用的。模拟视频捕获卡有很多种，它们之间的区别表现在可以数字化的视频信号的类型和被数字化视频的品质等。

Premiere 或者其他软件都可以用来进行数字化制作。一旦视频数字化以后，就可以使用 Premiere、After Effects 或者其他软件在计算机中进行编辑了。编辑结束以后，为了方便使用，也可以再次通过视频进行输出。输出时可以使用 Web 数字格式，或者 VHS、Bata SP 这样的模拟格式。

在科技飞速发展的今天，数码摄像机的使用越来越普及，价格也日趋稳定。因为数码摄像机是把录制方式保存为数字格式，所以可以直接把数字信息载入到计算机中进行制作。普及最广的数码摄像机使用的是称作 DV 的数字格式。

将 DV 传送到计算机上要比传送模拟视频更加简单。因为计算机和数据的通路最常见的连接方式就是使用这种格式进行传输。这个方法是最普遍、最经济、最常用的。

1.2.2 逐行扫描与隔行扫描

扫描是指显像管中电子枪发射出的电子束扫描电视或电脑屏幕的过程。在扫描的过程中电子束从左向右、从上到下扫描画面。对于 PAL 制信号来说，采用每帧 625 行扫描；对于 NTSC 制信号来说，采用每帧 525 行扫描。画面扫描分为逐行扫描和隔行扫描两种方式。

逐行扫描是每一行按顺序进行扫描，一次扫描显示一帧完整的画面，属于非交错场，逐行扫描更适合在高分辨率下使用，同时也对显示器的扫描频率和视频带宽提出了较高的要求。扫描频率越高，刷新速度越快，显示效果就越稳定，如电影胶片、大屏幕彩显都采用逐行扫描方式。

隔行扫描是先扫描奇数行，再扫描偶数行，两次扫描后形成一帧完整的画面，属于交错场。在对隔行扫描的视频做移动、缩放、旋转等操作的时候，会产生画面抖动、运动不平滑等现象，画面质量会降低。

1.2.3 播放制式

目前正在使用的有 3 种电视制式，分别是 NTSC（National Television System Committee，美国电视系统委员会）、PAL（Phase Alternating Line，逐行倒相制）和 SECAM（Sequentiel Couleur A Memoire，按顺序传送彩色与存储），这 3 种制式之间存在一定的差异。在各个地区购买的摄像机或者电视机以及其他的一些视频设备，都会根据当地的标准来制造。如果要制作国际通用的内容，或者想要在自己的作品中插入国外制作的内容，必须考虑制式的问题。虽然各种制式相互之间可以转换，但因为存在帧频和分辨率的差异，在品质方面会有一定的变化。SECAM 制式只能用于电视，在使用 SECAM 制式的国家都有使用 PAL 制式的摄像机和数字设备。在这里要特别注意视频制式和录像磁带制式的不同。例如，VHS 制式的视频可以被录制成 NTSC 或者 PAL 制式的视频形式。

表 1-1 列出了基本模拟视频制式和典型连接方式。

表 1-1

播放制式	国　家	水平线	帧　频
NTSC	美国、加拿大、日本、韩国等	525 线	29.97 帧/秒
PAL	澳大利亚、中国、欧洲、拉美	625 线	25 帧/秒
SECAM	法国、中东、非洲大部分国家	625 线	25 帧/秒

1.2.4　像素比

不同规格的电视像素的长宽比都是不一样的，在电脑中播放时，使用方形像素比；在电视上播放时，使用 D1/DV PAL（1.09）的像素比，以保证在实际播放时画面不变形。

选择“图像合成 > 新建合成组”命令，在打开的对话框中设置相应的像素比，如图 1-6 所示。

选择“项目”面板中的视频素材，选择“文件 > 解释素材 > 主要”命令，打开如图 1-7 所示的对话框，在这里可以对导入的素材进行设置，其中可以设置透明度、帧速率、场和像素比等。

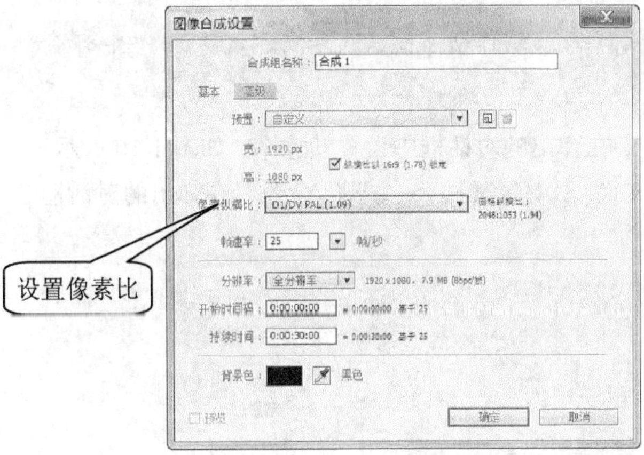

图 1-6

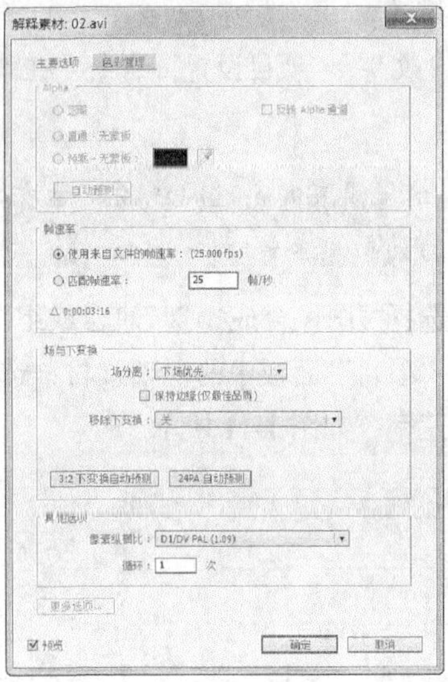

图 1-7

1.2.5　分辨率

普通电视和 DVD 的分辨率是 720 像素 × 576 像素。软件设置时应尽量使用同一尺寸，以保证分辨率的统一。

过大分辨率的图像在制作时会占用大量制作时间和计算机资源，过小分辨率的图像则会使图像在播放时清晰度不够。

选择“图像合成 > 新建合成组”命令，在弹出的对话框中进行设置，如图 1-8 所示。

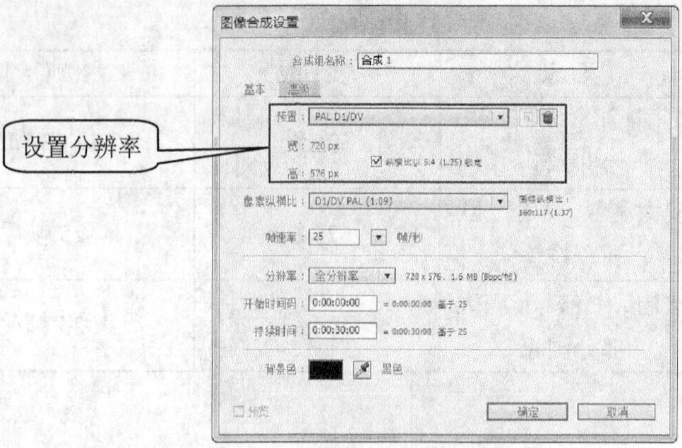

图 1-8

1.2.6　帧速率

PAL 制式电视的播放设备使用的是每秒 25 幅画面，也就是 25 帧每秒，只有使用正确的播放帧速率才能流畅地播放动画。过高的帧速率会导致资源浪费，过低的帧速率会使画面播放不流畅从而产生抖动。

选择“文件 > 项目设置”命令，在弹出的对话框中设置帧速率，如图 1-9 所示。

提示　这里设置的是时间线的显示方式。如果要按帧制作动画可以选择帧方式显示，这样不会影响最终的动画帧速率。

也可选择“图像合成 > 新建合成组”命令，在弹出的对话框中设置帧速率，如图 1-10 所示。

选择“项目”面板中的视频素材，选择“文件 > 解释素材 > 主要”命令，在弹出的对话框中改变帧速率，如图 1-11 所示。

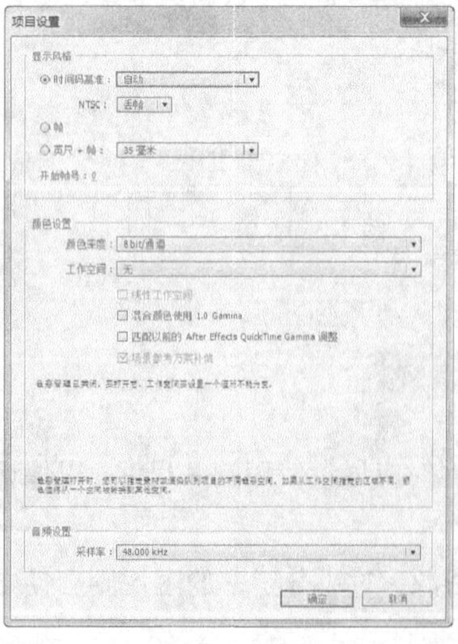

图 1-9

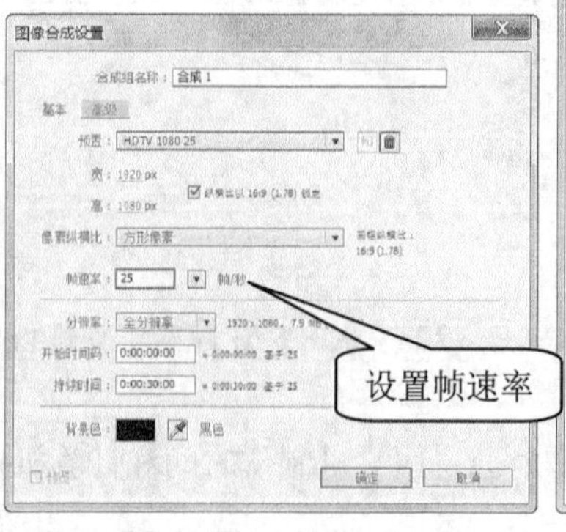

图 1-10

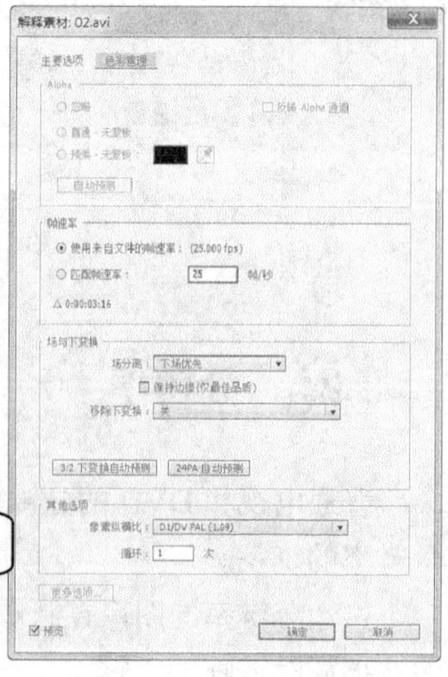

图 1-11

提示

如果是动画序列，需要将帧速率值设置为每秒 25 帧；如果是动画文件，则不需要修改帧速率，因为动画文件会自动包括帧速率信息，并且会被 After Effects 识别，如果修改这个设置会改变原有动画的播放速度。

1.2.7　安全框

安全框是画面可以被用户看到的范围。“显示安全框”以外的部分电视设备将不会显示，“文字安全框”以内的部分可以保证被完全显示。

单击“选择参考线与参考线选项”按钮，在弹出的列表中选择“字幕/活动安全框”选项，即可打开安全框参考可视范围，如图 1-12 所示。

图 1-12

1.2.8　抗抖动的场

场是隔行扫描的产物，扫描一帧画面时由上到下扫描，先扫描奇数行，再扫描偶数行，两次扫描完成一幅图像。由上到下扫描一次叫做一个场，一幅画面需要两次场扫描来完成。在每秒 25 帧图像的时候，由上到下扫描需要 50 次，也就是每个场间隔 1/50s。如果制作奇数行和偶数行间隔 1/50s 的有场图像，可以在隔行扫描的每秒 25 帧的电视上显示 50 幅画面。画面多了自然流畅，跳动的效果就会减弱，但是场会加重图像锯齿。

要在 After Effects 中将有“场”的文件导入，可以选择“文件 > 解释素材 > 主要”命令，在弹出的对话框中进行设置即可，如图 1-13 所示。

提示

这个步骤叫做“分离场”，如果选择“上场”，并且在制作中加入了后期效果，那么在最终渲染输出的时候，输出文件必须带场，才能将下场加入到后期效果；否则“下场”就会自动丢弃，图像质量也就只有一半。

在 After Effects 输出有场的文件相关操作如下。

按<Ctrl>+<M>组合键，弹出“渲染队列”面板，单击“最佳设置”按钮，在弹出的“渲染设置”对话框的“场渲染”选项的下拉列表中选择输出场的方式，如图 1-14 所示。

提示 如果使用这种方法生成动画，在电视上播放时会出现因为场错误而导致的问题；这说明素材使用的是下场优先，需要选择动画素材后按<Ctrl>+<F>组合键，在弹出的对话框中选择下场优先。

如果出现画面跳格是因为 30 帧转换 25 帧产生帧丢失，需要选择 3:2 Pulldown 的一种场偏移方式。

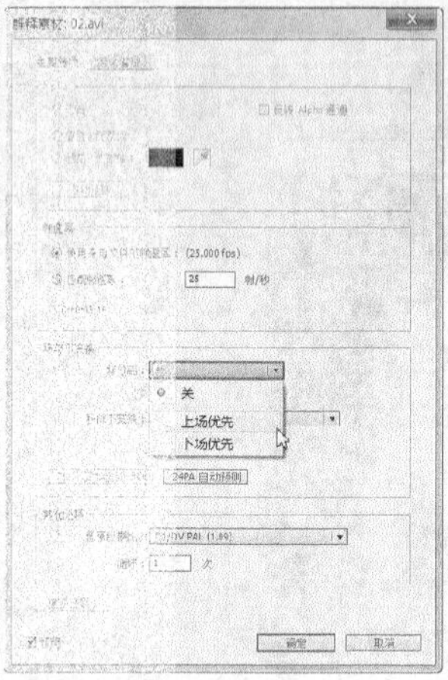

图 1-13

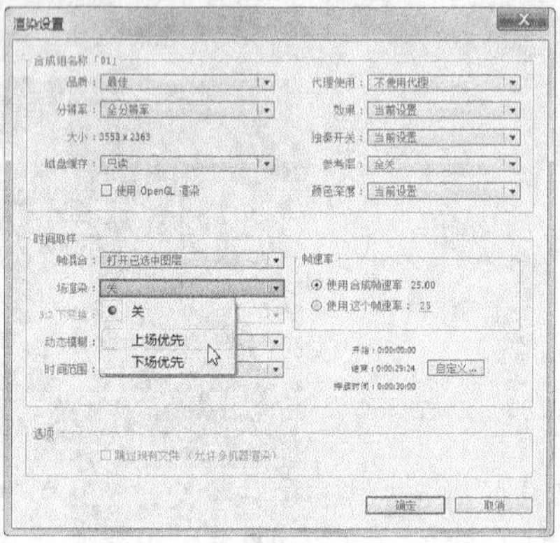

图 1-14

1.2.9 运动模糊

运动模糊会产生拖尾效果，使每帧画面更接近，以减少每帧之间的因为画面差距大而引起的闪烁或抖动，但这要牺牲图像的清晰度。

按<Ctrl>+<M>组合键，弹出“渲染队列”面板，单击“最佳设置”按钮，在弹出的“渲染设置”对话框中进行运动模糊设置，如图 1-15 所示。

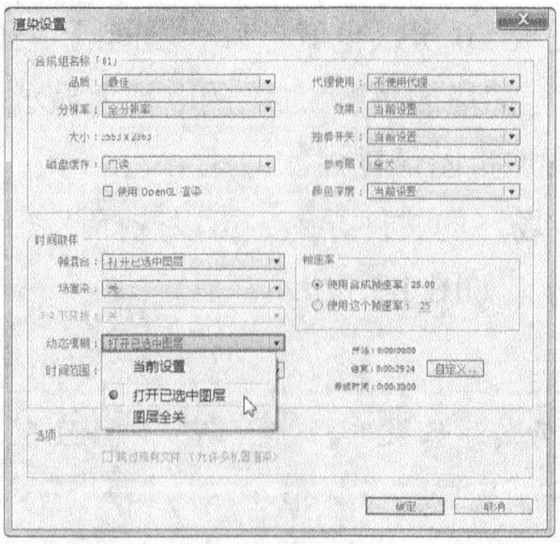

图 1-15

1.2.10　帧混合

帧混合是用来消除画面轻微抖动的方法，有场的素材也可以用来抗锯齿，但效果有限。在 After Effects 中帧混合设置如图 1-16 所示。

图 1-16

按<Ctrl>+<M>组合键，弹出“渲染队列”面板，单击“最佳设置”按钮，在弹出的“渲染设置”对话框中设置帧混合参数，如图 1-17 所示。

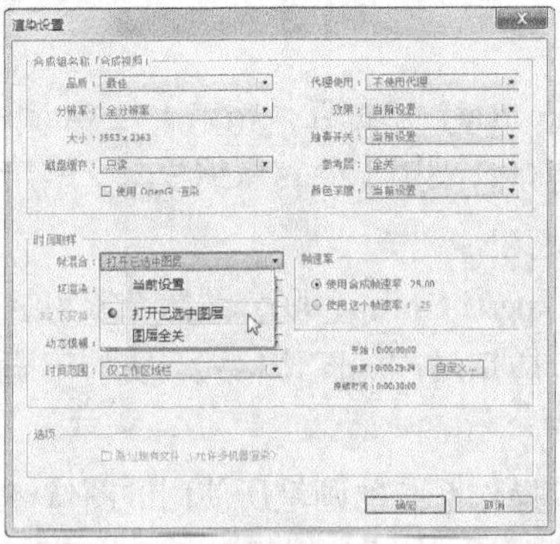

图 1-17

1.2.11　抗锯齿

锯齿的出现会使图像粗糙，不精细。提高图像质量是解决锯齿的主要办法，但有场的图像只有通过添加模糊、牺牲清晰度来抗锯齿。

按<Ctrl>+<M>组合键，弹出“渲染队列”面板，单击“最佳设置”按钮，在弹出的“渲染设置”对话框中设置抗锯齿参数，如图 1-18 所示。

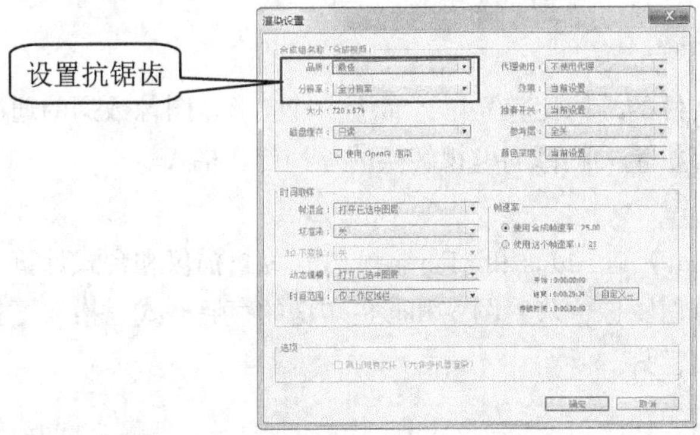

图 1-18

如果是矢量图像，可以单击按钮，一帧一帧地对矢量重新计算分辨率，如图 1-19 所示。

图 1-19

1.3 文件格式以及视频的输出

在 After Effects 中，有图形图像文件格式、常用视频压缩编码格式、常用音频压缩编码格式等多种文件格式。还可以根据视频输出设置对视频进行输出。

1.3.1 常用图形图像文件格式

1. GIF 格式

GIF（Graphics Interchange Format，图像互换格式）是 CompuServe 公司开发的存储 8 位图像的文件格式，支持图像的透明背景，采用无失真压缩技术，多用于网页制作和网络传输。

2. JPEG 格式

JPEG（Joint Photographic Experts Group，联合图像专家小组）是采用静止图像压缩编码技术的图像文件格式，是目前网络上应用最广的图像格式，支持不同程度的压缩比。

3. BMP 格式

BMP 格式最初是 Windows 操作系统的画笔所使用的图像格式，现在已经被多种图形图像处理软件所支持和使用。它是位图格式，有单色位图、16 色位图、256 色位图、24 位真彩色位图等。

4. PSD 格式

PSD 格式是 Adobe 公司开发的图像处理软件 Photoshop 所使用的图像格式，它能保留 Photoshop 制作流程中各图层的图像信息，现在有越来越多的图像处理软件开始支持这种文件格式。

5. FLM 格式

FLM 格式是 Premiere 输出的一种图像格式。Adobe Premiere 将视频片段输出成序列帧图像，每帧的左下角为时间编码，以 SMPTE 时间编码标准显示，右下角为帧编号，可以在 Photoshop 软件中对其进行处理。

6. TGA 格式

TGA（Tagged Graphics）文件的结构比较简单，属于一种图形、图像数据的通用格式，在多媒体领域有着很大影响，是计算机生成图像向电视转换的一种首选格式。

7. TIFF 格式

TIFF（Tag Image File Format）是 Aldus 和 Microsoft 公司为扫描仪和台式计算机出版软件开发的图像文件格式。它定义了黑白图像、灰度图像和彩色图像的存储格式，格式可长可短，与操作系统平台以及软件无关，扩展性好。

8. DXF 格式

DXF（Drawing-Exchange Files）是用于 Macintosh Quick Draw 图片的格式。

9. PIC 格式

PIC（Quick Draw Picture Format）是用于 Macintosh Quick Draw 图片的格式。

10. PCX 格式

PCX（PC Paintbrush Images）是 Z-soft 公司为存储画笔软件产生的图像而建立的图像文件格式，是位图文件的标准格式，是一种基于 PC 绘图程序的专用格式。

11. EPS 格式

EPS（Encapsulated Post Script）语言文件格式包含矢量和位图图形，几乎支持所有的图形和页面排版程序。EPS 格式用于在应用程序间传输 PostScript 语言图稿。在 Photoshop 中打开其他程序创建的包含矢量图形的 EPS 文件时，Photoshop 会对此文件进行栅格化，将矢量图形转换为像素。EPS 格式支持多种颜色模式，但不支持 Alpha 通道，还支持剪贴路径。

12. SGI 格式

SGI（SGI Sequence）输出的是基于 SGI 平台的文件格式，可以用于 After Effects CS5 与其他 SGI 上的高端产品间的文件交换。

13. RLA/RPF 格式

RLA/RPF 是一种可以包括 3D 信息的文件格式，通常用于三维软件在特效合成软件中的后期合成。该格式中可以包括对象的 ID 信息、*z* 轴信息、法线信息等。RPF 相对于 RLA 来说，可以包含更多的信息，是一种较先进的文件格式。

1.3.2　常用视频压缩编码格式

1. AVI 格式

AVI（Audio Video Interleaved，音频视频交错格式），所谓“音频视频交错”就是可以将视频和音频交织在一起进行同步播放。这种视频格式的优点是图像质量好，可以跨多个平台使用；缺点是体积过于庞大，更加糟糕的是压缩标准不统一，因此经常会遇到高版本 Windows 媒体播放器播放不了采用早期编码编辑的 AVI 格式视频，而低版本 Windows 媒体播放器又播放不了采用最新编码编辑的 AVI 视频的情况。

2. DV-AVI 格式

DV-AVI（Digital Video AVI），目前非常流行的数码摄像机就是使用这种格式记录视频数据的。它可以通过电脑的 IEEE 1394 端口传输视频数据到电脑，也可以将电脑中编辑好的视频数据回录到数码摄像机中。这种视频格式的文件扩展名一般也是.avi，所以人们习惯地称它为 DV-AVI 格式。

3. MPEG 格式

MPEG（Moving Picture Expert Group，动态图像专家组），常见的 VCD、SVCD、DVD 就使用这种格式。MPEG 文件格式是运动图像的压缩算法的国际标准，它采用了有损压缩方法从而减少运动图像中的冗余信息。MPEG 的压缩方法说得更加深入一点就是保留相邻两幅画面绝大多数相同的部分，而把后续图像中和前面图像冗余的部分去除，从而达到压缩的目的。目前 MPEG 格式有 3 个压缩标准，分别是 MPEG-1、MPEG-2 和 MPEG-4。

⊙ MPEG-1：它是针对 1.5Mbit/s 以下数据传输速率的数字存储媒体运动图像及其伴音编码而设计的国际标准，也就是通常所见到的 VCD 制式格式；这种视频格式的扩展名包括.mpg、.mlv、.mpe、.mpeg 及 VCD 光盘中的.dat 文件等。

⊙ MPEG-2：设计目标为高级工业标准的图像质量以及更高的传输速率。这种格式主要应用在 DVD/SCVD 的制作（压缩）方面，同时在一些 HDTV（高清晰电视广播）和一些高要求视频编辑、处理上面也有相当的应用；这种视频格式的文件扩展名包括.mpg、.mlv、.mpe、.mpeg、.m2v 及 DVD 光盘中的.vob 文件等。

⊙ MPEG-4：MPEG-4 是为了播放流式媒体的高质量视频而专门设计的，它可以利用很窄的带宽，通过帧重建技术压缩和传输数据，以求使用最少的数据获得最佳的图像质量。MPEG-4 最有吸引力的地方在于它能够保存接近于 DVD 画质的小体积视频文件。这种视频格式的文件扩展名包括.asf、.mov、.DivX 和.AVI 等。

4．H.264 格式

H.264 是由 ISO/IEC 与 ITU-T 组成的联合视频组（JVI）制定的新一代视频压缩编码标准。在 ISO/IEC 中该标准命名为 AVC（Advanced Video Coding），作为 MPEG-4 标准的第 10 个选项，在 ITU-T 中正式命名为 H.264 标准。

H.264 和 H.261、H.263 一样，也是采用 DCT 变换编码加 DPCM 的差分编码，即混合编码结构。同时，H.264 在混合编码的框架下引入新的编辑方式，提高了编辑效率，更贴近实际应用。

H.264 没有繁琐的选项，而是力求简洁的“回归基本”。它具有比 H.263++更好的压缩性能，又具有适应多种信道的能力。

H.264 应用广泛，可满足各种不同速率、不同场合的视频应用，具有良好的抗误码和抗丢包的处理能力。

H.264 的基本系统无需使用版权，具有开放的性质，能很好适应 IP 和无线网络的使用环境，这对目前因特网传输多媒体信息、移动网传输宽带信息等都具有重要意义。

H.264 标准使运动图像压缩技术上升到了一个更高的阶段，在较低带宽上提供高质量的图像传输是 H.264 的应用亮点。

5．DivX 格式

这是由 MPEG-4 衍生出的另一种视频编码（压缩）标准，也就是通常所说的 DVDrip 格式，它采用了 MPEG-4 压缩算法的同时又综合了 MPEG-4 与 MP3 各方面的技术，就是使用 DivX 压缩技术对 DVD 盘片的视频图像进行高质量压缩，同时用 MP3 和 AC3 对音频进行压缩，然后再将视频与音频合成并加上相应的外挂字幕文件而形成的视频格式。其画质接近 DVD 并且体积只有 DVD 的数分之一。

6．MOV 格式

美国 Apple 公司开发的一种视频格式，默认的播放器是苹果的 Quick Time Player。MOV 格式具有较高的压缩比率和较完美的视频清晰度等特点，但是其最大的特点还是跨平台性，即不仅能支持 Mac OS，同样也能支持 Windows 系列。

7．ASF 格式

ASF（Advanced Streaming Format），它是微软为了和现在的 Real Player 竞争而推出的一种视频格式，用户可以直接使用 Windows Media Player 对其进行播放。由于它使用了 MPEG-4 的压缩算法，所以压缩率和图像的质量都很不错。

8．RM 格式

Networks 公司所制定的音频视频压缩规范，称之为 Real Media，用户可以使用 RealPlayer 和 Real One Player 对符合 Real Media 技术规范的网络音频/视频资源进行实时播放，并且 Real Media

还可以根据不同的网格传输速率制定出不同的压缩比率，从而实现在低速率的网络上进行影像数据实时传送和播放。这种格式的另一个特点是用户使用 RealPlayer 或 Real One Player 播放器可以在不下载音频/视频内容的条件下实现在线播放。

9．RMVB 格式

这是一种由 RM 视频格式升级延伸出的新视频格式，它的先进之处在于 RMVB 视频格式打破了原 RM 格式那种平均压缩采样的方式，在保证平均压缩比的基础上合理利用比例率资源，即静止和动作场面少的画面场景采用较低的编码速率，这样可以留出更多的带宽空间，而这些带宽会在出现快速运动的画面场景时被利用。这样在保证了静止画面质量的前提下大幅提高运动图像的画面质量，从而使得图像和文件大小之间达到了巧妙的平衡。

1.3.3　常用音频压缩编码格式

1．CD 格式

当今音质最好的音频格式是 CD。在大多数播放软件的“打开文件类型”中，都可以看到*.cda 文件，这就是 CD 音轨。标准 CD 格式是 44.1kHz 的采样频率，速率 88kbit/s，16 位量化位数，因为 CD 音轨可以说是近似无损的，因此它的声音是非常接近原声的。

CD 光盘可以在 CD 唱片机中播放，也能用电脑里的各种播放软件来重放。一个 CD 音频文件是一个*.cda 文件，这只是一个索引信息，并不真正包含声音信息，所以不论 CD 音乐长短，在电脑上看到的*.cda 文件都是 44 字节长。

提示　不能直接复制 CD 格式的.cda 文件到硬盘上播放，需要使用像 EAC 这样的抓音轨软件把 CD 格式的文件转换成 WAV 格式，如果光盘驱动器质量过关而且 EAC 的参数设置得当的话，可以说是基本上无损抓音频，推荐大家使用这种方法。

2．WAV 格式

WAV 是微软公司开发的一种声音文件格式，它符合 RIFF（Resource Interchange File Format）文件规范，用于保存 Windows 平台的音频资源，被 Windows 平台及其应用程序所支持。WAV 格式支持 MSADPCM、CCITT ALAW 等多种压缩算法，支持多种音频位数、采样频率和声道，标准格式的 WAV 文件和 CD 格一样，也是 44.1kHz 的采样频率，速率 88kbit/s，16 位量化位数。

3．MP3 格式

MP3 格式诞生于 20 世纪 80 年代的德国，所谓的 MP3 指的是 MPEG 标准中的音频部分，也就是 MPEG 音频层。根据压缩质量和编码处理的不同分为 3 层，分别对应*.mp1、*.mp2、*.mp3 这 3 种声音文件。

提示　MPEG 音频文件的压缩是一种有损压缩，MPEG3 音频编码具有 10:1~12:1 的高压缩率，同时基本保持低音频部分不失真，但是牺牲了声音文件中 12kHz 到 16kHz 高音频这部分的质量来换文件的尺寸。

相同长度的音乐文件，用 mp3 格式来存储，一般只有 WAV 格式文件的 1/10，而音质次于 CD 格式或 WAV 格式的声音文件。

4．MIDI 格式

MIDI（Musical Instrument Digital Interface）文件格式由 MIDI 继承而来，它允许数字合成器和其他设备交换数据。MIDI 文件并不是一段录制好的声音，而是记录声音的信息，然后再告诉声卡如何再现音乐的一组指令。这样一个 MIDI 文件每存 1 分钟的音乐只用大约 5~10KB。

MIDI 文件主要用于原始乐器作品、流行歌曲的业余表演、游戏音轨以及电子贺卡等。*.mid 文件重放的效果完全依赖声卡的档次。*.mid 格式的最大用处是在电脑作曲领域。*.mid 文件可以用作曲软件写出，也可以通过声卡的 MIDI 口把外接乐器演奏的乐曲输入电脑里，制成*.mid 文件。

5．WMA 格式

WMA（Windows Media Audio）音质要强于 MP3 格式，更远胜于 RA 格式，它和日本 YAMAHA 公司开发的 VQF 格式一样，是以减少数据流量但保持音质的方法来达到比 MP3 压缩率更高的目的，WMA 的压缩率一般都可以达到 1:18 左右。

WMA 另一个优点是内容提供商可以通过 DRM（Digital Rights Management）方案如 Windows Media Rights Manager 7 加入防拷贝保护。这种内置的版权保护技术可以限制播放时间和播放次数甚至播放的机器等，这对被盗版搅得焦头烂额的音乐公司来说是一个福音，另外 WMA 还支持音频流（Stream）技术，适合网络上在线播放。

WMA 这种格式在录制时可以对音质进行调节。同一格式，音质好的可与 CD 媲美，压缩率较高的可用于网格广播。

1.3.4　视频输出的设置

按<Ctrl>+<M>组合键，弹出“渲染队列”面板，单击“输出组件”选项右侧的“无损”按钮，弹出“输出组件设置”对话框，在这个对话框中可以对视频的输出格式及其相应的编码方式、视频大小、比例以及音频等进行输出设置，如图 1-20 所示。

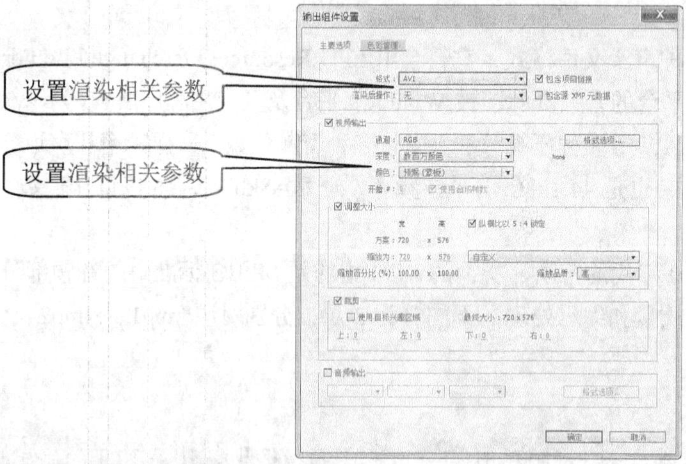

图 1-20

格式：在文件格式下拉列表中可以选择输出格式和输出图序列，一般使用 TGA 格式的序列文件，输出样品成片可以使用 AVI 和 MOV 格式，输出贴图可以使用 TIF 和 PIC 格式。

格式选项：输出图片序列时，可以选择输出颜色位数；输出影片时，可以设置压缩方式和压缩比。

1.3.5　视频文件的打包设置

在一些影视合成或者编辑软件中用到的素材可能分布在硬盘的各个地方，从而使另外的设备打开工程文件的时候会碰到部分文件丢失的情况。如果要一个一个把素材找出来并复制显然很麻烦，而使用“打包”命令可以自动把文件收集在一个目录中打包。

这里主要介绍 After Effects 的打包功能。选择“文件 > 收集文件”命令，在弹出的对话框中单击“收集”按钮，完成打包操作，如图 1-21 所示。

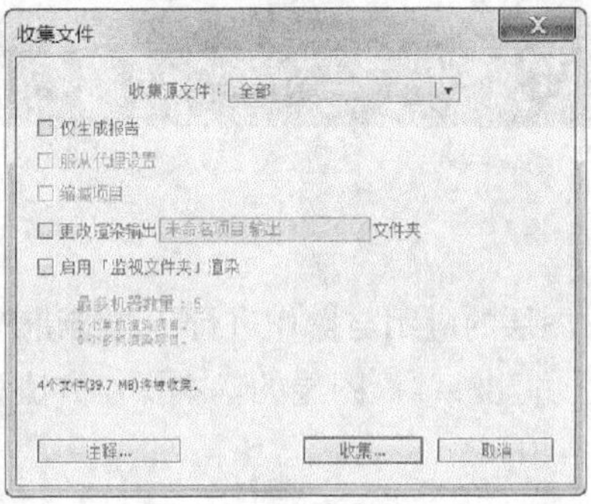

图 1-21

第2章 图层的应用

本章对 After Effects 中图层的应用与操作进行了详细讲解。读者通过对本章的学习，可以充分理解图层的概念，并能够掌握图层的基本操作方法和使用技巧。

课堂学习目标

- 理解图层概念
- 图层的基本操作
- 层的 5 个基本变化属性和关键帧动画

2.1 理解图层概念

在 After Effects 中无论是创作合成动画，还是特效处理等操作都离不开图层，因此制作动态影像的第一步就是真正了解和掌握图层。在“时间线”窗口中的素材都是以图层的方式按照上下位置关系依次排列组合的，如图 2-1 所示。

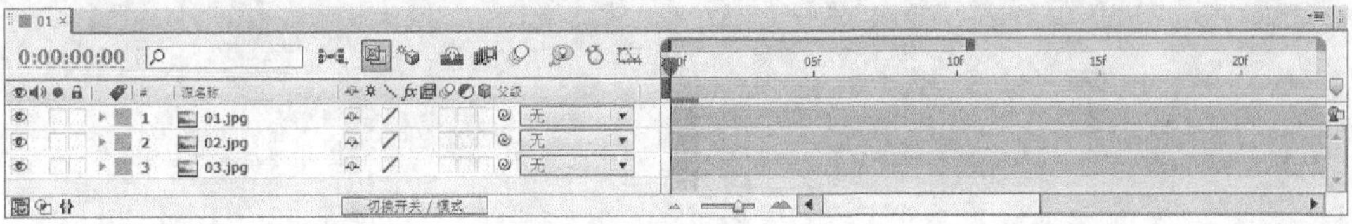

图 2-1

可以将 After Effects 软件中的图层想象为一层层叠放的透明胶片，上一层有内容的地方将遮盖住下一层的内容，而上一层没有内容的地方则露出下一层的内容，如果是上一层的部分处于半透明状态时，将依据半透明程度混合显示下层内容，这是图层的最简单、最基本的概念。图层与图层之间还存在更复杂的合成组合关系，例如叠加模式、蒙版合成方式等。

2.2 图层的基本操作

图层有改变图层上下顺序、复制层与替换层、给层加标记、让层自动适合合成图像尺寸、层与层对齐和自动分布功能等多种基本操作。

2.2.1 课堂案例——飞舞组合字

案例学习目标：学习使用文字的动画控制器来实现丰富多彩的文字特效动画。

案例知识要点：使用“导入”命令导入文件。新建合成并命名为“飞舞组合字”，为文字添加动画控制器，同时设置相关的关键帧制作文字飞舞并最终组合效果。为文字添加“斜面 Alpha”、“阴影”命令制作立体效果。飞舞组合字效果如图 2-2 所示。

效果所在位置：光盘\Ch02\飞舞组合字. aep。

图 2-2

1. 输入文字

（1）按<Ctrl>+<N>组合键，弹出“图像合成设置”对话框，在“合成组名称”选项的文本框中输入“飞舞组合字”，其他选项的设置如图 2-3 所示，单击“确定”按钮，创建一个新的合成“飞舞组合字”。选择“文件 > 导入 > 文件”命令，弹出“导入文件”对话框，选择光盘中的“Ch02\飞舞组合字\ (Footage) \01”文件，单击“打开”按钮，导入背景图片，如图 2-4 所示，并将其拖曳到“时间线”面板中。

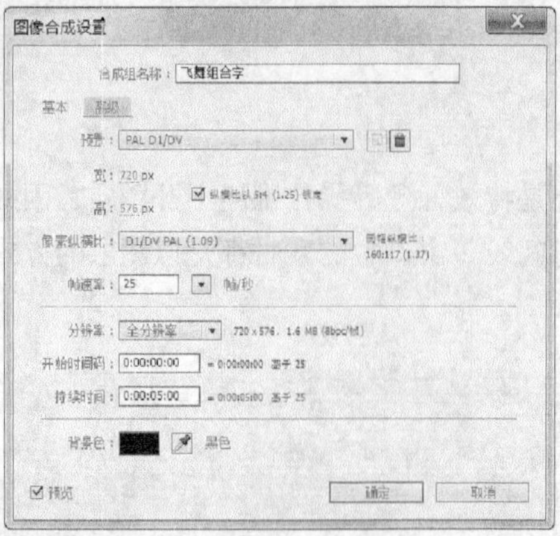

图 2-3

图 2-4

（2）选择“横排文字”工具T，在合成窗口输入文字“天籁频道 音乐对对碰”，设置文字的颜色为黄色（其 R、G、B 的值分别为 255、216、0），填充文字。选中文字“天籁频道”，在“文字”面板中设置文字参数，如图 2-5 所示，选中文字“音乐对对碰”，在“文字”面板中设置文字参数，如图 2-6 所示，合成窗口中的效果如图 2-7 所示。

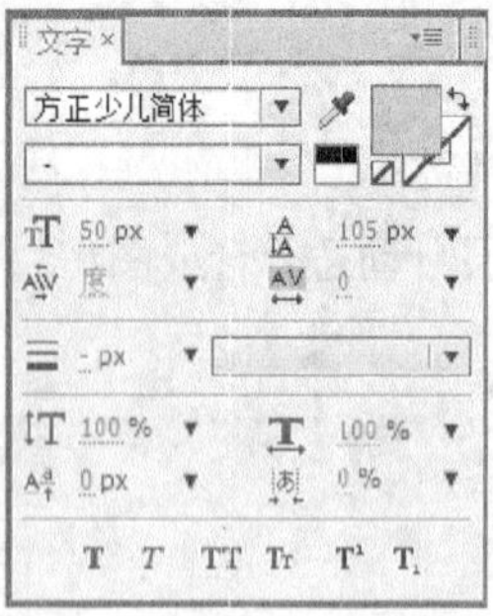

图 2-5

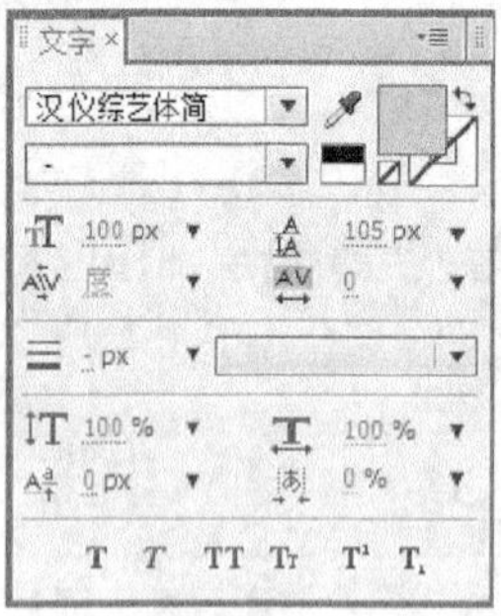

图 2-6

图 2-7

（3）选中“文字”层，单击“段落”面板的右对齐按钮，如图 2-8 所示。合成窗口中的效果如图 2-9 所示。

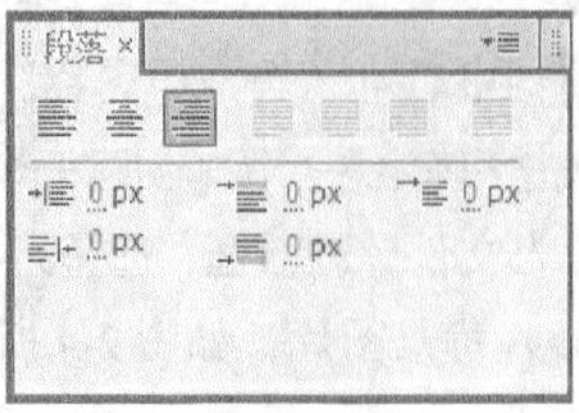

图 2-8

图 2-9

2．添加关键帧动画

（1）展开文字层属性，单击“动画”前按钮，在弹出的选项中选择“定位点”，如图 2-10 所示，在“时间线”面板中自动添加一个“动画 1”选项。设置“定位点”选项的数值为 0、-30，如图 2-11 所示。

图 2-10

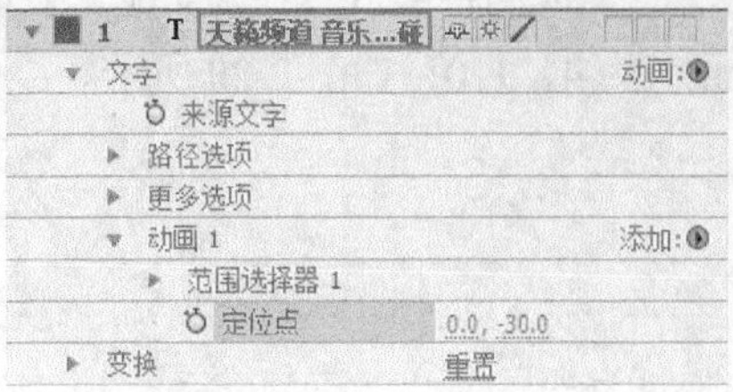

图 2-11

（2）按照上述的方法再添加一个“动画 2”选项。单击“动画 2”选项后的“添加”按钮，如图 2-12 所示。在弹出的窗口中选择“选择 > 摇摆”，展开“波动选择器 1”属性，设置“波动/秒”选项的数值为 0，“相关性”选项的数值为 73，如图 2-13 所示。

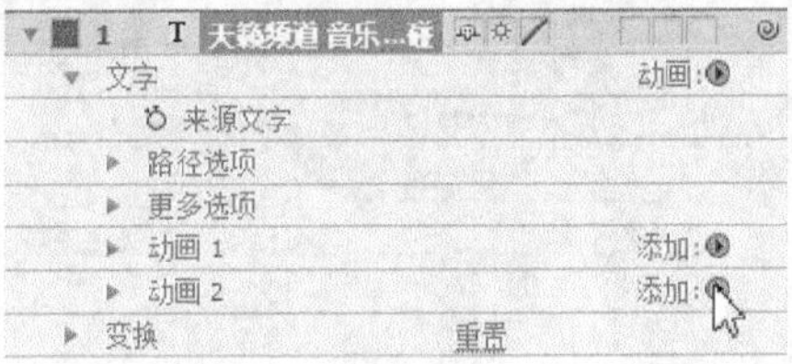

图 2-12

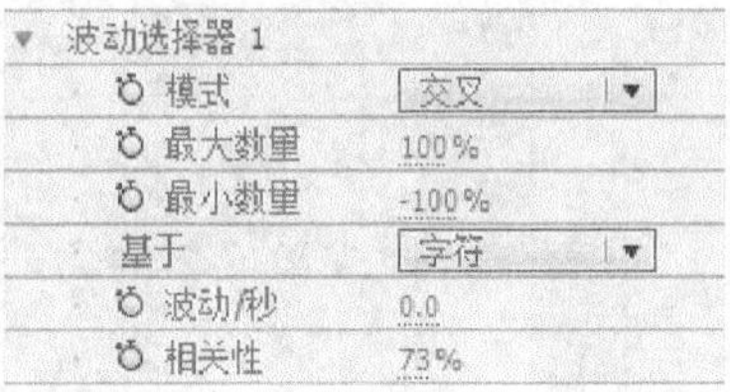

图 2-13

（3）再次单击“添加”按钮，添加“位置”、“缩放”、“旋转”、“填充 > 色相”选项，分别选择后再设定各自的参数值，如图 2-14 所示。在“时间线”面板中将时间标签放置在 3s 的位置，分别单击这 4 个选项前面的“关键帧自动记录器”按钮，如图 2-15 所示，记录第 1 个关键帧。

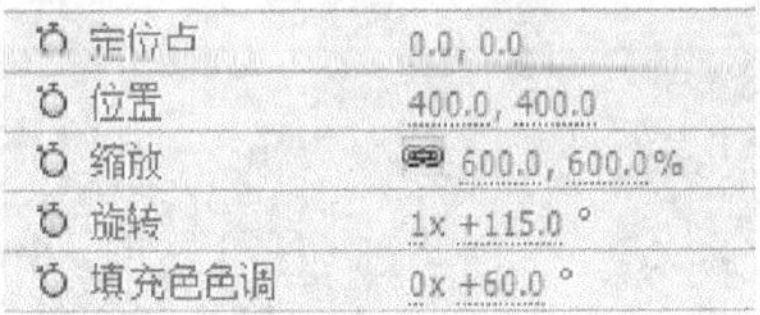

图 2-14

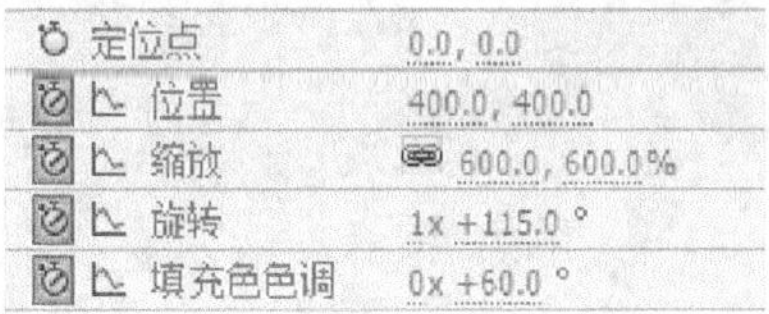

图 2-15

（4）在“时间线”面板中将时间标签放置在 4s 的位置，设置“位置”选项的数值为 0、0，“缩放”选项的数值为 100、100，“旋转”选项的数值为 0、0，“填充色色调”选项的数值为 0、0，如图 2-16 所示，记录第 2 个关键帧。

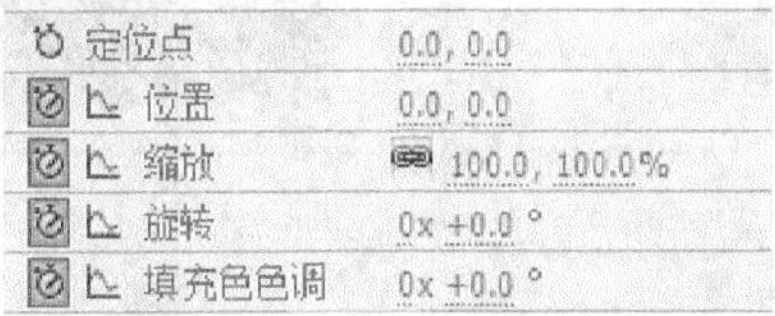

图 2-16

（5）展开“波动选择器 1”属性，将时间标签放置在 0s 的位置，设置“时间相位”选项的数值为 2、0，“空间相位”选项的数值为 2、0，如图 2-17 所示。将时间标签放置在 1s 的位置，设置“时间相位”选项的数值为 2、200，“空间相位”选项的数值为 2、150，如图 2-18 所示。将时间标签放置在 2s 的位置，设置“时间相位”选项的数值为 3、160，“空间相位”选项的数值为 3、125，如图 2-19 所示。将时间标签放置在 3 s 的位置，设置“时间相位”选项的数值为 4、150，“空间相位”选项的数值为 4、110，如图 2-20 所示。

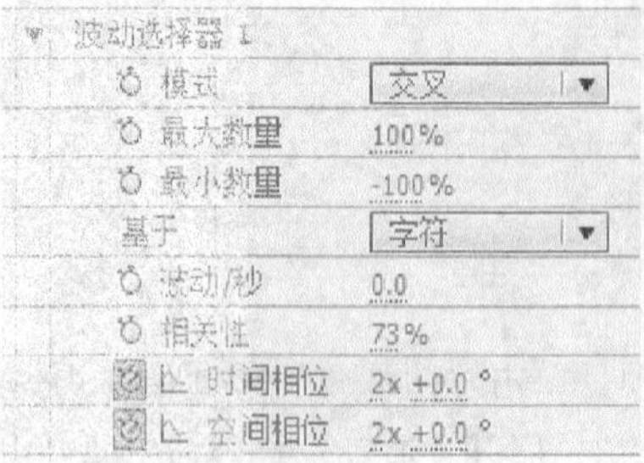

图 2-17

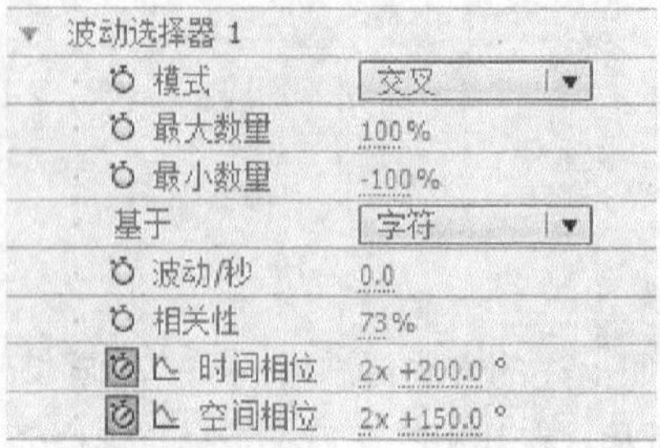

图 2-18

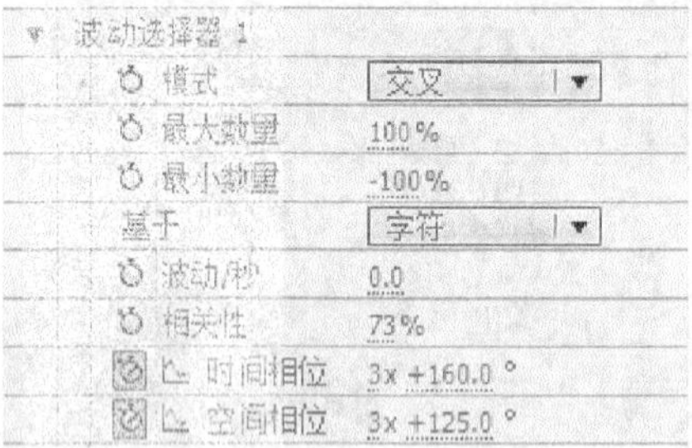

图 2-19

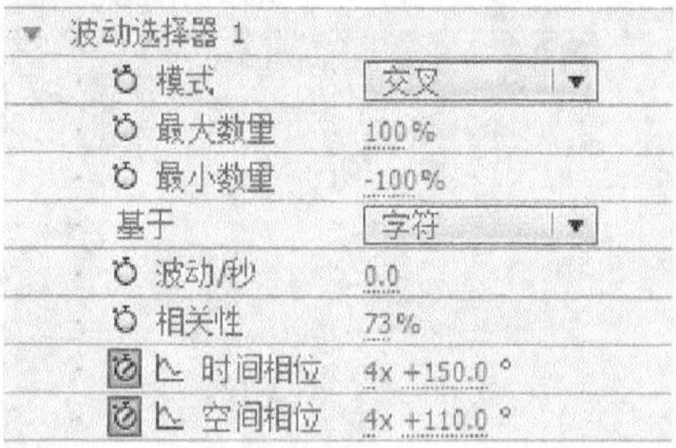

图 2-20

3．添加立体效果

（1）选中“文字”层，选择“效果 > 透视 > 斜面 Alpha”命令，在“特效控制台”面板中进行参数设置，如图 2-21 所示。合成窗口中的效果如图 2-22 所示。

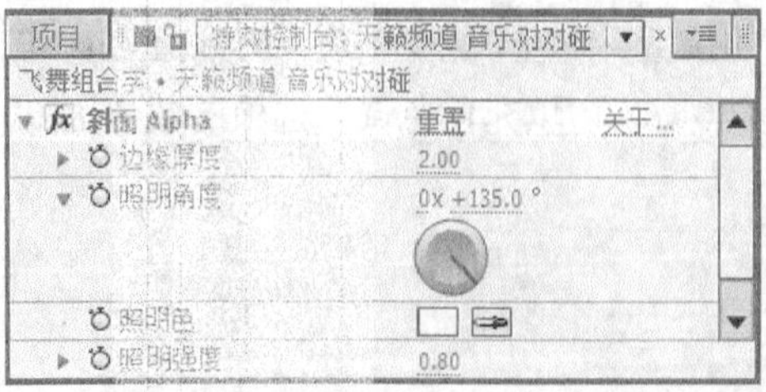

图 2-21

图 2-22

（2）选中文字层，选择“效果 > 透视 > 阴影”命令，在“特效控制台”面板中进行参数设置，如图 2-23 所示。合成窗口中的效果如图 2-24 所示。

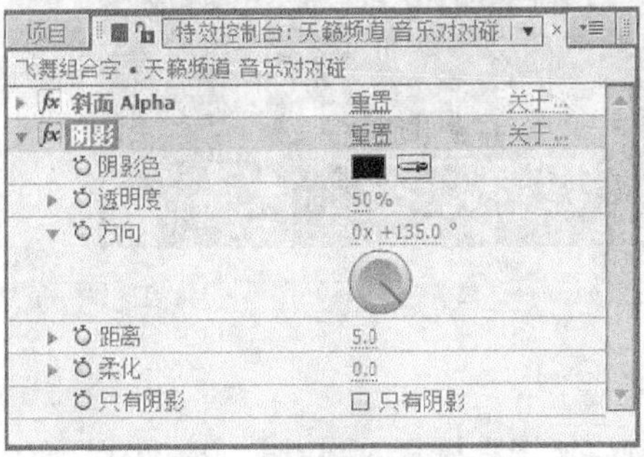

图 2-23

图 2-24

（3）单击“文字”层右面的“运动模糊”按钮，并开启“时间线”面板上的动态模糊开关，如图 2-25 所示。飞舞组合字制作完成，如图 2-26 所示。

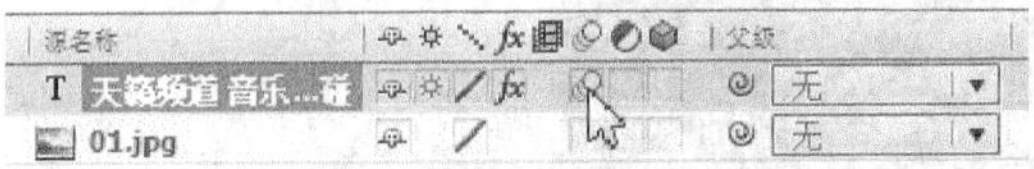

图 2-25

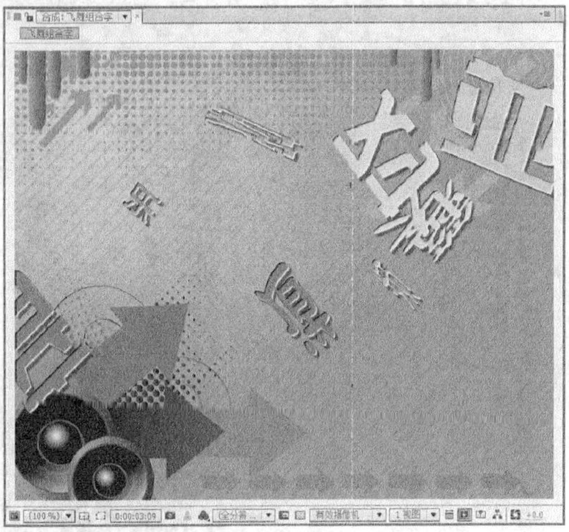

图 2-26

2.2.2　素材放置到“时间线”的多种方式

素材只有放入“时间线”中才可以进行编辑。将素材放入“时间线”的方法如下。

⊙ 将素材直接从“项目”窗口拖曳到“合成”预览窗口中，如图 2-27 所示。鼠标拖动的位置可以决定素材在合成画面中的位置。

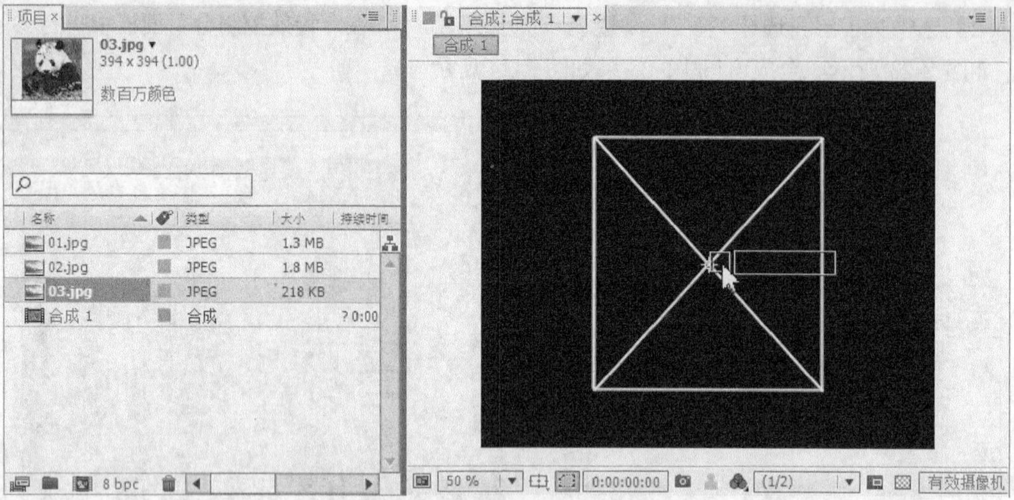

图 2-27

⊙ 在“项目”窗口选中素材，按<Ctrl>+</ >组合键将所选素材置入到当前“时间线”面板中。

⊙ 将素材从“项目”窗口拖曳到“时间线”控制面板区域，在未松开鼠标时，时间线窗口中显示的一条灰色线，根据它所在的位置可以决定置入到哪一层，如图 2-28 所示。

图 2-28

⊙ 将素材从“项目”窗口拖曳到“时间线”控制面板区域，在未松开鼠标时，不仅出现一条灰色线决定置入到哪一层，同时还会在时间标尺处显示时间指针决定素材入场的时间，如图 2-29 所示。

图 2-29

⊙ 在“项目”窗口拖曳素材到合成层上，如图 2-30 所示。

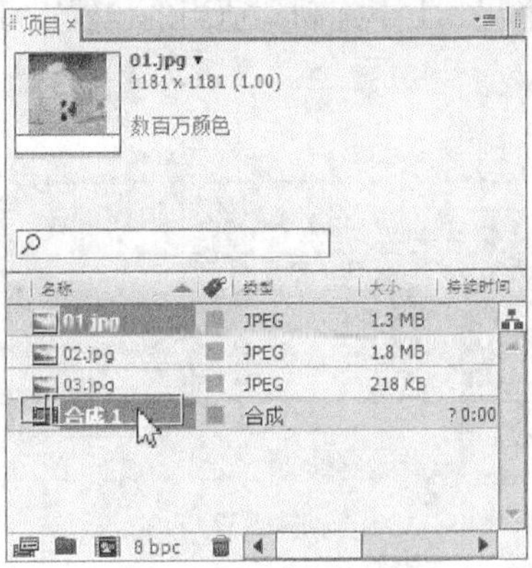

图 2-30

⊙ 调整“时间线”窗口中的当前时间指针到目标插入时间位置，然后在按住 Alt 键的同时，在“项目”窗口双击素材，通过“素材”预览窗口打开素材，单击 、 两个按钮设置素材的入点和出点，最后再通过单击“波纹插入编辑” 或者“覆盖编辑” 插入“时间线”，如图 2-31 所示。如果是素材为图像素材，则不会出现上述按钮和功能，因此这种方法仅限于视频素材。

图 2-31

2.2.3 改变图层上下顺序

⊙ 在“时间线”窗口中选择层，上下拖动到适当的位置，可以改变图层顺序，注意观察灰色水平线的位置，如图 2-32 所示。

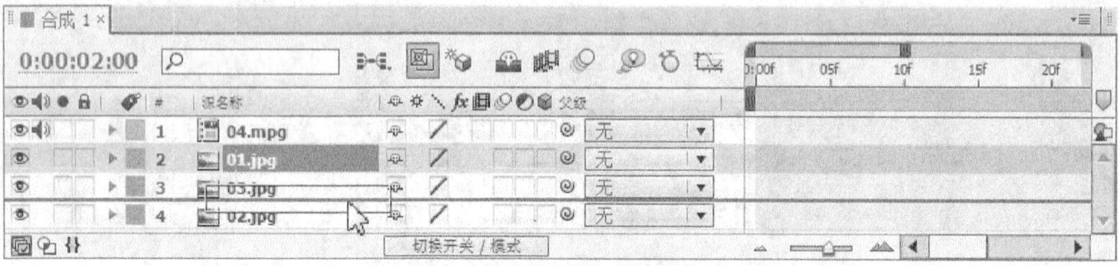

图 2-32

⊙ 在“时间线”窗口中选择层，通过菜单和快捷键移动上下层位置。

⊙ 选择“图层 > 排列 > 图层移动最前”命令，或按<Ctrl>+<Shift>+<]>组合键将层移到最上方。

⊙ 选择“图层 > 排列 > 图层前移”命令，或按<Ctrl>+<] >组合键将层往上移一层。

⊙ 选择“图层 > 排列 > 图层后移”命令，或按<Ctrl>+<[>组合键将层往下移一层。

⊙ 选择“图层 > 排列 > 图层移动最后”命令，或按<Ctrl>+<Shift>+<[>组合键将层移到最下方。

2.2.4　复制层和替换层

1. 复制层的方法一

⊙ 选中层，选择“编辑 > 复制”命令，或按<Ctrl>+<C>组合键复制层。

⊙ 选择“编辑 > 粘贴”命令，或按<Ctrl>+<V >组合键粘贴层，粘贴出来的新层将保持开始所选层的所有属性。

2. 复制层的方法二

⊙ 选中层，选择“编辑 > 副本”命令，或按<Ctrl>+<D>组合键快速复制层。

3. 替换层的方法一

⊙ 在“时间线”窗口中选择需要替换的层，在“项目”窗口中，按住<Alt>键的同时，拖曳替换的新素材到“时间线”窗口，如图 2-33 所示。

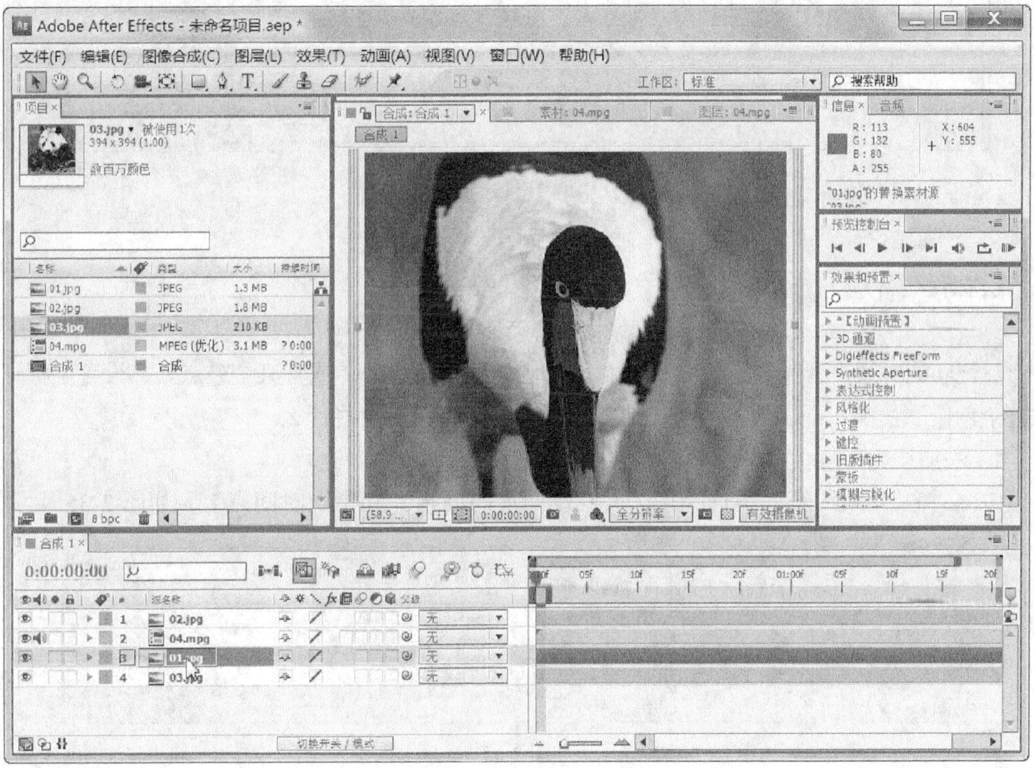

图 2-33

4. 替换层的方法二

⊙ 在“时间线”窗口中选择需要替换的层上单击鼠标右键，在弹出菜单中选择“显示项目流程图中的图层”命令，打开“流程图”窗口。

⊙ 在“项目”窗口中，拖曳替换的新素材到流程图窗口中目标层图标上方，如图 2-34 所示。

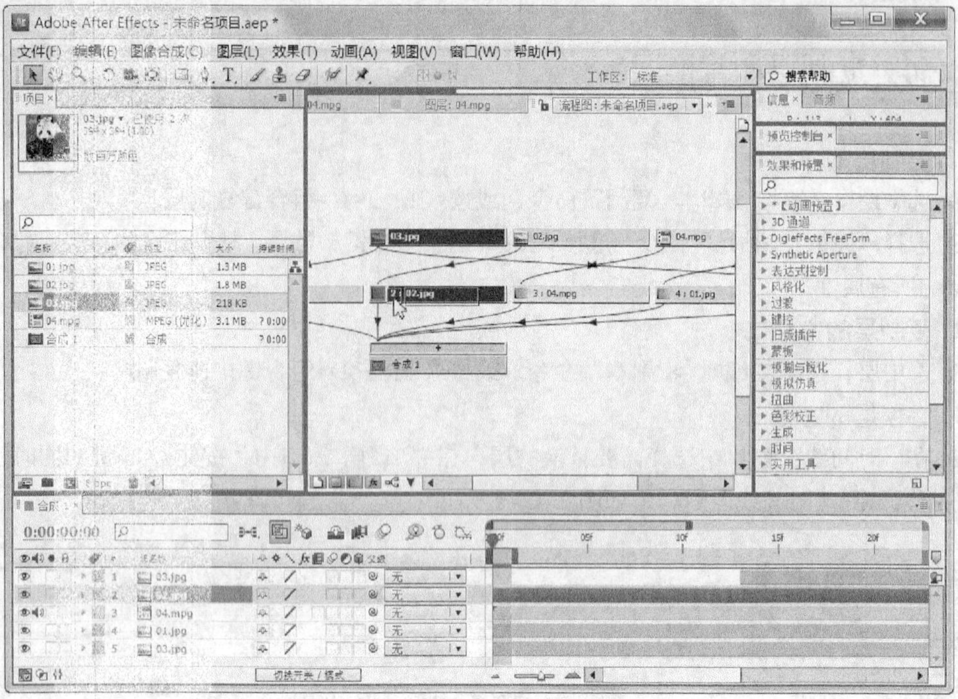

图 2-34

2.2.5 给层加标记

标记功能对于声音来说有着特殊的意义，例如某个高音处，或者某个鼓点处，设置层标记，在整个创作过程中，可以快速而准确地知道某个时间位置发生些什么。

1. 添加层标记

⊙ 在“时间线”窗口中选择层，并移动当前时间指针到指定时间点上，如图 2-35 所示。

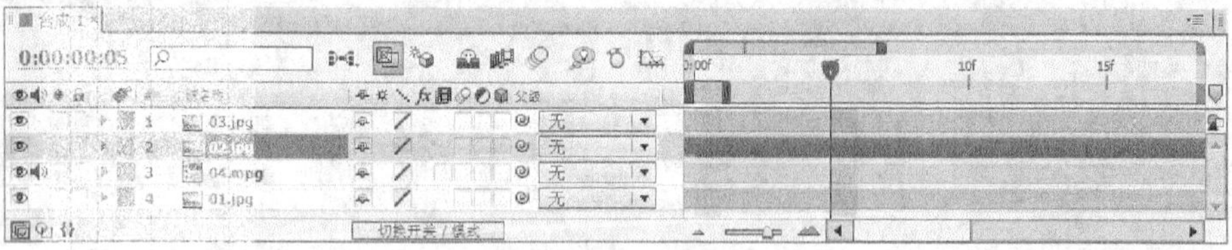

图 2-35

⊙ 选择“图层 > 添加标记”命令，或按数字键盘上的<*>键实现层标记的添加操作，如图 2-36 所示。

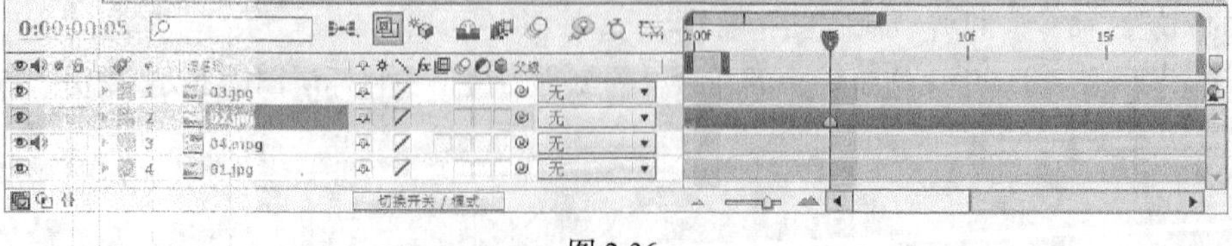

图 2-36

提示　在视频创作过程中，视觉画面总是与音乐匹配的，选择背景音乐层，按数字键盘上的<0>键预听音乐。注意一边听一边在音乐变化时按数字键盘上的<*>键设置标记作为后续动画关键帧位置参考，停止音乐播放后将呈现所有标记。

按数字键盘上的<0>键预听音乐的默认时间只有 30s，可以选择“编辑 ＞ 首选项 ＞预览”命令，弹出“首选项”对话框，调整“音频预演”设置中的“持续时间”选项，延长音频预听时间，如图 2-37 所示。或选择“图像合成 ＞ 预览 ＞ 音频预演（从当前处开始）”命令，或“图像合成 ＞ 预览 ＞ 音频预演（工作区域栏）”命令，延长音频预览时间。

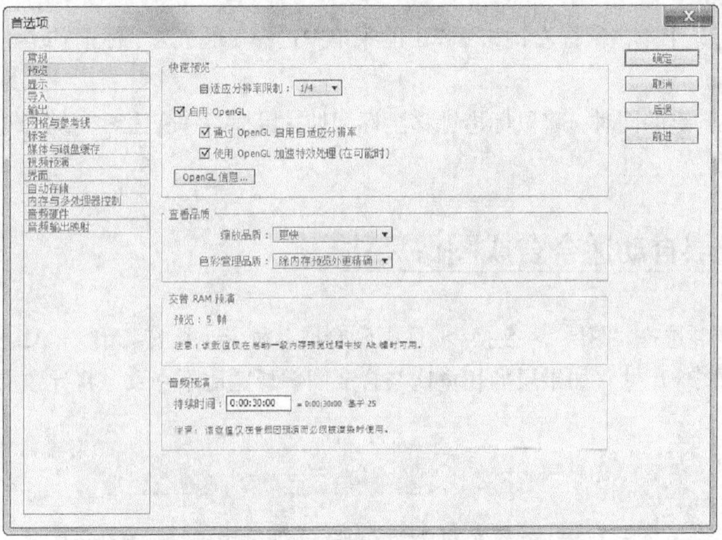

图 2-37

2. 修改层标记

单击并拖曳层标记到新的时间位置上即可；或双击层标记，打开“图层标记”对话框，并在“时间”输入框中输入目标时间，精确修改层标记的时间位置，如图 2-38 所示。

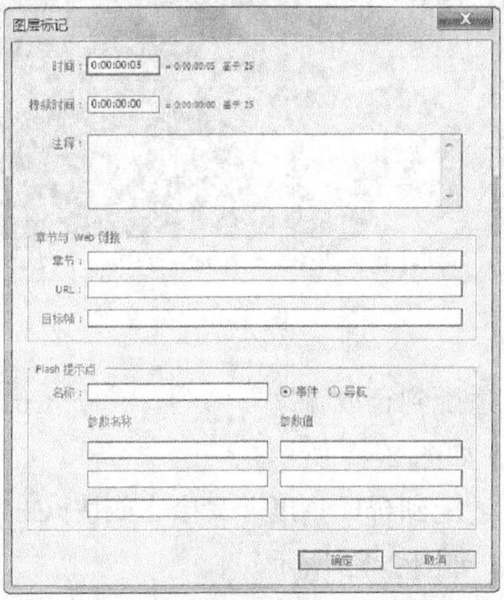

图 2-38

另外，为了更好地识别各个标记，可以给标记添加注释。双击标记，在打开的“图层标记”对话框的“注释”处输入说明文字，例如“从现在开始”，如图 2-39 所示。

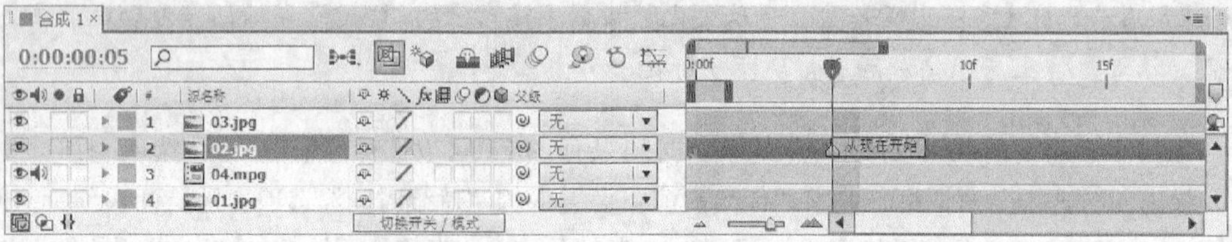

图 2-39

3. 删除层标记

⊙ 在目标标记上单击鼠标右键，在弹出的菜单中选择“删除这个标记”或者“删除所有标记”命令。

⊙ 按住<Ctrl>键的同时，将鼠标指针移至标记处，鼠标指针变为✂（剪刀）符号时，单击鼠标即可删除标记。

2.2.6 让层自动适合合成图像尺寸

⊙ 选择图层，选择“图层 > 变换 > 适配到合成”命令，或按<Ctrl>+<Alt>+<F>组合键实现层尺寸完全配合图像尺寸，如果层的长宽比与合成图像长宽比不一致，将导致层图像变形，如图 2-40 所示。

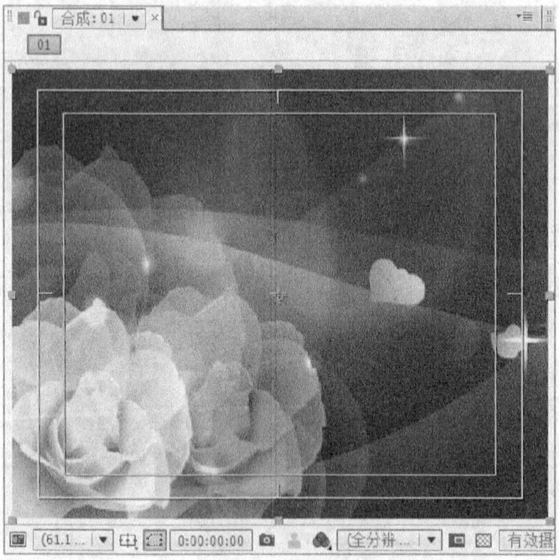

图 2-40

⊙ 选择“图层 > 变换 > 适配到合成宽度”命令，或按<Ctrl>+<Alt>+<Shift>+<H>组合键实现层宽与合成图像宽适配命令，如图 2-41 所示。

⊙ 选择“图层 > 变换 > 适配到合成高度”命令，或按<Ctrl>+<Alt>+<Shift>+<G>组合键实现层高与合成图像高适配命令，如图 2-42 所示。

图 2-41

图 2-42

2.2.7　层与层对齐和自动分布功能

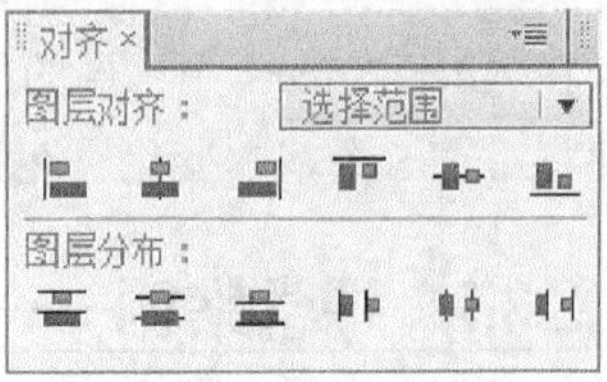

图 2-43

选择“窗口 > 对齐”命令，打开“对齐”面板，如图 2-43 所示。

“对齐”面板上的按钮第一行从左到右分别为：“水平方向左对齐”按钮 、“水平方向居中”按钮 、“水平方向右对齐”按钮 、“垂直方向上对齐”按钮 、“垂直方向居中”按钮 、“垂直方向下对齐”按钮 。第二行从左到右分别为：“垂直方向上分布”按钮 、“垂直方向居中分布”按钮 、“垂直方向下分布”按钮 、“水平方向左分布”按钮 、“水平方向居中分布”按钮 和“水平方向右分布”按钮 。

⊙ 在“时间线”窗口，同时选中 1~3 层所有文本层，选择第 1 层，按住<Shift>键的同时选择第 3 层，如图 2-44 所示。

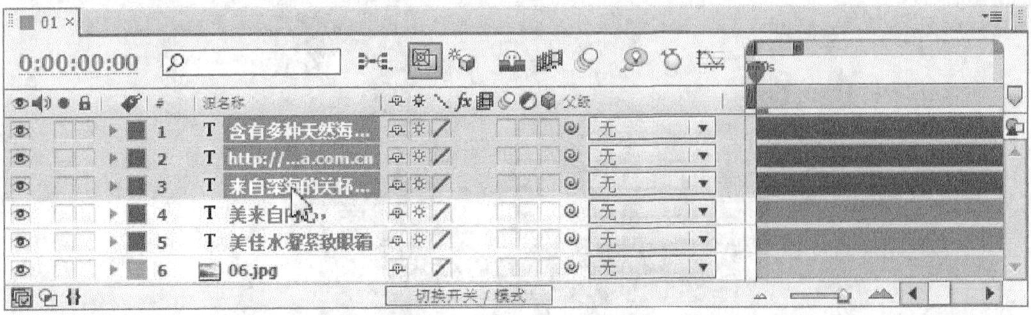

图 2-44

⊙ 单击“对齐”面板中的“水平方向左对齐”按钮 ，将所选中的层左端对齐；再次单击“垂直方向居中分布”按钮 ，以“合成”预览窗口画面位置最上层和最下层为基准，平均分布中间两层，达到垂直间距一致，如图 2-45 所示。

图 2-45

2.3 层的 5 个基本变化属性和关键帧动画

在 After Effects 中，层的 5 个基本变化属性分别是：定位点、位置、缩放、旋转和透明度。下面将对这 5 个基本变化属性和关键帧动画进行讲解。

2.3.1 课堂案例——海上热气球

案例学习目标：学习使用层的 5 个属性和关键帧动画。

案例知识要点：使用“导入”命令导入素材；使用“缩放”选项、“旋转”选项、“位置”选项制作热气球动画；使用“自动定向”命令、“阴影”命令制作投影和自动转向效果。海上热气球效果如图 2-46 所示。

效果所在位置：光盘\Ch02\海上热气球. aep。

图 2-46

1. 导入素材

（1）按<Ctrl>+<N>组合键，弹出“图像合成设置”对话框，在“合成组名称”选项的文本框中输入“海上热气球”，其他选项的设置如图 2-47 所示，单击“确定”按钮，创建一个新的合成“海上热气球”。选择“文件 > 导入 > 文件”命令，弹出“导入文件”对话框，选择光盘中的“Ch02 \海上热气球\ (Footage) \”中的“01”、“02”和“03”文件，单击“打开”按钮，导入图片，如图 2-48 所示。

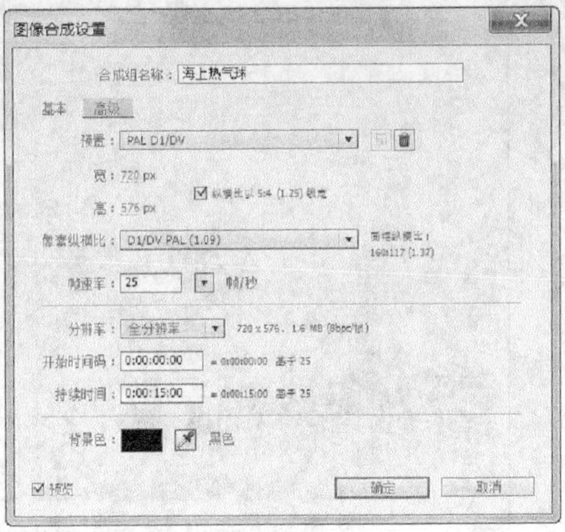

图 2-47

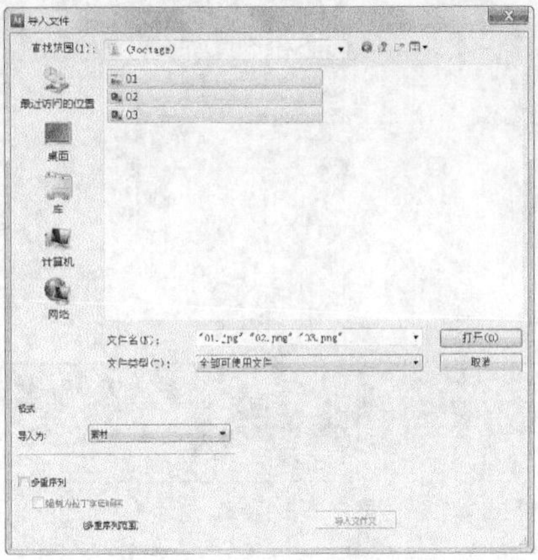

图 2-48

（2）在“项目”面板中选择“01”和“02”文件并将其拖曳到“时间线”面板中，如图 2-49 所示。合成窗口中的效果如图 2-50 所示。

图 2-49

图 2-50

2. 编辑瓢虫动画

（1）选中“02”文件，按<S>键展开“缩放”属性，设置“缩放”选项的数值为 30，如图 2-51 所示。合成窗口中的效果如图 2-52 所示。

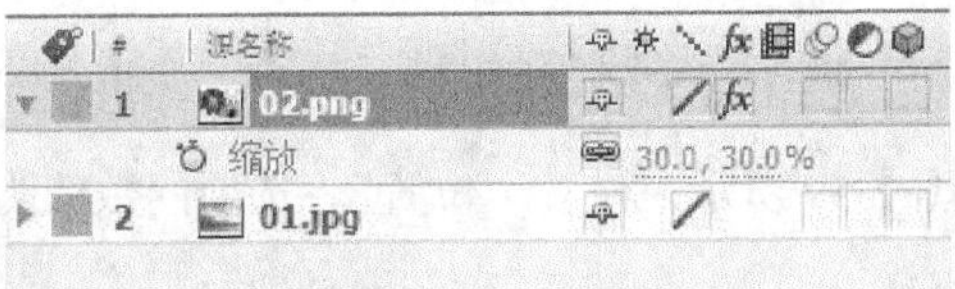

图 2-51

图 2-52

（2）选中“02”文件，按<R>键展开“旋转”属性，设置“旋转”选项的数值为 0、-16，如图 2-53 所示。合成窗口中的效果如图 2-54 所示。

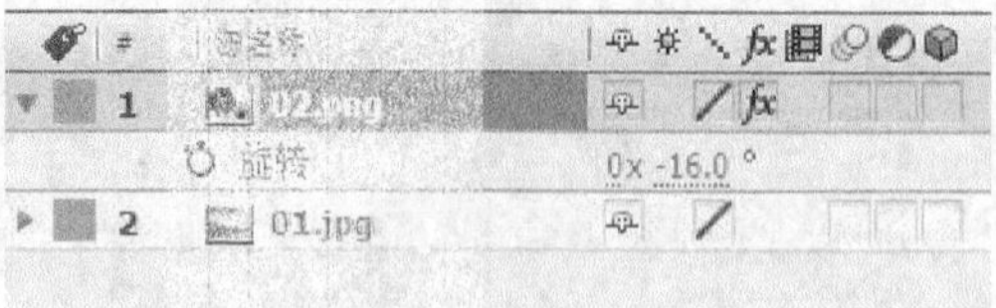

图 2-53

图 2-54

（3）选中“02”文件，按<P>键展开“位置”属性，设置“位置”选项的数值为 641.4、106.6，如图 2-55 所示。合成窗口中的效果如图 2-56 所示。

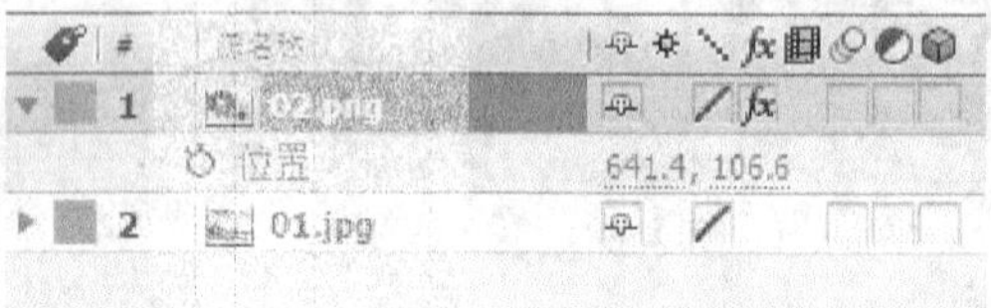

图 2-55

图 2-56

（4）选中“02”文件，在“时间线”面板中将时间标签放置在 0 s 的位置，如图 2-57 所示，单击“位置”选项前面的“关键帧自动记录器”按钮，如图 2-58 所示，记录第 1 个关键帧。

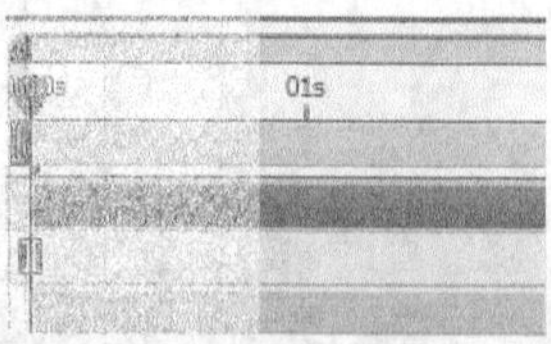

图 2-57

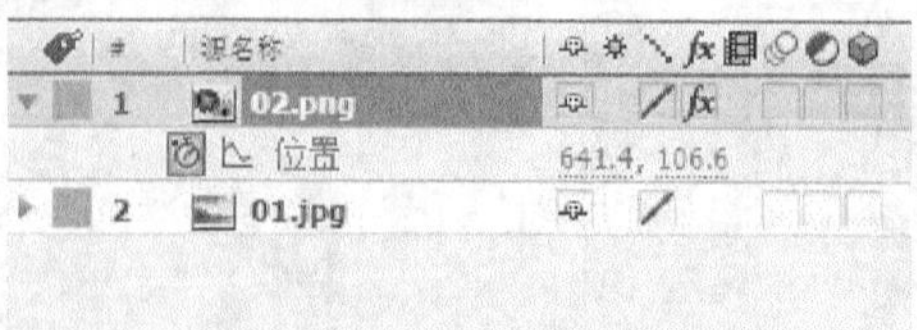

图 2-58

（5）将时间标签放置在 14:24s 的位置，如图 2-59 所示，设置“位置” 选项的数值为 53.3、108.8，如图 2-60 所示，记录第 2 个关键帧。

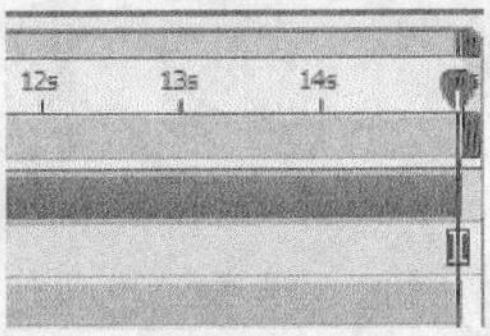

图 2-59

图 2-60

（6）将时间标签放置在 5s 的位置，选择“选择”工具，在合成窗口中选中热气球，拖动到如图 2-61 所示的位置，记录第 3 个关键帧。将时间标签放置在 10s 的位置，选择“选择”工具，在合成窗口中选中热气球，拖动到如图 2-62 所示的位置，记录第 4 个关键帧。

图 2-61

图 2-62

（7）选中“02”文件，选择“图层 > 变换 > 自动定向”命令，弹出“自动定向”对话框，在对话框中选择“沿路径方向设置”选项，如图 2-63 所示，单击“OK”按钮。合成窗口中的效果如图 2-64 所示。

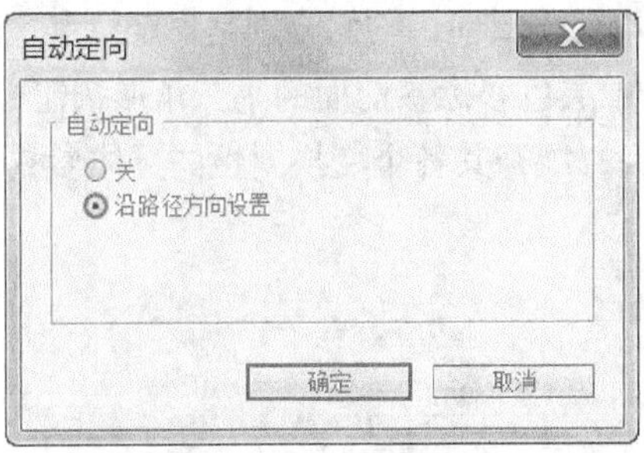

图 2-63

图 2-64

（8）选中“02”文件，选择“效果 > 透视 > 阴影”命令，在“特效控制台”面板中进行参数设置，如图 2-65 所示。合成窗口中的效果如图 2-66 所示。

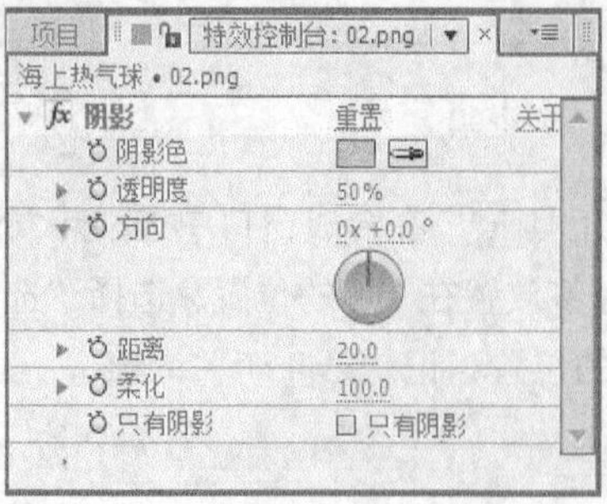

图 2-65

图 2-66

（9）在“项目”面板中选择“03”文件并将其拖曳到“时间线”面板中，如图 2-67 所示。按照上述方法制作“03”文件。海上热气球制作完成，如图 2-68 所示。

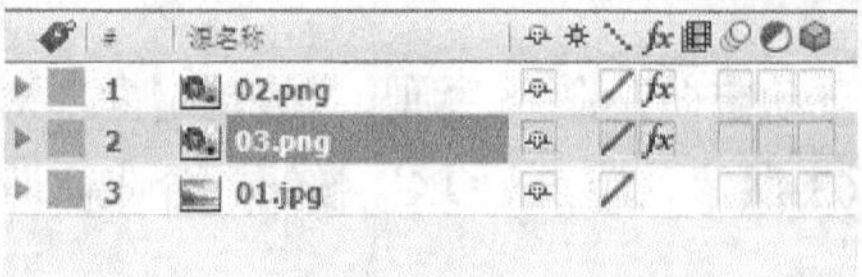

图 2-67

图 2-68

2.3.2　了解层的 5 个基本变化属性

除了单独的音频层以外，各类型层至少有 5 个基本变化属性，它们分别是：定位点、位置、缩放、旋转和透明度。可以通过单击“时间线”窗口中层色彩标签前面的小三角形按钮▸展开变换属性标题，再次单击“变换”左侧的小三角形按钮▸，展开其各个变换属性的具体参数，如图 2-69 所示。

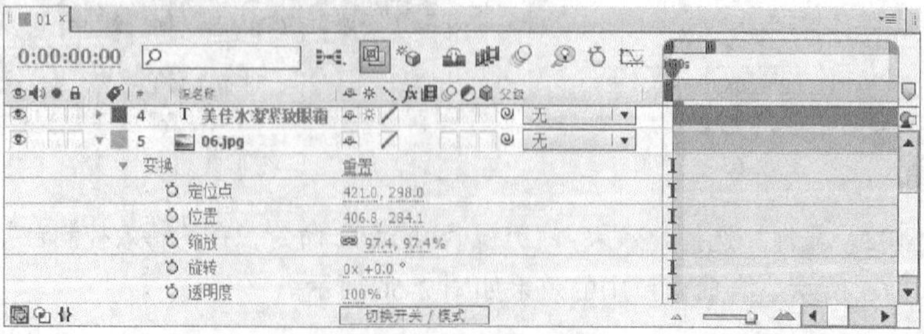

图 2-69

1. 定位点属性

无论一个层的面积多大，当其位置移动、旋转和缩放时，都是依据一个点来操作的，这个点就是定位点。

选择需要的层，按<A>键打开“定位点”属性，如图 2-70 所示。以定位点为基准，如图 2-71 所示。例如，在旋转操作时，如图 2-72 所示。在缩放操作时，如图 2-73 所示。

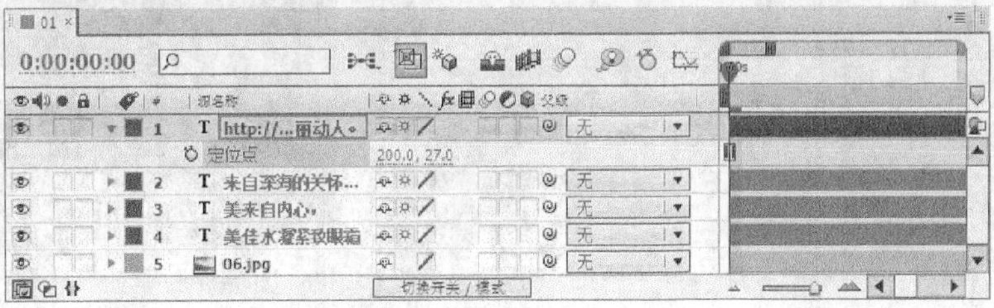

图 2-70

图 2-71

图 2-72

图 2-73

2. 位置属性

选择需要的层，按<P>键打开“位置”属性，如图 2-74 所示。以定位点为基准，如图 2-75 所示，在层的位置属性后方的数字上拖曳鼠标（或单击输入需要的数值），如图 2-76 所示。

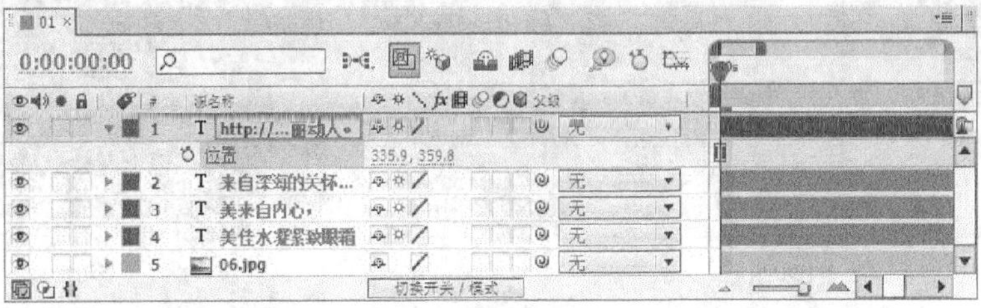

图 2-74

图 2-75

松开鼠标，效果如图 2-77 所示。普通二维层的位置属性由 x 轴向和 y 轴向两个参数组成，如果是三维层则由 x 轴向、y 轴向和 z 轴向 3 个参数组成。

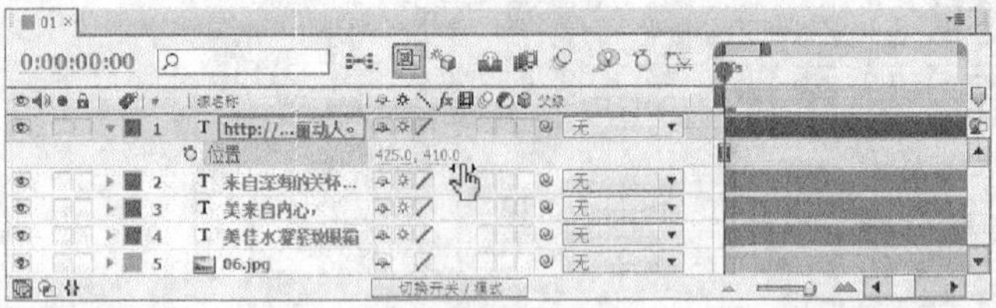

图 2-76

图 2-77

提示 在制作位置动画时，为了保持移动时的方向性，可以通过选择“图层 > 变换 > 自动定向”命令，打开“自动定向”对话框，选择“沿路径方向设置”选项。

3. 缩放属性

选择需要的层，按<S>键打开“缩放”属性，如图 2-78 所示。以定位点为基准，如图 2-79 所示，在层的缩放属性后方的数字上拖曳鼠标（或单击输入需要的数值），如图 2-80 所示。松开鼠标，效果如图 2-81 所示。普通二维层缩放属性由 x 轴向和 y 轴向两个参数组成，如果是三维层则由 x 轴向、y 轴向和 z 轴向 3 个参数组成。

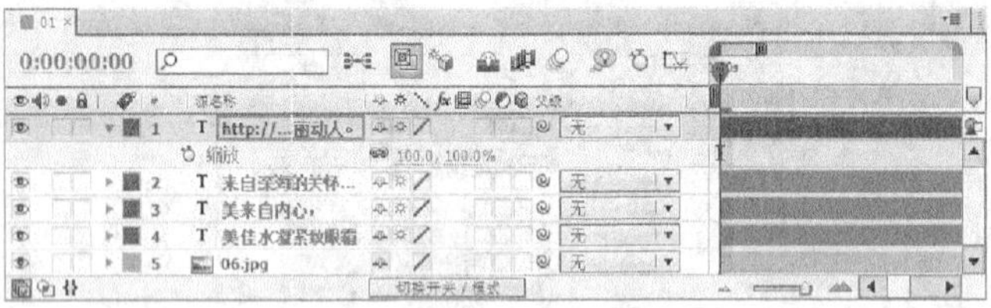

图 2-78

图 2-79

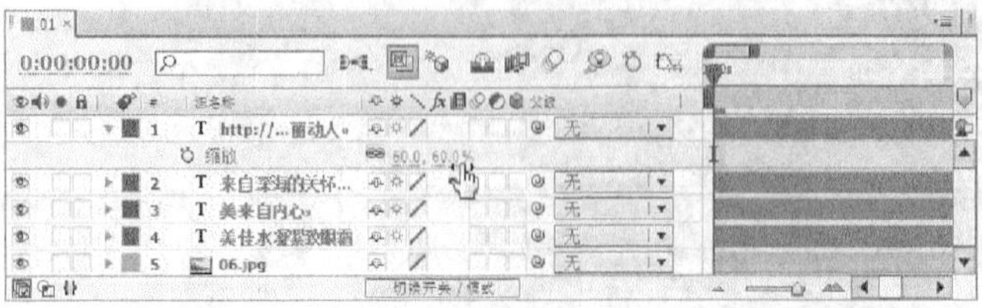

图 2-80

图 2-81

4. 旋转属性

选择需要的层，按<R>键打开“旋转”属性，如图 2-82 所示。以定位点为基准，如图 2-83 所示，在层的旋转属性后方的数字上拖曳鼠标（或单击输入需要的数值），如图 2-84 所示。松开鼠标，效果如图 2-85 所示。普通二维层旋转属性由圈数和度数两个参数组成，例如“1×+180°”。

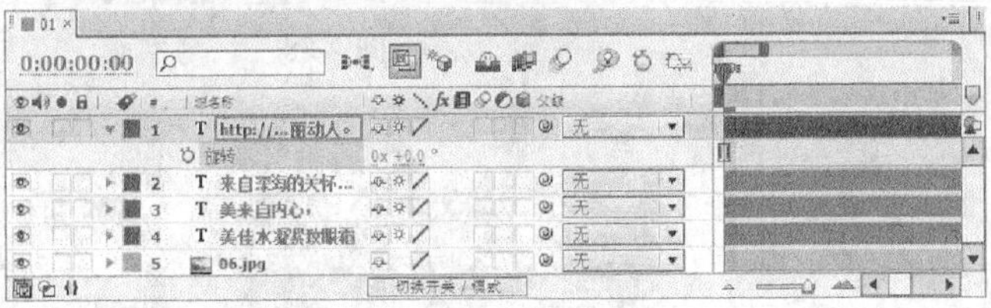

图 2-82

图 2-83

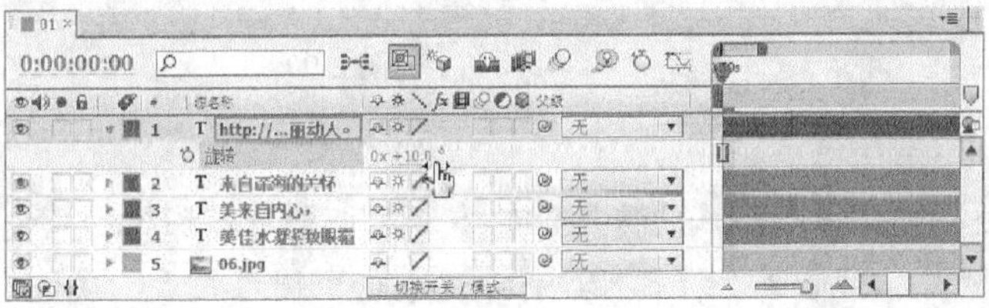

图 2-84

图 2-85

如果是三维层，旋转属性将增加为 4 个：方向可以同时设定 x、y、z 3 个轴向，X 轴旋转仅调整 x 轴向旋转、Y 轴旋转仅调整 y 轴向旋转、Z 轴旋转仅调整 z 轴向旋转，如图 2-86 所示。

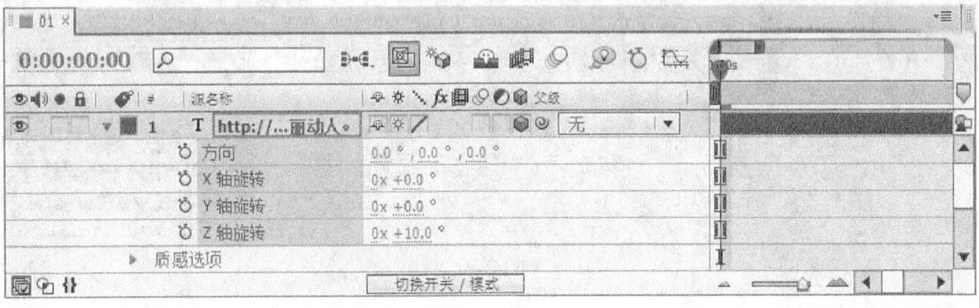

图 2-86

5. 透明度属性

选择需要的层，按<T>键打开“透明度”属性，如图 2-87 所示。以定位点为基准，如图 2-88 所示，在层的不透明属性后方的数字上拖曳鼠标（或单击输入需要的数值），如图 2-89 所示。松开鼠标，效果如图 2-90 所示。

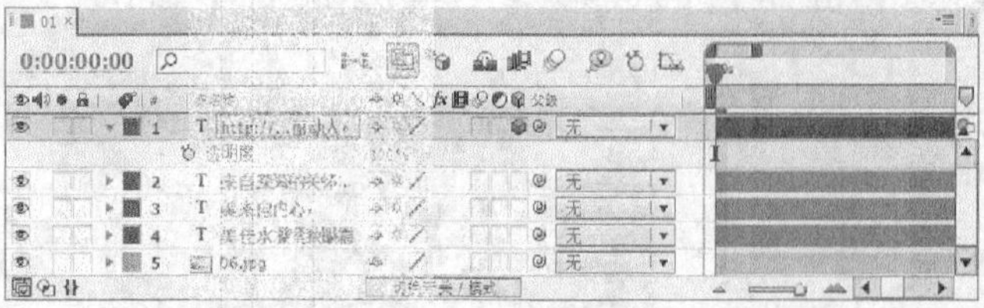

图 2-87

图 2-88

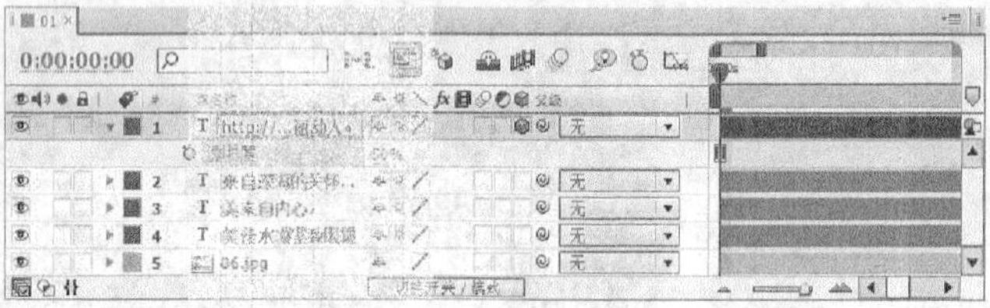

图 2-89

图 2-90

提示 可以通过按住<Shift>键的同时按下显示各属性的快捷键的方法，达到自定义组合显示属性的目的。例如，只想看见层的“位置”和“透明度”属性，可以通过选取图层之后，按<P>键，然后再按住<Shift>键的同时，按<T>键完成，如图 2-91 所示。

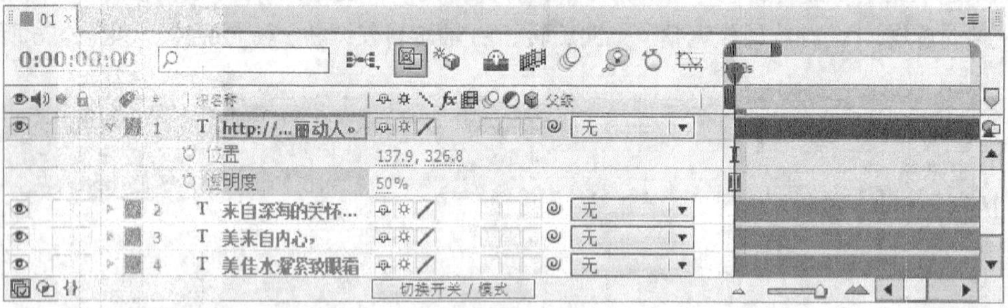

图 2-91

2.3.3 利用位置属性制作位置动画

选择“文件 > 打开项目”命令，或按<Ctrl>+<O>组合键，选择光盘目录下的“基础素材素材\Ch02\移动的月亮.aep”文件，如图 2-92 所示，单击“打开”按钮，打开此文件。

图 2-92

在“时间线”窗口选择第一层，按<P>键，展开层的“位置”属性，确定当前时间指针处于第 0 帧，调整位置属性的 x 值和 y 值分别为 603 和 251，如图 2-93 所示。或选择“选择”工具，在“合成”窗口将第二层移动到画面的左上角位置，如图 2-94 所示。单击“位置”属性名称前的“时间称表变化”按钮，开始自动记录位置关键帧信息。

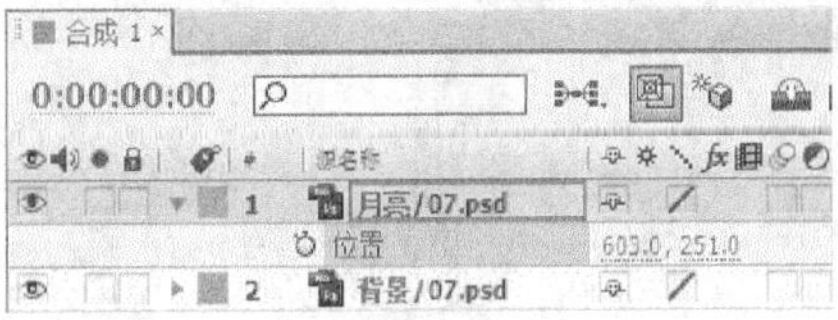

图 2-93

图 2-94

提示　按<Alt> +<Shift>+<P>组合键也可以实现上述操作，此快捷键可以实现在任意地方添加或删除位置属性关键帧的操作。

移动当前时间指针到 0:00:03:00 位置，调整“位置”属性的 x 值和 y 值分别为 86 和 107，或选择“选择”工具，在“合成”窗口将第一层移动到画面的左上角位置，在“时间线”窗口当前时间下“位置”属性自动添加一个关键帧，如图 2-95 所示。并在“合成”窗口中显示出动画路径，如图 2-96 所示。按<0>键，进行动画内存预览。

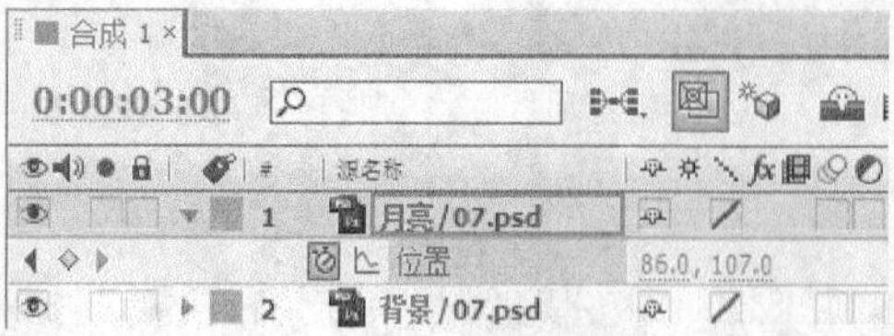

图 2-95

图 2-96

1. 手动方式调整“位置”属性

⊙ 选择“选择”工具，直接在“合成”窗口中拖动层。

⊙ 在“合成”窗口中拖动层时，按住<Shift>键，以水平或垂直方向移动层。

⊙ 在“合成”窗口中拖动层时，按住<Alt>+<Shift>组合键，将使层的边逼近合成图像边缘。

⊙ 以一个像素点移动层可以使用上、下、左、右 4 个方向键实现；以 10 个像素点移动可以在按住<Shift>键的同时按下上、下、左、右 4 个方向键实现。

2. 数字方式调整“位置”属性

⊙ 当光标呈现形状时，在参数值上按下并左右拖动鼠标可以修改值。

⊙ 单击参数将会出现输入框，可以在其中输入具体数值。输入框也支持加减法运算，例如可以输入“+20”，在原来的轴向值上加上 20 个像素，如图 2-97 所示；如果是减法，则输入“360－20”。

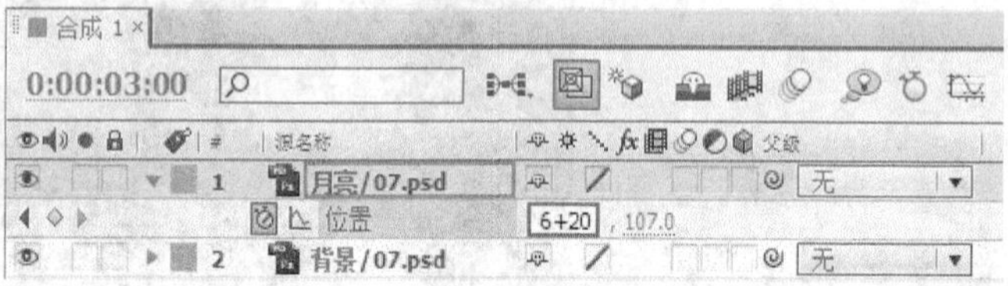

图 2-97

⊙ 在属性标题或参数值上单击鼠标右键，在弹出的菜单中，选择“编辑数值”命令，或按<Ctrl>+<Shift>+<P>组合键，打开参数数值对话框。在该对话框中可以调整具体参数值，并且可以选择调整所依据的尺寸，如像素、英寸、毫米、%（源百分比）、%（合成百分比），如图 2-98 所示。

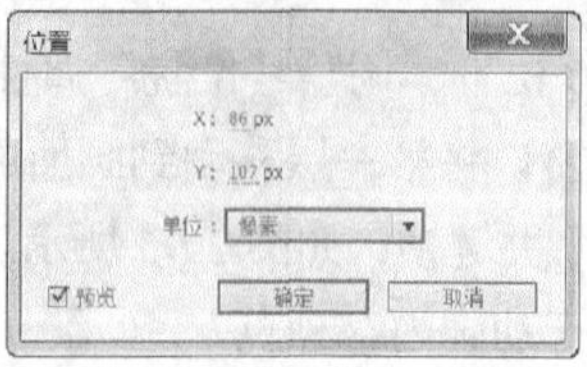

图 2-98

2.3.4　加入“缩放”动画

在“时间线”窗口中，选择第一层，在按住<Shift>键的同时按<S>键，展开层的“缩放”属性，如图 2-99 所示。

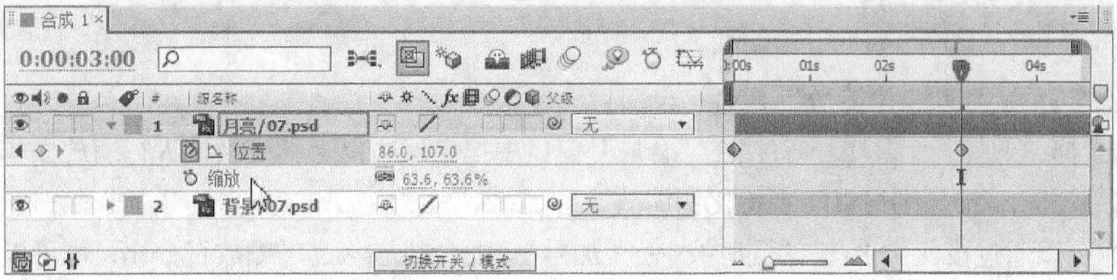

图 2-99

返回到第 0 帧处，将 x 轴向和 y 轴向缩放值调整为 50%。或者选择“选择”工具，在“合成”窗口拖曳层边框上的变换框进行缩放操作，如图 2-100 所示。

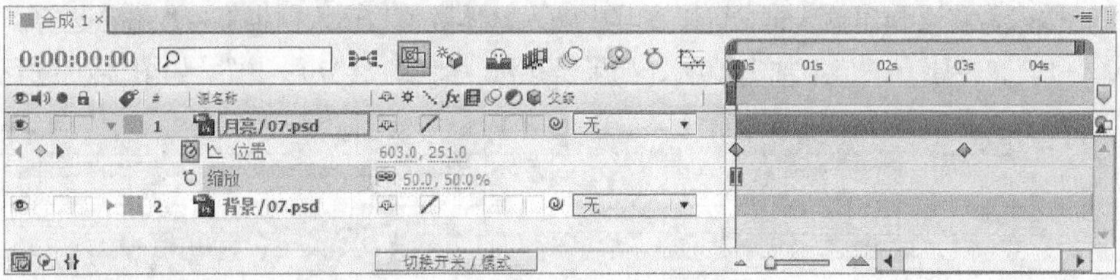

图 2-100

如果同时按下<Shift>键则可以实现等比缩放，还可以通过观察“信息”面板和“时间线”窗口中的“缩放”属性了解表示具体缩放程度的数值，如图 2-101 所示。单击“缩放”属性名称前的“关键帧自动记录器”按钮，开始记录缩放关键帧信息。

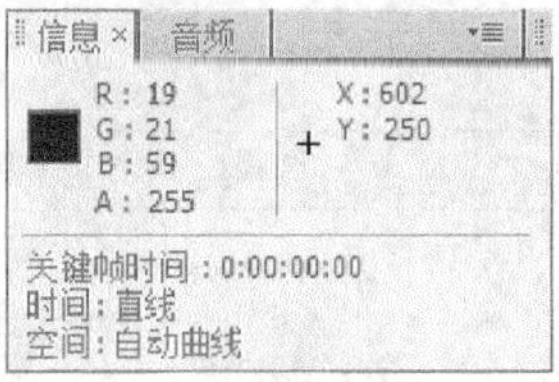

图 2-101

提示　按<Alt>+<Shift>+<S>组合键也可以实现上述操作，此快捷键还可以实现在任意地方添加或删除缩放属性关键帧的操作。

移动当前时间指针到 0:00:03:00 位置，将 x 轴向和 y 轴向缩放值都调整为 70%。“时间线”窗口当前时间下“缩放”属性会自动添加一个关键帧，如图 2-102 所示。按<0>键，进行动画内存预览。

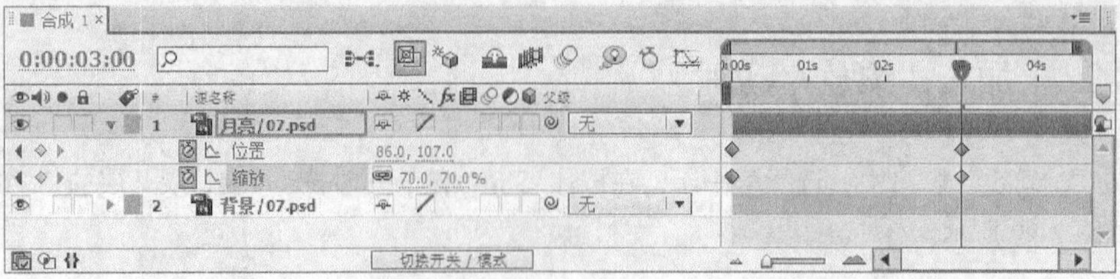

图 2-102

1. 手动方式调整“缩放”属性

⊙选择“选择”工具，直接在“合成”窗口中拖曳层边框上的变换框进行缩放操作，如果同时按住<Shift>键，则可以实现等比例缩放。

⊙ 可以通过按住<Alt>键的同时按<+>（加号）键实现以 1%递增缩放百分比，也可以通过按住<Alt>键的同时按<－>（减号）键实现以 1%递减缩放百分比；如果要以 10%为递增或者递减调整，只需要在按下上述快捷键的同时再按<Shift>键即可，例如<Shift>+ <Alt>+<－>组合键。

2. 数字方式调整“缩放”属性

⊙ 当光标呈现形状时，在参数值上按下并左右拖动鼠标可以修改缩放值。

⊙ 单击参数将会弹出输入框，可以在其中输入具体数值。输入框也支持加减法运算，例如可以输入“+10”，在原有的值上加上 10%，如果是减法，则输入“70－10”，如图 2-103 所示。

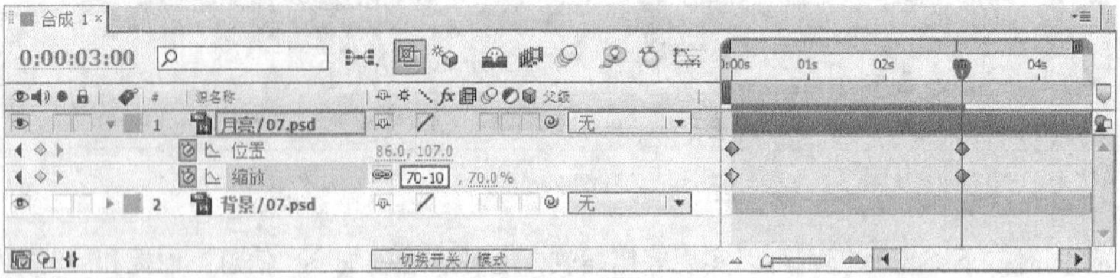

图 2-103

⊙ 在属性标题或参数值上单击鼠标右键，在弹出的菜单中选择“编辑数值”命令，在弹出的对话框中进行设置，如图 2-104 所示。

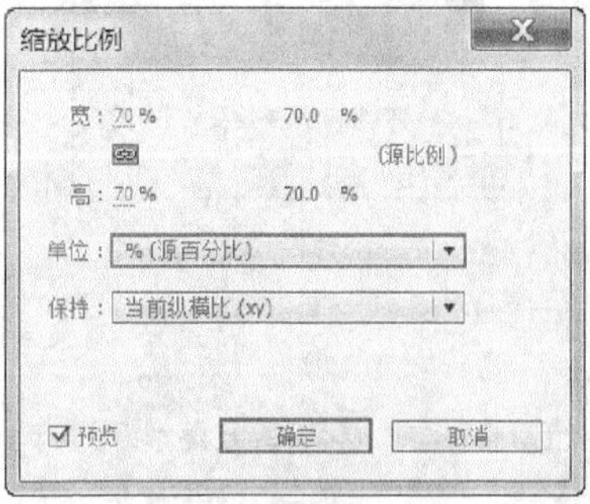

图 2-104

提示 如果使缩放值变为负值，将实现图像翻转特效。

2.3.5　制作“旋转”动画

在“时间线”窗口中，选择第一层，在按住<Shift>键的同时按<R>键，展开层的“旋转”属性，如图 2-105 所示。

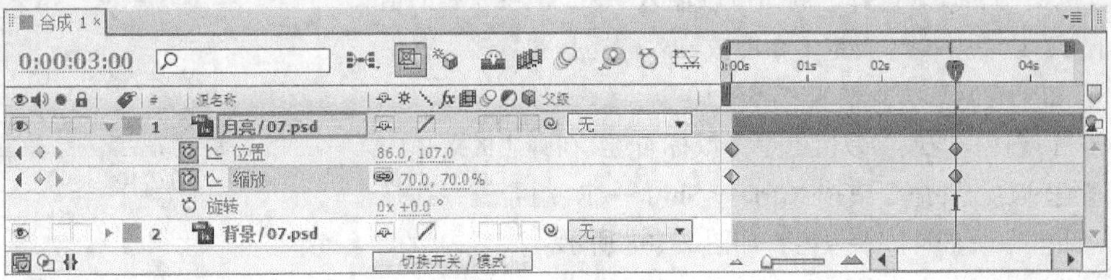

图 2-105

返回到第 0 帧处，单击“旋转”属性名称前的“关键帧自动记录器”按钮，开始记录旋转关键帧信息。

提示 按<Alt> + <Shift> +<R>组合键也可以实现上述操作，此快捷键还可以实现在任意地方添加或删除旋转属性关键帧的操作。

移动当前时间指针到 0:00:03:00 位置，调整旋转值为“0×+180°”，旋转半圈，如图 2-106 所示。或者选择“旋转”工具，在“合成”窗口以顺时针方向旋转图层，同时可以通过观察“信息”面板和“时间线”窗口中的“旋转”属性了解具体旋转圈数和度数，如图 2-107 所示。按<0>键，进行动画内存预览。

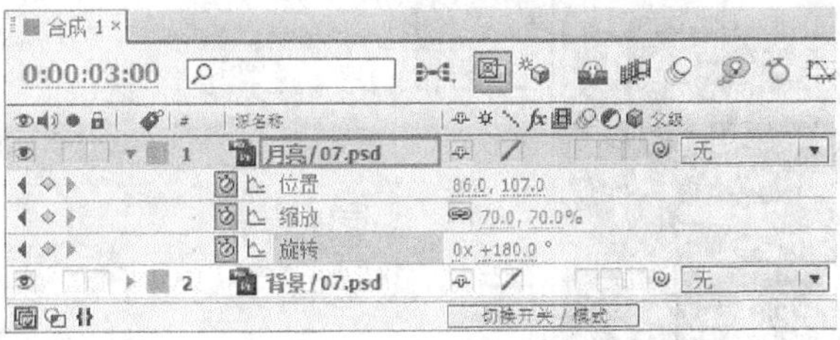

图 2-106

图 2-107

1. 手动方式调整“旋转”属性

⊙选择“旋转”工具，在“合成”窗口以顺时针方向或者逆时针方向旋转图层，如果同时按住<Shift>键，将以 45°为调整幅度。

⊙ 可以通过数字键盘的<+>（加号）键实现以 1°顺时针方向旋转层，也可以通过数字键盘<->（减号）键实现以 1° 逆时针方向旋转层；如果要以 10° 旋转调整层，只需要在按下上述快捷键的同时再按下<Shift>键即可，例如<Shift>+数字键盘的<->组合键。

2. 数字方式调整“旋转”属性

⊙ 当光标呈现形状时，在参数值上按下并左右拖动鼠标可以修改。

⊙ 单击参数将会弹出输入框，可以在其中输入具体数值。输入框也支持加减法运算，例如可以输入“+2”，在原有的值上加上 2° 或者 2 圈（新定于在度数输入框还是圈数输入框中输入）；如果是减法，则输入“45 - 10”。

⊙ 在属性标题或参数值上单击鼠标右键，在弹出的菜单中选择“编辑数值”命令或按<Ctrl>+<Shift>+<R>组合键，在弹出的对话框中调整具体参数值，如图 2-108 所示。

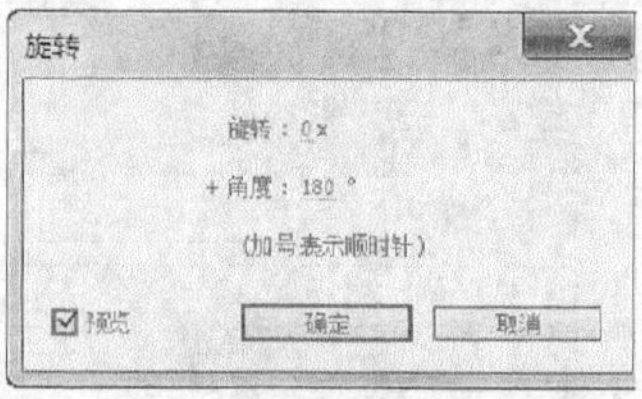

图 2-108

2.3.6 了解“定位点”的功用

在“时间线”窗口中，选择第一层，在按住<Shift>键的同时按<A>键，展开层的“定位点”属性，如图 2-109 所示。

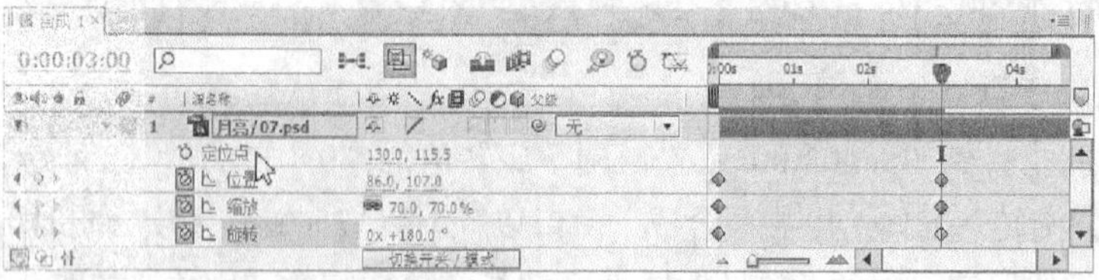

图 2-109

改变“定位点”属性中的第一个值设为 150，或者选择“定位点”工具，在“合成”窗口单击并移动定位点，同时通过观察“信息”面板和“时间线”窗口中的“定位点”属性值了解具体位置移动参数，如图 2-110 所示。按<0>键，进行动画内存预览。

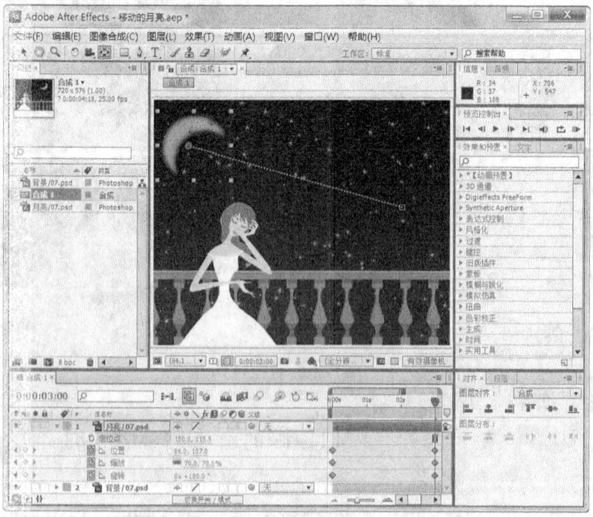

图 2-110

提示　定位点的坐标是相对于层，而不是相对于合成图像的。

1. 手动方式调整“定位点”

⊙选择“定位点”工具，在“合成”窗口单击并移动轴心点。

⊙ 在“时间线”窗口中双击层，将层的“图层”预览窗口中打开，选择“选择”工具或者选择“定位点”工具，单击并移动轴心点，如图 2-111 所示。

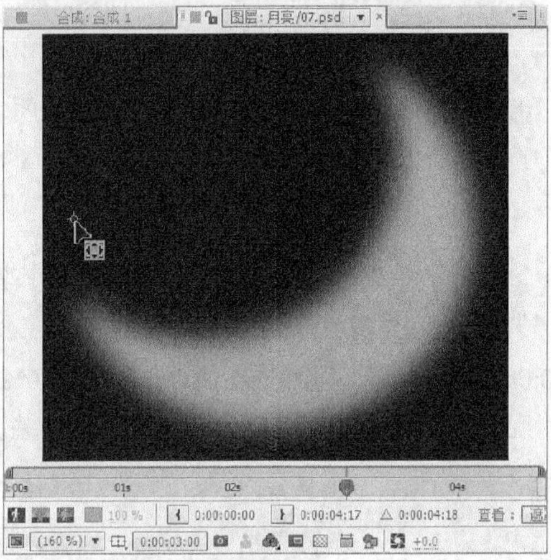

图 2-111

2. 数字方式调整“定位点”

⊙ 当光标呈现形状时，在参数值上按下并左右拖动鼠标可以修改。

⊙ 单击参数将会弹出输入框，可以在其中输入具体数值。输入框也支持加减法运算，例如可以输入“+30”，在原有的值上加上 30 像素；如果是减法，则输入“360－30”。

⊙ 在属性标题或参数值上单击鼠标右键，在弹出的菜单中选择“编辑数值”命令，打开参数数值对话框调整具体参数值，如图 2-112 所示。

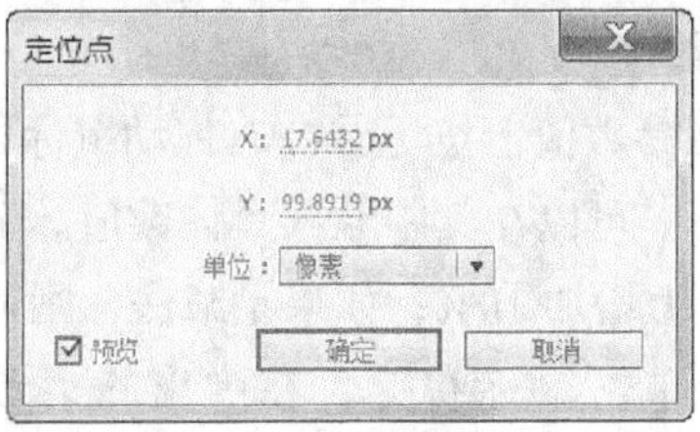

图 2-112

2.3.7　添加“透明度”动画

在“时间线”窗口中，选择第一层，在按住<Shift>键的同时按<T>键，展开层的“透明度”属性，如图 2-113 所示。

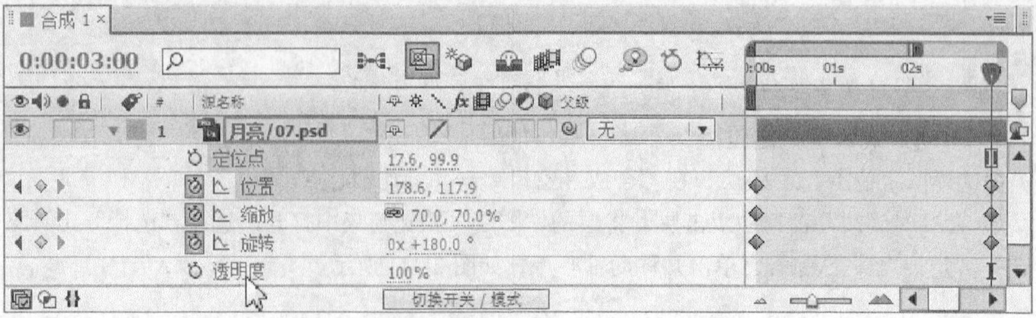

图 2-113

返回到第 0 帧处，将透明度属性值调整为 100%，使层完全透明。单击“透明度”属性名称前的“关键帧自动记录器”按钮，开始记录不透明关键帧信息。

提示

按<Alt>+<Shift>+<T>组合键也可以实现上述操作，此快捷键还可以实现在任意地方添加或删除不透明属性关键帧的操作。

移动当前时间指针到 0:00:03:00 位置，将不透明属性值调整为 0%，使层完全不透明，注意观察“时间线”窗口，当前时间下的“透明度”属性会自动添加一个关键帧，如图 2-114 所示。按<0>键，进行动画内存预览。

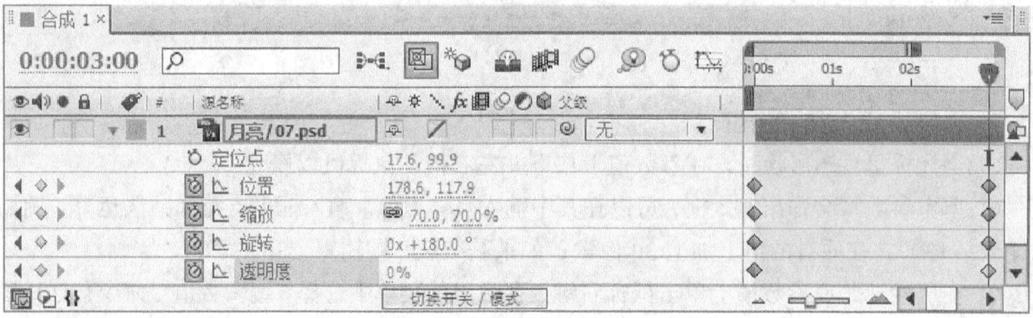

图 2-114

数字方式调整“透明度”属性

⊙ 当光标呈现形状时，在参数值上按下并左右拖动鼠标可以修改。

⊙ 单击参数将会弹出输入框，可以在其中输入具体数值。输入框也支持加减法运算，例如可以输入“+20”，就是在原有的值上增加 10%；如果是减法，则输入“100－20”。

⊙ 在属性标题或参数值上单击鼠标右键，在弹出的菜单中选择“编辑数值”命令或按<Ctrl>+<Shift>+<O>组合键，在弹出的对话框调整具体参数值，如图 2-115 所示。

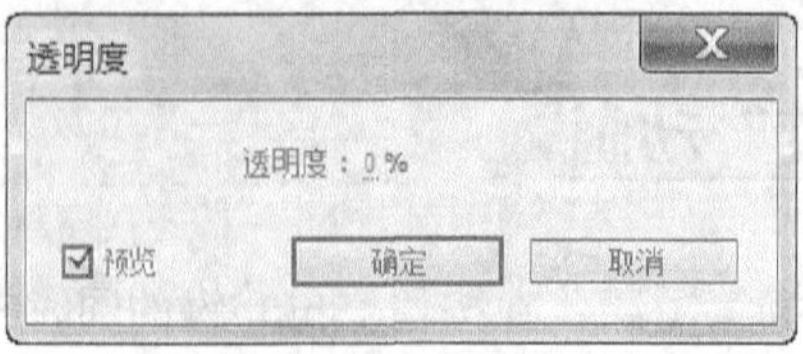

图 2-115

2.4 课堂练习——运动的线条

练习知识要点：使用“粒子运动”命令、“变换”命令、“快速模糊”命令制作线条效果；使用“缩放”属性制作缩放效果。运动的线条效果如图 2-116 所示。

效果所在位置：光盘\Ch02\运动的线条. aep。

图 2-116

2.5 课后练习——飞舞的雪花

练习知识要点：使用“固态层”命令新建层；使用“CC 下雪”命令制作雪花并添加关键帧效果。飞舞的雪花效果如图 2-117 所示。

效果所在位置：光盘\Ch02\飞舞的雪花. aep。

图 2-117

第3章 制作遮罩动画

本章主要讲解了遮罩的功能，其中包括遮罩设计图形、调整遮罩图形形状、遮罩的变换、应用多个遮罩、编辑遮罩的多种方式等。通过对本章的学习，读者可以掌握遮罩的使用方法和应用技巧，并通过遮罩功能制作出绚丽的视频效果。

课堂学习目标

- 初步了解遮罩
- 设置遮罩
- 遮罩的基本操作

3.1 初步了解遮罩

遮罩其实就是一个封闭的贝塞尔曲线所构成的路径轮廓，轮廓之内或之外的区域就是抠像的依据，如图 3-1 所示。

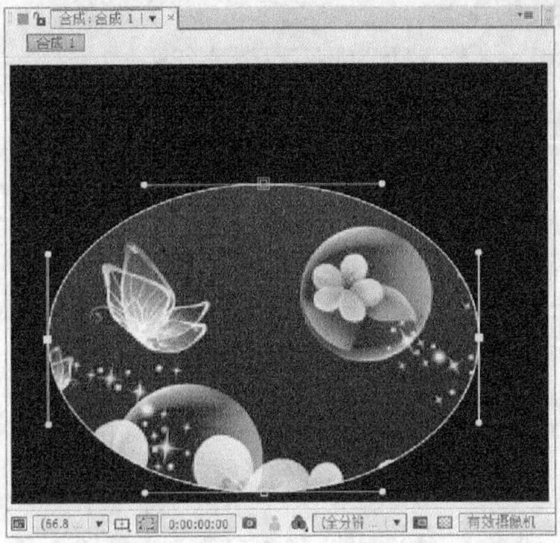

图 3-1

提示 虽然遮罩是由路径组成，但是千万不要误认为路径只是用来创建遮罩的，它还可以用在描绘勾边特效处理、沿路径制作动画特效等方面。

3.2 设置遮罩

通过设置遮罩，可以将两个以上的图层合成并制作出一个新的画面。遮罩可以在“合成”窗口中进行调整，也可以在“时间线”面板中调整。

3.2.1 课堂案例——粒子文字

案例学习目标：学习使用 Particular 制作粒子属性控制和调整遮罩图形。

案例知识要点：建立新的合成并命名；使用“横排文字工具”输入并编辑文字；使用“卡通”命令制作背景效果，将多个合成拖曳到时间线面板中，编辑形状遮罩。粒子文字效果如图 3-2 所示。

图 3-2

效果所在位置：光盘\Ch03\粒子文字.aep。

1．输入文字

（1）按<Ctrl>+<N>组合键，弹出“图像合成设置”对话框，在“合成组名称”选项的文本框中输入“文字”，其他选项的设置如图 3-3 所示，单击“确定”按钮，创建一个新的合成“文字”。

（2）选择“横排文字”工具 T，在合成窗口输入文字“诗中有画 画中有诗”，选中文字，在“文字”面板中设置文字的颜色为黑色，其他参数设置如图 3-4 所示，合成窗口中的效果如图 3-5 所示。

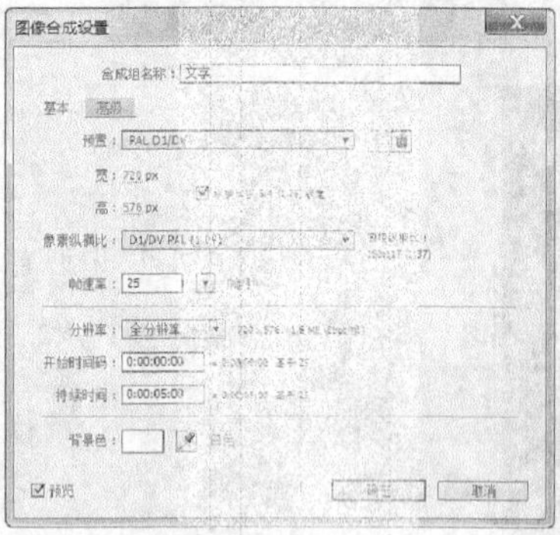

图 3-3

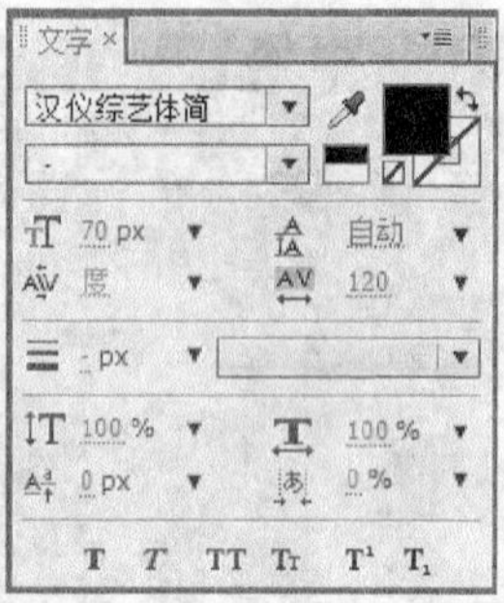

图 3-4

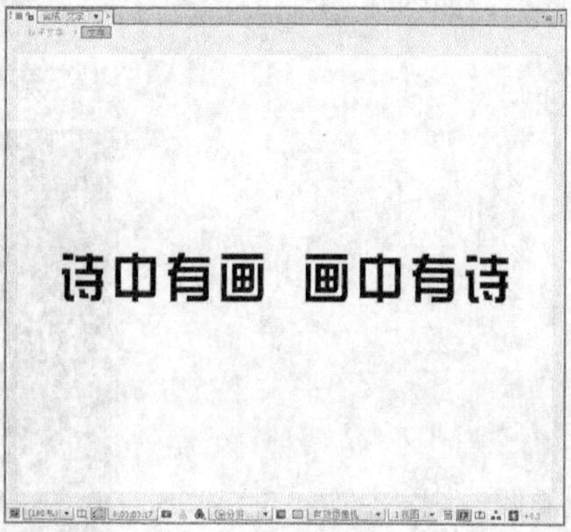

图 3-5

（3）再次创建一个新的合成并命名为“粒子文字”。选择“文件 > 导入 > 文件”命令，弹出“导入文件”对话框，选择光盘中的“Ch03\粒子文字\ (Footage)\ 01”文件，单击“打开”按钮，导入“01”文件，并将其拖曳到“时间线”面板中。选中“01”文件，选择“效果 > 风格化 > 卡通”命令，在“特效控制台”面板中进行参数设置，如图 3-6 所示。合成窗口中的效果如图 3-7 所示。

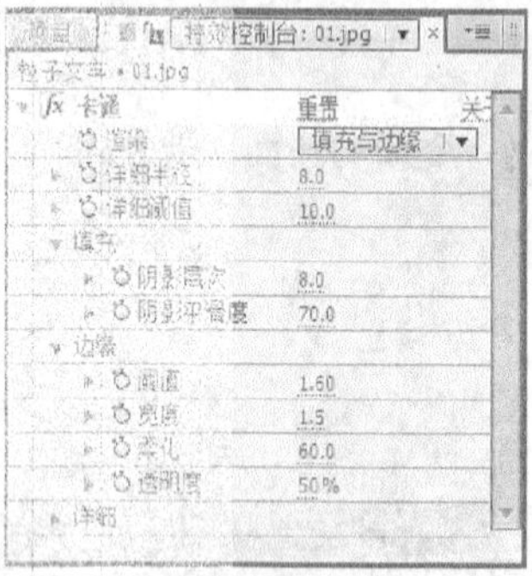

图 3-6

图 3-7

（4）在“项目”面板中选中“文字”合成并将其拖曳到“时间线”面板中，单击“文字”层前面的眼睛按钮，关闭该层的可视性，如图 3-8 所示。单击“文字”层右面的“3D 图层”按钮，打开三维属性，如图 3-9 所示。

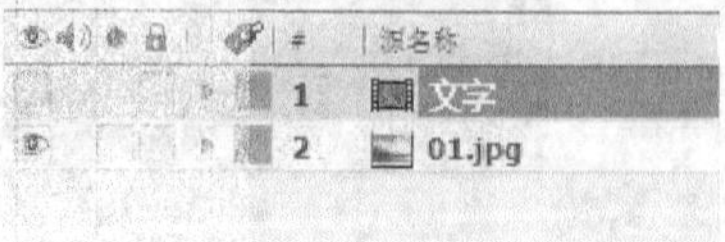

图 3-8

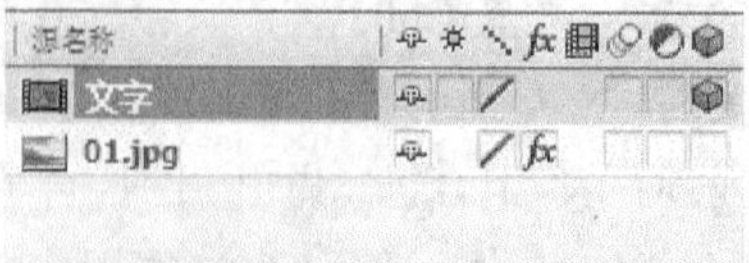

图 3-9

2. 制作粒子

（1）在当前合成中建立一个新的黑色固态层“粒子 1”。选中“粒子 1”层，选择“效果 > Trapcode > Particular”命令，展开“发射器”属性，在“特效控制台”面板中进行参数设置，如图 3-10 所示。展开“粒子”属性，在“特效控制台”面板中进行参数设置，如图 3-11 所示。

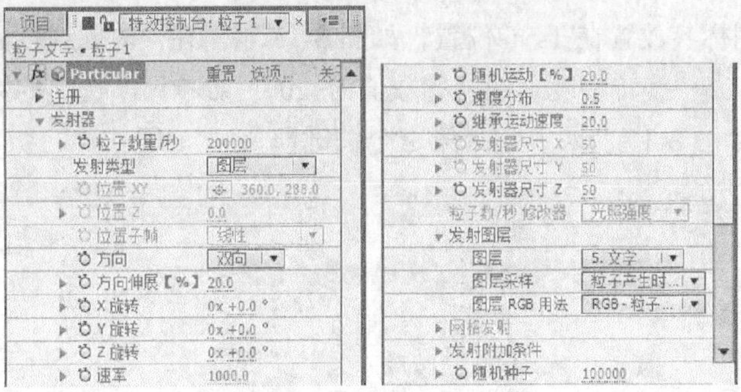

图 3-10

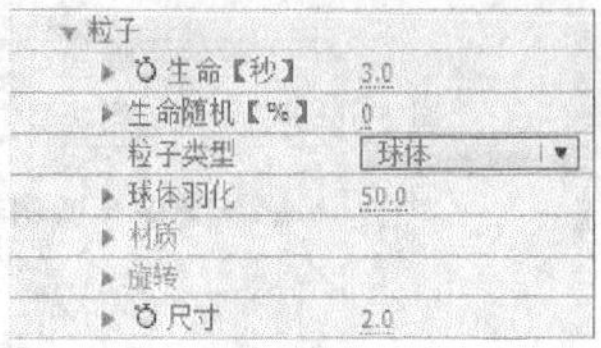

图 3-11

（2）展开“物理学”选项下的“Air”属性，在“特效控制台”面板中进行参数设置，如图 3-12 所示。展开“扰乱场”属性，在“特效控制台”面板中进行参数设置，如图 3-13 所示。

图 3-12

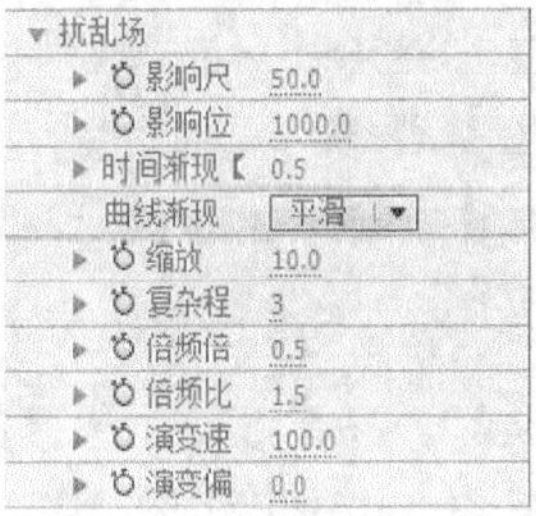

图 3-13

（3）展开“运动模糊”属性，单击“运动模糊”右边的按钮，在弹出的下拉菜单中选择“开”，如图 3-14 所示。设置完毕后，“时间轴”面板中自动添加一个灯光层，如图 3-15 所示。

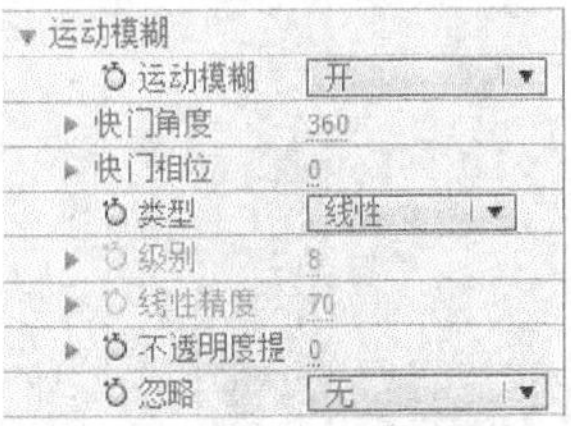

图 3-14

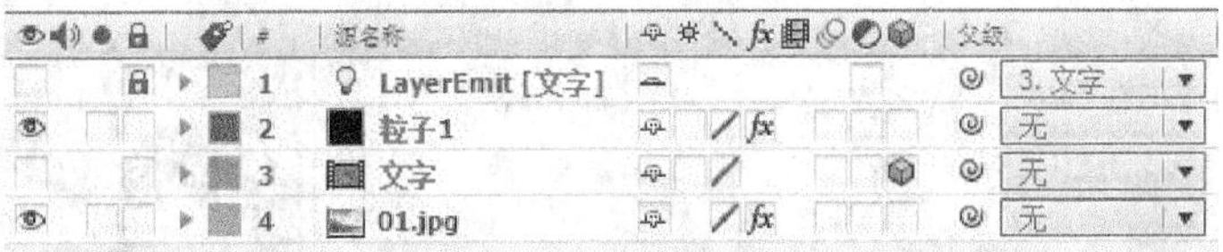

图 3-15

（4）选中“粒子 1”层，在“时间线”面板中将时间标签放置在 0 s 的位置，如图 3-16 所示。在“时间线”面板中分别单击“发射器”下的“粒子数量/秒”、“物理学/Air”下的“旋转幅度”、“扰乱场”下的“影响尺”和“影响位”选项前面的“关键帧自动记录器”按钮 ◌，如图 3-17 所示，记录第 1 个关键帧。

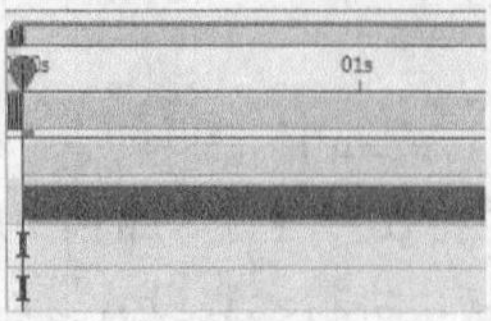

图 3-16

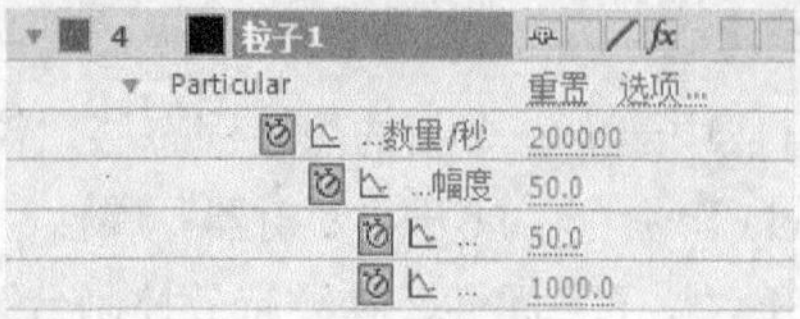

图 3-17

（5）在“时间线”面板中将时间标签放置在 1s 的位置，如图 3-18 示。在“时间线”面板中设置“粒子数量/秒”选项的数值为 0，“旋转幅度”选项的数值为 20，“影响尺”选项的数值为 20，“影响位”选项的数值为 500，如图 3-19 所示，记录第 2 个关键帧。

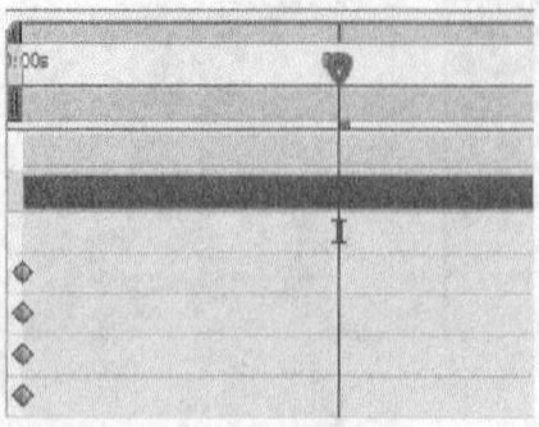

图 3-18

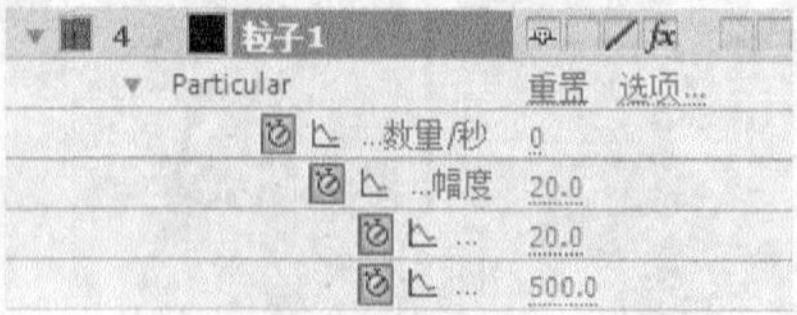

图 3-19

（6）在“时间线”面板中将时间标签放置在 3s 的位置，如图 3-20 所示。在“时间线”面板中设置“旋转幅度”选项的数值为 10，“影响尺”选项的数值为 5，“影响位”选项的数值为 5，如图 3-21 所示，记录第 3 个关键帧。

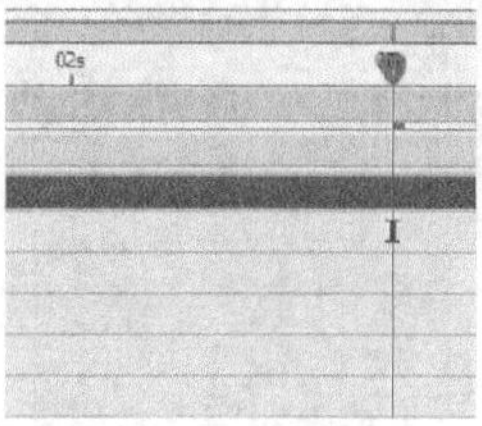

图 3-20

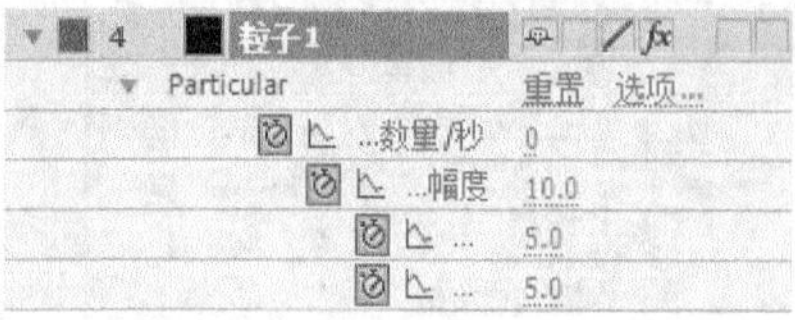

图 3-21

3．制作形状遮罩

（1）在“项目”面板中选中“文字”合成并将其拖曳到“时间线”面板中，并将时间轴拖到 2s 的位置上，如图 3-22 所示。选择“矩形遮罩”工具，在合成窗口中拖曳鼠标绘制一个矩形“遮罩”，如图 3-23 所示。

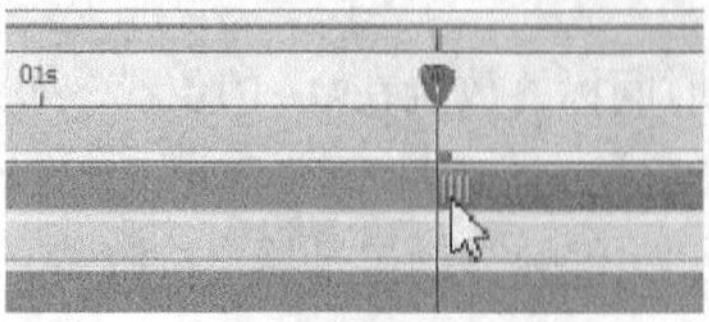

图 3-22

图 3-23

（2）选中“文字”层，按<M>键展开“遮罩”属性，如图 3-24 所示。将时间标签放置在 2s 的位置，单击“遮罩形状”选项前面的“关键帧自动记录器”按钮，记录下一个“遮罩形状”关键帧。把时间标签移动到 4s 的位置。选择“选择”工具，在合成窗口中同时选中“遮罩形状”右边的两个控制点，将控制点向右拖曳到如图 3-25 所示的位置，在 4s 的位置再次记录一个关键帧，如图 3-26 所示。

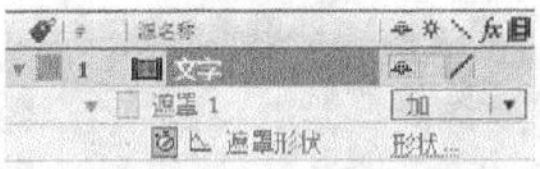

图 3-24

图 3-25

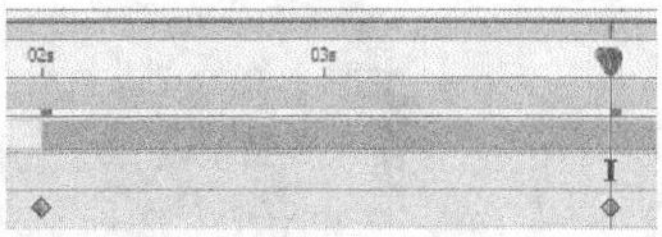

图 3-26

（3）在当前合成中建立一个新的黑色固态层“粒子 2”。选中“粒子 2”层，选择“效果 > Trapcode > Particular”命令，展开“发射器”属性，在“特效控制台”面板中进行参数设置，如图 3-27 所示。展开“粒子”属性，在“特效控制台”面板中进行参数设置，如图 3-28 所示。

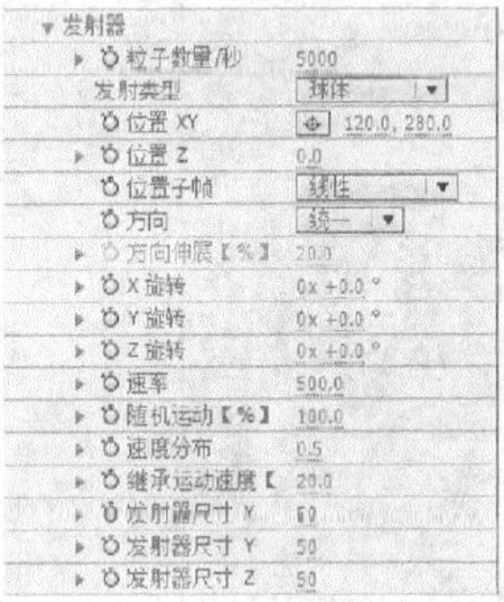

图 3-27

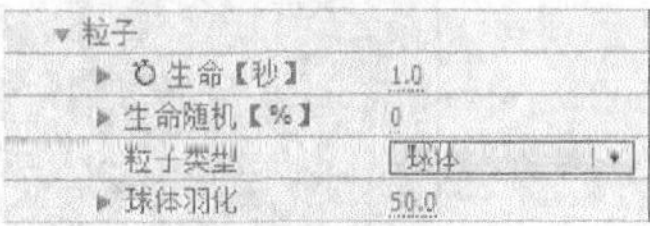

图 3-28

（4）展开“物理学”属性，设置“重力”选项的数值为−100，展开“Air”属性，在“特效控制台”面板中进行参数设置，如图 3-29 所示。展开“扰乱场”属性，在“特效控制台”面板中进行参数设置，如图 3-30 所示。

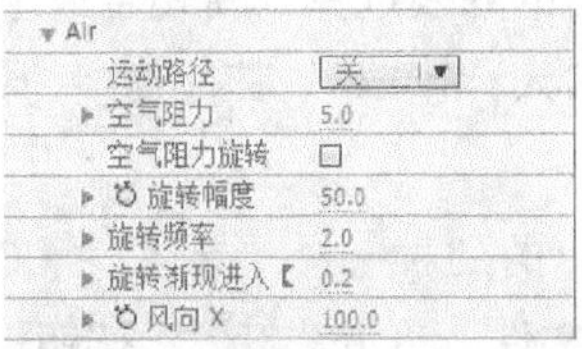

图 3-29

图 3-30

（5）展开“运动模糊”属性，单击“运动模糊”右边的按钮，在弹出的下拉菜单中选择“开”，如图 3-31 所示。

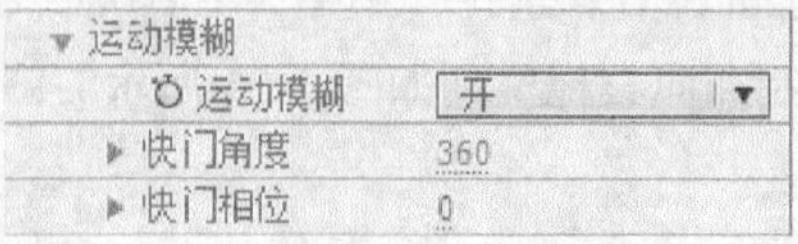

图 3-31

（6）选中“粒子 2”层并将时间轴拖到 2s 的位置上，在“时间线”面板中将时间标签放置在 2s 的位置，在“时间线”面板中分别单击“发射器”下的“粒子数量/秒”和“位置 XY”选项前面的“关键帧自动记录器”按钮，如图 3-32 所示，记录第 1 个关键帧。在“时间线”面板中将时间标签放置在 3s 的位置，在“时间轴”面板中设置“粒子数量/秒”选项的数值为 0，“位置 XY”选项的数值为 600、280，如图 3-33 所示，记录第 2 个关键帧。

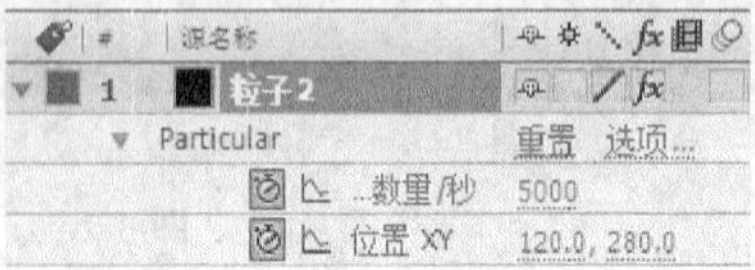

图 3-32

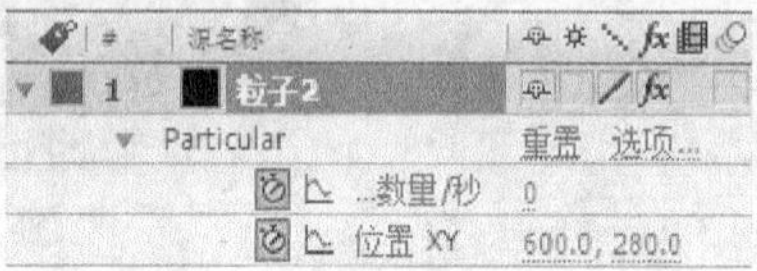

图 3-33

（7）粒子文字制作完成，如图 3-34 所示。

图 3-34

3.2.2 使用遮罩设计图形

（1）在“项目”面板中单击鼠标右键，在弹出的列表选择“新建合成组”命令，弹出“图像合成设置”对话框，在“合成组名称”文本框中输入“遮罩”，其他选项的设置如图 3-35 所示，设置完成后，单击“确定”按钮。

（2）在“项目”面板中单击鼠标右键，在弹出的列表选择“导入 > 文件”命令，在弹出的对话框中选择“基础素材\Ch03\02、03、04、05”文件，单击“打开”按钮，效果如图 3-36 所示。

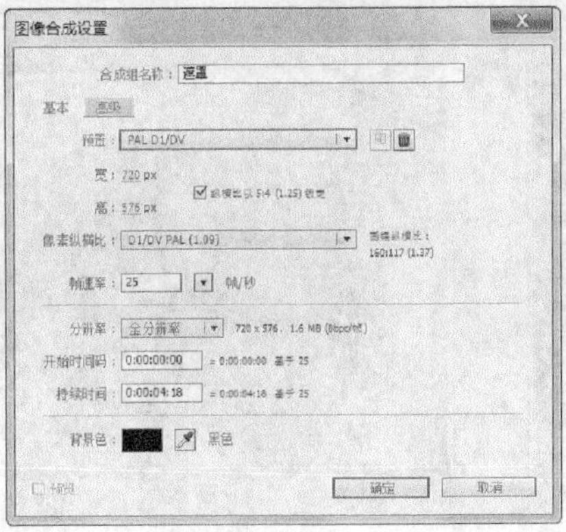

图 3-35

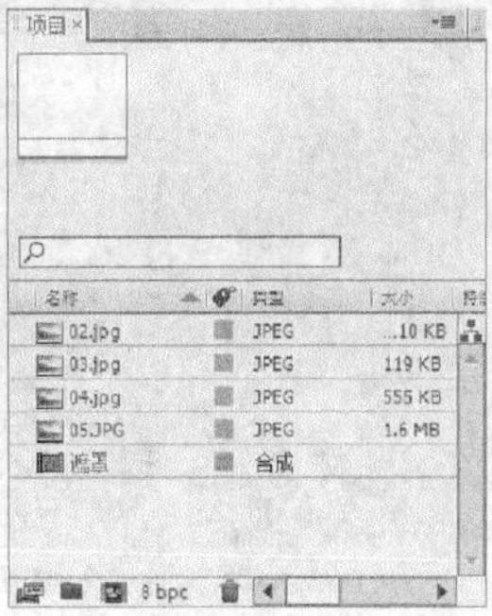

图 3-36

（3）在“时间线”面板中单击眼睛按钮，隐藏图层 1 和图层 2。选择图层 3，如图 3-37 所示，“矩形遮罩”工具，在“合成”窗口上方拖曳鼠标绘制矩形遮罩，效果如图 3-38 所示。

图 3-37

图 3-38

（4）选择图层 2，单击图层 2 前面的方框，显示该图层，如图 3-39 所示。选择“星形”工具，在“合成”窗口中下部拖曳鼠标绘制星形遮罩，效果如图 3-40 所示。

图 3-39

图 3-40

（5）选择图层 1，单击图层 1 前面的方框，显示该图层，如图 3-41 所示。选择“钢笔”工具，在“合成”窗口心形的轮廓进行绘制，如图 3-42 所示。

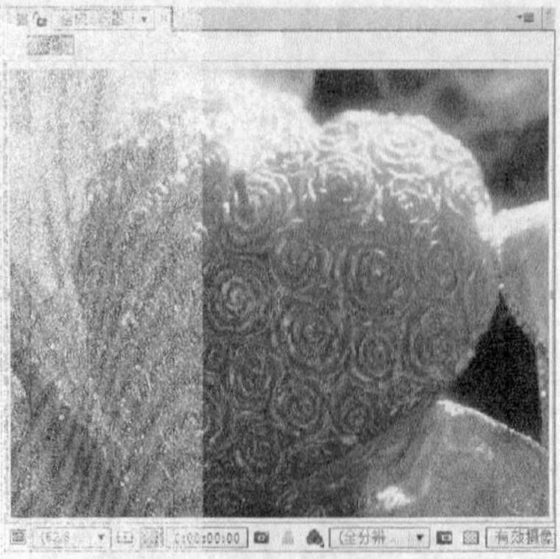

图 3-41

图 3-42

3.2.3 调整遮罩图形形状

选择“钢笔”工具，在“合成”窗口绘制遮罩图形，如图 3-43 所示。使用“顶点转换”工具。单击一个节点，则该节点处的线段转换为折角；在节点处拖曳鼠标可以拖出调节手柄，拖动调节手柄，可以调整线段的弧度，如图 3-44 所示。

图 3-43

图 3-44

使用“顶点添加”工具和“顶点清除”工具添加或删除节点。选择“顶点添加”工具，将鼠标移动到需要添加节点的线段处单击鼠标，则该线段会添加一个节点，如图 3-45 所示；选择“顶点清除”工具，单击任意节点，则节点被删除，如图 3-46 所示。

图 3-45

图 3-46

3.2.4　遮罩的变换

在遮罩边线上双击鼠标，会创建一个遮罩调节框，将鼠标移动到边框的右上角，出现旋转光标↰，拖动鼠标可以对整个遮罩图形进行旋转；将鼠标移动到边线中心点的位置，出现双向键头↕时，拖动鼠标，可以调整该边框的位置，如图 3-47、图 3-48 所示。

图 3-47

图 3-48

3.2.5　应用多个遮罩

在“项目”面板中单击鼠标右键，在弹出的列表选择“导入 > 文件”命令，在弹出的对话框中选择“基础素材\Ch03\06、07、08”文件，单击“打开”按钮，将其拖曳至时间线面板中，如图 3-49 所示。

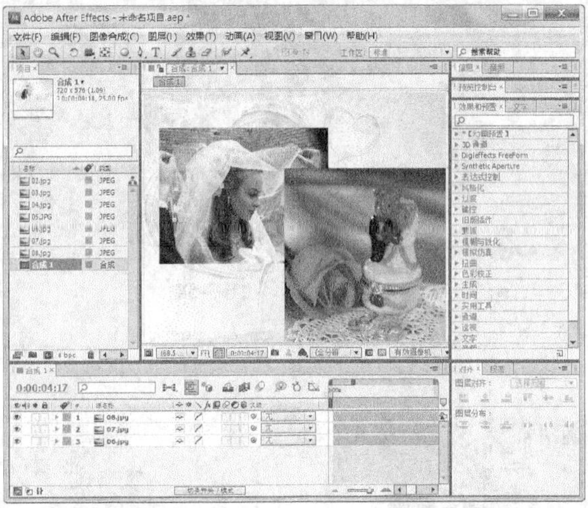

图 3-49

隐藏图层 1，选取图层 2。选择“钢笔”工具，在图片上绘制遮罩图形，利用键盘上的方向键微调遮罩的位置，如图 3-50 所示。

在“合成”窗口单击鼠标右键，在弹出的菜单中选择“遮罩 > 遮罩羽化”命令，弹出“遮罩羽化”对话框，将“水平方向”和“垂直方向”的羽化值均设为 70，如图 3-51 所示。单击“确定”按钮完成羽化设置，效果如图 3-52 所示。

图 3-50

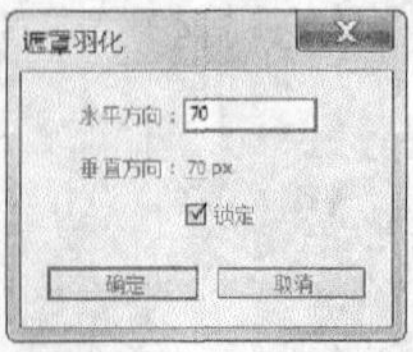

图 3-51

图 3-52

在遮罩边线上双击鼠标，创建遮罩调节框，单击鼠标右键，在弹出的菜单中选择“遮罩 > 模式 > 无”命令，隐藏遮罩，效果如图 3-53 所示。

显示并选中图层 1。选择“椭圆形遮罩”工具，绘制椭圆形遮罩图形，如图 3-54 所示。双击遮罩边线，在“合成”窗口单击鼠标右键，在弹出的菜单中选择“遮罩 > 遮罩羽化”命令，弹出“遮罩羽化”对话框，将“水平方向”和“垂直方向”的羽化值均设为 100，如图 3-55 所示。单击“确定”按钮完成羽化设置，效果如图 3-56 所示。

选择“选择”工具，双击鼠标椭圆遮罩边线，创建遮罩调节框，单击鼠标右键，在弹出的菜单中选择“遮罩 >模式 > 添加”命令，显示遮罩，效果如图 3-57 所示。

图 3-53

图 3-54

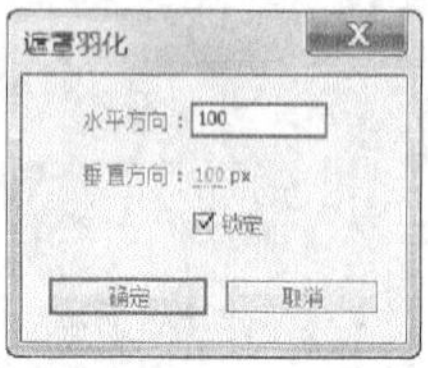

图 3-55

图 3-56

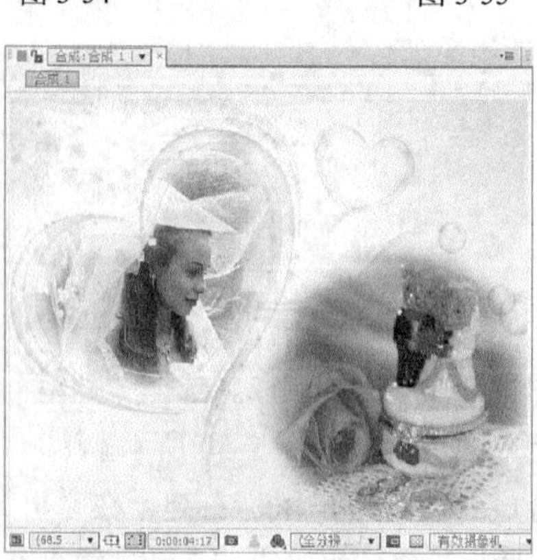

图 3-57

在“时间线”面板上将时间指针拖曳到起点的位置，选择图层 1，按<T>键，显示“透明度”属性，调整不透明度值为 0，单击“关键帧自动记录器”按钮，将时间指针拖曳到出点的位置，将不透明度值调整为 100，时间线面板状态如图 3-58 所示。

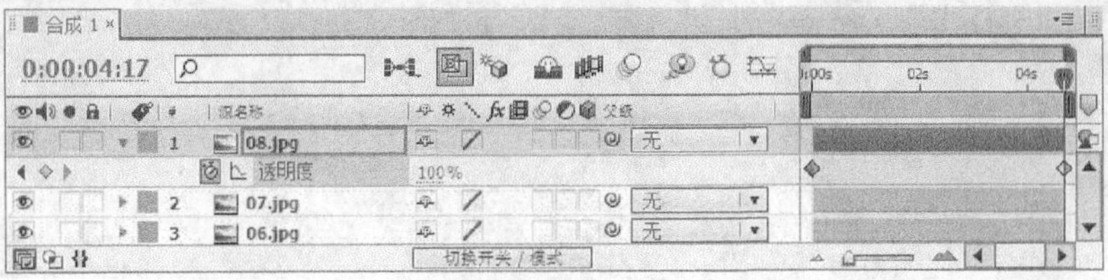

图 3-58

动画设置完成后，按<0>键开始预览动画效果，如图 3-59、图 3-60 所示。

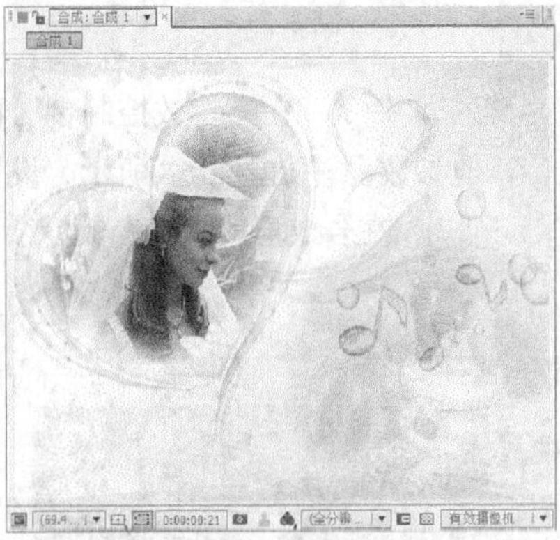

图 3-59

图 3-60

3.3 遮罩的基本操作

在 After Effects 中，可以使用多种方式来编辑遮罩，还可以在时间轴面板中调整遮罩的属性，用遮罩制作动画。下面对这些遮罩的基本操作进行详细讲解。

3.3.1 课堂案例——粒子破碎效果

案例学习目标：学习使用遮罩操作。

案例知识要点：使用“渐变”命令制作渐变效果；使用“矩形遮罩工具”制作遮罩效果；使用“碎片”命令制作图片粒子破碎效果。粒子破碎效果如图 3-61 所示。

图 3-61

效果所在位置：光盘\Ch03\粒子破碎效果. aep。

1．添加图形遮罩

（1）按<Ctrl>+<N>组合键，弹出“图像合成设置”对话框，在“合成组名称”选项的文本框中输入“渐变条”，其他选项的设置如图 3-62 所示，单击“确定”按钮，创建一个新的合成“渐变条”。选择“图层 > 新建 > 固态层”命令，弹出“固态层设置”对话框，在“名称”选项的文本框中输入“渐变条”，将“颜色”选项设置为黑色，单击“确定”按钮，在“时间线”面板中新增一个固态层，如图 3-63 所示。

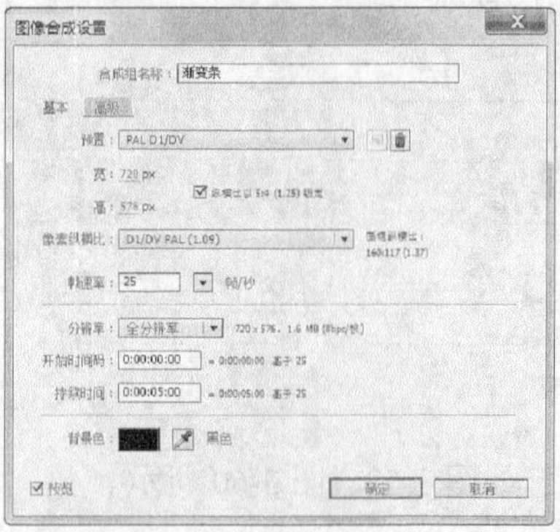

图 3-62

图 3-63

（2）选中“渐变条”层，选择“效果 > 生成 > 渐变”命令，在“特效控制台”面板中设置“开始色”的颜色为白色，“结束色”的颜色为黑色，其他参数设置如图 3-64 所示，设置完成后合成窗口中的效果如图 3-65 所示。选择“矩形遮罩”工具，在合成窗口中拖曳鼠标绘制一个矩形“遮罩”，如图 3-66 所示。

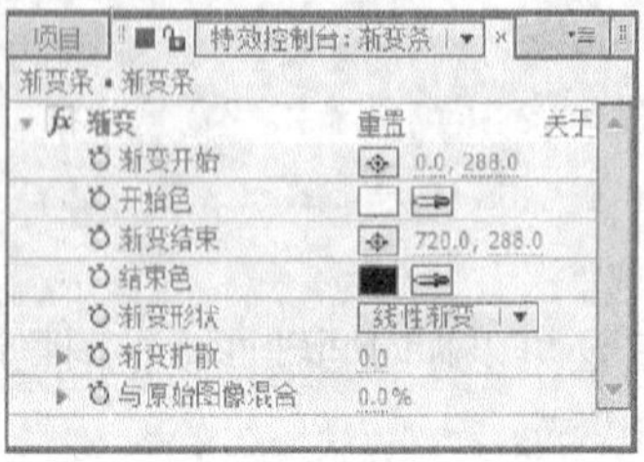

图 3-64

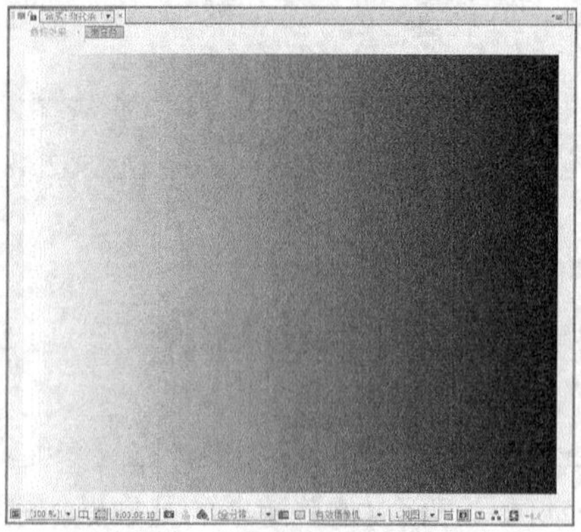

图 3-65

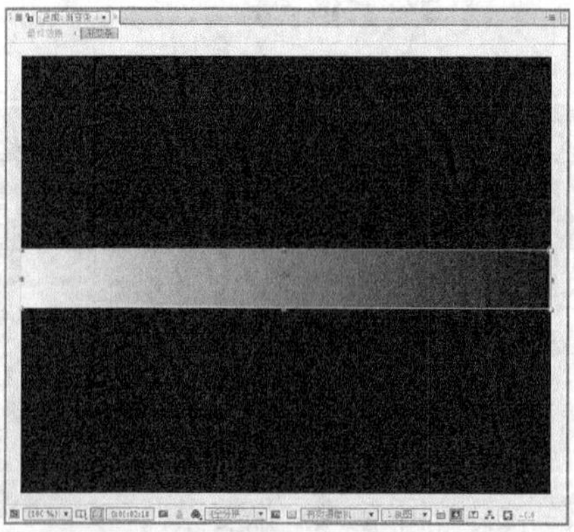

图 3-66

2．制作粒子破碎动画

（1）按<Ctrl>+<N>组合键，弹出“图像合成设置”对话框，在“合成组名称”选项的文本框中输入“噪波”，单击“确定”按钮，创建一个新的合成“噪波”。选择“图层 > 新建 > 固态层”命令，弹出“固态层设置”对话框，在“名称”选项的文本框中输入“噪波”，将“颜色”选项设置为黑色，单击“确定”按钮，在“时间线”面板中新增一个固态层，选中“噪波”层，选择“效果 > 杂波与颗粒 > 杂波”命令，在“特效控制台”面板中进行参数设置，如图 3-67 所示。合成窗口中的效果如图 3-68 所示。

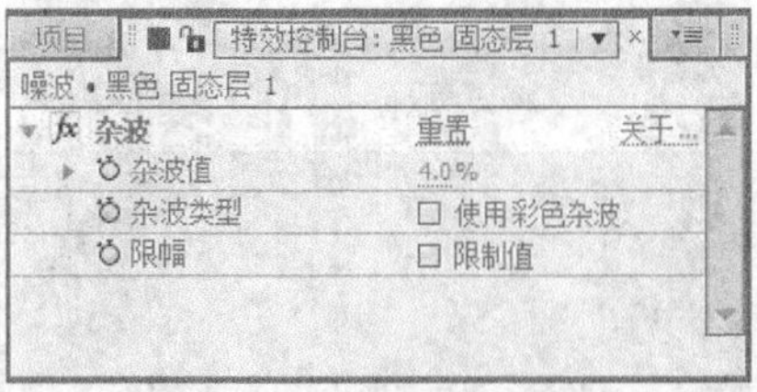

图 3-67

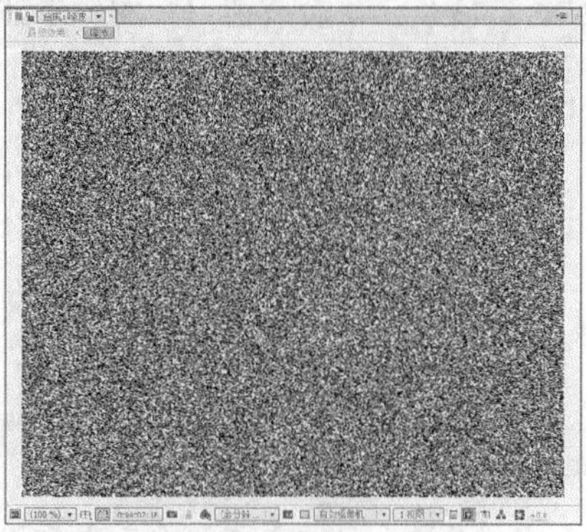

图 3-68

（2）按<Ctrl>+<N>组合键，弹出“图像合成设置”对话框，在“合成组名称”选项的文本框中输入“图片”，单击“确定”按钮，创建一个新的合成“图片”。选择“文件 > 导入 > 文件”命令，弹出“导入文件”对话框，选择光盘中的“Ch03 \ 粒子破碎效果 \ (Footage) \ 01”文件，单击“打开”按钮，导入图片，如图 3-69 所示。将其拖曳到“时间线”面板中，如图 3-70 所示。

图 3-69

图 3-70

（3）按<Ctrl>+<N>组合键，弹出“图像合成设置”对话框，在“合成组名称”选项的文本框中输入“最终效果”，单击“确定”按钮，创建一个新的合成“最终效果”。在“项目”面板中选中“渐变条”、“噪波”和“图片”合成并将其拖曳到“时间线”面板中，层的排列如图 3-71 所示。单击“渐变条”和“噪波”层前面的眼睛按钮，关闭“渐变条”和“噪波”两层的可视性，如图 3-72 所示。

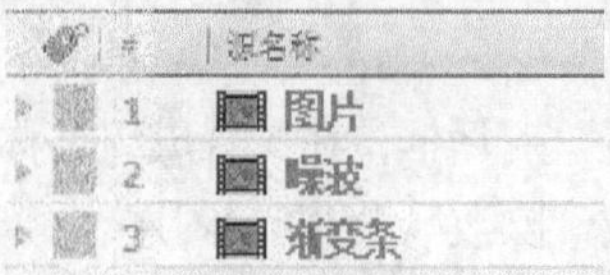

图 3-71

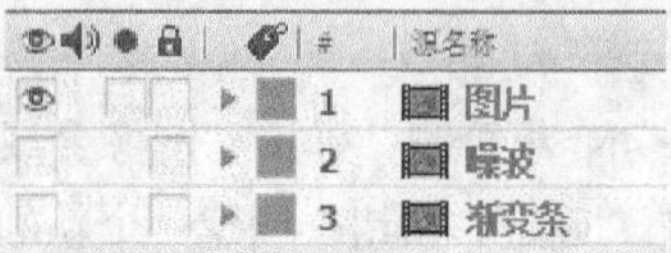

图 3-72

（4）选中“图片”层，选择“效果 > 模拟仿真 > 碎片”命令，在“特效控制台”面板中将“查看”选项改为“渲染”模式，展开“外形”、“焦点 1”属性，在“特效控制台”面板中进行参数设置，如图 3-73 所示。合成窗口中的效果如图 3-74 所示。

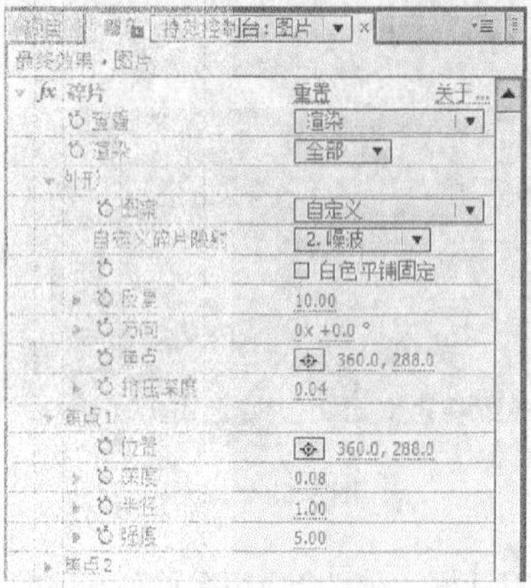

图 3-73

图 3-74

（5）展开“倾斜”和“物理”、“摄像机位置”属性，在“特效控制台”面板中进行参数设置，如图 3-75 所示。合成窗口中的效果如图 3-76 所示。

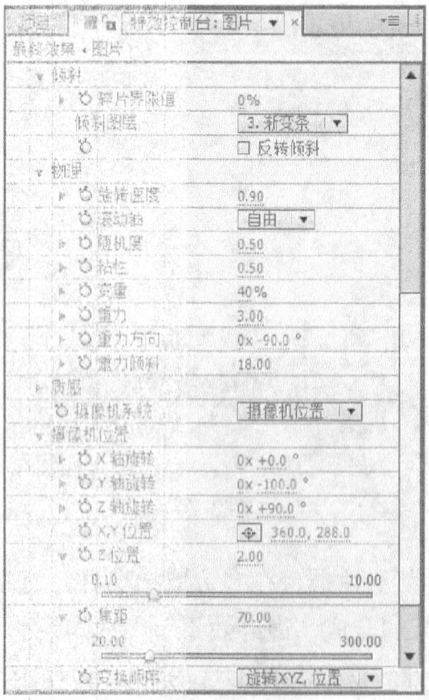

图 3-75

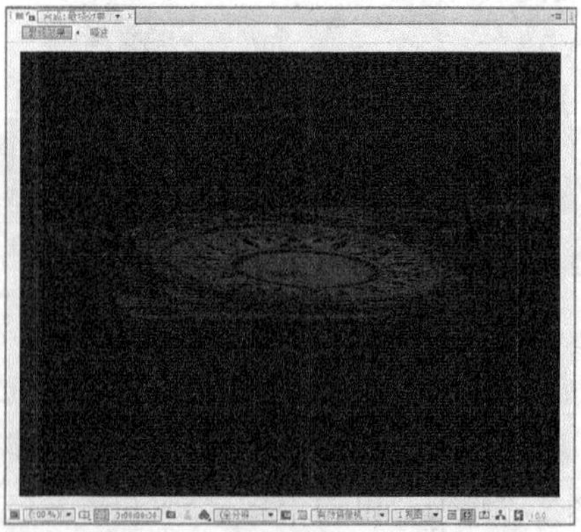

图 3-76

（6）选中“图片”层，在“时间线”面板中将时间标签放置在 0 s 的位置，如图 3-77 所示。在“特效控制台”面板中分别单击“倾斜”下的“碎片界限值”、“物理”下的“重力”和“摄像机位置”下的“X 轴旋转”、“Y 轴旋转”、“Z 轴旋转”，单击“焦距”选项前面的“关键帧自动记录器”按钮 ，如图 3-78 所示，记录第 1 个关键帧。

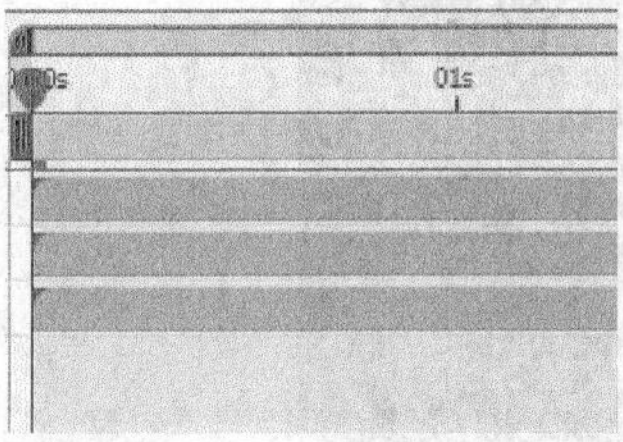

图 3-77

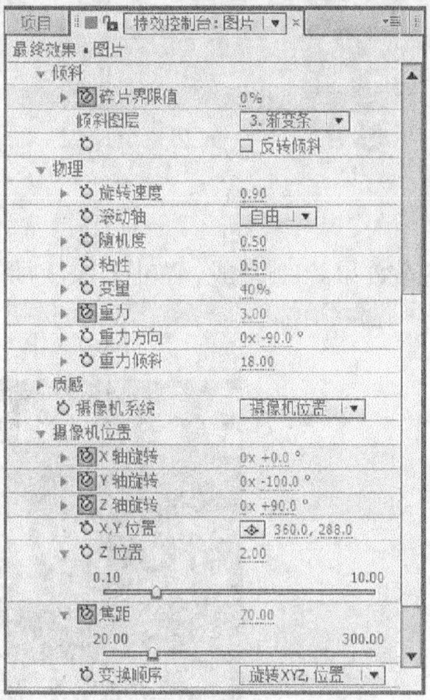

图 3-78

（7）将时间标签放置在 3:10s 的位置，如图 3-79 所示。在“特效控制台”面板中设置“碎片界限值”选项的数值为 100，“重力”选项的数值为 2.7，“X 轴旋转”选项的数值为 0、-60，“Y 轴旋转”选项的数值为 0、-45，“Z 轴旋转”选项的数值为 0、15，“焦距”选项的数值为 100，如图 3-80 所示，记录第 2 个关键帧。

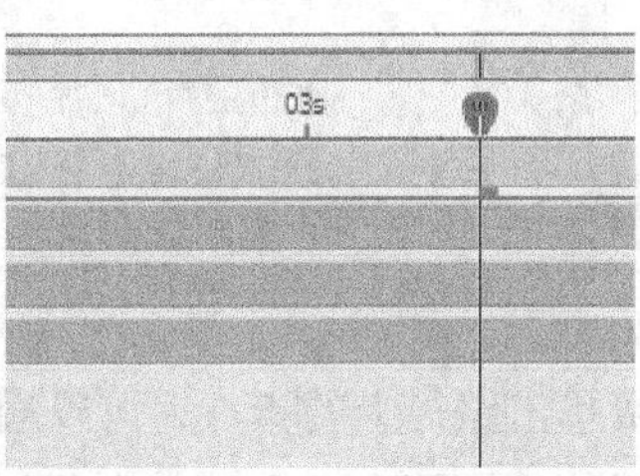

图 3-79

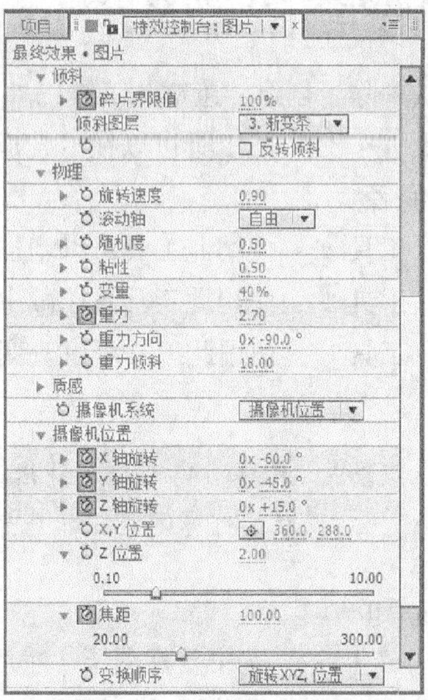

图 3-80

（8）将时间标签放置在 4:24s 的位置，如图 3-81 所示。在“特效控制台”面板中设置“重力”选项的数值为 100，如图 3-82 所示，记录第 3 个关键帧。

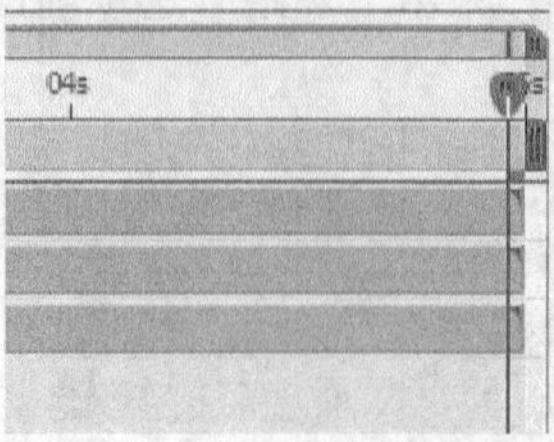

图 3-81

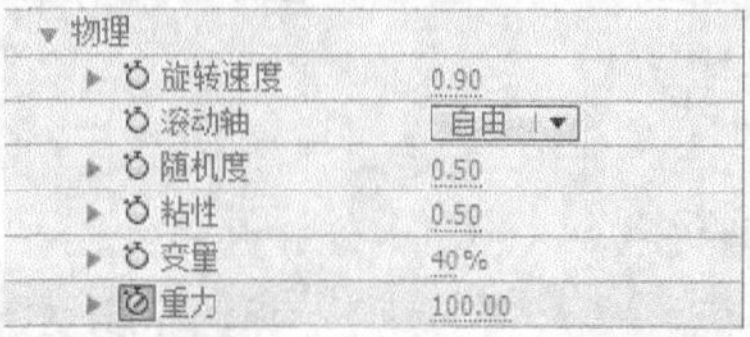

图 3-82

（9）粒子破碎效果绘制完成，如图 3-83 所示。

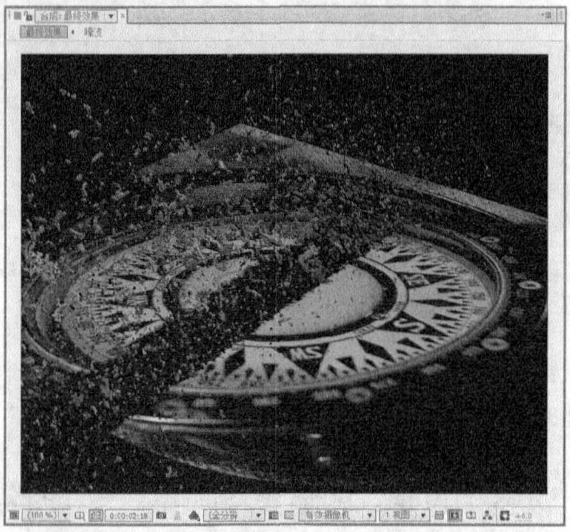

图 3-83

3.3.2 编辑遮罩的多种方式

“工具”面板中除了创建“遮罩”工具以外，还提供了多种修整编辑“遮罩”的工具。

“选择”工具：使用此工具可以在“合成”预览窗口或者“图层”预览窗口中选择和移动路径点或者整个路径。

“顶点添加”工具：使用此工具可以增加路径上的节点。

“顶点清除”工具：使用此工具可以减少路径上的节点。

“顶点转换”工具：使用此工具可以改变路径的曲率。

提示 由于在“合成”预览窗口可以看到很多层，所以如果在其中调整“遮罩”很有可能遇到干扰，不方便操作。建议双击目标图层，然后到“图层”预览窗口中对“遮罩”进行各种操作。

1．点的选择和移动

使用“选择”工具，选中目标图层，然后直接单击路径上的节点，可以通过拖曳鼠标或利用键盘上的方向键来实现位置移动；如果要取消选择，只需要在空白处单击鼠标即可。

2．线的选择和移动

使用“选择”工具，选中目标图层，然后直接单击路径上两个节点之间的线，可以通过拖曳鼠标或利用键盘上的方向键来实现位置移动；如果要取消选择，只需要在空白处单击鼠标即可。

3．多个点或者多余线的选择、移动、旋转和缩放

使用“选择”工具，选中目标图层，首先单击路径上第一个点或第一条线，然后在按住<Shift>键的同时，单击其他的点或者线，实现同时选择的目的。也可以通过拖曳一个选区，用框选的方法进行多点、多线的选择，或者是全部选择。

同时选中这些点或者线之后，在被选的对象上双击鼠标就可以形成一个控制框。在这个边框中，可以非常方便地进行位置移动、旋转或者缩放等操作，如图 3-84、图 3-85、图 3-86 所示。

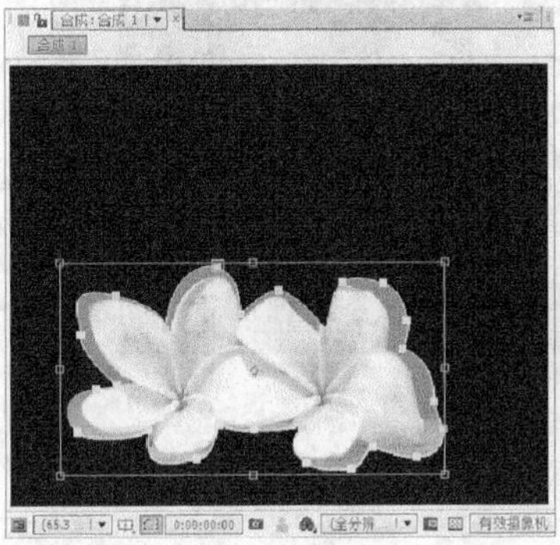
图 3-84

图 3-85

图 3-86

全选路径的快捷方法描述如下。

⊙ 通过鼠标框选的方法，将路径全选取，但是不会出现控制框，如图 3-87 所示。

⊙ 按住<Alt>键的同时单击路径，即可完成路径的全选，但是同样不会出现控制框。

⊙ 在没有选择多个节点的情况下，在路径上双击鼠标，即可全选路径，并出现一个控制框。

⊙ 在“时间线”窗口下，选中有“遮罩”的图层，按<M>键，展开“遮罩”属性，单击属性名称或“遮罩”名称即可全选路径，此方法也不会出现控制框，如图 3-88 所示。

图 3-87

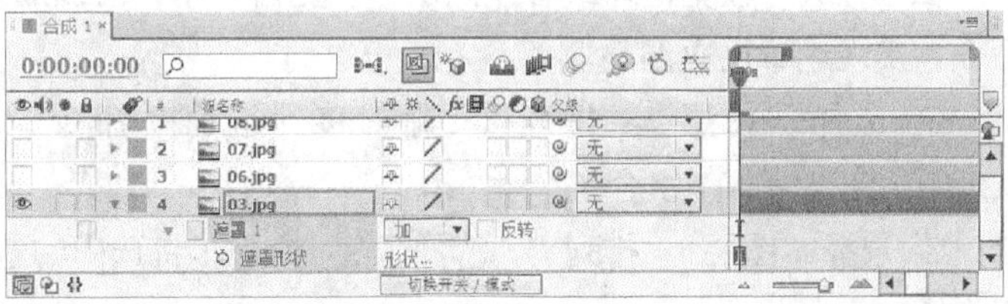
图 3-88

提示　将节点全部选中，选择“图层 > 遮罩与形状路径 > 自由变换点”命令或按<Ctrl>+<T>组合键出现控制框。

4．遮罩外形的调整

通过对路径节点的修改，可以实现遮罩外形的调整。

在“工具”面板中的“钢笔”工具上单击鼠标，在弹出的工具选项中选择“顶点添加”工具或“顶点清除”工具，在路径上或路径的节点上单击鼠标即可对节点进行增加和减少的操作，如图 3-89、图 3-90 所示。

选择“顶点转换”工具，在节点上单击鼠标并拖曳出贝塞尔曲线控制柄，可以修改路径曲率，改变“遮罩”外形，如图 3-91 所示。

图 3-89

图 3-90

图 3-91

5．多个遮罩上下层的调整

当层中含有多个遮罩时，就存在上下层的关系，此关系关联到非常重要的部分——遮罩混合模式的选择，因为 After Effects 处理多个遮罩的先后次序是从上至下的，所以上下关系的排列直接影响最终的混合效果。

在“时间线”窗口中，直接选中某个遮罩的名称，然后上下拖曳即可改变层次，如图 3-92 所示。

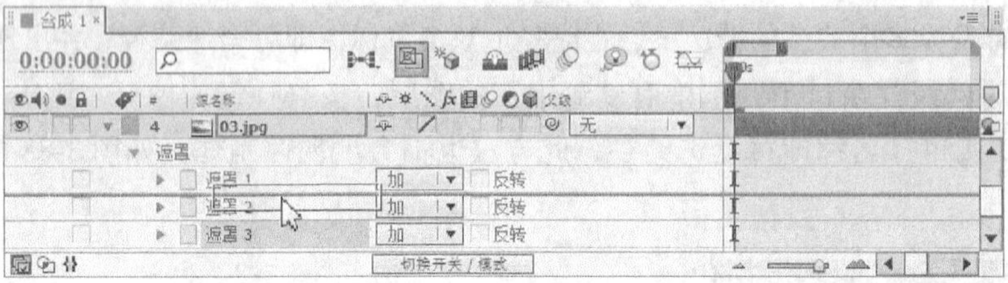

图 3-92

在“合成”预览窗口或者“图层”预览窗口中，可以通过选中一个遮罩，然后选择以下菜单命令，实现遮罩层次调整。

⊙ 选择“图层 > 排列 > 遮罩移到最前”命令，将选中的遮罩放置到顶层，或按<Ctrl>+<Shift>+<] >组合键。

⊙ 选择“图层 > 排列 > 遮罩前移”命令，将选中的遮罩往上移动一层，或按<Ctrl> +<] >组合键。

⊙ 选择“图层 > 排列 > 遮罩后移”命令，将选中的遮罩往下移动一层，或按<Ctrl> +< [>组合键。

⊙ 选择“图层 > 排列 > 遮罩移到最后”命令，将选中的遮罩放置到底层，或按<Ctrl> +<Shift>+< [>组合键。

3.3.3　在时间轴面板中调整遮罩的属性

遮罩不是一个简单的轮廓那么简单，在“时间线”中，可以对遮罩的其他属性进行详细设置和动画处理。

单击层标签颜色前面的小三角形按钮▸，展开层属性，其中如果层上含有遮罩，就可以看到遮罩，单击遮罩名称前小三角形按钮▸，即可展开各个遮罩路径，单击其中任意一个遮罩路径颜色前面的小三角形按钮▸，即可展开关于此遮罩路径的属性，如图 3-93 所示。

提示　选中某层，连续按两次<M>键，即可展开此层遮罩路径的所有属性。

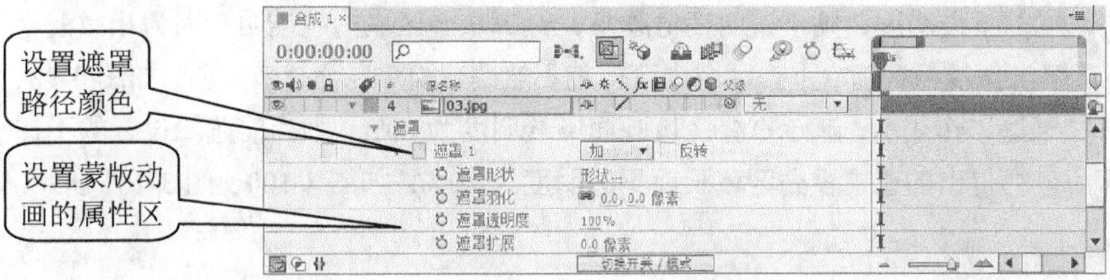

图 3-93

⊙ 遮罩路径颜色设置：在上面单击鼠标，可以弹出颜色对话框，选择适合的颜色加以区别。

⊙ 设置遮罩路径名称：按<Enter>键即可出现修改输入框，修改完成后再次按<Enter>键即可。

⊙ 选择遮罩混合模式：当本层含有多个遮罩时，可以在此选择各种混合模式。需要注意的是多个遮罩的上下层次关系对混合模式产生的最终效果有很大影响。After Effects 处理过程是从上至下地逐一处理。

无：选择此模式的路径将不起到遮罩作用，仅仅作为路径存在，作为勾边、光线动画或者路径动画的依据，如图 3-94、图 3-95 所示。

图 3-94

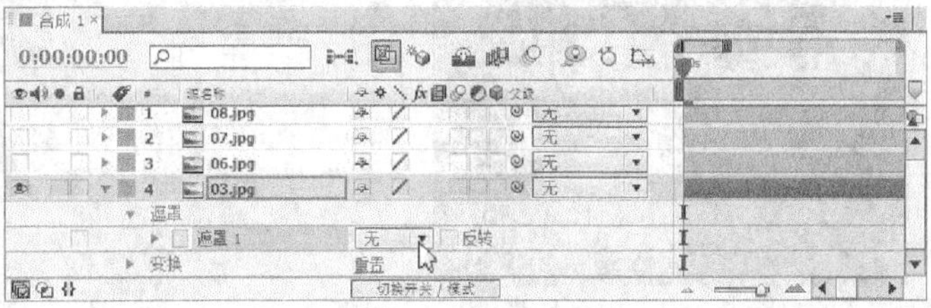

图 3-95

加：遮罩相加模式，将当前遮罩区域与之上的遮罩区域进行相加处理，对于遮罩重叠处的不透明度则采取在不透明度的值的基础上再进行一个百分比相加的方式处理。例如，某遮罩作用前，遮罩重叠区域画面不透明度为 50%，如果当前遮罩的不透明度是 50%，运算后的最终得出的遮罩重叠区域画面不透明度是 70%，如图 3-96、图 3-97 所示。

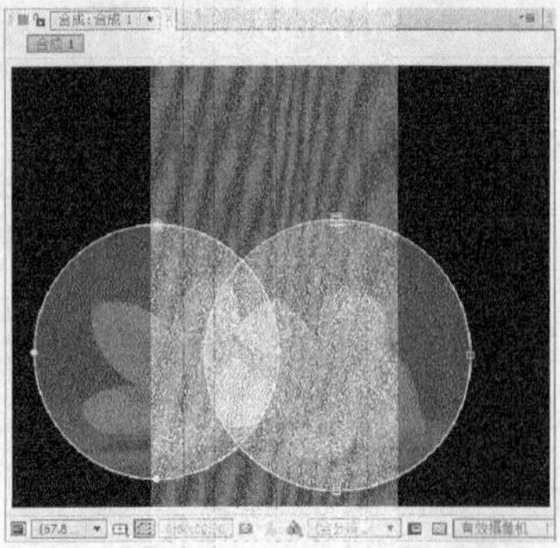

图 3-96

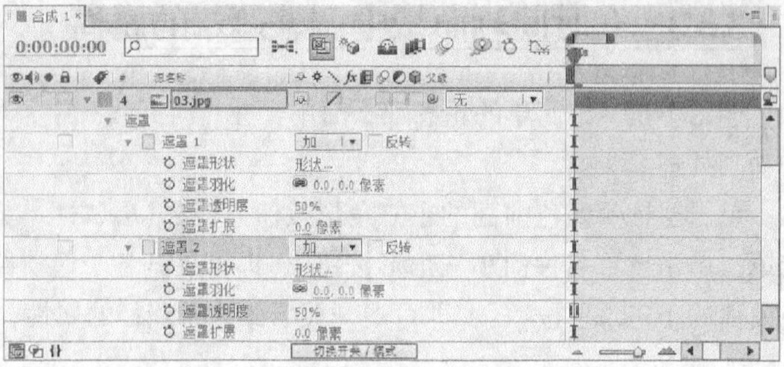

图 3-97

减：遮罩相减模式，将当前遮罩上面所有遮罩组合的结果进行相减，当前遮罩区域内容不显示。如果同时调整遮罩的不透明度，则不透明度值越高，遮罩重叠区域内越透明，因为相减混合完全起作用；而不透明度值越低，遮罩重叠区域内变得越不透明，相减混合越来越弱，如图 3-98、图 3-99 所示。例如，某遮罩作用前，遮罩重叠区域画面不透明度为 80%，如当前遮罩设置的不透明度是 50%，运算后最终得出的遮罩重叠区域画面不透明度为 40%，如图 3-100、图 3-101 所示。

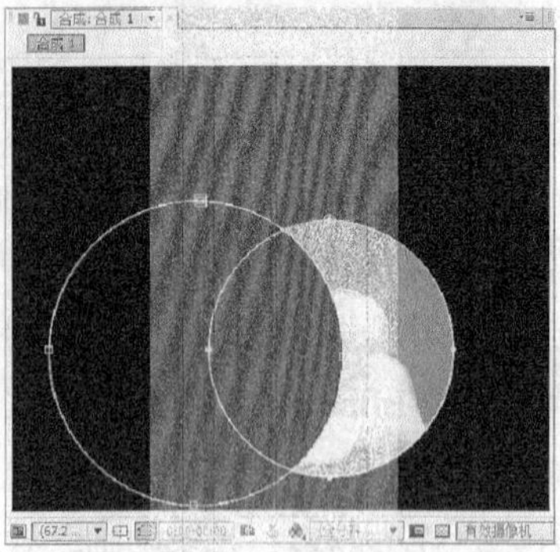

图 3-98

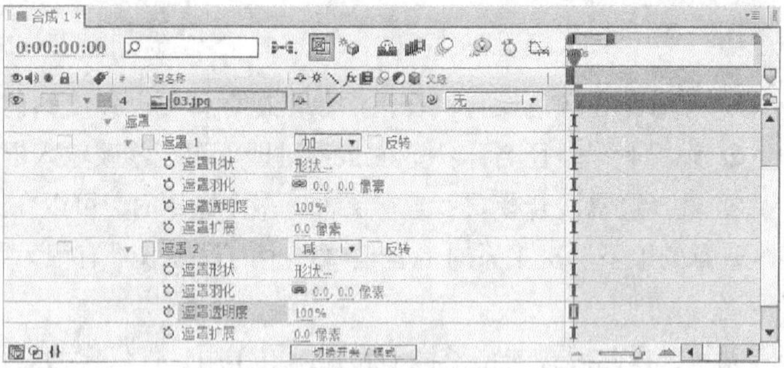

上下两个遮罩不透明度都为 100%的情况

图 3-99

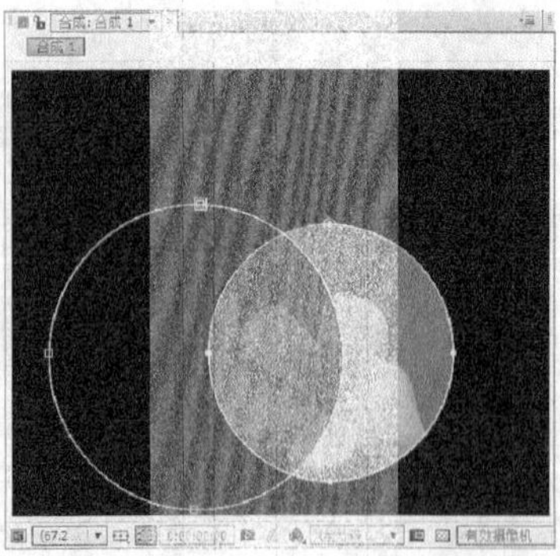

图 3-100

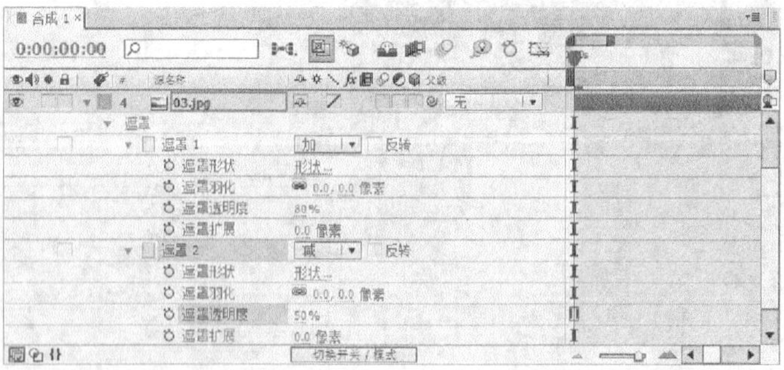

上面遮罩的不透明度为 80%，下面遮罩的不透明度为 50%的情况

图 3-101

交叉：采取交集方式混合遮罩，只显示当前遮罩与上面所有遮罩组合的结果相交部分的内容，相交区域内的透明度是在上面遮罩的基础上再进行一个百分比运算，如图 3-102、图 3-103 所示。

例如，某遮罩作用前遮罩重叠画面不透明度为 60%，如果当前遮罩设置的不透明度为 50%，运算后的最终得出的画面的不透明度为 30%，如图 3-104、图 3-105 所示。

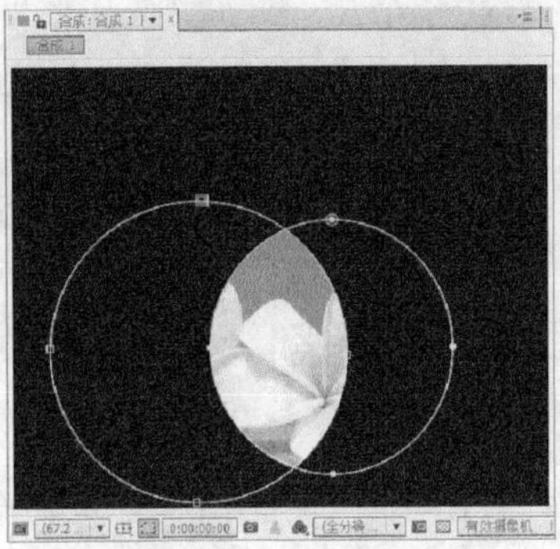

图 3-102

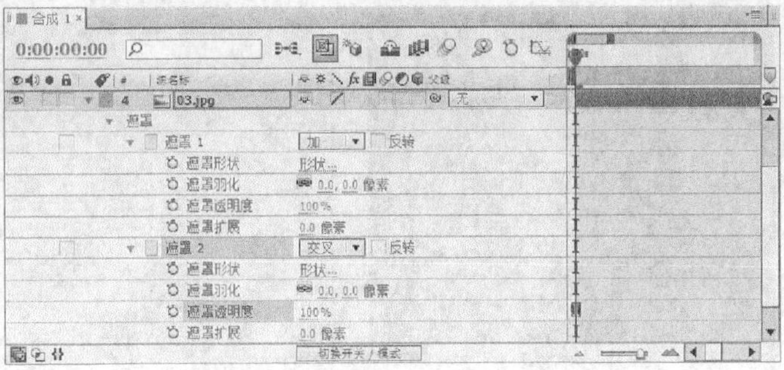

上下两个遮罩不透明度都为 100%的情况

图 3-103

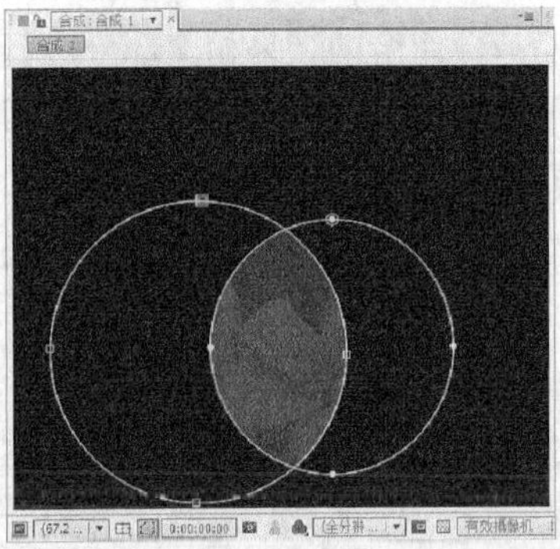

图 3-104

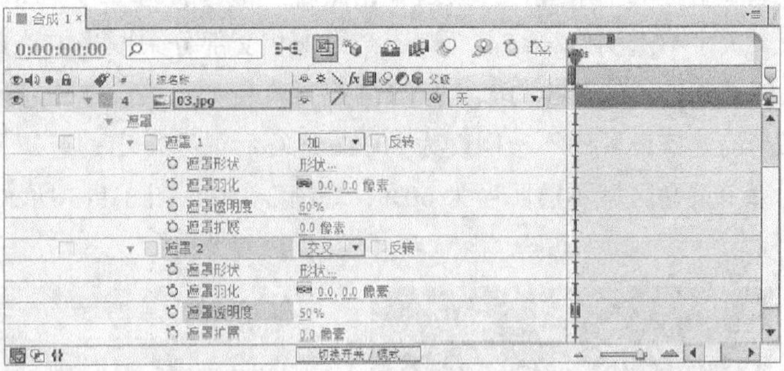

上面遮罩的不透明度为 60%，下面遮罩的不透明度为 50%的情况

图 3-105

变亮：对于可视区域范围来讲，此模式与“加”模式一样，但是对于遮罩重叠处的不透明度则采用不透明度值较高的那个值。例如，某遮罩作用前遮罩的重叠区域画面不透明度为 60%，如果当前遮罩设置的不透明度为 80%，运算后最终得出的遮罩重叠区域画面不透明度为 80%，如图 3-106、图 3-107 所示。

图 3-106

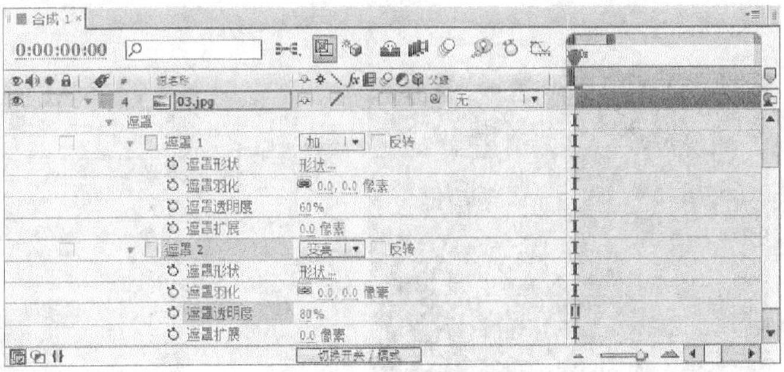

图 3-107

变暗：对于可视区域范围来讲，此模式与“减”交集模式一样，但是对于模版重叠处的不透明度采用不透明度值较低的那个值。例如，某遮罩作用前重叠区域画面不透明度是 40%，如果当

前遮罩设置的不透明度为 100%，运算后最终得出的遮罩重叠区域画面不透明度为 40%，如图 3-108、图 3-109 所示。

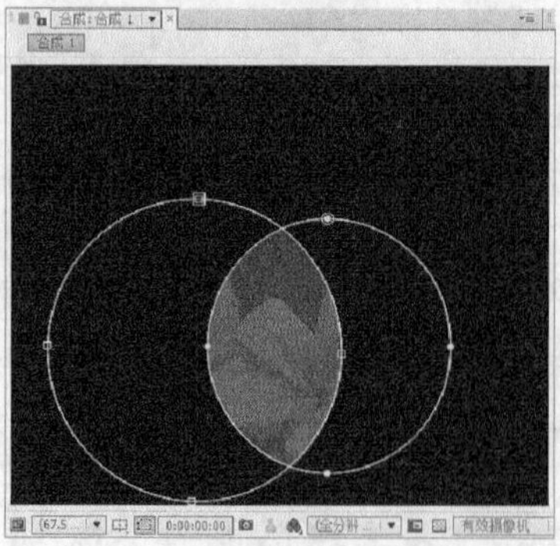

图 3-108

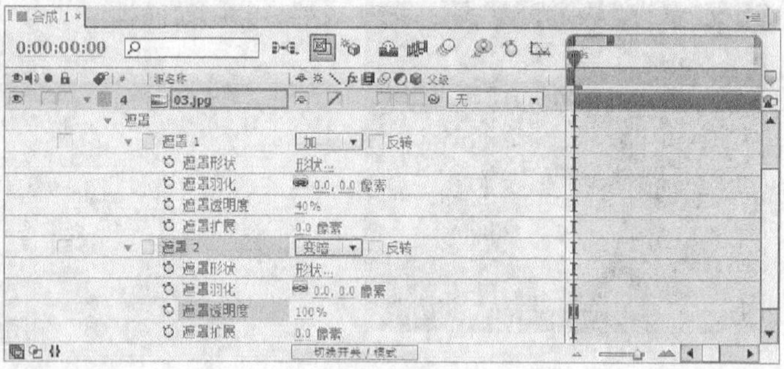

图 3-109

差值：此模板对于可视区域采取的是并集减交集的方式。也就是说，先将当前遮罩与上面所有遮罩组合的结果进行并集运算，然后再将当前遮罩与上面所有遮罩组合的结果相交部分进行相减。关于不透明度，与上面遮罩结果未相交部分采取当前遮罩不透明度设置，相交部分采用两者之间的差值，如图 3-110、图 3-111 所示。例如，某遮罩作用前重叠区域画面不透明度为 40%，如果当前遮罩设置的不透明度为 60%，运算后最终得出的遮罩重叠区域画面不透明度为 20%。当前遮罩未重叠区域不透明度为 60%，如图 3-112、图 3-113 所示。

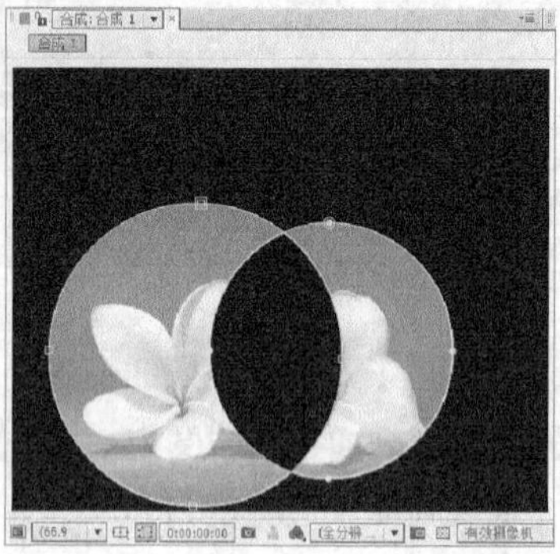

图 3-110

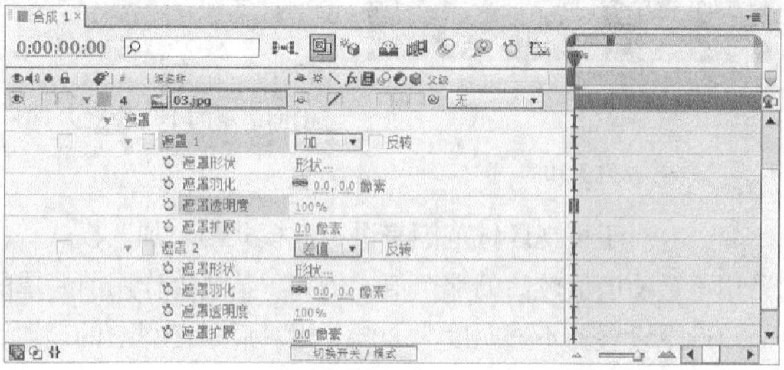

上下两个遮罩不透明度都为 100%的情况

图 3-111

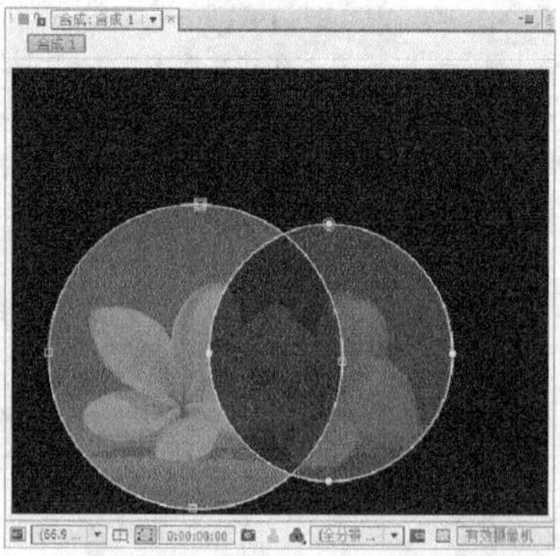

图 3-112

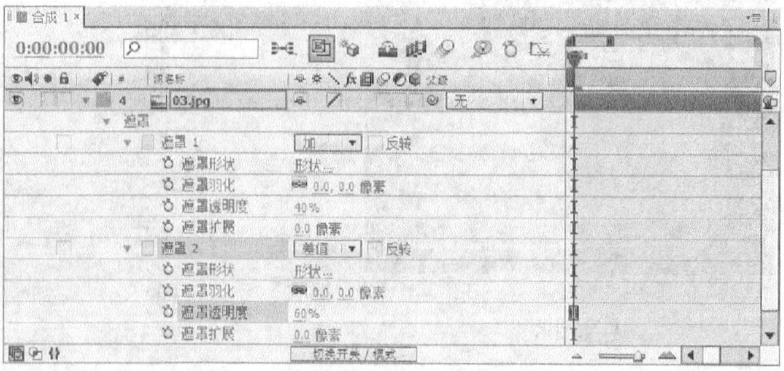

上面遮罩的不透明度为 40%，下面遮罩的不透明度为 60%的情况

图 3-113

⊙ 反转：将遮罩进行反向处理，如图 3-114、图 3-115 所示。

未激活的反转时的状况

图 3-114

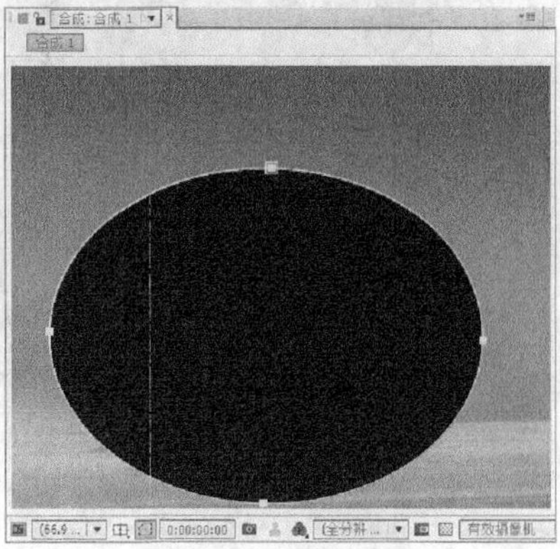

激活了反转时的状况

图 3-115

⊙ 设置遮罩动画的属性区：在此列中可以进行关键帧动画处理的遮罩属性。

遮罩形状：遮罩形状设置，单击右侧的“形状”文字按钮，可以弹出“遮罩形状”对话框，同选择“图层 > 遮罩 > 遮罩形状”命令一样。

遮罩羽化：遮罩羽化控制，可以通过羽化遮罩得到更自然的融合效果，并且 x 轴向和 y 轴向可以有不同的羽化程度。单击前面的按钮，可以将两个轴向锁定和释放，如图 3-116 所示。

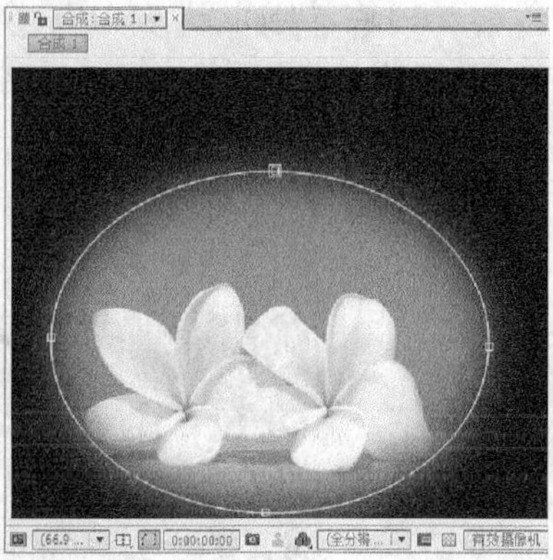

图 3-116

遮罩透明度：遮罩不透明度的调整，如图 3-117、图 3-118 所示。

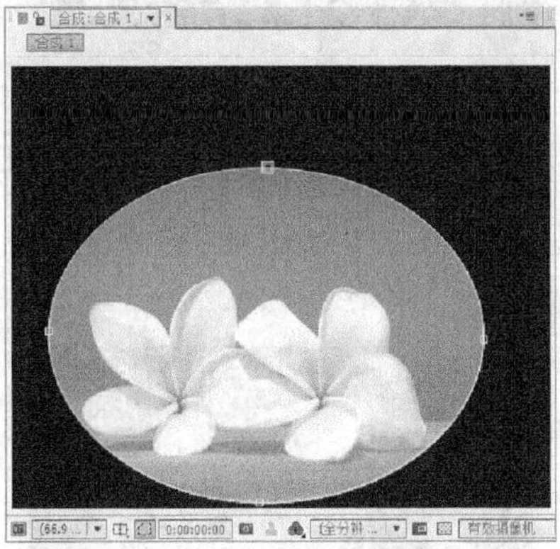

不透明度为 100%时的状况

图 3-117

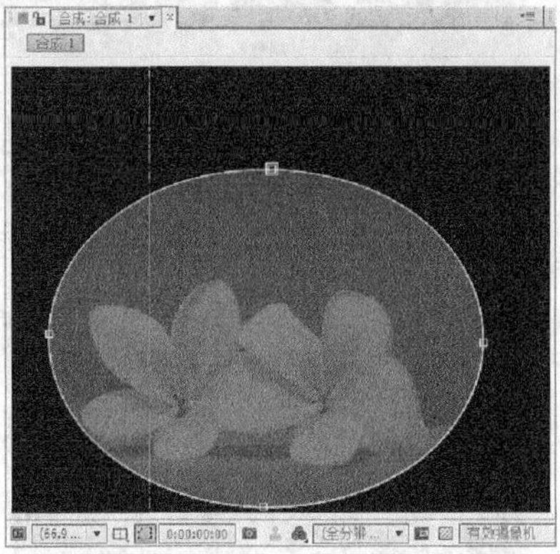

不透明度为 50%时的状况

图 3-118

遮罩扩展：调整遮罩的扩展程度，正值为扩展遮罩区域，负值为收缩遮罩区域，如图 3-119、图 3-120 所示。

遮罩扩展设置为 100 时的状况

图 3-119

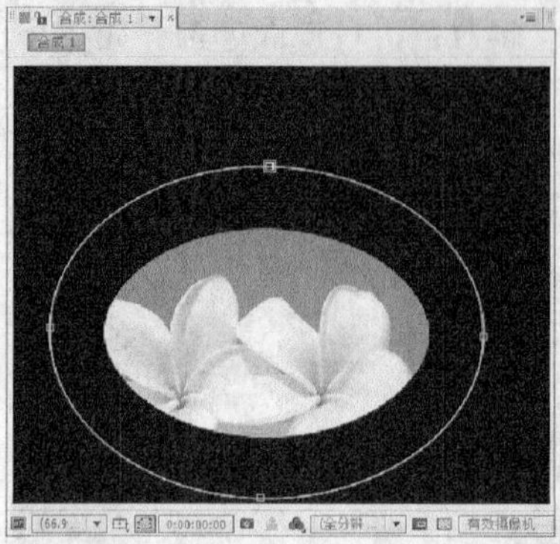

遮罩扩展设置为-100 时的状况

图 3-120

3.3.4 用遮罩制作动画

（1）在“时间线”窗口中，选择图层，选择“工具”面板中的“椭圆形遮罩”工具，在“合成”预览窗口中，拖曳鼠标绘制一个椭圆形遮罩，如图 3-121 所示。

（2）在“工具”面板中选择“顶点添加”工具，在刚刚绘制的椭圆形遮罩上添加 4 个节点，如图 3-122 所示。

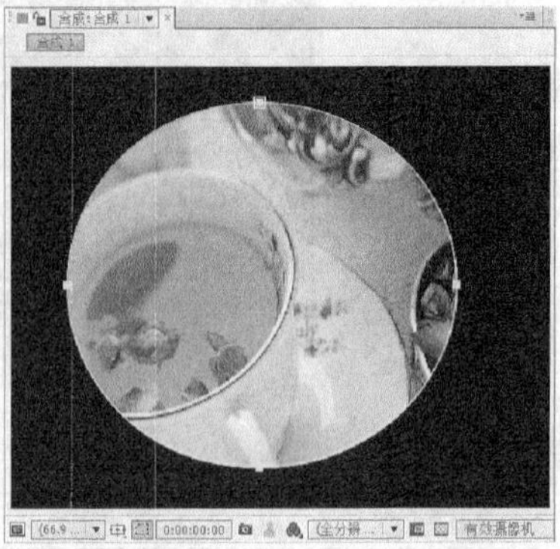

图 3-121

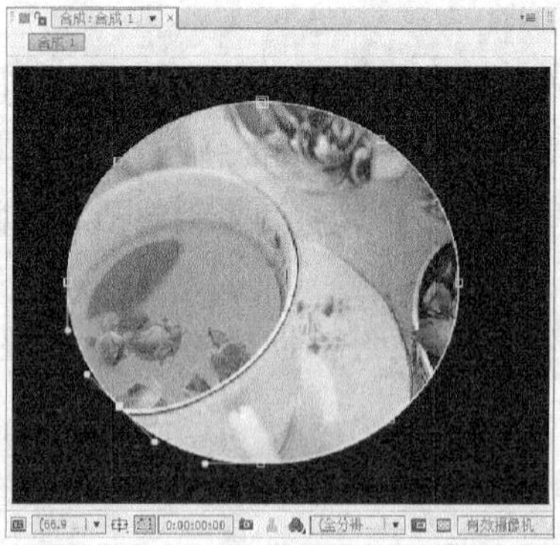

图 3-122

（3）选择“选择”工具，以框选的形式选择新添加的节点，如图 3-123 所示。选择“图层 > 遮罩与形状路径 > 自由变换点”命令，出现控制框，如图 3-124 所示。

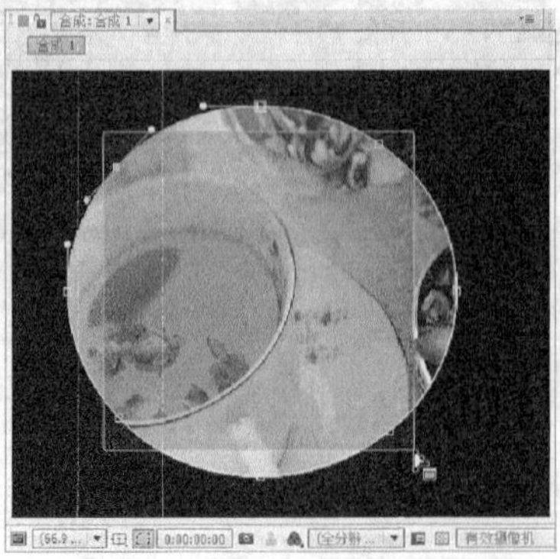

图 3-123

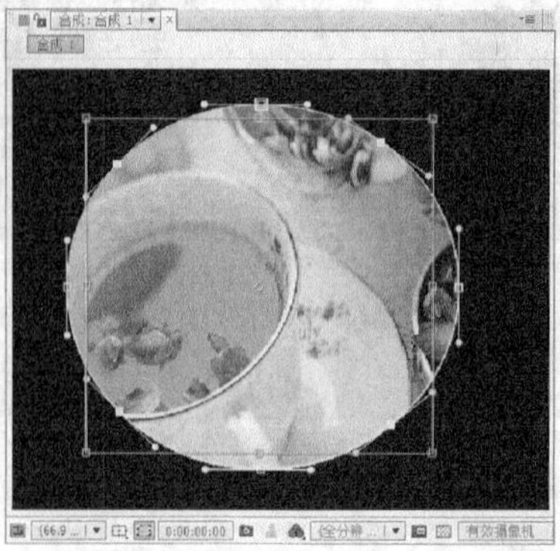

图 3-124

（4）按住<Ctrl>+<Shift>组合键的同时，拖曳左上角的控制点向右上方移动，拖曳出如图 3-125 所示的效果。

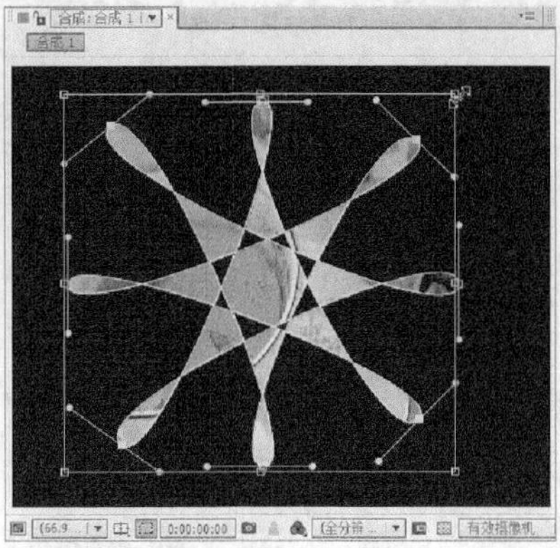

图 3-125

（5）调整完成后，按<Enter>键。在“时间线”窗口中，按两次<M>键，展开遮罩的所有属性，单击“遮罩形状”属性前的“关键帧自动记录器”按钮，成生第一个关键帧，如图 3-126 所示。

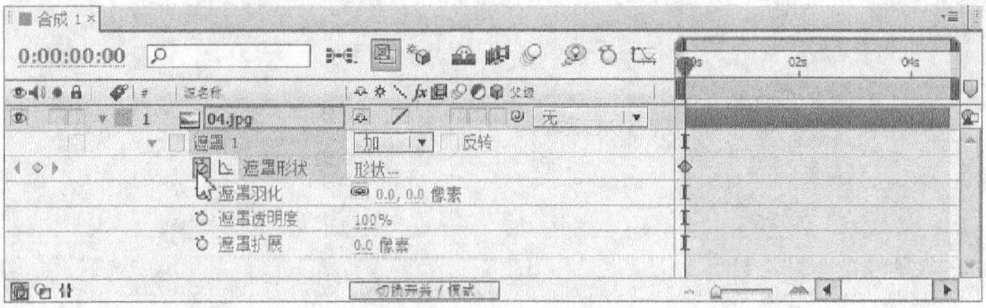

图 3-126

（6）将当前时间指针移动到第 3s 的位置，选择最外侧的 4 个节点，如图 3-127 所示。按<Ctrl>+<T>组合键，出现控制框，按住<Ctrl>+<Shift>组合的同时，拖曳左上角的控制点向右上方移动，拖曳出如图 3-128 所示的效果。

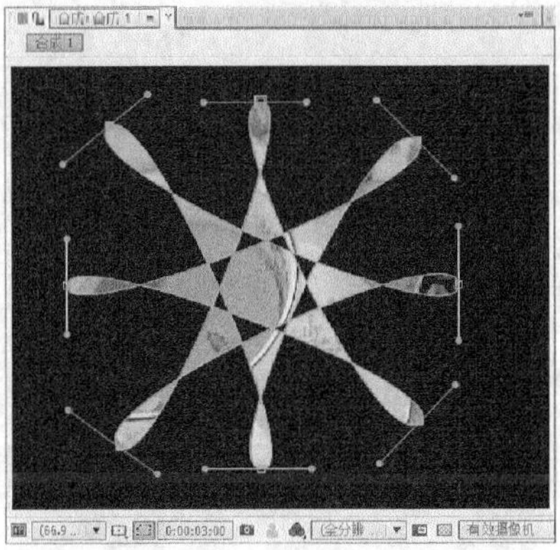

图 3-127

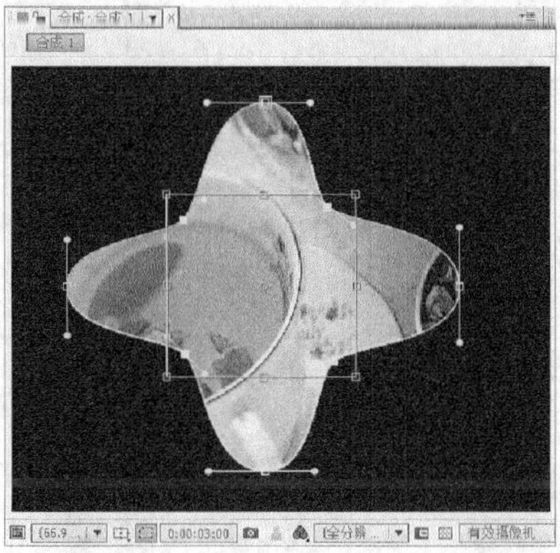

图 3-128

（7）调整完成后，按<Enter>键。在“时间线”窗口中，“遮罩形状”属性自动生成第二关键帧，如图 3-129 所示。

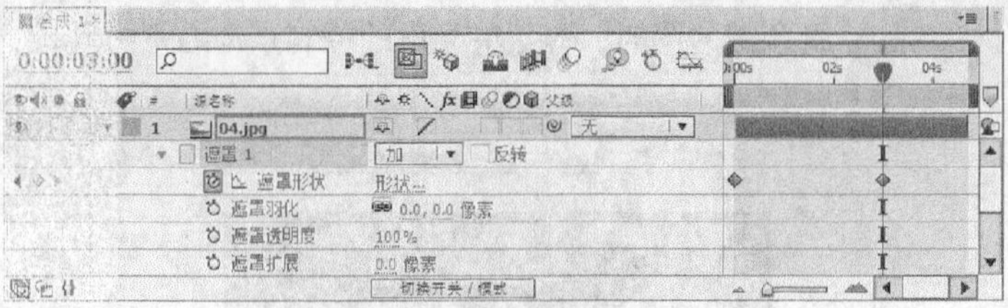

图 3-129

（8）选择“效果 > 生成 > 描边”命令，在“特效控制台”面板进行设置，为遮罩路径添加描边特效，如图 3-130 所示。

（9）选择“效果 > 风格化 > 辉光”命令，在“特效控制台”面板中进行设置，为遮罩路径添加发光特效，如图 3-131 所示。

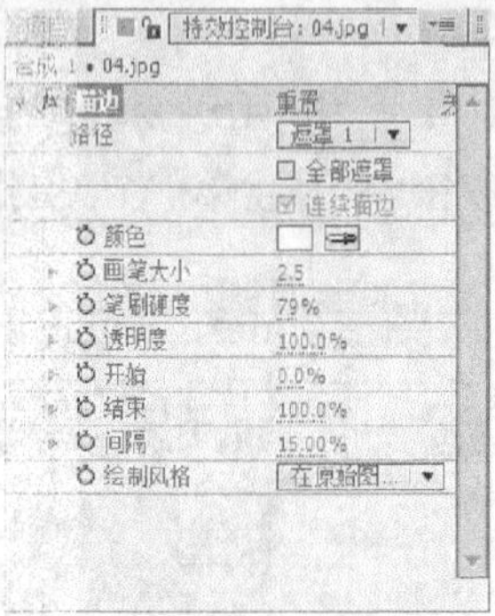

图 3-130

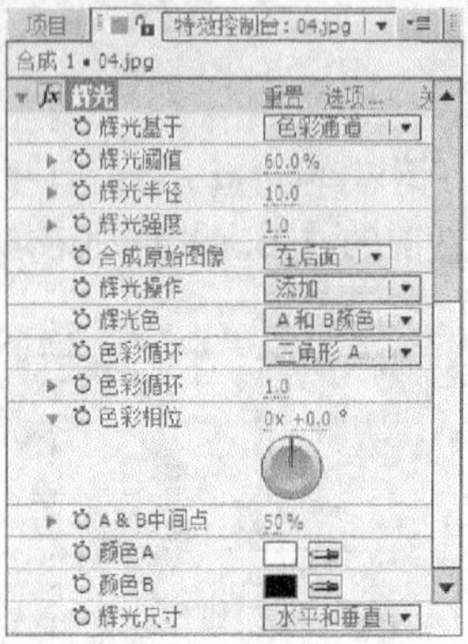

图 3-131

（10）按<0>键，预览遮罩动画，按任意键结束预览。

（11）在“时间线”面板中单击“遮罩形状”属性名称，同时选中两个关键帧，如图 3-132 所示。

（12）选择“窗口 > 智能遮罩插值”命令，打开“遮罩插值”面板，在面板中进行设置，如图 3-133 所示。

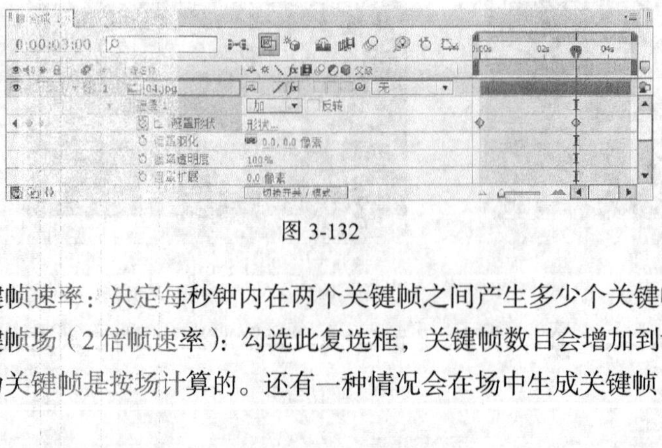

图 3-132

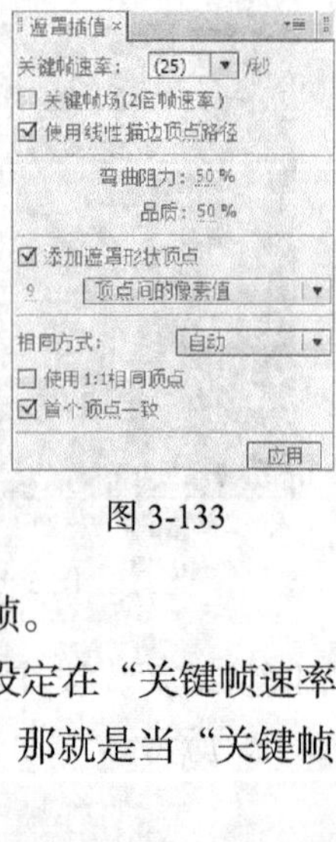

图 3-133

关键帧速率：决定每秒钟内在两个关键帧之间产生多少个关键帧。

关键帧场（2 倍帧速率）：勾选此复选框，关键帧数目会增加到设定在“关键帧速率”中的两倍，因为关键帧是按场计算的。还有一种情况会在场中生成关键帧，那就是当“关键帧速率”设置的值大于合成项目的帧速率时。

使用线性描边顶点路径：勾选此复选框，路径会沿着直线运动，否则就是沿曲线运动。

弯曲阻力：在节点变化过程中，可以通过这个值的设定决定是采用拉伸的方式还是弯曲的方式处理节点变化，此值越高就越不采用弯曲的方式。

品质：质量设置。如果值为 0，那么第一个关键帧的点必须对应第二个关键帧的那个点。例如，第一个关键帧的第 8 个点，必须对应第二个关键帧的第 8 个点做变化。如果值为 100，那么第一个关键帧的点可以模糊地对应第二个关键帧的任何点。这样，越高的值得到的动画效果越平滑、越自然，但是计算的时间越长。

添加遮罩形状顶点：勾选此复选框，将在变化过种中自动增加遮罩节点。第一个选项是数值设置，第二个选项是选择 After Effects 提供的 3 种增加节点的方式。"顶点间的像素值"，每多少个像素增加一个节点，如果前面的数值设置为 18，则 18 个像素增加一个节点；"总计顶点数"，决定节点的总数，如果前面的数值设为 60，则由 60 个节点组成一个遮罩；"概要百分比"，以遮罩的周长的百分比距离放置节点，如果前面的数值设置为 5，则表示每隔 5%遮罩的周长的距离放置一个节点，最后遮罩将由 20 个节点构成，如果设置 1%，则最后遮罩将由 100 个节点构成。

相同方法：前一个关键帧的节点与后一个关键帧的节点动画过程中的匹配设置。分别有 3 个选项："自动"，自动处理；"曲线"，当遮罩路径上有曲线时选用此选项；"多段线"，当遮罩路径上没有曲线时选用此选项。

使用 1:1 相同顶点：使用 1:1 的对应方式，如果前后两个关键帧里的遮罩的节点数目相同，此选项将强制节点绝对对应，即第 1 个节点对应第 1 个节点，第 2 个节点对应第 2 个节点，但是如果节点数目不同，会出现一些无法预料的效果。

首个顶点一致：决定是否强制起始点对应。

（13）单击"应用"按钮应用设置，按<0>键，预览优化后的遮罩动画。

3.4 课堂练习——调色效果

练习知识要点：使用"色阶"命令、"方向模糊"命令制作图片特效；使用钢笔工具制作人物蒙版效果和形状。编辑"模式"选择的叠加模式。调色效果如图 3-134 所示。

效果所在位置：光盘\Ch03\调色效果. aep。

图 3-134

3.5 课后习题——爆炸文字

习题知识要点：使用“导入”命令导入素材；使用“碎片”命令、“shine”命令、“渐变”命令、“镜头光晕”命令制作爆炸文字效果。爆炸文字效果如图 3-135 所示。

效果所在位置：光盘\Ch03\爆炸文字. aep。

图 3-135

第4章 应用时间线制作特效

应用时间线制作特效是 After Effects 的重要功能，本章详细讲解了重置时间、理解关键帧概念、关键帧的基本操作、初识图形编辑器、使用图形编辑器等功能。读者通过学习本章的内容，能够应用时间线来制作视频特效。

课堂学习目标

- 时间线
- 重置时间
- 理解关键帧概念
- 关键帧的基本操作
- 初识图形编辑器
- 使用图形编辑器

4.1 时间线

通过对时间线的控制，可以把正常播放速度的画面加速或减慢，甚至反向播放，还可以产生一些非常有趣的或者富有戏剧性的动态图像效果。

4.1.1 课堂案例——粒子汇集文字

案例学习目标：学习使用输入文字、在文字上添加滤镜和动画倒放效果。

案例知识要点：使用“横排文字工具”编辑文字；使用“CC 像素多边形”命令制作文字粒子特效；使用“辉光”命令、“Shine”命令制作文字发光；使用“时间伸缩”命令制作动画倒放效果。粒子汇集文字效果如图 4-1 所示。

效果所在位置：光盘\Ch04\粒子汇集文字.aep。

图 4-1

1. 输入文字

（1）按<Ctrl>+<N>组合键，弹出“图像合成设置”对话框，在“合成组名称”选项的文本框中输入“粒子发散”，其他选项的设置如图 4-2 所示，单击“确定”按钮，创建一个新的合成“粒子发散”。

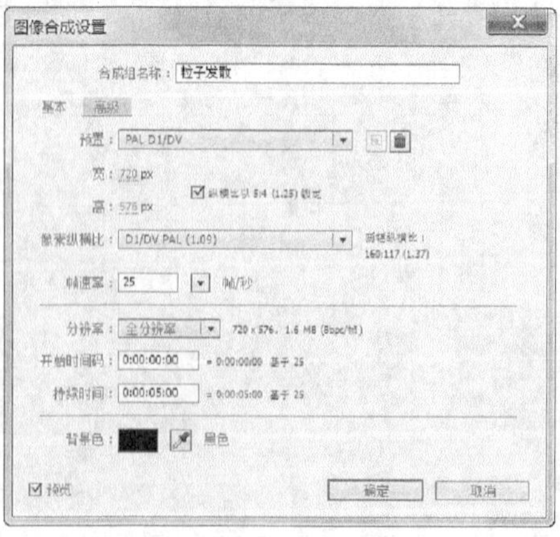

图 4-2

（2）选择“横排文字”工具T，在合成窗口输入文字“粒子风暴”。选中文字，在“文字”面板中设置文字参数，如图 4-3 所示，合成窗口中的效果如图 4-4 所示。

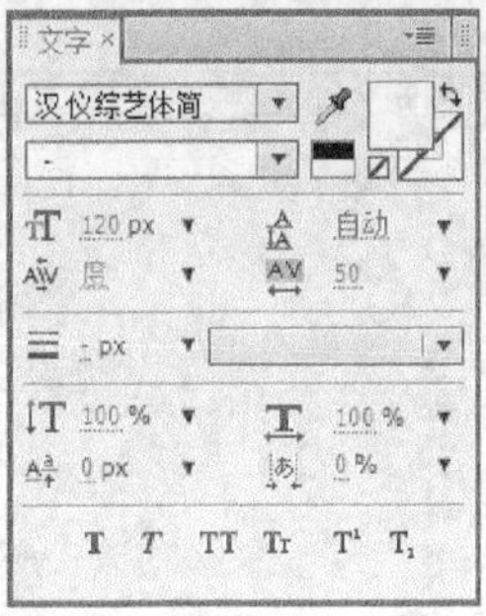

图 4-3

图 4-4

2．添加文字特效

（1）选中“文字”层，选择“效果 > 模拟仿真 > CC 像素多边形”命令，在“特效控制台”面板中进行参数设置，如图 4-5 所示。合成窗口中的效果如图 4-6 所示。

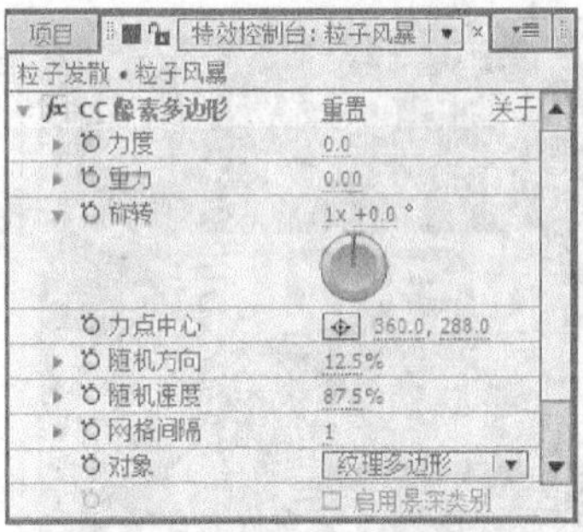

图 4-5

图 4-6

（2）选中“文字”层，在“时间线”面板中将时间标签放置在 0 s 的位置，如图 4-7 所示。在“特效控制台”面板中单击“力度”选项前面的“关键帧自动记录器”按钮，记录第 1 个关键帧。将时间标签放置在 4:24s 的位置，如图 4-8 所示，在“特效控制台”面板中设置“力度”选项的数值为-0.6，如图 4-9 所示，记录第 2 个关键帧。

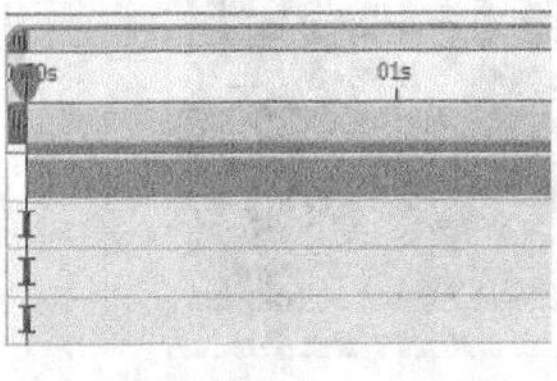

图 4-7

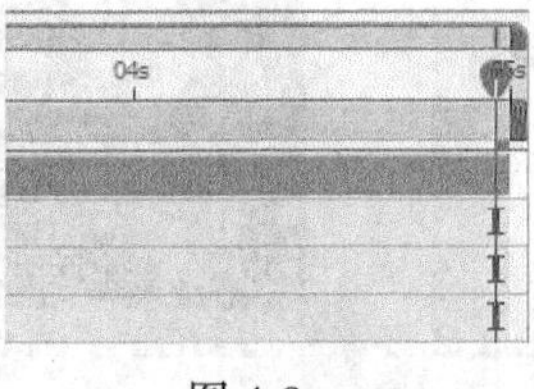

图 4-8

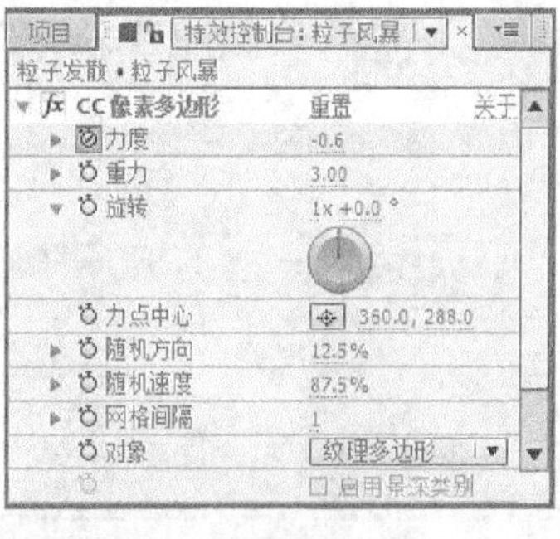

图 4-9

（3）选中“文字”层，将时间标签放置在 3s 的位置，设置“重力”选项的数值为 0，在“特效控制台”面板中单击“重力”选项前面的“关键帧自动记录器”按钮，记录第 1 个关键帧。如图 4-10 所示。将时间标签放置在 4s 的位置，设置“重力”选项的数值为 3，如图 4-11 所示，记录第 2 个关键帧。

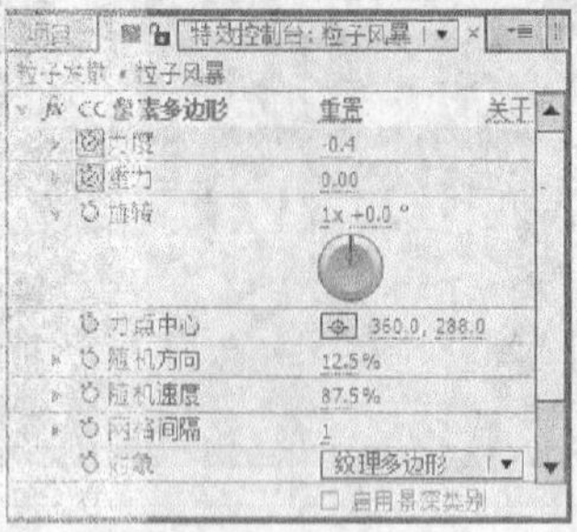
图 4-10

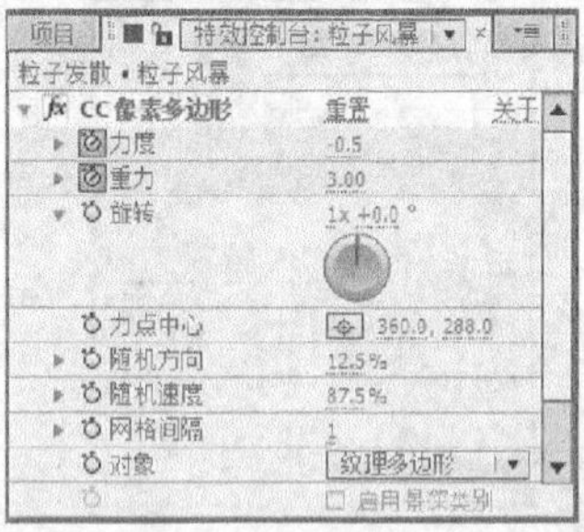
图 4-11

（4）选中“文字”层，选择“效果 > 风格化 > 辉光”命令，在“特效控制台”面板中设置“颜色 A”的颜色为红色（其 R、G、B 的值分别为 255、0、0），“颜色 B”的颜色为橙黄色（其 R、G、B 的值分别为 255、114、0），其他参数设置如图 4-12 所示。合成窗口中的效果如图 4-13 所示。

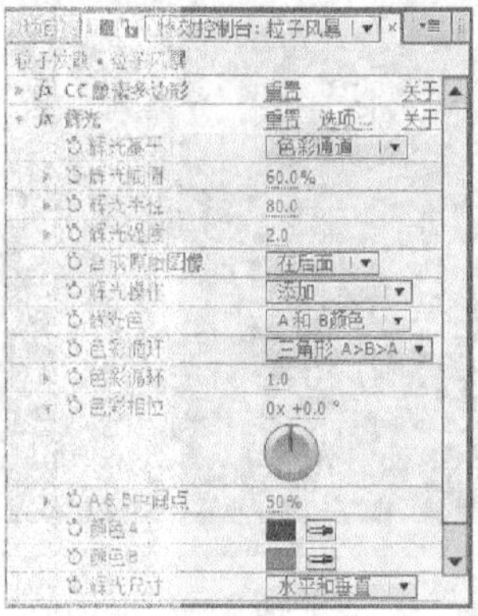
图 4-12

图 4-13

（5）选中文字层，选择“效果 > Trapcode > Shine”命令，在“特效控制台”面板中进行参数设置，如图 4-14 所示。合成窗口中的效果如图 4-15 所示。

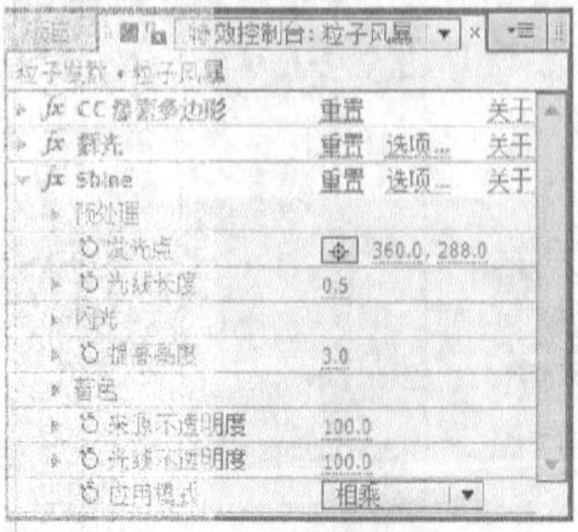
图 4-14

图 4-15

3．制作动画倒放效果

（1）按<Ctrl>+<N>组合键，弹出“图像合成设置”对话框，在“合成组名称”选项的文本框中输入“粒子汇集”，其他选项的设置如图 4-16 所示，单击“OK”按钮，创建一个新的合成“粒子汇集”。选择“文件 > 导入 > 文件”命令，弹出“导入文件”对话框，选择光盘中的“Ch04\粒子汇集文字\ (Footage)\ 01”文件，单击“打开”按钮，导入背景图片，并将“粒子发散”合成和“01”文件拖曳到“时间线”面板中，如图 4-17 所示。

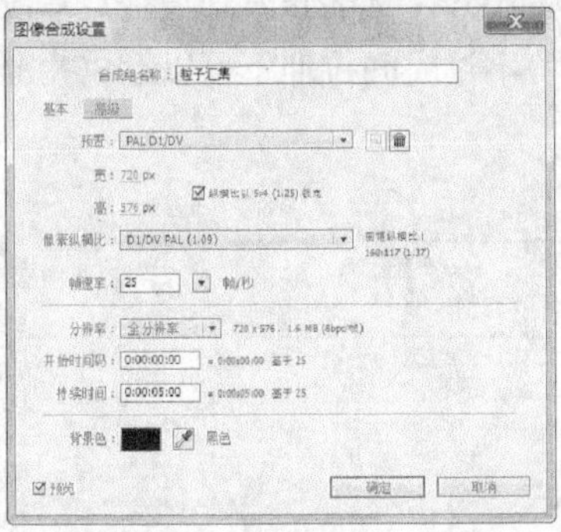

图 4-16

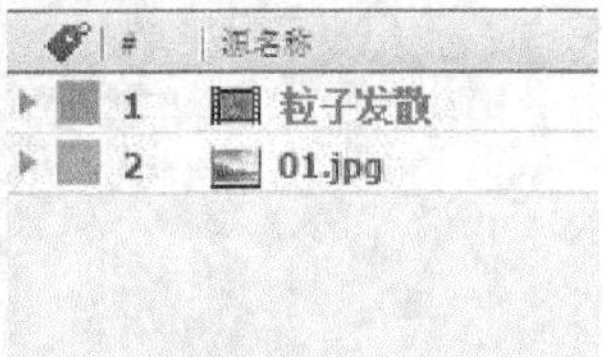

图 4-17

（2）选中“粒子发散”层，选择“图层 > 时间 > 时间伸缩”命令，弹出“时间伸缩”对话框，在对话框中设置“伸缩比率”选项的数值为-100，如图 4-18 所示，单击“确定”按钮。时间标签自动移到 0 帧位置，如图 4-19 所示，按<［>键将素材对齐，如图 4-20 所示，实现倒放功能。

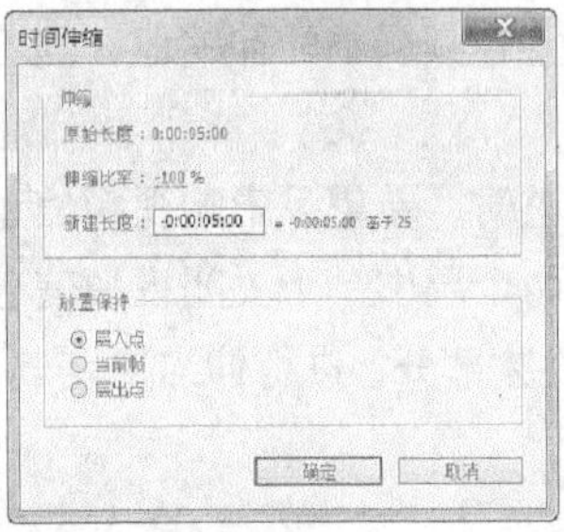

图 4-18

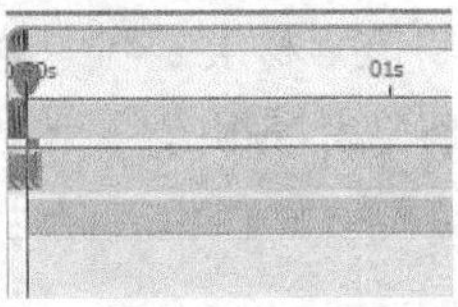

图 4-19

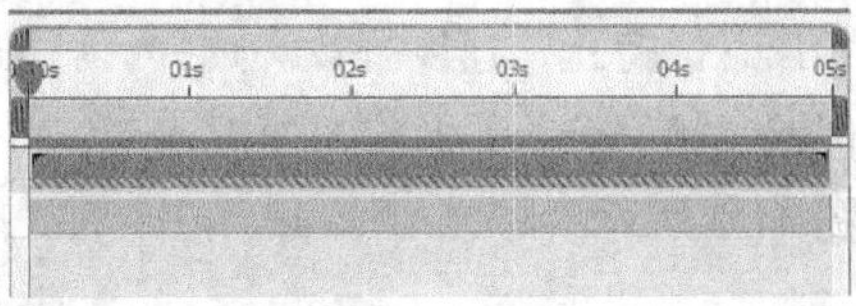

图 4-20

（3）粒子汇集文字制作完成，如图 4-21 所示。

图 4-21

4.1.2 使用时间线控制速度

选择“文件 > 打开项目...”命令，选择光盘目录下的“基础素材 > Ch04 > 项目 1.aep”文件，单击“打开”按钮打开文件。

在“时间线”窗口中，单击按钮 ⇳，展开时间拉伸属性，如图 4-22 所示。伸缩属性可以加快或者放慢动态素材层的时间，默认情况下伸缩值为 100%，代表正常速度播放片段；小于 100%时，会加快播放速度；大小100%时，将减慢播放速度。不过时间拉伸不可以形成关键帧，因此不能制作时间速度变速的动画特效。

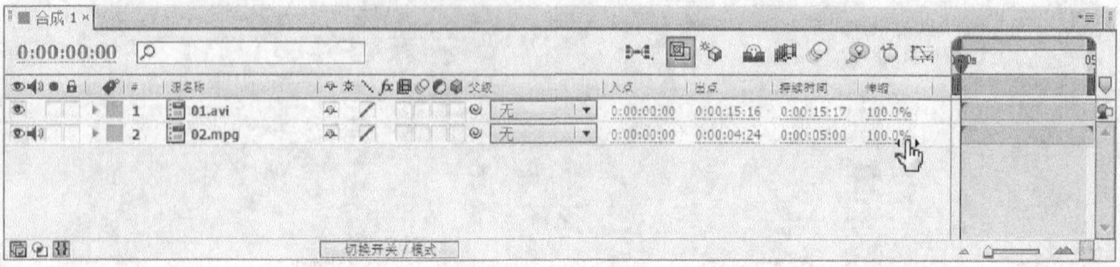

图 4-22

4.1.3 设置声音的时间线属性

除了视频，在 After Effects 里还可以对音频应用伸缩功能。调整音频层中的伸缩值，随着伸缩值的变化，可以听到声音的变化，如图 4-22 所示。

如果某个素材层同时包含音频和视频信息，在进行伸缩速度调整时，希望只影响视频信息，音频信息保持正常速度播放。这样，就需要将该素材层复制一份，两个层中一个关闭视频信息，但保留音频部分，不做伸缩速度改变；另一个关闭音频信息，保留视频部分，进行伸缩速度调整，如图 4-23 所示。

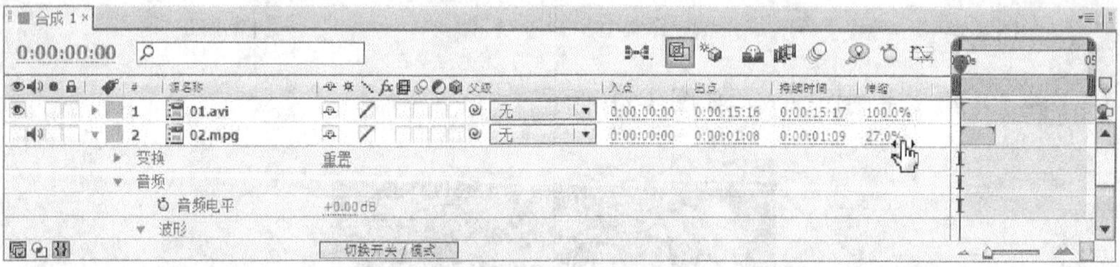

图 4-23

4.1.4 使用入点和出点控制面板

入点和出点参数面板可以方便地控制层的入点和出点信息，不过它还隐藏了一些快捷功能，通过他们同样可以改变素材片段的播放速度，改变伸缩值。

在“时间线”窗口中，调整当前时间指针到某个时间位置，按住<Ctrl>键的同时，单击入点或者出点参数，即可实现素材片段播放速度的改变，如图 4-24 所示。

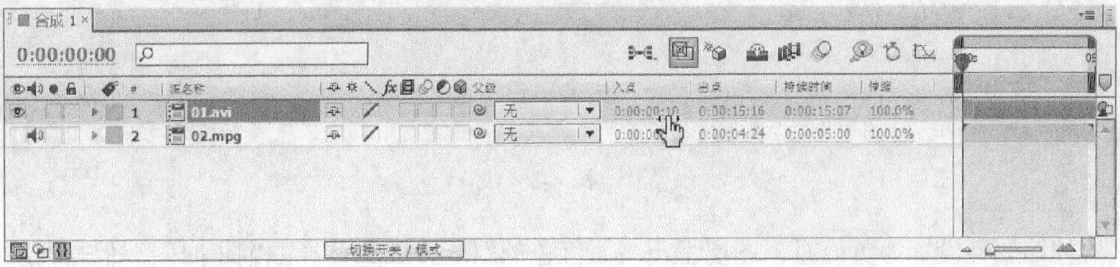

图 4-24

4.1.5　时间线上的关键帧

如果素材层上已经制作了关键帧动画，那么在改变其伸缩值时，不仅仅会影响其本身的播放速度，关键帧之间的时间距离也会随之改变。例如，将伸缩值设置为 50%，那么原来关键帧之间的距离就会缩短一半，关键帧动画速度同样也会加快一倍，如图 4-25 所示。

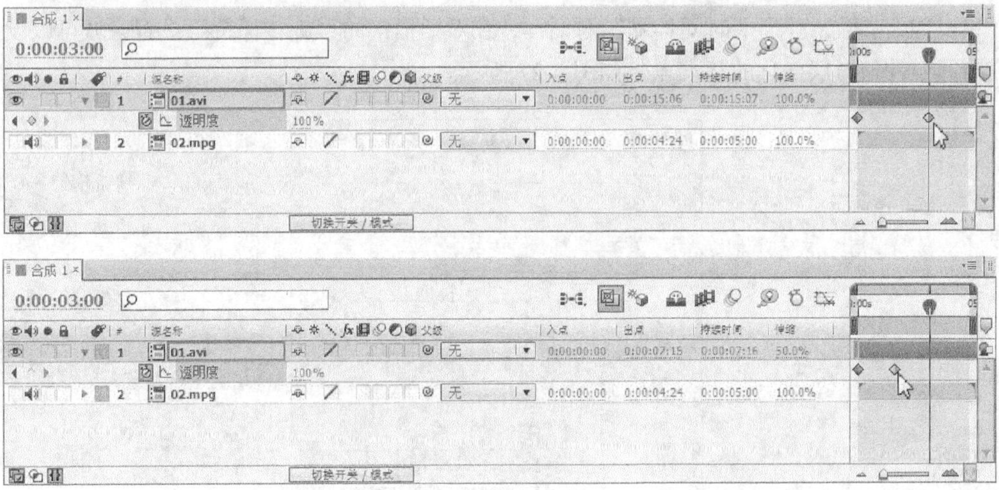

图 4-25

如果不希望改变伸缩值时影响关键帧时间位置，则需要全选当前层的所有关键帧，然后选择“编辑 > 剪切”命令，或按<Ctrl>+<X>组合键，暂时将关键帧信息剪切到系统剪贴板中，调整伸缩值，在改变素材层的播放速度后，选取使用关键帧的属性，再选择“编辑 > 粘贴”命令，或按<Ctrl>+<V>组合键，将关键帧粘贴回当前层。

4.1.6　颠倒时间

在视频节目中，经常会看到倒放的动态影像，利用伸缩属性其实可以很方便地实现这一点，把伸缩调整为负值就可以了，例如，保持片段原来的播放速度，只是实现倒放，可以将伸缩值设置为-100，如图 4-26 所示。

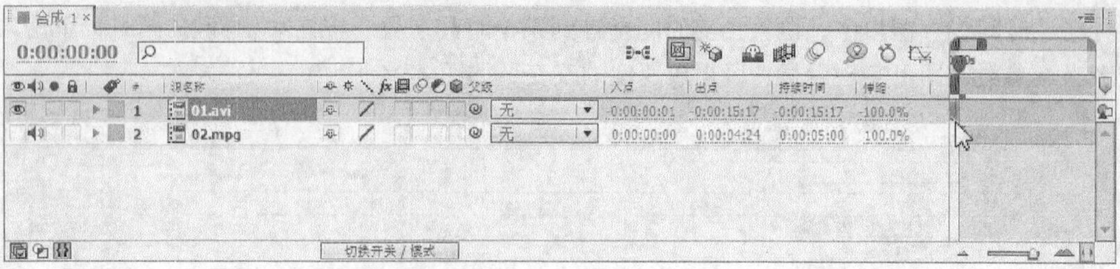

图 4-26

当伸缩属性设置为负值时，图层上出现了红色的斜线，表示已经颠倒了时间。但是图层会移动到别的地方，这是因为在颠倒时间过程中，是以图层的入点为变化基准，所以反向时导致位置上的变动，将其拖曳到合适位置即可。

4.1.7 确定时间调整基准点

在进行时间拉伸的过程中，已经发现了变化时的基准点在默认情况下是以入点为标准的，特别是在颠倒时间的练习中更明显地感受到了这一点。其实在 After Effects 中，时间调整的基准点同样是可以改变的。

单击伸缩参数，弹出“时间伸缩”对话框，在对话框中的“旋转保持”设置区域可以设置在改变时间拉伸值时层变化的基准点，如图 4-27 所示。

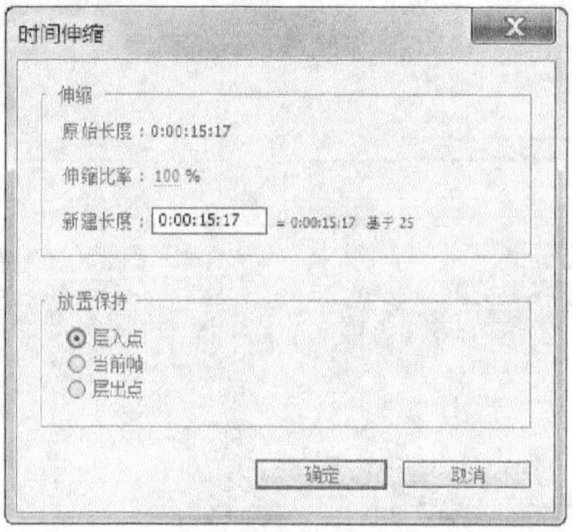

图 4-27

层入点：以层入点为基准，也就是在调整过程中，固定入点位置。

当前帧：以当前时间指针为基准，也就是在调整过程中，同时影响入点和出点位置。

层出点：以层出点为基准，也就是在调整过程中，固定出点位置。

4.2 重置时间

重置时间是一种可以随时重新设置素材片断播放速度的超强功能。与伸缩不同的是，它可以设置关键帧，进行各种时间变速动画创作。重置时间可以应用在动态素材上，例如视频素材层、音频素材层和嵌套合成等。

4.2.1　应用重置时间命令

在“时间线”窗口中选择视频素材层，选择“图层 > 时间 > 启用时间重置”命令，或按<Ctrl>+<Alt>+<T>组合键，激活“时间重置”属性，如图 4-28 所示。

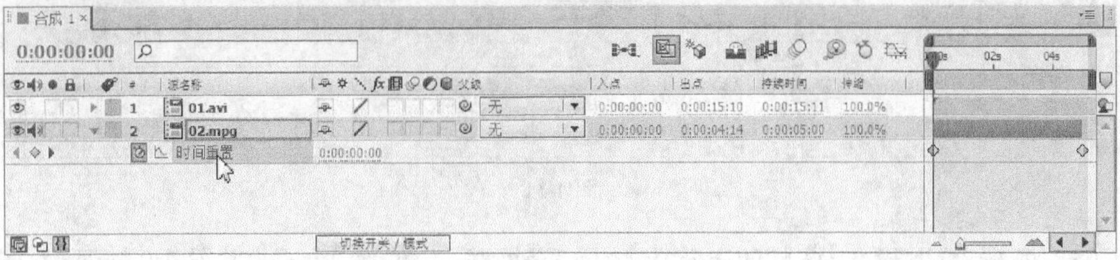

图 4-28

在添加“时间重置”自动在视频层的入点和出点位置加入了两个关键帧，入点位置的关键帧记录了片段 0s0 帧这个时间，出点关键帧记录了片段最后的时间，也就是 04s14 帧。

4.2.2　重置时间的方法

（1）在“时间线”窗口中，移动当前时间指针到 3s 位置，在“关键帧”面板中，单击“关键帧”按钮◇，生成一个关键帧，这个关键帧记录了片段 3s 这个时间，如图 4-29 所示。

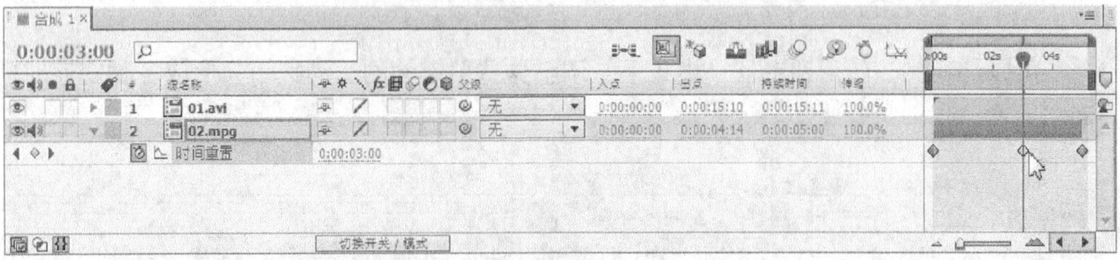

图 4-29

（2）将刚刚生成的那个关键帧往左边拖动，移动到第 2s 的位置，这样得到的结果从开始一直到 2s 位置，会播放片段 0s0 帧到 3s 的片段内容。因此，从开始到第 2s 时，素材片段会快速播放，而过了 2s 以后，素材片段会慢速播放，因为最后的那个关键帧并没有发生位置移动，如图 4-30 所示。

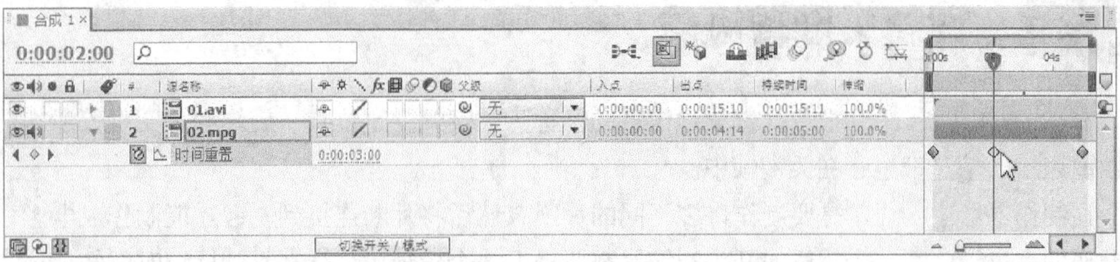

图 4-30

（3）按<0>键预览动画效果，按任意键结束预览。

（4）再次将当前时间指针移动到 3s 位置，在“关键帧”面板中，单击“关键帧”按钮◇，生成一个关键帧，这个关键帧记录了片段的 03s16 帧这个时间，如图 4-31 所示。

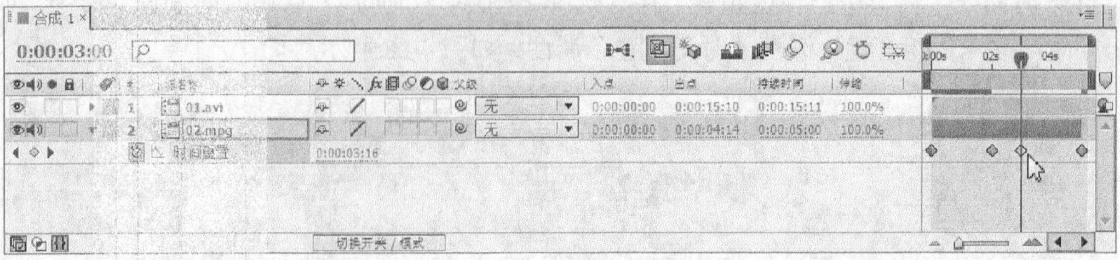

图 4-31

（5）将记录了片段 03s16 帧的这个关键帧，移动到第 1s 位置，会播放片段 0s0 帧到 03s16 帧的片段内容，速度非常快；然后从 1s 到 2s 位置，会反向播放片段 03s26 帧到 3s 的内容；过了 2s 以后直到最后，会重新播放 3s 到 04s14 帧的内容，如图 4-32 所示。

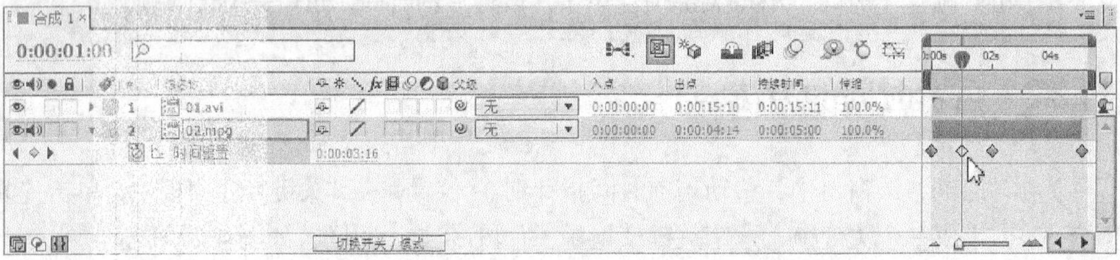

图 4-32

（6）可以切换到“图形编辑器”模式下，调整这些关键帧的运动速率，形成各种变速时间变化，如图 4-33 所示。

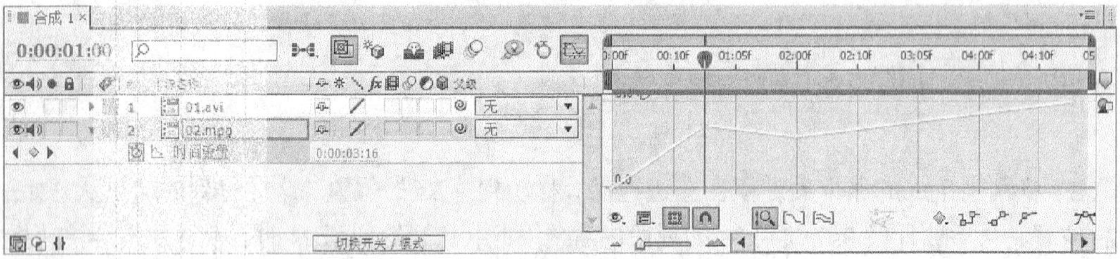

图 4-33

4.3 理解关键帧概念

在 After Effects 中，把包含着关键信息的帧称为关键帧。定位点、旋转和透明度等所有能够用数值表示的信息都包含在关键帧中。

在制作电影中，通常是要制作许多不同的片断，然后将片断连接到一起才能制作成电影。对于制作的人来说，每一个片段的开头和结尾都要做上一个标记，这样在看到标记时就知道这一段内容是什么。

在 After Effects 中依据前后两个关键帧，识别动画开始和结束的状态，并自动计算中间的动画过程（此过程也叫插值运算），产生视觉动画。这也就意味着，要产生关键帧动画，就必须拥有两个或两个以上有变化的关键帧。

4.4 关键帧的基本操作

在 After Effects 中，可以添加、选择和编辑关键帧，还可以使用关键帧自动记录器来记录关键帧。下面将对关键帧的基本操作进行具体讲解。

4.4.1 课堂案例——可爱的瓢虫

案例学习目标：学习使用编辑关键帧，使用关键帧制作可爱的瓢虫效果。

案例知识要点：使用层编辑瓢虫大小或方向；使用“动态草图”命令绘制动画路径并自动添加关键帧；使用“平滑器”命令自动减少关键帧；使用“阴影”命令给瓢虫添加投影。可爱的瓢虫效果如图 4-34 所示。

图 4-34

效果所在位置：光盘\Ch04\可爱的瓢虫.aep。

1. 导入文件并编辑动画瓢虫

（1）按<Ctrl>+<N>组合键，弹出“图像合成设置”对话框，在“合成组名称”选项的文本框中输入“可爱的瓢虫 1”，其他选项的设置如图 4-35 所示，单击“确定”按钮，创建一个新的合成“可爱的瓢虫 1”。选择“文件 > 导入 > 文件”命令，弹出“导入文件”对话框，选择光盘中的“Ch04\可爱的瓢虫\ (Footage) \”中的“01”、“02”、“03”、“04”和“05”文件，单击“打开”按钮，导入图片，如图 4-36 所示。

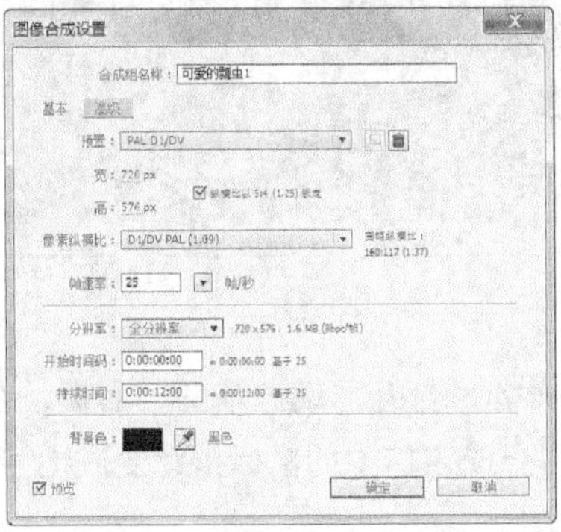

图 4-35

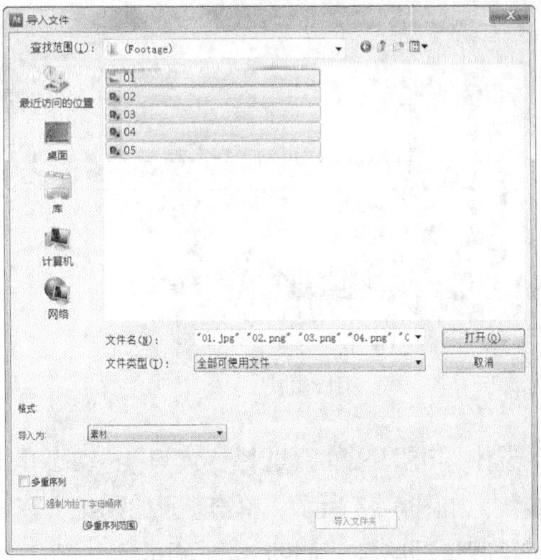

图 4-36

（2）在“项目”面板中选择“01”、“02”、“03”、“04”和“05”文件并将其拖曳到“时间线”面板中，单击“04”文件前面的眼睛按钮，关闭“04”文件的可视性，如图 4-37 所示。选中“05”文件，按<P>键展开“位置”属性，设置“位置”选项的数值为 186.1、87.3，如图 4-38 所示。

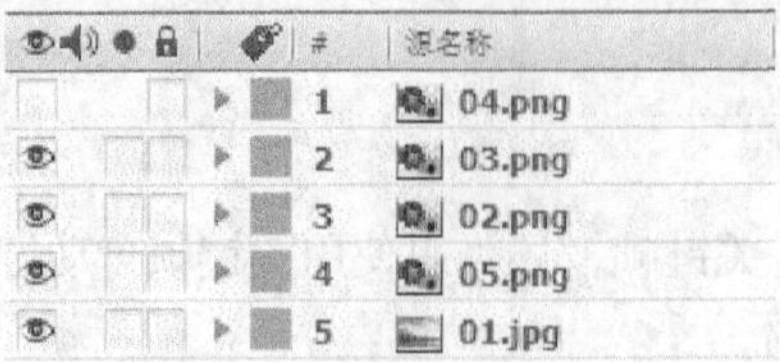

图 4-37

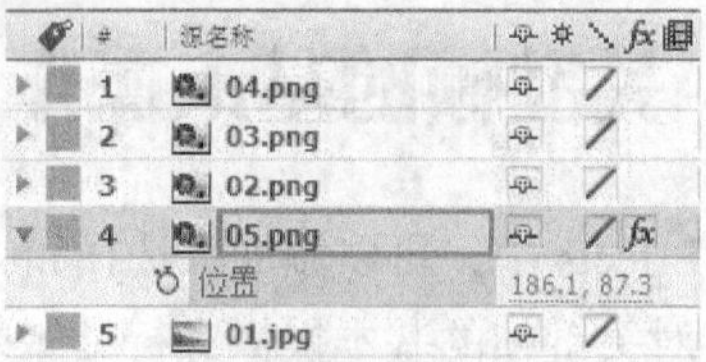

图 4-38

（3）选中“05”文件，按<S>键展开“缩放”属性，设置“缩放”选项的数值为 23，如图 4-39 所示。选择“定位点”工具，在合成窗口中按住鼠标左键，调整瓢虫的中心点位置，如图 4-40 所示。

图 4-39

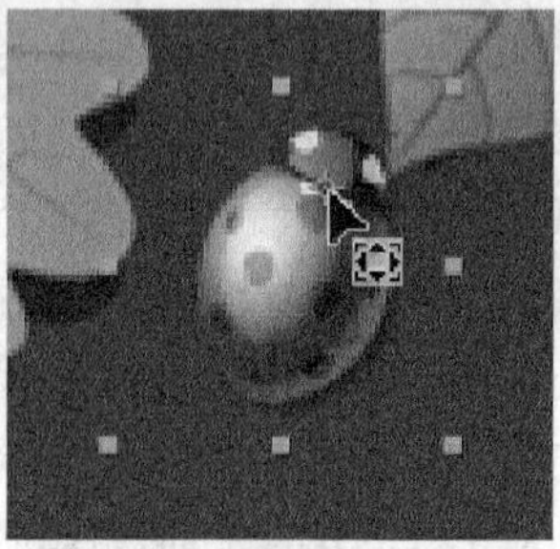
图 4-40

（4）选中“05”文件，按<R>键展开“旋转”属性，设置“旋转”选项的数值为 0、84，如图 4-41 所示。合成窗口中的效果如图 4-42 所示。

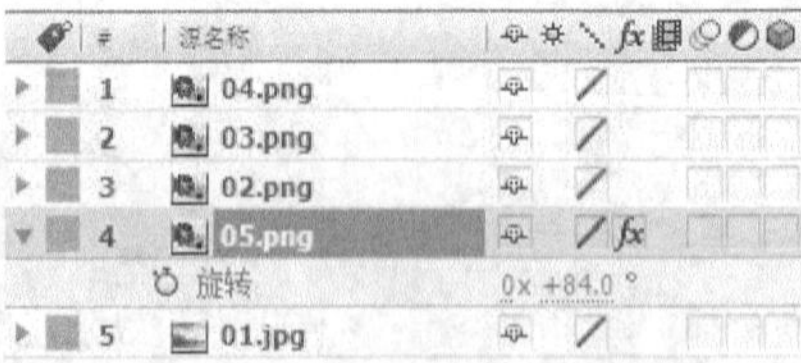

图 4-41

图 4-42

（5）选中“05”文件，选择“窗口 > 动态草图”命令，打开“动态草图”面板，在对话框中设置参数，如图 4-43 所示，单击“开始采集”按钮。当合成窗口中的鼠标指针变成十字形状时，在窗口中绘制运动路径，如图 4-44 所示。

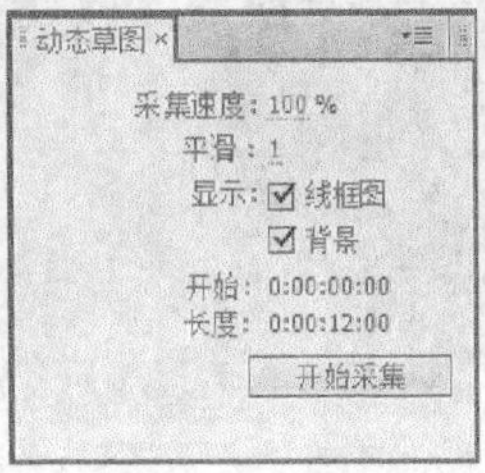

图 4-43

图 4-44

（6）选中“05”文件，选择“图层 > 变换 > 自动定向”命令，弹出“自动定向”对话框，在对话框中选择“沿路径方向设置”选项，如图 4-45 所示，单击“确定”按钮。合成窗口中的效果如图 4-46 所示。

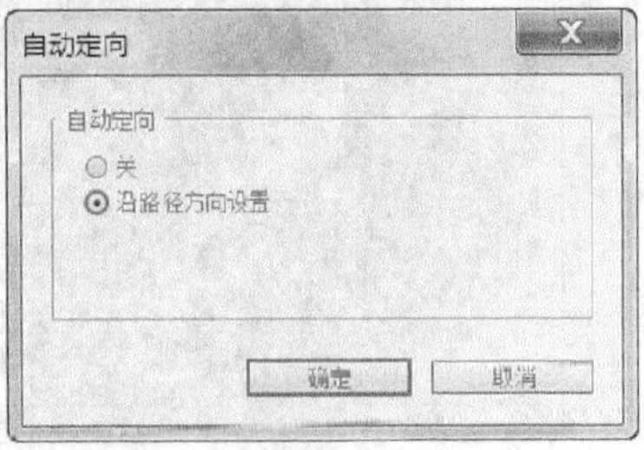

图 4-45

图 4-46

（7）选中“02”文件，按<P>键展开“位置”属性，用框选的方法选中所有的关键帧，选择“窗口 > 平滑器”命令，打开“平滑器”面板，在对话框中设置参数，如图 4-47 所示，单击“应用”按钮。合成窗口中的效果如图 4-48 所示。制作完成后动画就会更加流畅。

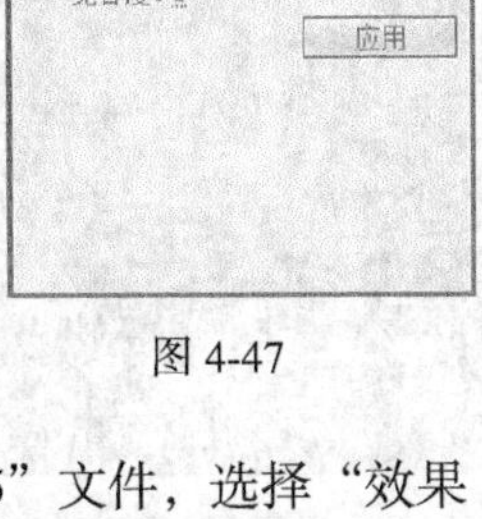

图 4-47

图 4-48

（8）选中“05”文件，选择“效果 > 透视 > 阴影”命令，在“特效控制台”面板中进行参数设置，如图 4-49 所示。合成窗口中的效果如图 4-50 所示。

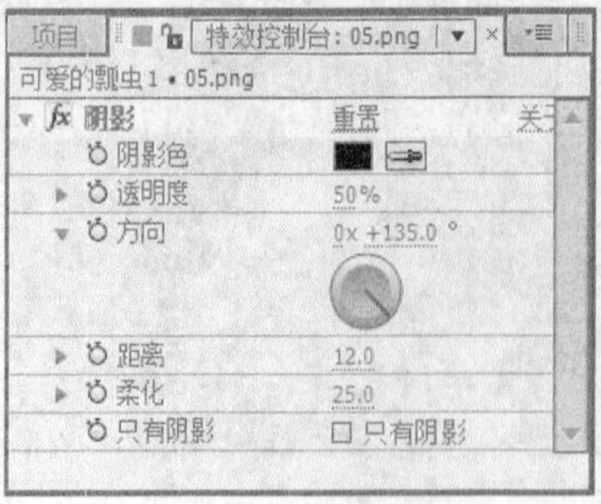

图 4-49

图 4-50

（9）在“时间线”面板中，单击“04”文件前面的眼睛按钮，显示“04”文件的可视性，选中“04”文件，按<Ctrl>+<D>组合键复制一层，如图 4-51 所示。合成窗口中的效果如图 4-52 所示。

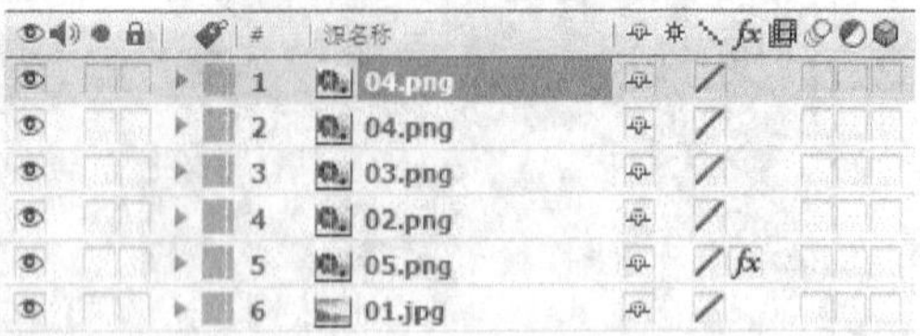

图 4-51

图 4-52

2．编辑复制层

（1）按<Ctrl>+<N>组合键，弹出“图像合成设置”对话框，在“合成组名称”选项的文本框中输入“可爱的瓢虫 2”，其他选项的设置如图 4-53 所示，单击“确定”按钮，创建一个新的合成“可爱的瓢虫 2”。在“项目”面板中选择“05”文件并将其拖曳到“时间线”面板中，使用相同的方法制作另一个瓢虫，合成窗口中的效果如图 4-54 所示。

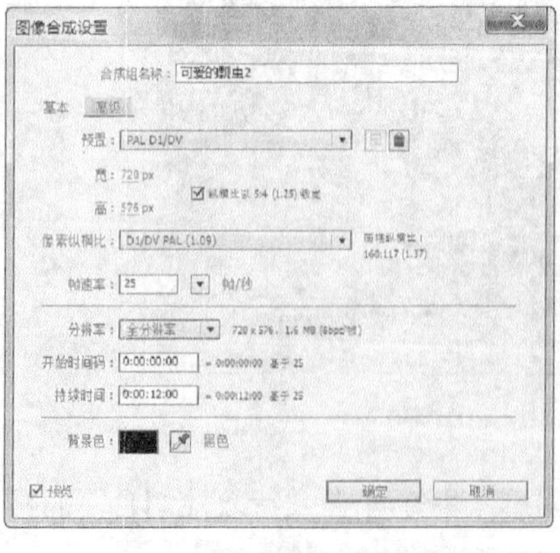

图 4-53

图 4-54

（2）在“项目”面板中选择“可爱的瓢虫 2”合成将其拖曳到可爱的瓢虫 1“时间线”面板中，如图 4-55 所示。合成窗口中的效果如图 4-56 所示。

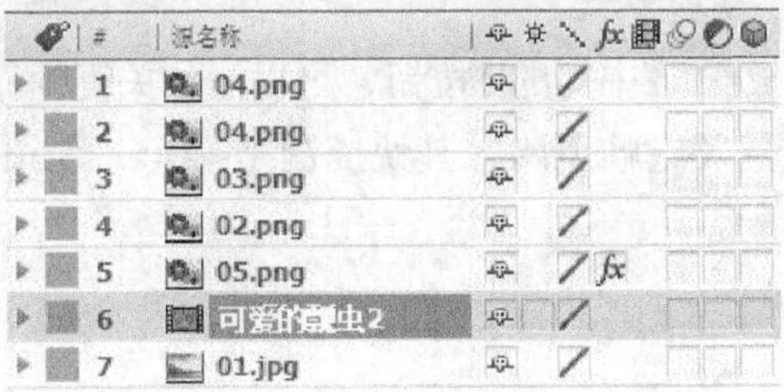

图 4-55

图 4-56

4.4.2 关键帧自动记录器

After Effects 提供了非常丰富的手段调整和设置层的各个属性，但是在普通状态下这种设置被看待为针对整个持续时间的，如果要进行动画处理，则必须单击“关键帧自动记录器”按钮◌，记录两个或两个以上的、含有不同变化信息的关键帧，如图 4-57 所示。

图 4-57

关键帧自动记录器为启用状态，此时 After Effects 将自动记录当前时间指针下该层该属性的任何变动，形成关键帧。如果关闭属性关键帧自动记录器◌，则此属性的所有已有的关键帧将被删除，由于缺少关键帧，动画信息丢失，再次调整属性时，被视为针对整个持续时间的调整。

4.4.3 添加关键帧

添加关键帧的方式有很多，基本方法是首先激活某属性的关键帧自动记录器，然后改变属性值，在当前时间指针处将形成关键帧，具体操作步骤如下。

（1）选择某层，通过单击小三角形钮▸或按属性的快捷键，展开层的属性。

（2）将当前的时间指针移动到建立第一个关键帧的时间位置。

（3）单击某属性的“关键帧自动记录器”按钮◌，当前时间指针位置将产生第一个关键帧◇，调整此属性到合适值。

（4）将当前时间指针移动到建立下一个关键帧的时间位置，在“合成”预览窗口或者“时间线”窗口调整相应的层属性，关键帧将自动产生。

（5）按<0>键，预览动画。

提示 如果某层的蒙版属性打开了关键帧自动记录器，那么在“图层”预览窗口中调整蒙版时也会产生关键帧信息。

另外，单击“时间线”控制区中的关键帧面板◀ ◇ ▶中间的◇按钮，可以添加关键帧；如果是在已经有关键帧的情况下单击此按钮，则将已有的关键帧删除，其快捷键是<Alt>+<Shift>+属性快捷键，例如<Alt>+<Shift>+<P>组合键。

4.4.4 关键帧导航

在上一小节中，提到了“时间线”控制区的关键帧面板，在此面板中最主要的功能就是关键帧导航，通过关键帧导航可以快速跳转到上一个或下一个关键帧位置，还可以方便地添加或者删除关键帧。如果此面板中没有出现，则单击“时间线”右上方的按钮▾≡，在弹出的列表中选择“显示栏目 > A/V 功能”命令，即可打开此面板，如图 4-58 所示。

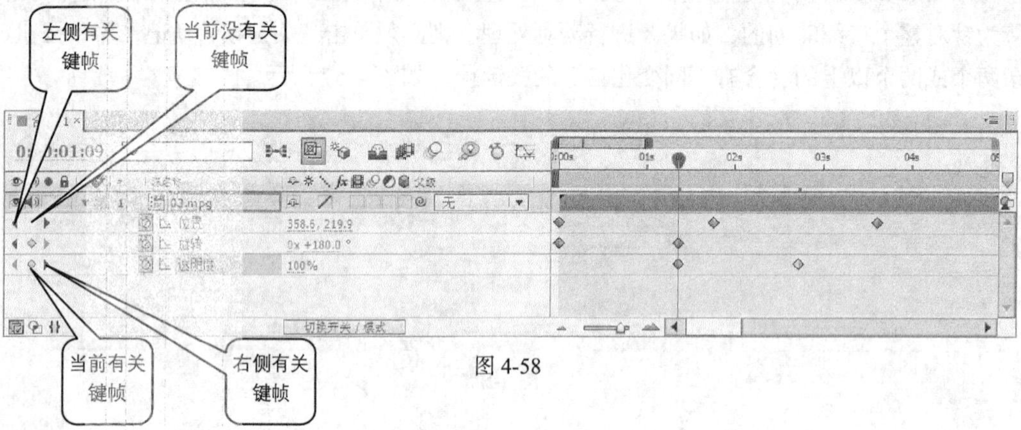

图 4-58

提示 既然要对关键帧进行导航操作，就必须将关键帧呈现出来，按<U>键，展示层中所有关键帧动画信息的目的。

◀跳转到上一个关键帧位置，其快捷键是<J>。

▶跳转到下一个关键帧位置，其快捷键是<K>。

提示 关键帧导航按钮仅针对本属性的关键帧进行导航，而快捷键<J>和<K>则可以针对画面中展现的所有关键帧进行导航，这是有区别的。

“添加删除关键帧”按钮◇：当前无关键帧状态，单击此按钮将生成关键帧。

“添加删除关键帧”按钮◈：当前已有关键帧状态，单击此按钮将删除关键帧。

4.4.5　选择关键帧

1．选择单个关键帧

在“时间线”窗口中，展开某含有关键帧的属性，用鼠标单击某个关键帧，此关键帧即被选中。

2．选择多个关键帧

⊙ 在“时间线”窗口中，按住<Shift>键的同时，逐个选择关键帧，即可完成多个关键帧的选择。

⊙ 在“时间线”窗口中，用鼠标拖曳出一个选取框，选取框内的所有关键帧即被选中，如图 4-59 所示。

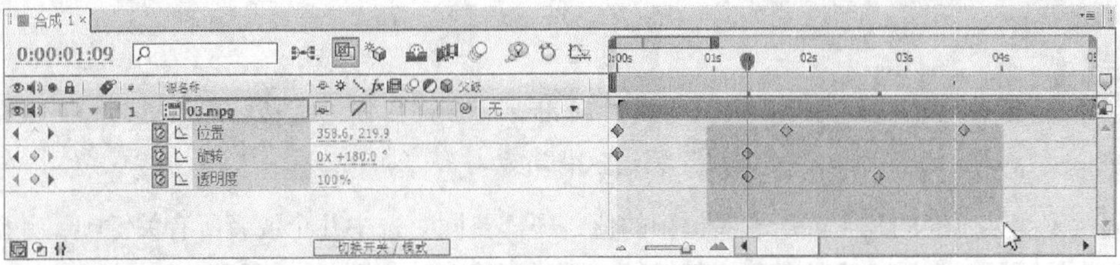

图 4-59

3．选择所有关键帧

单击层属性名称，即可选择所有关键帧的方法，如图 4-60 所示。

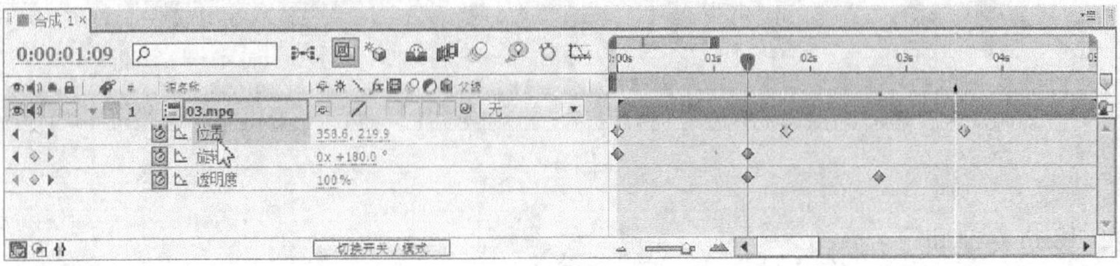

图 4-60

4.4.6　编辑关键帧

1．编辑关键帧值

在关键帧上双击鼠标，在弹出的对话框中进行设置，如图 4-61 所示。

提示　不同的属性对话框中呈现的内容也会不同，图 4-61 展现的是双击“旋转”属性关键帧时弹出的对话框。

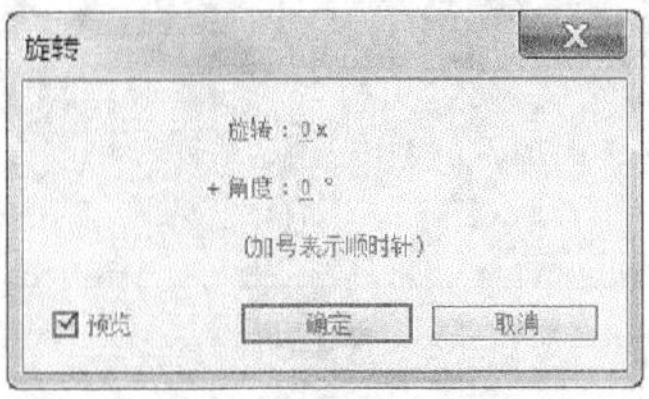

图 4-61

如果在“合成”预览窗口、或者“时间线”窗口中调整关键帧，就必须要选中当前关键帧，否则编辑关键帧操作将变成生成新的关键帧操作，如图 4-62 所示。

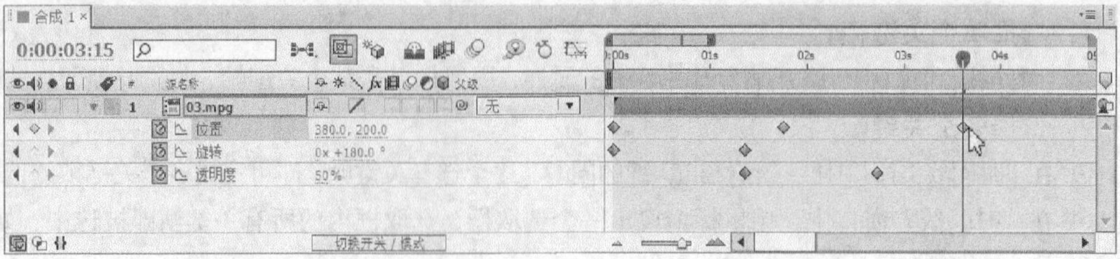

图 4-62

提示 按住<Shift>键的同时，移动当前时间指针，当前指针将自动对齐最近的一个关键帧，如果按住<Shift>键的同时移动关键帧，关键帧将自动对齐当前时间指针。

同时改变某属性的几个或所有关键帧的值，还需要同时选中几个或者所有关键帧，并确定当前时间指针刚好对齐被选中的某一个关键帧，再进行修改，如图 4-63 所示。

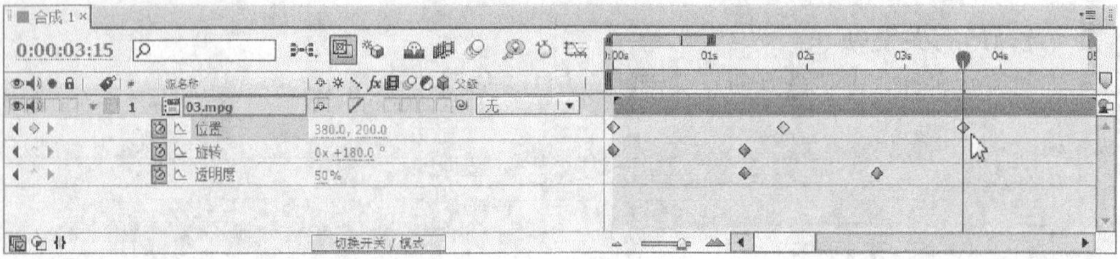

图 4-63

2．移动关键帧

选中单个或者多个关键帧，按住鼠标，将其拖曳到目标时间位置即可。还可以按住<Shift>键的同时，锁定到当前时间指针位置。

3．复制关键帧

复制关键帧操作可以大大提高创作效率，避免一些重复性的操作，但是在粘贴操作前一定要注意当前选择的目标层、目标层的目标属性、以及当前时间指针所在位置，因为这是粘贴操作的重要依据。具体操作步骤如下。

（1）选中要复制的单个帧或多个关键帧，甚至是多个属性的多个关键帧，如图 4-64 所示。

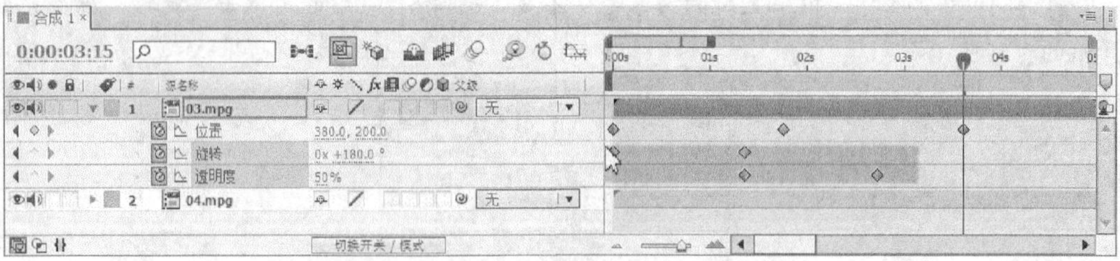

图 4-64

（2）选择“编辑 > 复制”命令，将选中的多个关键帧复制。选择目标层，将时间指针移动到目标时间位置，如图 4-65 所示。

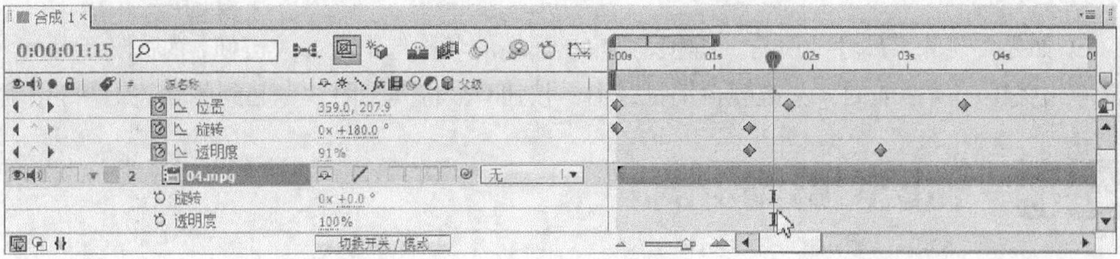

图 4-65

（3）选择“编辑 > 粘贴”命令，将复制的关键帧粘贴，如图 4-66 所示。

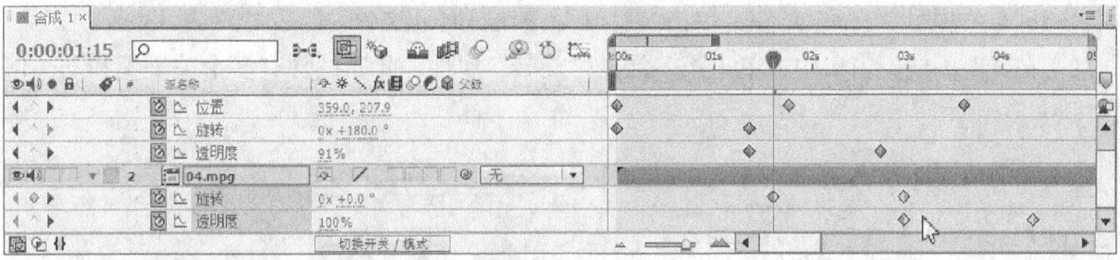

图 4-66

提示

关键帧复制粘贴不仅可以在本层属性执行，也可以将其粘贴到其他相同属性上。如果复制粘贴到本层或其他层的属性，那么两个属性的数据类型必须是一致的才可以，例如，将某个二维层的“位置”动画信息复制粘贴到另一个二维层的“定位点”属性上，由于两个属性的数据类型是一致的（都是 x 轴向和 y 轴向的两个值），所以可以实现复制操作。只要粘贴操作前，确定选中目标层的目标属性即可，如图 4-67 所示。

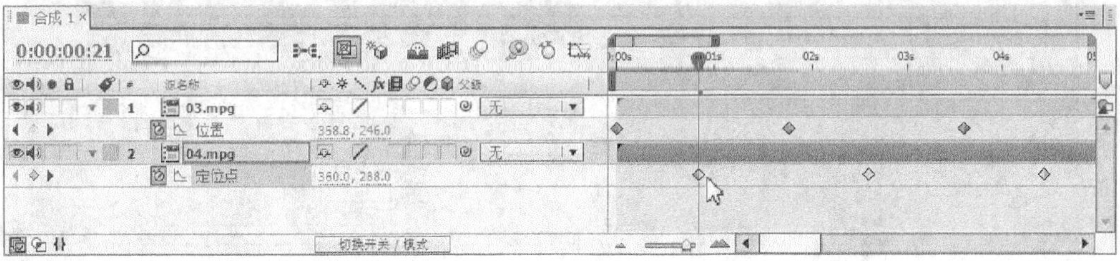

图 4-67

提示

如果粘贴的关键帧与目标层上的关键帧在同一时间位置，将覆盖目标层上原来的关键帧。另外，层的属性值在无关键帧时也可以进行复制，通常用于不同层间的属性统一操作。

4．删除关键帧

- 选中需要删除的单个或多个关键帧，选择“编辑 > 清除”命令，进行删除操作。
- 选中需要删除的单个或多个关键帧，按<Delete>键，即可完成删除。

⊙ 当前时间帧对齐关键帧，关键帧面板中的添加删除关键帧按钮呈现状态，单击此状态下的这个按钮将删除当前关键帧，或按<Alt>+<Shift>+属性快捷键，例如<Alt>+<Shift>+<P>组合键。

⊙ 如果要删除某属性的所有关键帧，则单击属性的名称选中全部关键帧，然后按<Delete>键；或者单击关键帧属性前的“关键帧自动记录器”按钮，将其关闭，也起到删除关键帧的作用。

4.5 初识图形编辑器

通过图形编辑器可以精确地浏览和调节各属性的变化过程。下面通过实践逐步掌握如何在图形编辑器中调整属性值和时间速率。

（1）打开 After Effects 软件，选择“文件 > 打开项目”命令，在弹出的对话框中选择“基础素材 > Ch04 > 项目 2.aep”文件，单击“打开”按钮打开此文件。

（2）在“时间线”窗口中，单击第一层的“旋转”属性，此属性含有多个关键帧和动画信息，如图 4-68 所示。

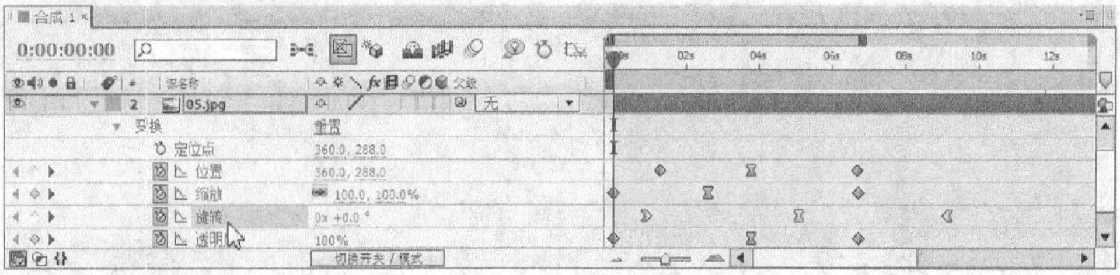

图 4-68

（3）单击“图形编辑器”按钮，切换图形编辑器模式，如图 4-69 所示。

（4）单击按钮，在弹出的下拉列表中，确认“显示所选定的属性”选项处于被选择的状态，如图 4-70 所示。

图 4-69

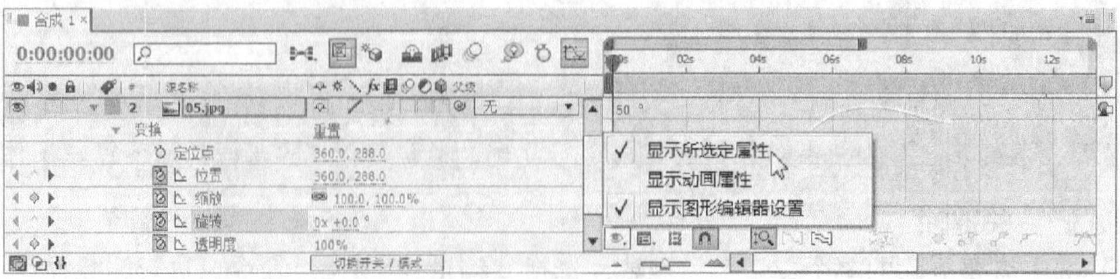

图 4-70

⊙“显示所选定的属性”选项：显示被选择的属性运动曲线。

⊙“显示动画属性”选项：显示所有动画信息属性的运动曲线。

⊙“显示图形编辑器设置”选项：单击属性前面的按钮，开启属性的运动曲线，如图 4-71 所示。

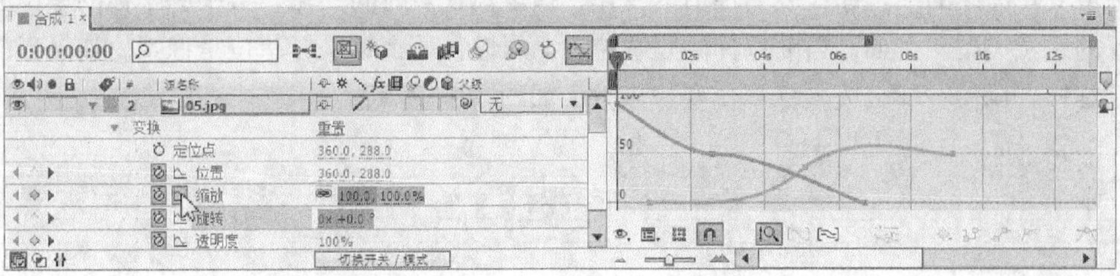

图 4-71

（5）单击按钮，浏览一下指定的动画曲线类型的各个菜单选项是否显示其他附加信息的各个菜单选项，如图 4-72 所示。

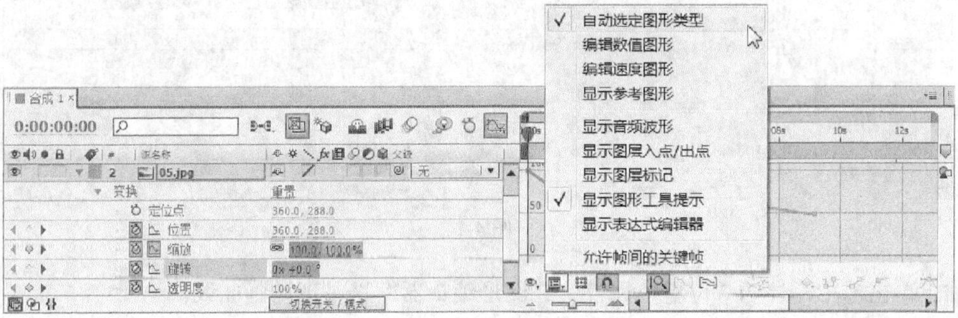

图 4-72

⊙“自动选定图形类型”选项：自动选择曲线类型。

⊙“编辑数值图形”选项：编辑数值变化曲线。

⊙“编辑速度图形”选项：编辑速度变化曲线。

⊙“显示参考图形”选项：在任何编辑状态时，是否同时显示数值变化曲线和速度变化曲线作为相互的参考曲线，如图 4-73 所示。

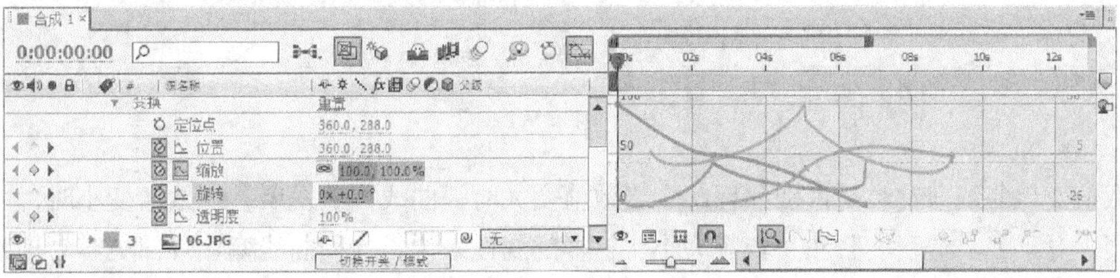

图 4-73

⊙“显示音频波形”选项：显示音频波形。

⊙“显示图层入点/出点”选项：显示层入点和出点。

⊙“显示图层标记”选项：显示层标记。

⊙ “显示图形工具提示”选项：显示曲线编辑提示。

⊙ “显示表达式编辑器”选项：显示表达式编辑器。

（6）在这一步骤中，需要理解两种曲线的概念，它们分别是：数值变化曲线和速度变化曲线。首先单击按钮，在弹出的列表中选择“编辑数值图形”选项。

数值变化曲线的纵坐标代表属性值的变化，横坐标代表时间变化，其中纵坐标的单位取决于被选择的属性类型。例如，当前选择的是“位置”属性，那么纵坐标单位是像素，如果当前选择的是“旋转”属性，那么纵坐标单位变成度数，如图 4-74 所示。

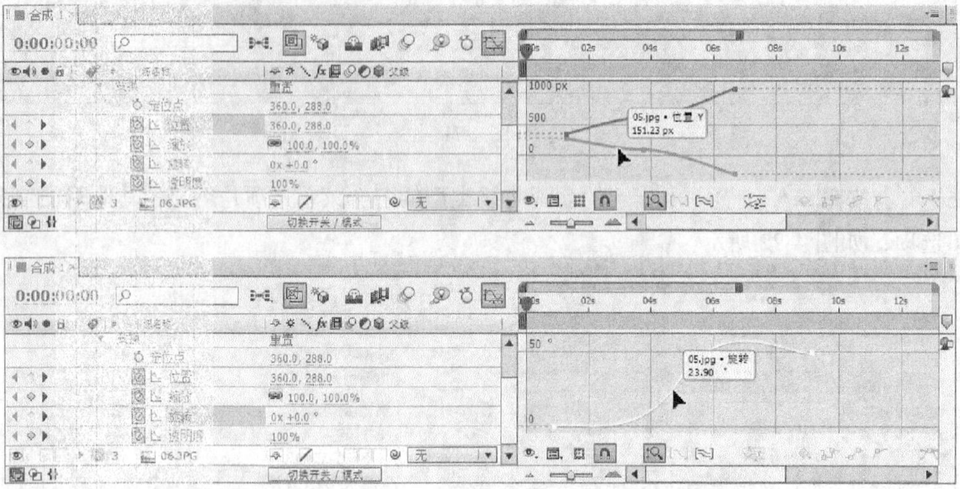

图 4-74

（7）单击选中一层的“位置”属性，在图形编辑器中将呈现动画曲线。

一些属性包含一个以上的变化值，或者维度。例如，选中的这个二维层的位置属性就包含 x 轴向和 y 轴向，因此可以发现画面中有两条运动曲线，红色的那条描绘的是 x 轴向运动曲线，绿色的那条描绘的是 y 轴向运动曲线，如图 4-75 所示。

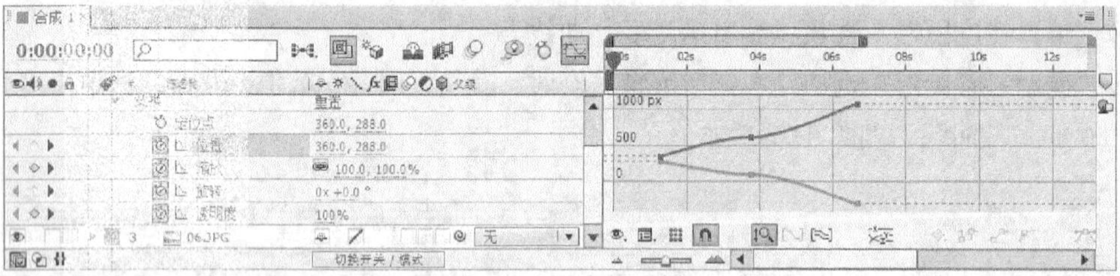

图 4-75

数值变化曲线非常容易识别和理解：当数值变大时，曲线往上发展，当数值变小时，曲线往下发展。对于如“透明度”和“音频大小”这样的属性来说，这种曲线变化规律更容易理解，因为这些属性更好地符合了往上增大和往下减小的变化过程。

（8）单击按钮，在弹出的列表中选择“编辑速度图形”选项，观察曲线变化规律。

速度变化曲线描述的是属性变化的速率变化，横坐标代表时间的变化，纵坐标的单位取决于被选择的属性类型，例如，当前选择的是“位置”属性，那么纵坐标单位是“Px/秒”，每秒多少像素；如果当前选择的是“旋转”属性，那么纵坐标单位变成“° /秒”，每秒多少度数，如图 4-76 所示。

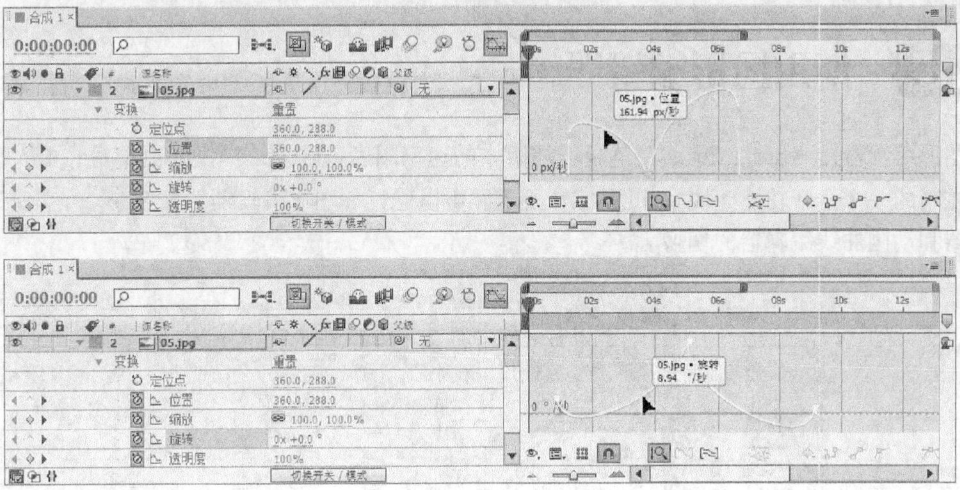

图 4-76

速度变化曲线同样非常容易识别和理解。关键帧与关键帧之间用直线或者曲线连接，当每秒钟属性变化幅度增大时，曲线往上发展；当每秒种属性变化幅度减小时，曲线往下发展。鼠标落在上面即可显示每秒种速率，如图 4-77 所示，其中直线代表匀速运动变化，曲线代表变速运动变化，例如，加、减速度变化等。

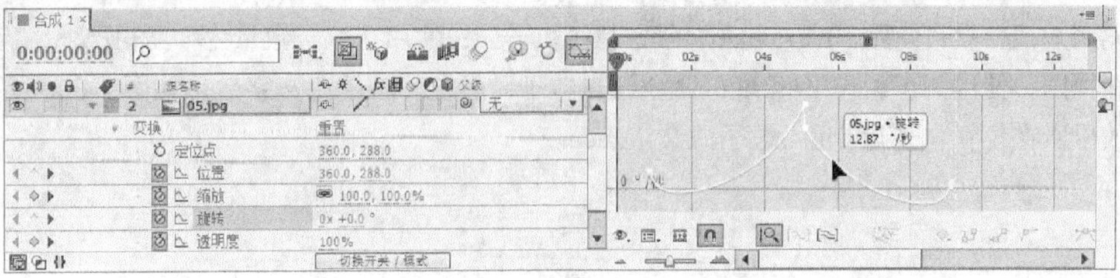

图 4-77

理解“时间插值”运算，或者说调整速度变化曲线对关键帧值和变化程度没有影响这点非常重要。例如，某个层用 1s 的时间从 A 点移动到 B 点，调整速度变化曲线不会改变这个事实，但是却可以影响其过程是匀速的还是变速的，是从 A 点开始用加速方式到达 B 点，还是从 A 点开始用减速度方式到达 B 点，或者是用持续方式实现 A 点到 B 点的突然跳转。

（9）使用工具面板中的一系列钢笔工具，可以实现曲线编辑，包括在曲线上添加、删除关键帧、改变关键帧插值运算类型和曲线率等，如图 4-78 所示。

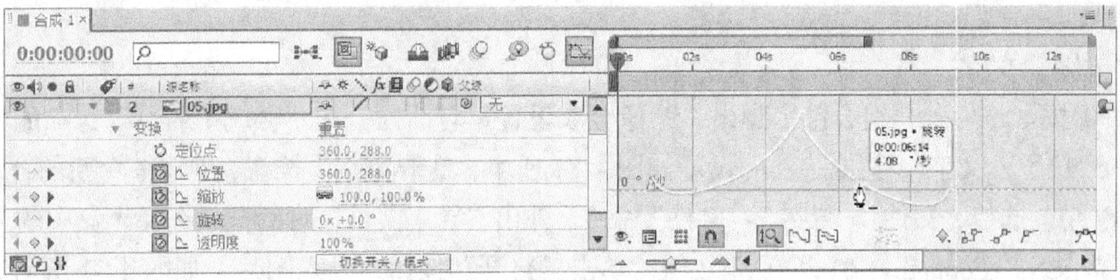

图 4-78

4.6 使用图形编辑器

图形编辑器是 After Effects 在整合以往版本的速率图表基础上，提供的更丰富、更人性化的动画控制的一个全新功能模块，如图 4-79 所示。可以通过“图形编辑器”按钮，实现关键帧编辑器和动画曲线编辑器的切换。

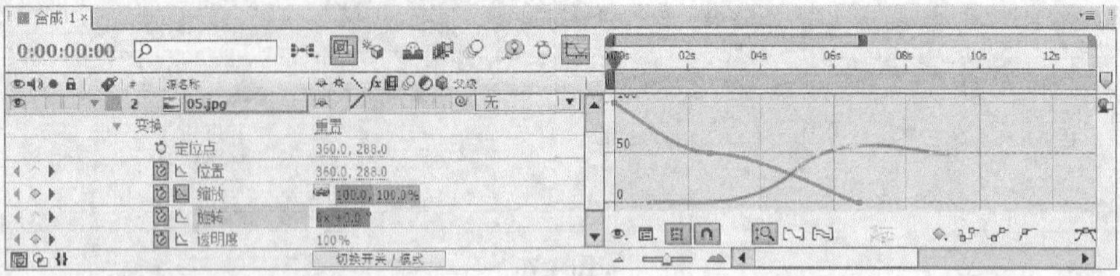

图 4-79

4.6.1 课堂案例——粒子海文字

案例学习目标：学习使用曲线编辑视图和制作粒子云效果。

案例知识要点：使用“Particular”命令制作粒子云；使用“粒子数量/秒”选项编辑关键帧的曲线和视图；使用“色相位/饱和度”命令编辑粒子云颜色。粒子海文字效果如图 4-80 所示。

效果所在位置：光盘\Ch04\粒子海文字. aep。

图 4-80

1．编辑文字

（1）按<Ctrl>+<N>组合键，弹出“图像合成设置”对话框，在“合成组名称”选项的文本框中输入“粒子云文字”，其他选项的设置如图 4-81 所示，单击“OK”按钮，创建一个新的合成“粒子海文字”。选择“文件 > 导入 > 文件”命令，弹出“导入文件”对话框，选择光盘中的“Ch04 \ 粒子海文字\ (Footage) \ 01 和 02”文件，单击“打开”按钮，导入图片，如图 4-82 所示。并将其拖曳到“时间线”面板中。

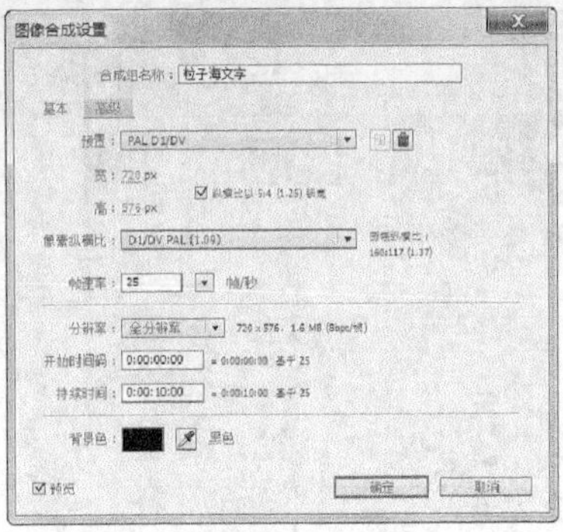

图 4-81

图 4-82

（2）在“项目”面板中选择“01”和“02”文件将其拖曳到“时间线”面板中，如图 4-83 所示，合成窗口中的效果如图 4-84 所示。

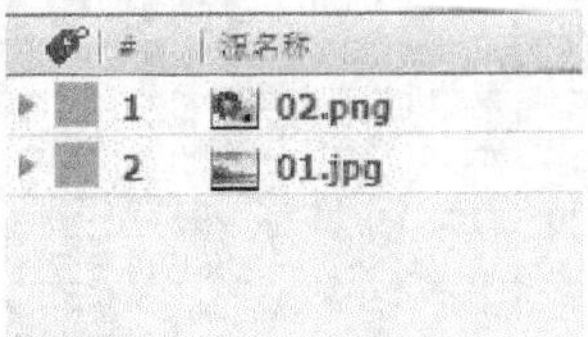

图 4-83

图 4-84

（3）选择“图层 > 新建 > 固态层”命令，弹出“固态层设置”对话框，在“名称”选项的文本框中输入“粒子海文字”，将“颜色”选项设置为黑色，如图 4-85 所示，单击“确定”按钮，在“时间线”面板中新增一个固态层，如图 4-86 所示。

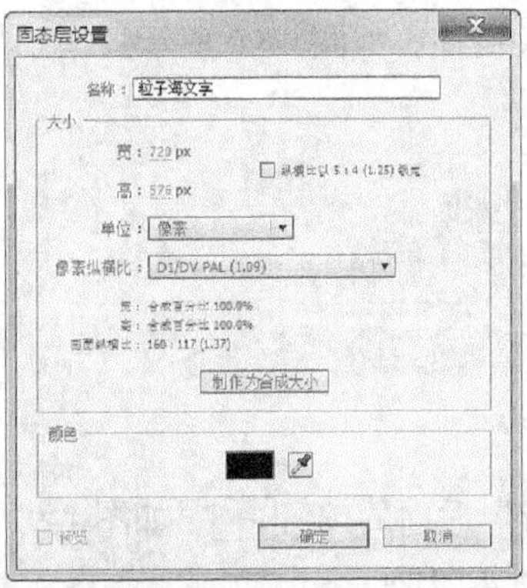

图 4-85

图 4-86

2．制作粒子云

（1）选中“粒子海文字”层，选择“效果 > Trapcode> Particular”命令，展开“发射器”属性，在“特效控制台”面板中进行参数设置，如图 4-87 所示。

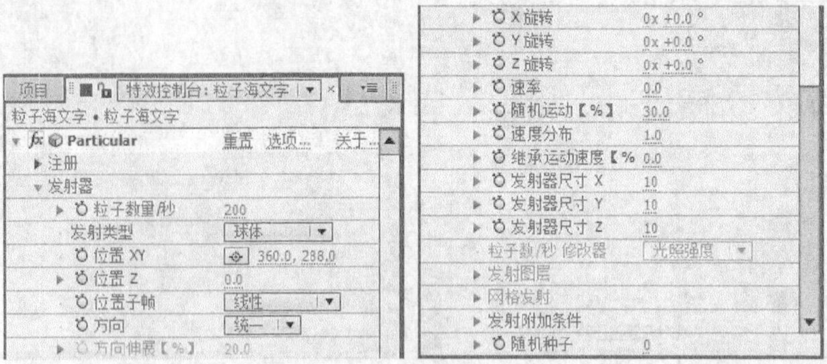

图 4-87

（2）展开“粒子”属性，在“特效控制台”面板中设置“颜色”的颜色为蓝色（其 R、G、B 的值分别为 72、176、249），其他参数设置如图 4-88 所示。展开“阴影”属性，在“特效控制台”面板中设置如图 4-89 所示。

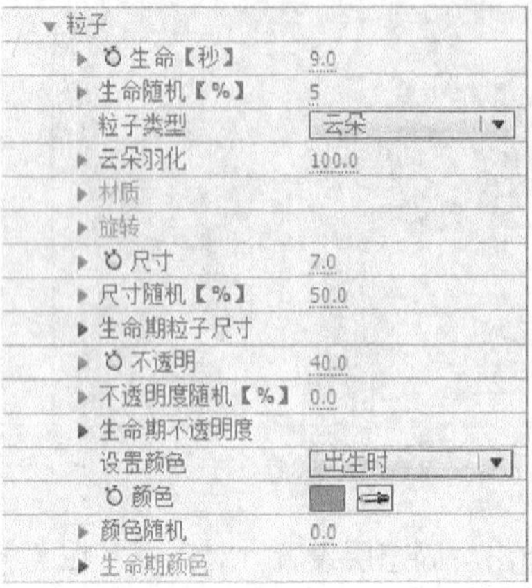

图 4-88

图 4-89

（3）选中“粒子海文字”层，在“特效控制台”面板中单击“粒子数量/秒”和“位置 XY”前的“关键帧自动记录器”按钮，记录第 1 个关键帧，如图 4-90 所示。

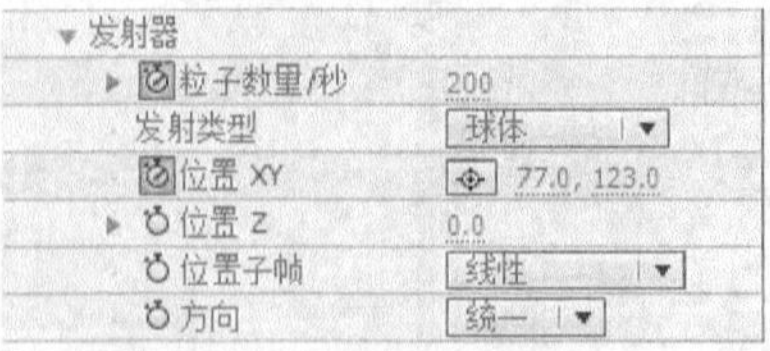

图 4-90

（4）在“特效控制台”面板中单击“位置 XY”后面的按钮，如图 4-91 所示。将光标移动到“海”字的起笔位置，合成窗口中的效果如图 4-92 所示。

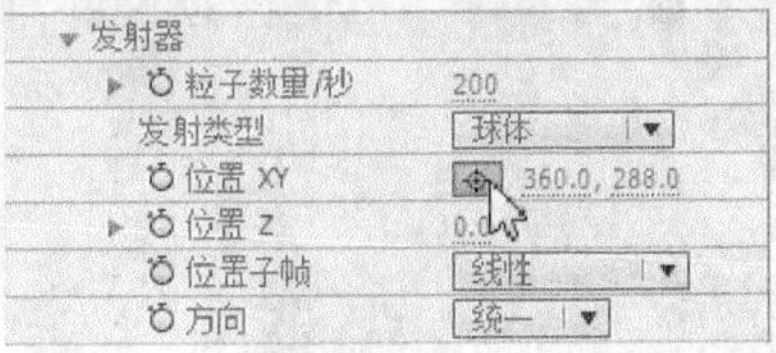

图 4-91

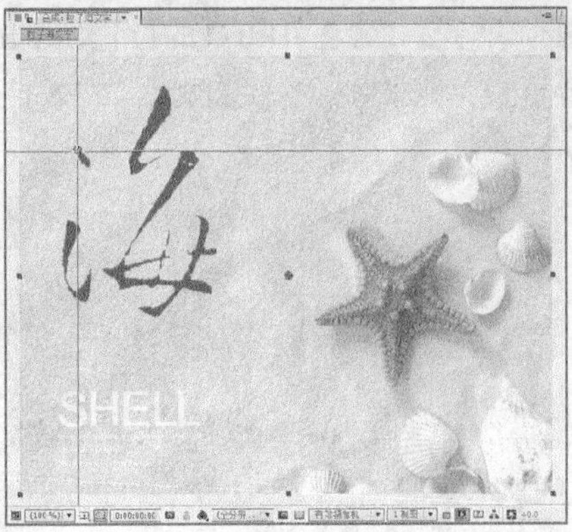

图 4-92

（5）将时间标签放置在 0:07s 的位置，单击“位置 XY”后面的按钮，在“海”字第一笔的结束位置单击，记录第 2 个关键帧，“特效控制台”面板如图 4-93 所示，合成窗口中的效果如图 4-94 所示。

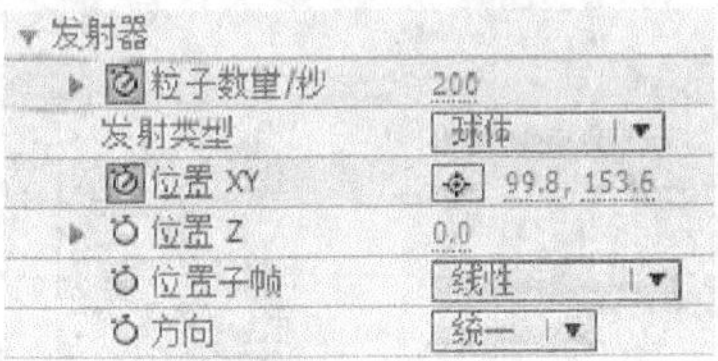

图 4-93

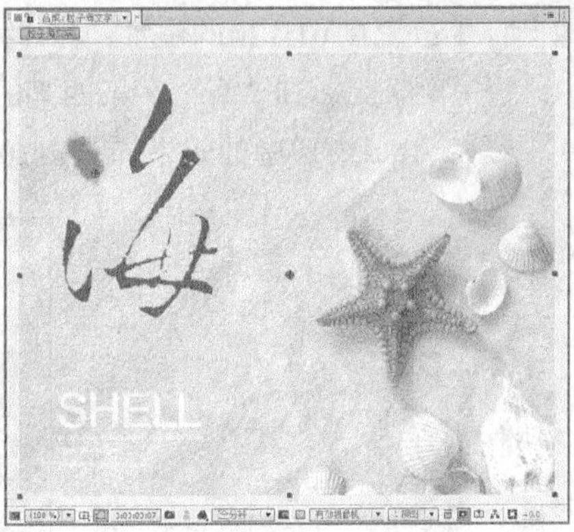

图 4-94

（6）将时间标签放置在 0:24s 的位置，单击“位置 XY”后面的按钮，在“海”字第二笔的结束位置单击，记录第 3 个关键帧，“特效控制台”面板如图 4-95 所示，合成窗口中的效果如图 4-96 所示。

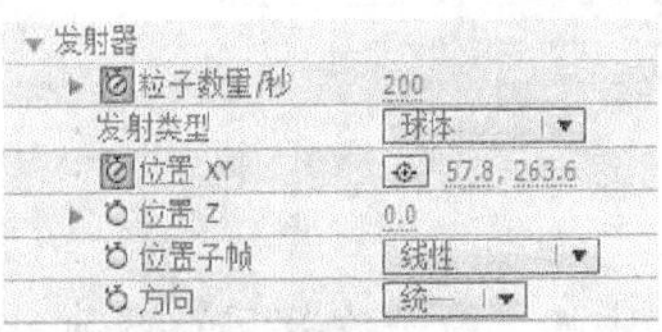

图 4-95

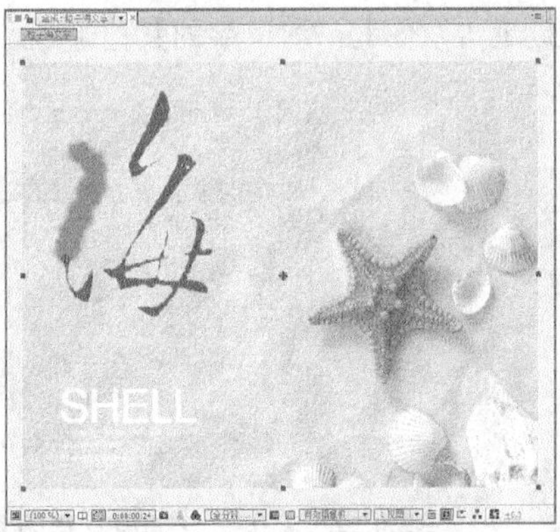

图 4-96

（7）将时间标签放置在 01:07s 的位置，单击“位置 XY”后面的按钮，在“海”字第三笔的结束位置单击，记录第 4 个关键帧，“特效控制台”面板如图 4-97 所示，合成窗口中的效果如图 4-98 所示。

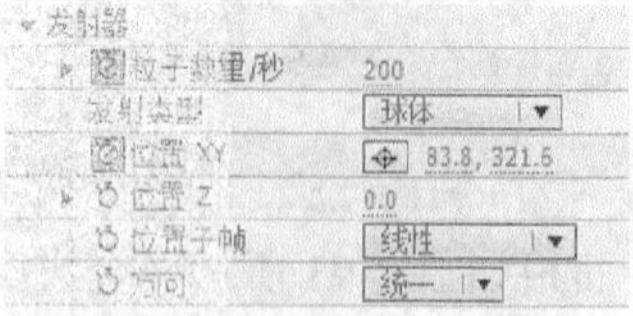

图 4-97

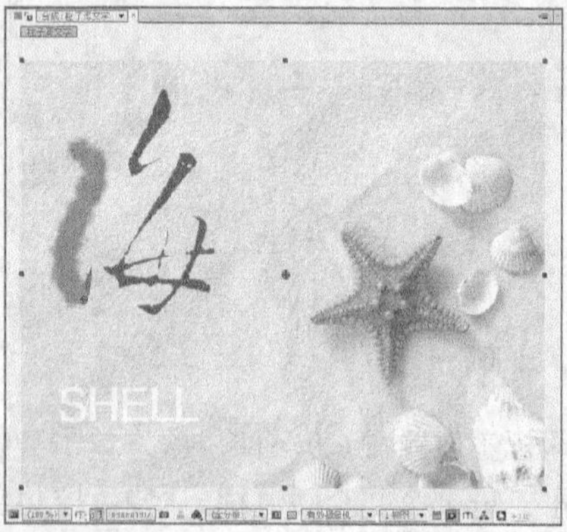

图 4-98

（8）将时间标签放置在 01:12s 的位置，在“特效控制台”面板中，将“粒子数量/秒”选项的数值设置为 0，拖曳十字光标到“海”字第四笔的结束位置，记录第 5 个关键帧，“特效控制台”面板如图 4-99 所示，合成窗口中的效果如图 4-100 所示。

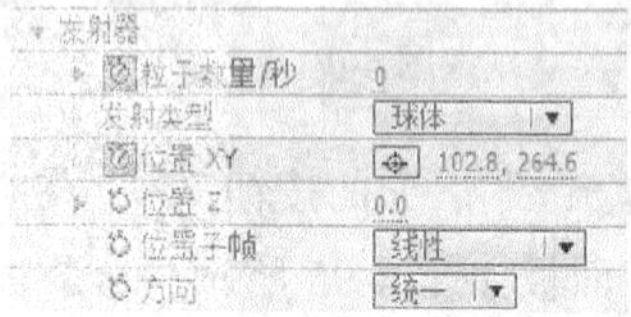

图 4-99

图 4-100

（9）用相同的方法书写“海”字的其他笔画，“时间线”面板如图 4-101 所示。

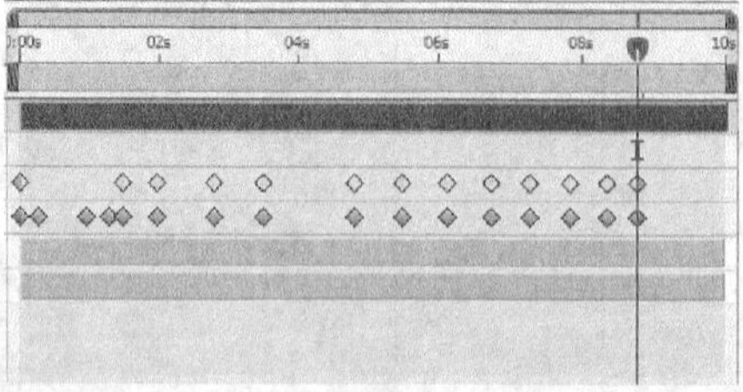

图 4-101

（10）展开“粒子云文字”层的“效果”特效控制中的“粒子数量/秒”选项，如图 4-102 所示。单击“时间线”面板中的“图形编辑器”按钮，展开“粒子数量/秒”选项关键帧的曲线编辑视图，框选所有的关键帧，如图 4-103 所示。

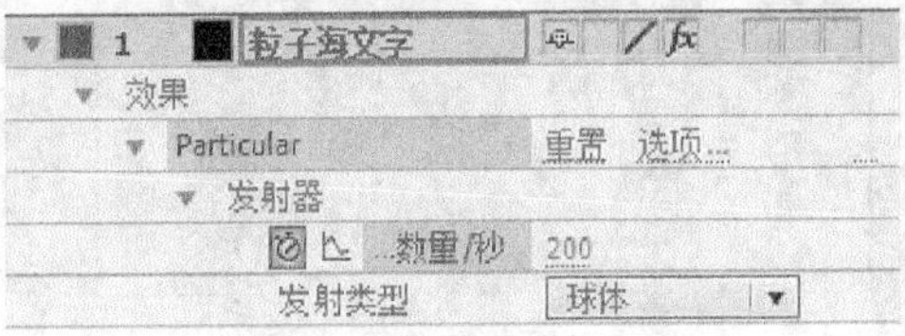

图 4-102

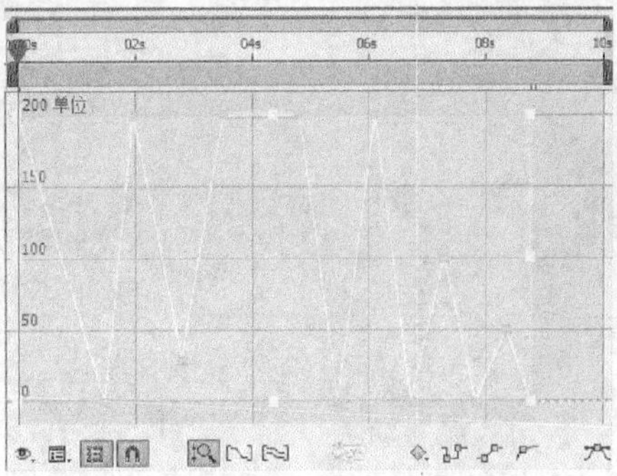

图 4-103

（11）在“时间线”面板中将时间标签放置在 0 s 的位置，单击“时间线”面板下方的按钮，如图 4-104 所示。单击“02”文件前面的眼睛按钮，将层隐藏，如图 4-105 所示。

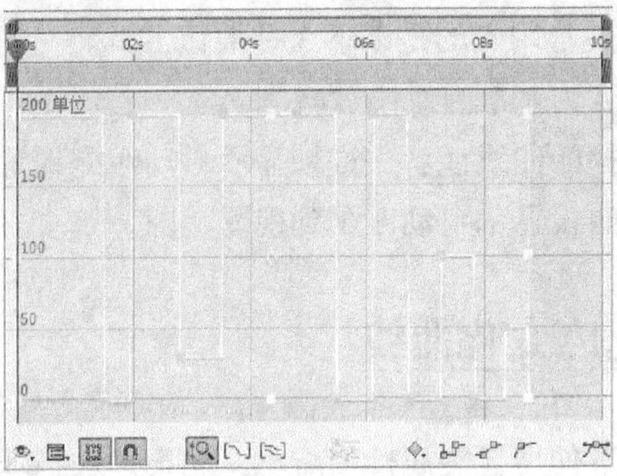

图 4-104

图 4-105

3．编辑粒子云颜色

（1）选中“粒子云文字”层，选择“效果 > 色彩校正 > 色相位/饱和度”命令，在“特效控制台”面板中进行参数设置，如图 4-106 所示。合成窗口中的效果如图 4-107 所示。

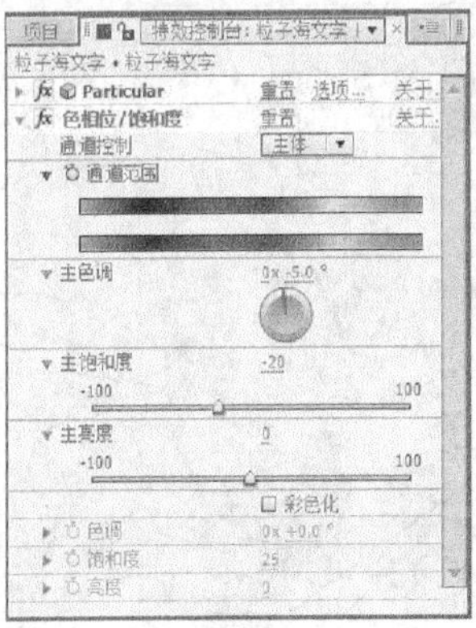

图 4-106

图 4-107

（2）展开“粒子云文字”层中的“变换”选项，在“变换”选项中设置参数，如图 4-108 所示。粒子云文字制作完成，如图 4-109 所示。

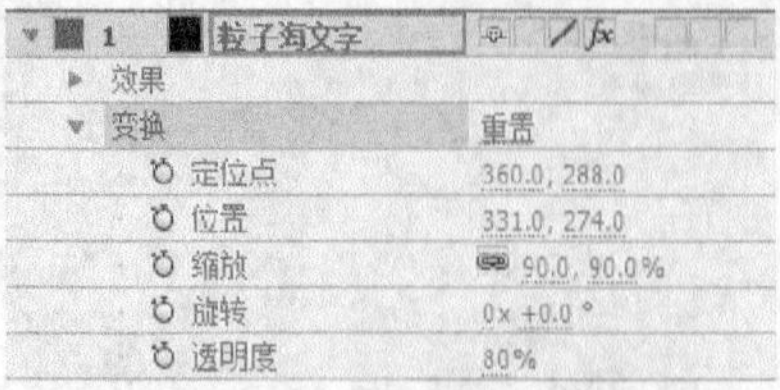

图 4-108

图 4-109

4.6.2 调整图形编辑器视图

图形编辑器有着非常方便的视图控制能力，最常用到的是以下 3 种按钮工具。

“自动缩放曲线图高度”按钮：以曲线高度为基准自动缩放视图。

“适配所选定范围到视图”按钮：将被选择的曲线或者关键帧显示自动匹配到视图范围。

“适配全部图形到视力”按钮：将所有的曲线显示自动匹配到视图范围。

4.6.3 图例分析数值变化曲线和速度变化曲线

数值变化曲线往上伸展代表属性值增大，往下伸展代表属性值减小，如果是水平延伸则代表属性值无变化；平缓的斜线代表属性值慢速变化，陡峭的斜线代表属性值快速变化，弧线则代表属性值加速或减速变化，如图 4-110 所示。

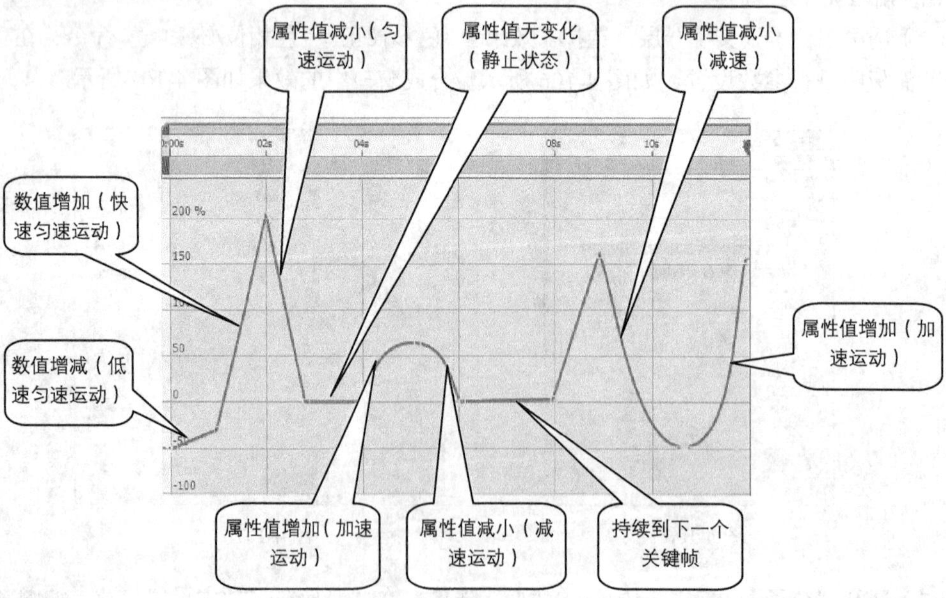

图 4-110

速度变化曲线主要是反映属性变化的速率，因此无论怎么调整都不会影响实际的属性值，如果是水平延伸则代表匀速运动，曲线则代表变速运动，如图 4-111 所示。

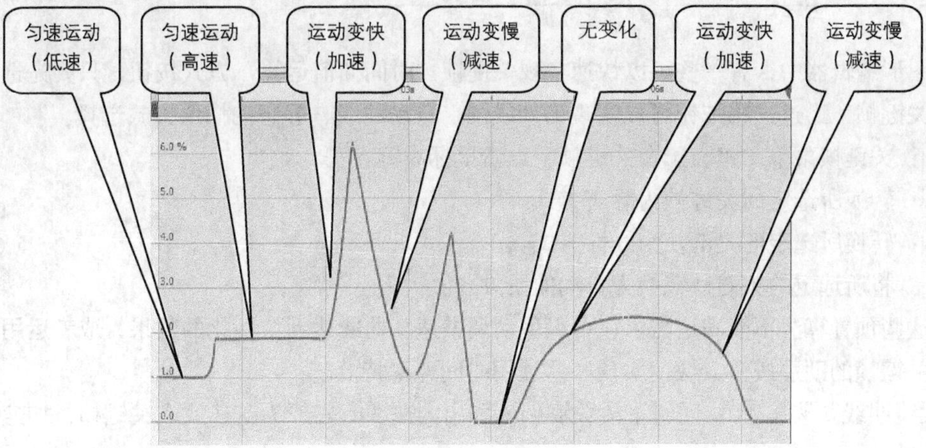

图 4-111

4.6.4　在图形编辑器中移动关键帧

1.　关键帧编辑框

单击按钮▣，激活关键帧编辑框。当选择了多个关键帧时，多个关键帧就形成一个编辑框，可以实现整体调整，甚至可以对多个关键帧位置和值进行成比例缩放。因为在编辑框里的关键帧位置是相对位置，彻底打破了过去编辑多个关键帧时固定间距的局限，该功能对于整体缩短一段复杂的关键帧动画或者整体改变动画幅度，如图 4-112 所示。

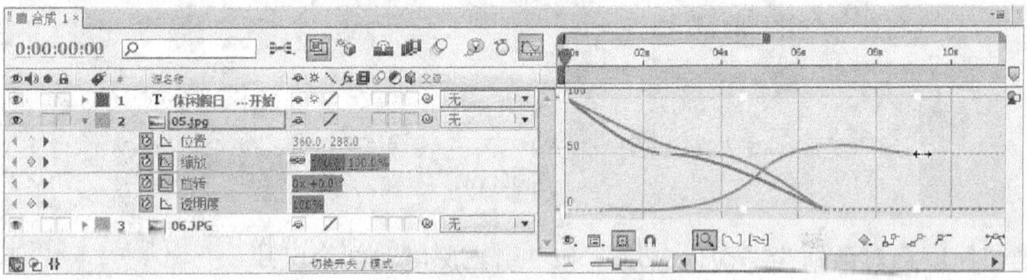

图 4-112

2. 方便的自动吸附功能

在图形编辑器中有着非常方便的自动吸附功能，并且更为强大和丰富，可以将关键帧与入点、出点、标记、当前时间指针、其他关键帧等进行自动吸附对齐操作，单击按钮∩激活此功能，如图 4-113 所示。

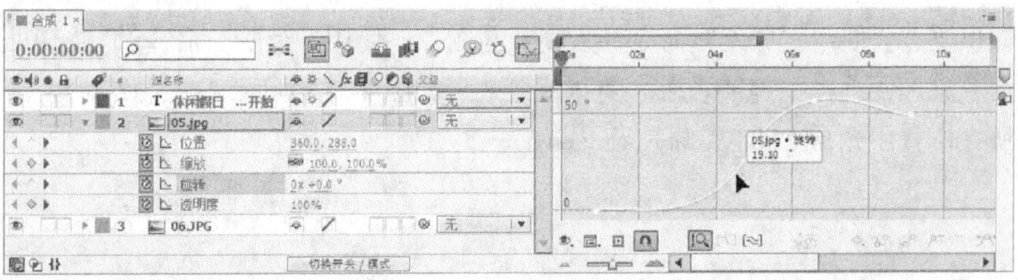

图 4-113

4.6.5　设置时间插值运算方式的快捷按钮

在图形编辑器中，有一些可以快速实现关键帧“时间插值运算”方式按钮，只要先选中一个或多个关键帧，通过这些按钮可以实现诸如线性、自动曲线、静态的插值方式选择。

：关键帧菜单，相当于在关键帧上点击鼠标右键。

：转换所选定的关键帧为静态方式。

：转换所选定的关键帧为线性方式。

：将所选定的关键帧转换为自动曲线方式。

如这些预置算法不能满足需求，可以手动调整速度曲线达到个性化的效果，或者运用其中另外 3 个关键帧的助手按钮，快速实现一些通用时间速率特效。

“柔缓曲线”按钮：同时平滑关键帧入和出的速率，一般为减速度入关键帧，加速度出关键帧。

“柔缓曲线入点”按钮：仅平滑关键帧入时的速率，一般为减速度入关键帧。

“柔缓曲线出点”按钮：仅平滑关键帧出时的速率，一般为加速度出关键帧。

若采用更数据化地调整关键帧“时间插值”的方法，则单击按钮，在弹出的列表中选择“关键帧速度”选项，在弹出的对话框中用精确的数字进行调整，如图 4-114 所示。

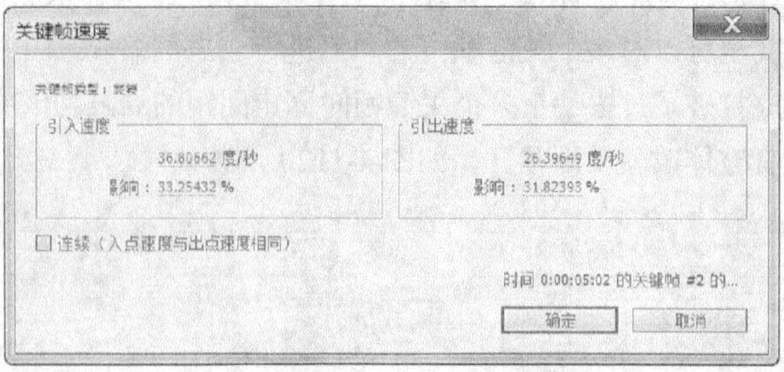

图 4-114

“关键帧速度”对话框为“引入速度”和“引出速度”两个区块。

数值框中设置速度值，单位为变化单位/秒，这里的变化单位会根据属性不同而有所不同。

影响：上面设置的速度影响范围。

连续：是否将放点速度与出点速度设为相同。

4.7　课堂练习——美味蔬菜

练习知识要点：使用“导入”命令导入视频与图片；使用“色阶”命令调整颜色；使用“时间重置”命令添加并编辑关键帧效果。美味蔬菜效果如图 4-115 所示。

效果所在位置：光盘\Ch04\美味蔬菜. aep。

图 4-115

4.8 课后习题——水墨过渡效果

习题知识要点：使用“分形杂波”命令制作模糊效果；使用“快速模糊”命令制作快速模糊；使用“置换映射”命令制作置换效果；使用“透明度”属性添加关键帧并编辑不透明度；使用矩形遮罩工具绘制遮罩形状效果。水墨过渡效果如图 4-116 所示。

效果所在位置：光盘\Ch04\水墨过渡效果. aep。

图 4-116

第5章 创建文字

本章对创建文字的方法进行了详细讲解，其中包括文字工具、文字层、文字特效等。读者通过学习本章的内容，可以了解并掌握 After Effects 的文字创建技巧。

课堂学习目标

- 创建文字
- 文字特效

5.1 创建文字

在 After Effects CS5 中创建文字是非常方便的，有以下几种方法。

⊙ 单击工具箱中的“横排文字”工具T，如图 5-1 所示。

⊙ 选择“图层 > 新建 > 文字”命令，如图 5-2 所示。

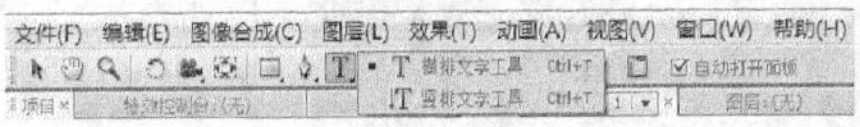

图 5-1

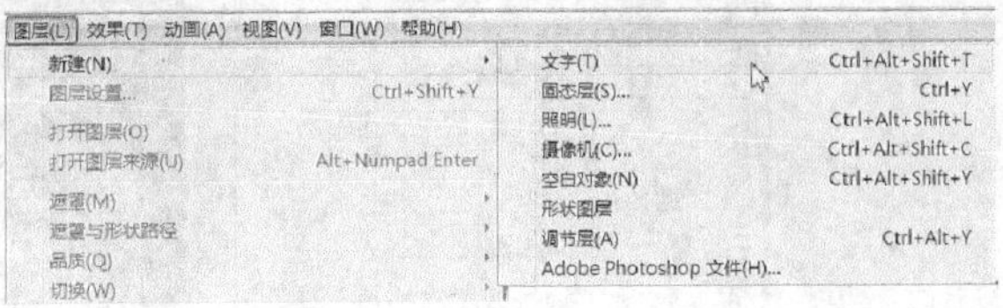

图 5-2

5.1.1 课堂案例——打字效果

案例学习目标：学习使用输入文本编辑。

案例知识要点：使用“横排文字工具”输入文字或编辑；使用“应用动画预置”命令制作打字动画，如图 5-3 所示。

图 5-3

效果所在位置：光盘\Ch05\打字效果. aep。

1．编辑文本

（1）按<Ctrl>+<N>组合键，弹出“图像合成设置”对话框，在“合成组名称”选项的文本框中输入“打字效果”，其他选项的设置如图 5-4 所示，单击“确定”按钮，创建一个新的合成“打字效果”。选择“文件 > 导入 > 文件”命令，弹出“导入文件”对话框，选择光盘中的“Ch05\打字效果\ (Footage) \ 01”文件，单击“打开”按钮，导入背景图片，如图 5-5 所示，并将其拖曳到“时间线”面板中。

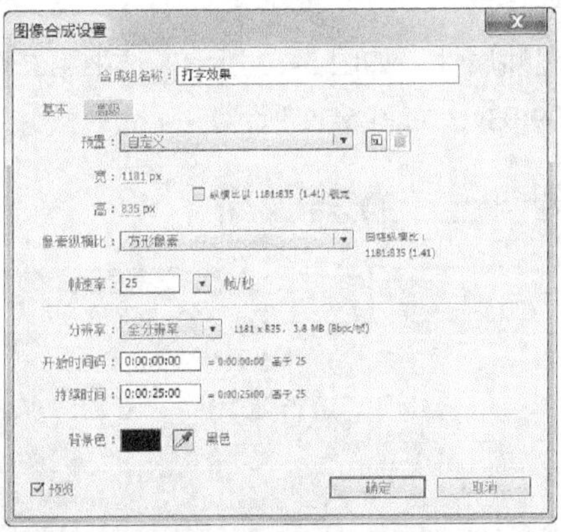

图 5-4

图 5-5

（2）选择“横排文字”工具[T]，在合成窗口输入文字“晒后美白修护保湿霜提取海洋植物精华，能够有效舒缓和减轻肌肤敏感现象，保持肌肤的自然白皙。”。选中文字，在“文字”面板中设置文字参数，如图 5-6 所示，合成窗口中的效果如图 5-7 所示。

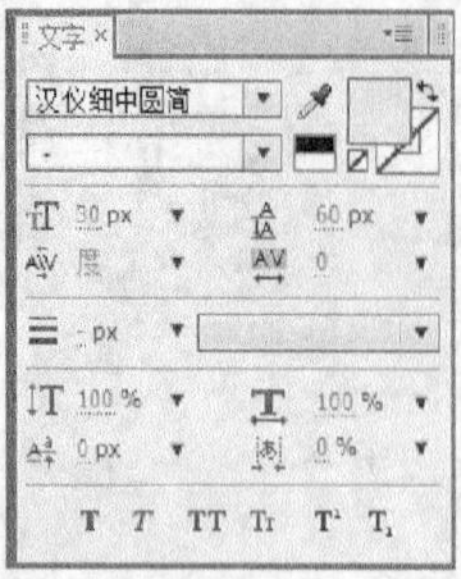
图 5-6

图 5-7

2．制作打字文字效果

（1）选中“文字”层，将时间标签放置在 0 s 的位置，选择“动画 > 应用动画预置”命令，选择“字处理”，单击“打开”按钮，如图 5-8 所示，合成窗口中的效果如图 5-9 所示。

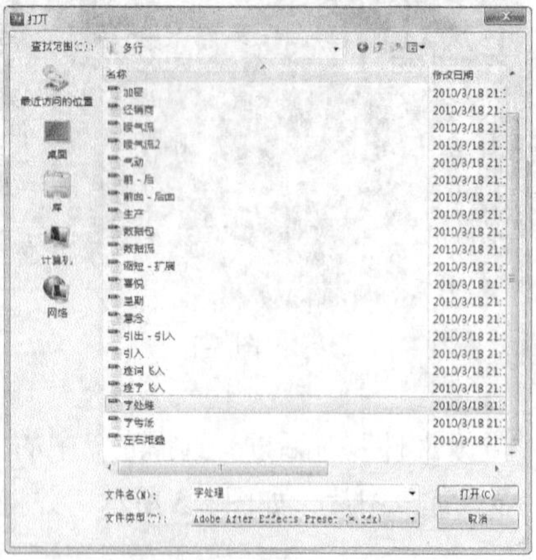
图 5-8

图 5-9

（2）选中“文字”层，按<U>键展开所有关键帧属性，如图 5-10 所示。选中第二个关键帧，设置“Slider”选项的数值为 44，并将其移至第 09:03s，如图 5-11 所示。

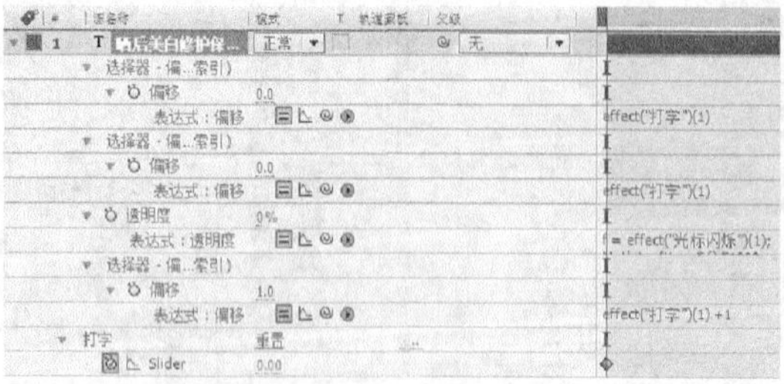
图 5-10

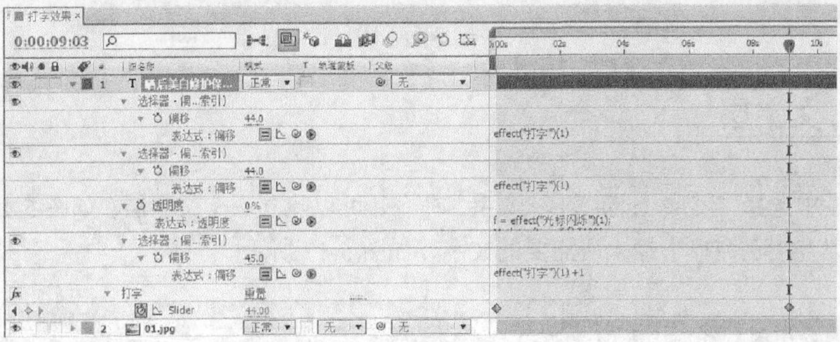

图 5-11

（3）选中“文字”层，在文字的最后添加一个符号“#”，如图 5-12 所示。打字效果制作完成，如图 5-13 所示。

图 5-12

图 5-13

5.1.2　文字工具

在工具箱中提供了建立文本的工具，包括选择“横排文字”工具T和“竖排文字”工具T，可以根据需要建立水平文字和垂直文字，如图 5-14 所示。文本界面中的“文本”面板提供了字体类型、字号、颜色、字间距、行间距和比例关系等。“段落”面板提供了文本左对齐、中心对齐和右对齐等段落设置，如图 5-15 所示。

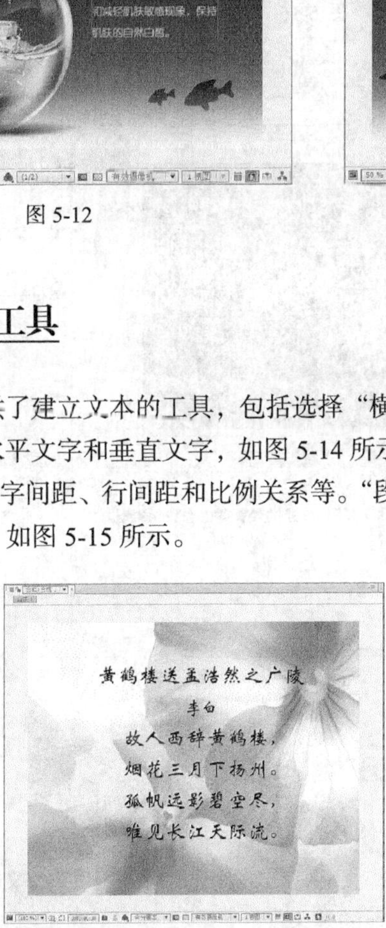

图 5-14

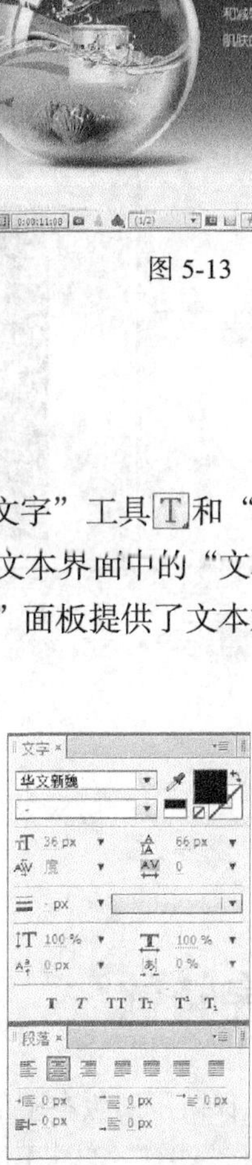

图 5-15

5.1.3 文字层

在菜单栏中选择“图层 > 新建 > 文字”命令，可以建立一个文字层，如图 5-16 所示。建立文字层后可以直接在窗口中输入所需要的文字，如图 5-17 所示。

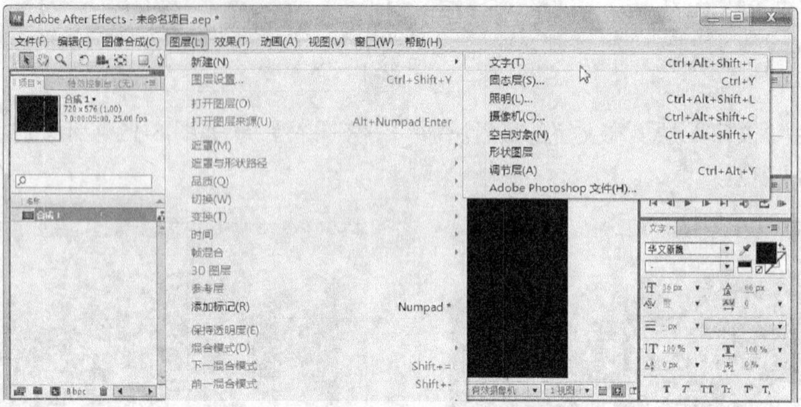

图 5-16

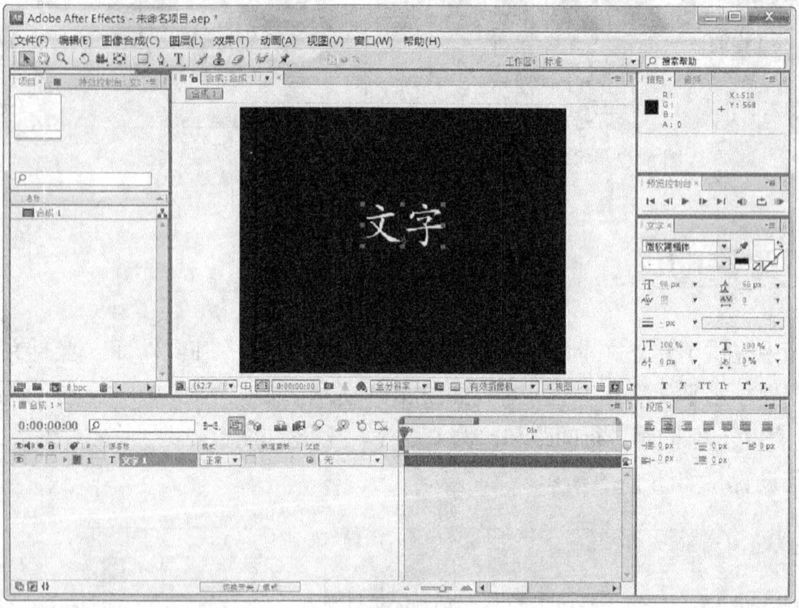

图 5-17

5.2 文字特效

After Effect CS5 保留了旧版本中的一些文字特效，如基本文字和路径文字，这些特效主要用于创建一些单纯使用“文字”工具不能实现的效果。

5.2.1　课堂案例——烟飘文字

案例学习目标：学习使用编辑文字特效。

案例知识要点：使用“基本文字”命令、使用“分形杂波”命令制作模糊背景；使用“矩形遮罩工具”制作遮罩文字效果；使用“复合模糊”命令、“置换映射”命令制作烟飘效果。烟飘文字效果如图 5-18 所示。

图 5-18

效果所在位置：光盘\Ch05\烟飘文字.aep。

1．编辑文字特效

（1）按<Ctrl>+<N>组合键，弹出“图像合成设置”对话框，在“合成组名称”选项的文本框中输入“文字”，单击“确定”按钮，创建一个新的合成“文字”。选择“图层 > 新建 > 固态层”命令，弹出“固态层设置”对话框，在“名称”选项的文本框中输入文字“蓝天白云”，其他选项的设置如图 5-19 所示，单击“确定”按钮，在“时间线”面板中新增一个固态层，如图 5-20 所示。

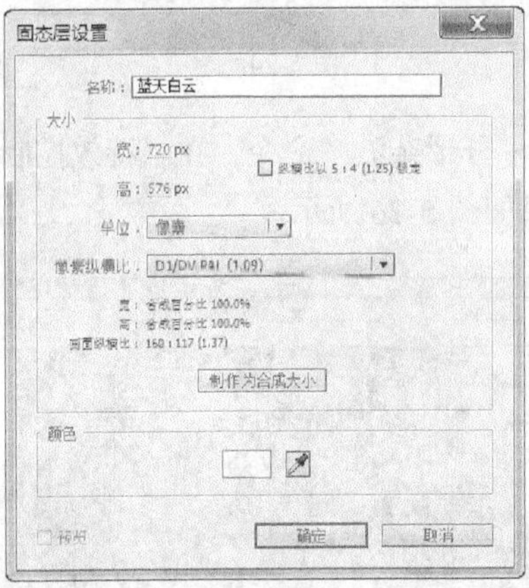

图 5-19

图 5-20

（2）选中“蓝天白云”层，选择“效果 > 旧版插件 > 基本文字”命令，在弹出的对话框中输入文字并进行设置，如图 5-21 所示，单击“确定”按钮。在“特效控制台”面板中设置文字的颜色为白色，其他参数设置如图 5-22 所示。

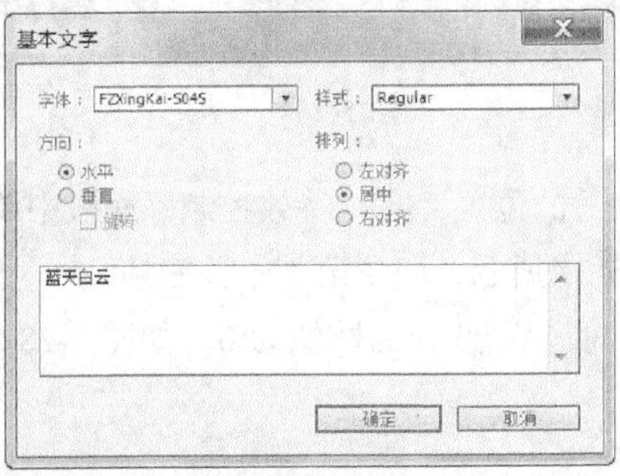

图 5-21

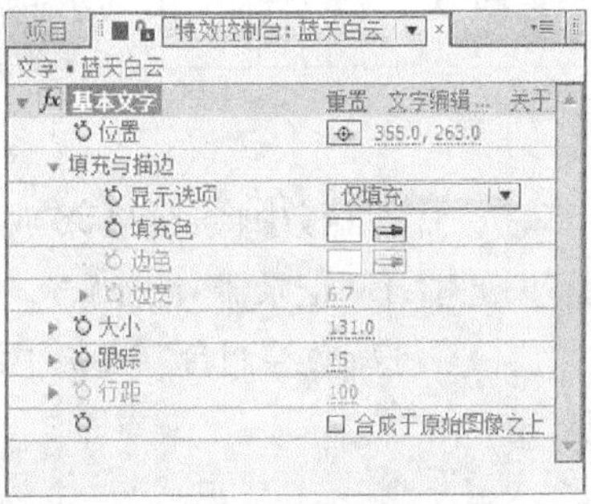

图 5-22

（3）按<Ctrl>+<Y>组合键，弹出“图像合成设置”对话框，在“合成组名称”选项的文本框中输入“噪波”，单击“确定”按钮，如图 5-23 所示。创建一个新的合成“噪波”。选择“图层 > 新建 > 固态层”命令，弹出“Solid Settings”对话框，在“名称”选项的文本框中输入文字“噪波”，将“颜色”选项设为灰色（其 R、G、B 的值分别为 135、135、135），单击“确定”按钮，在“时间线”面板中新增一个固态层，如图 5-24 所示。

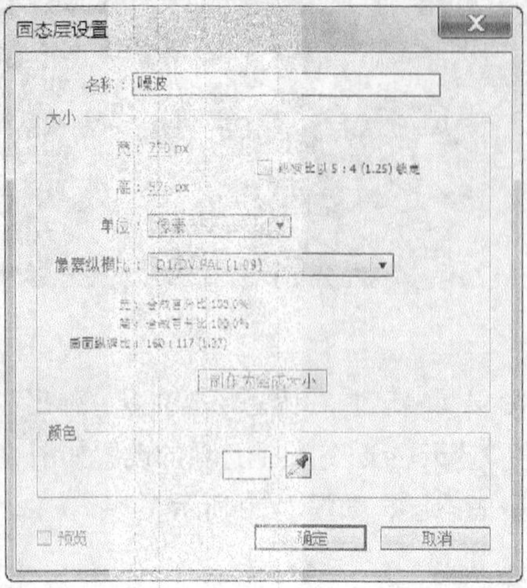

图 5-23

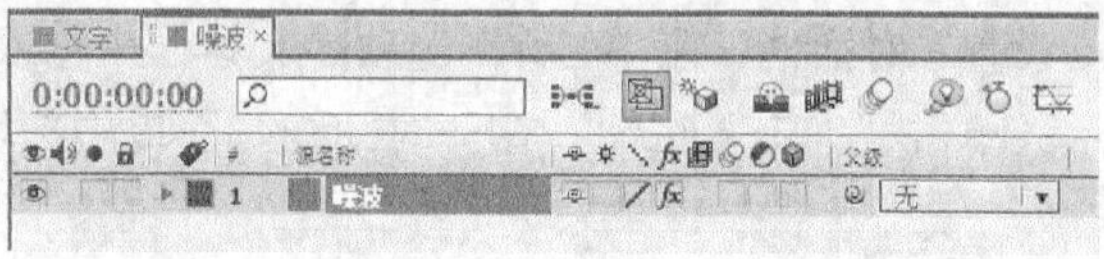

图 5-24

（4）选中“噪波”层，选择“效果 > 杂波与颗粒 > 分形杂波”命令，在“特效控制台”面板中进行参数设置，如图 5-25 所示。合成窗口中的效果如图 5-26 所示。

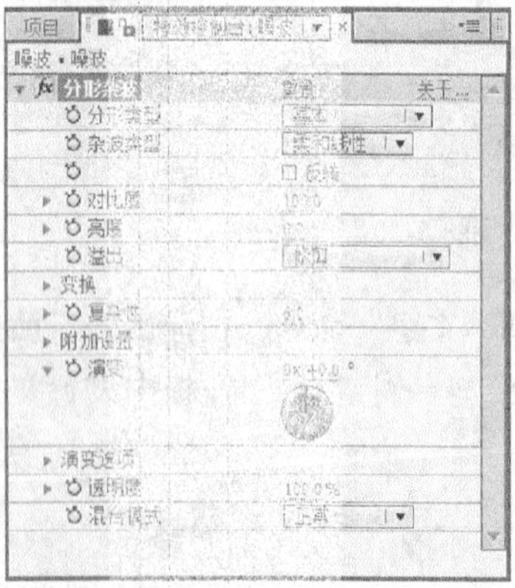

图 5-25

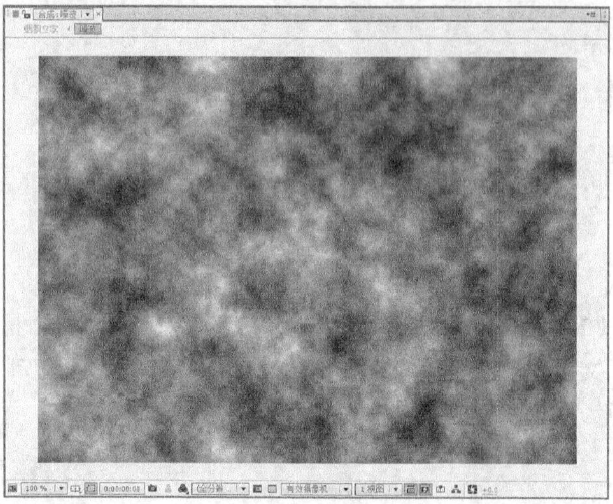

图 5-26

（5）在“时间轴”面板中将时间标签放置在 0 s 的位置，在“特效控制”面板中单击“演变”选项前面的“关键帧自动记录器”按钮 ⏱，如图 5-27 所示，记录第 1 个关键帧。将时间标签放置在 4:24s 的位置，在“特效控制台”面板中设置“演变”选项的数值为 3，如图 5-28 所示，记录第 2 个关键帧。

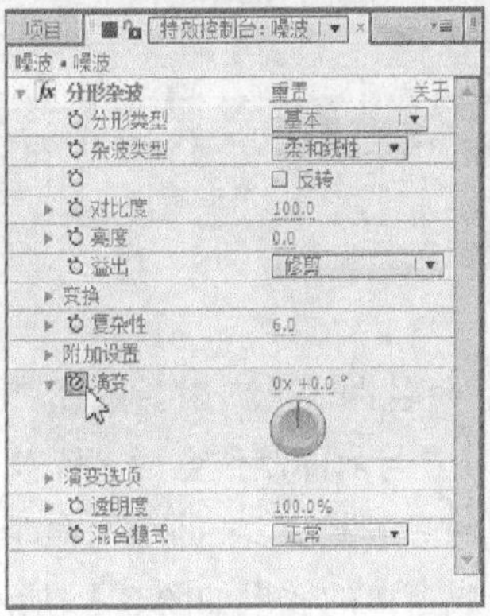

图 5-27

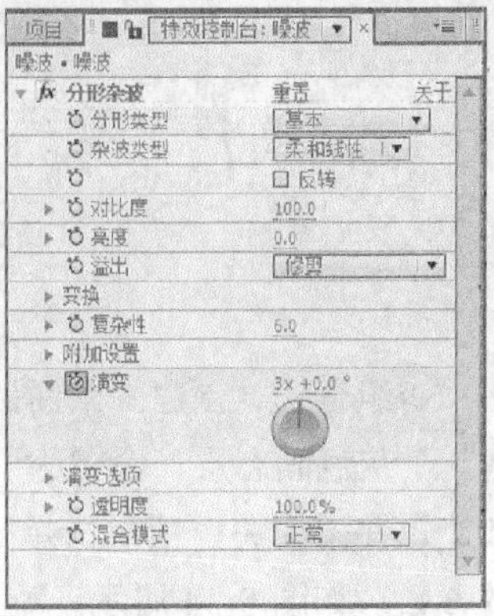

图 5-28

2．添加遮罩效果

（1）选择“矩形遮罩”工具，在合成窗口中拖曳鼠标绘制一个矩形遮罩，如图 5-29 所示。按<F>键展开“遮罩羽化”属性，设置“Mask Feather”选项的数置为 70，如图 5-30 所示。

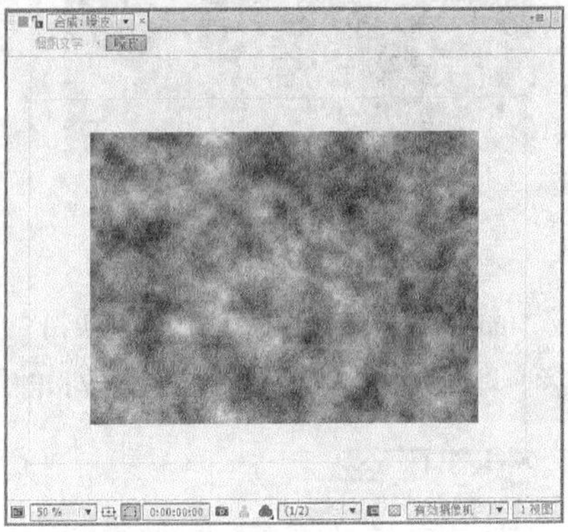

图 5-29

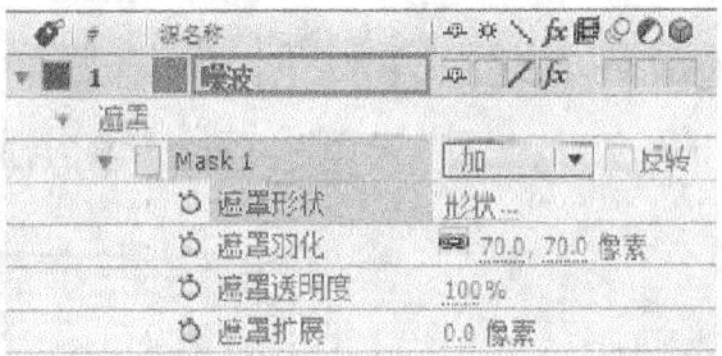

图 5-30

（2）选中“噪波”层，按<M>键展开“遮罩”属性，将时间标签放置在 0 s 的位置，单击“遮罩”选项前面的“关键帧自动记录器”按钮，如图 5-31 所示，记录第一个遮罩形状关键帧。将时间标签放置在 4:24s 的位置，选择“选择”工具，在合成窗口中同时选中遮罩左边的两个控制点，将控制点向右拖动，如图 5-32 所示，记录第二个遮罩形状关键帧，如图 5-33 所示。

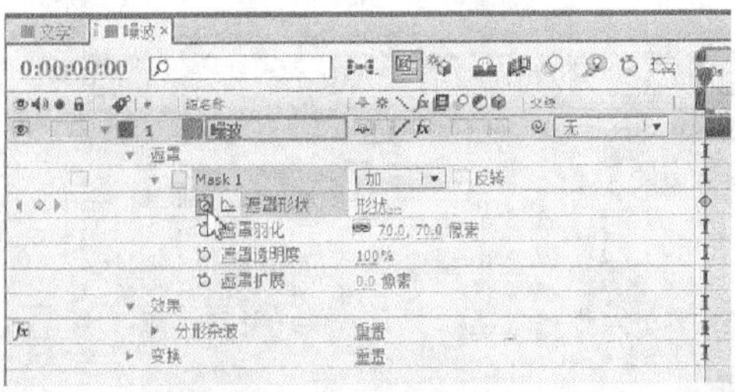

图 5-31

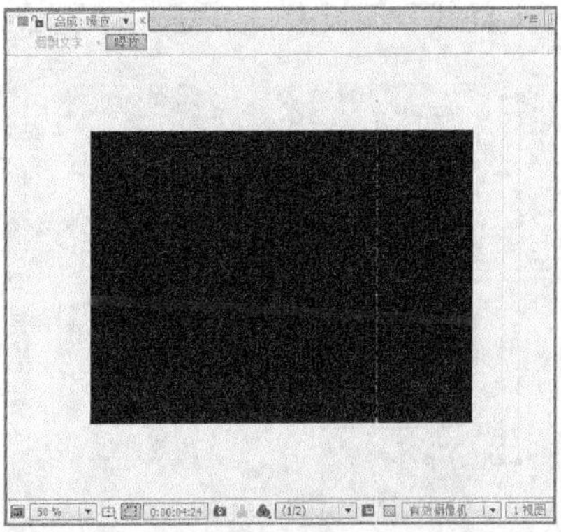

图 5-32

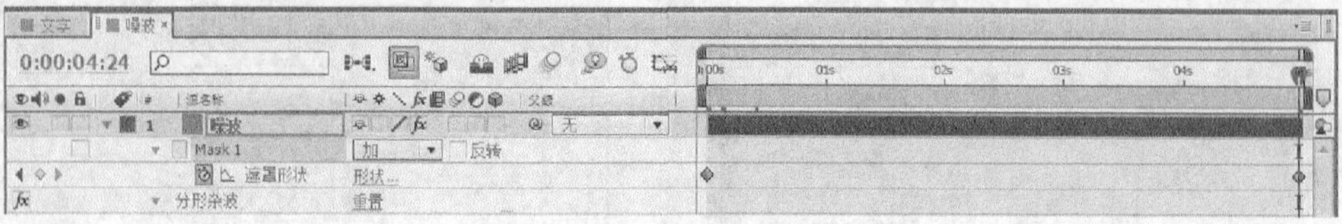

图 5-33

（3）按<Ctrl>+<N>组合键，创建一个新的合成，命名为“噪波 2”。选择“图层 > 新建 > 固态层”命令，新建一个灰色固态层，命名为“噪波 2”。与前面制作合成“噪波”的步骤一样，添加分形杂波特效和遮罩并添加关键帧。选择“效果 > 色彩校正 > 曲线”命令，在“特效控制”面板中调节曲线的参数，如图 5-34 所示。调节后合成窗口的效果如图 5-35 所示。

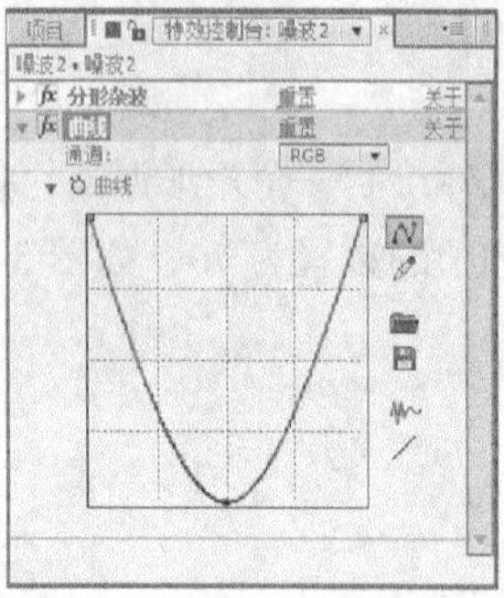

图 5-34

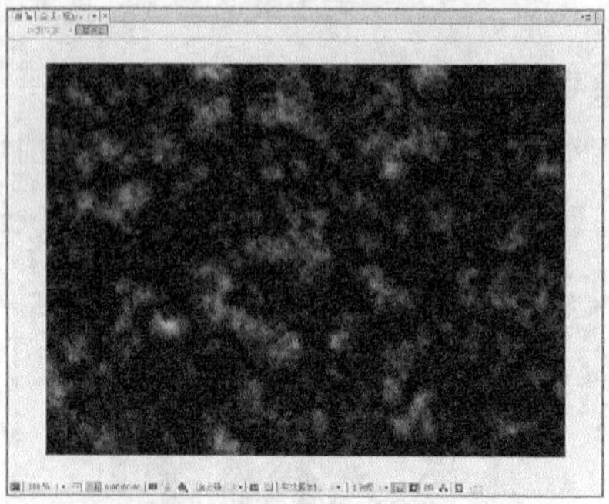

图 5-35

（4）按<Ctrl>+<N>组合键，创建一个新的合成，命名为“烟飘文字”。在“项目”面板中分别选中“文字”、“噪波”和“噪波 2”合成并将其拖曳到“时间线”面板中，层的排列如图 5-36 所示。

图 5-36

（5）选择“文件 > 导入 > 文件”命令，弹出“导入文件”对话框，选择光盘中的“Ch05\烟飘文字\(Footage)\01”文件，单击“打开”按钮，导入背景图片，如图 5-37 所示，并将其拖曳到“时间线”面板中，如图 5-38 所示。

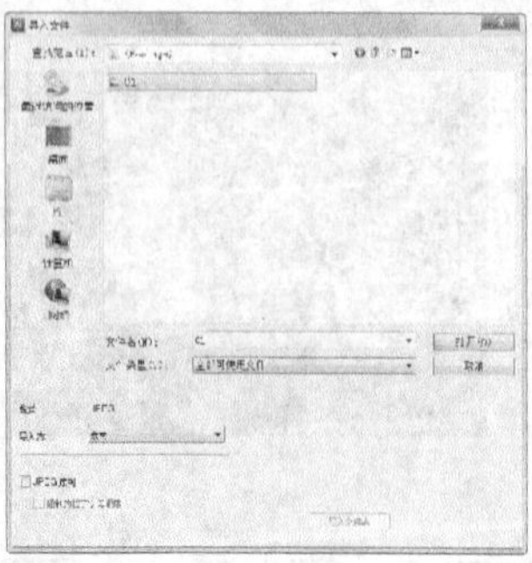

图 5-37

图 5-38

（6）分别点击层“噪波”和“噪波 2”前面的眼睛按钮，将层隐藏。选中“文字”层，选择“效果 > 模糊与锐化 > 复合模糊”命令，在“特效控制台”面板中进行参数设置，如图 5-39 所示。合成窗口中的效果如图 5-40 所示。

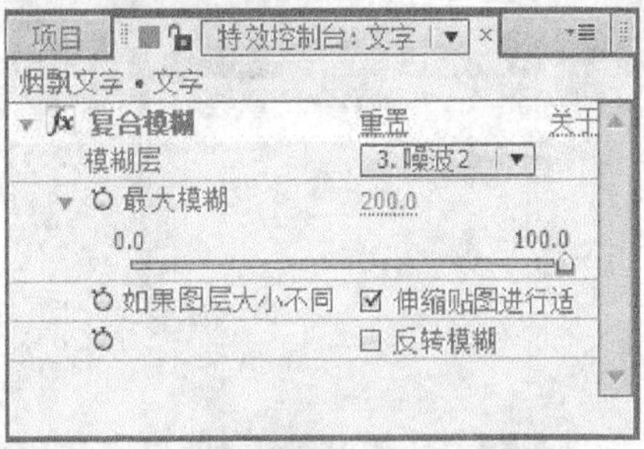

图 5-39

图 5-40

（7）选中层“文字”，选择“效果 > 扭曲 > 置换映射”命令，在“特效控制台”面板中进行参数设置，如图 5-41 所示。“烟飘文字”制作完成，如图 5-42 所示。

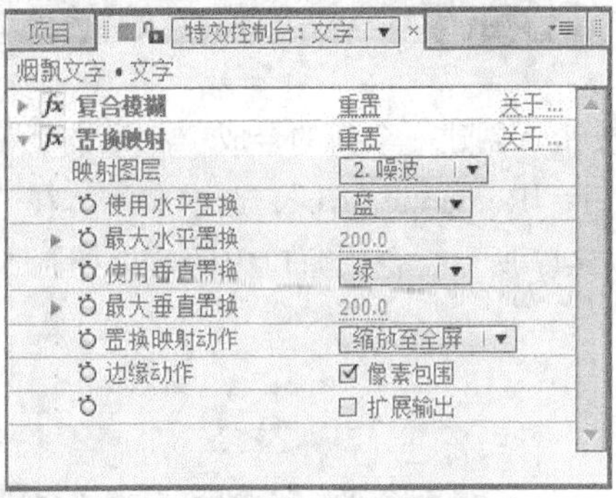

图 5-41

图 5-42

5.2.2　基本文字特效

“基本文字”特效用于创建文本或文本动画，可以指定文本的字体、样式、方向以及排列，如图 5-43 所示。

该特效还可以将文字创建在一个现有的图像层中，通过选择合成与原始图像选项，可以将文字与图像融合在一起，或者取消选择该选项，单独只使用文字，还提供了位置、填充与描边、大小、跟踪和排列等信息，如图 5-44 所示。

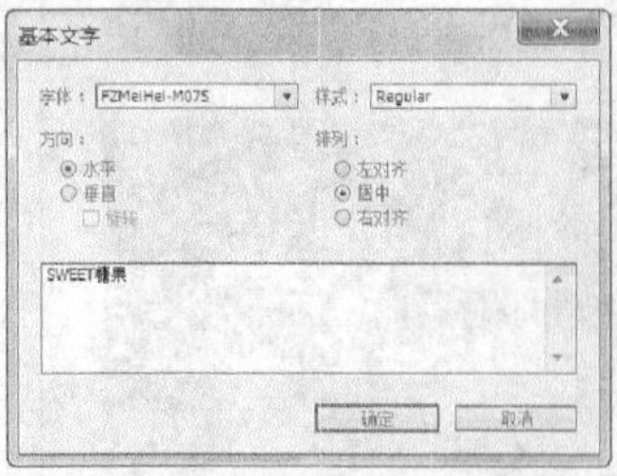

图 5-43

图 5-44

5.2.3 课堂案例——流光文字

案例学习目标：学习使用编辑文字特效。

案例知识要点：使用“自动跟踪”命令、“3D Stroke”命令制作文字特效；使用“Starglow”命令为文字边缘添加星光效果；使用“Particular”命令制作流光线条效果。流光文字效果如图 5-45 所示。

图 5-45

效果所在位置：光盘\Ch05\流光文字.aep。

1．编辑文字

（1）按<Ctrl>+<N>组合键，弹出“图像合成设置”对话框，在“合成组名称”选项的文本框中输入“流光文字”，其他选项的设置如图 5-46 所示，单击“确定”按钮，创建一个新的合成“流光文字”。

（2）选择“横排文字”工具T，在合成窗口输入文字“Romantic love”，选中文字，在“文字”面板中设置文字的颜色为黑色，其他参数设置如图 5-47 所示，合成窗口中的效果如图 5-48 所示。

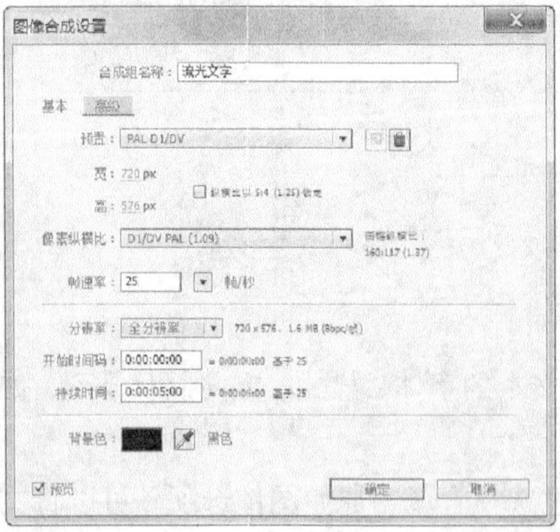

图 5-46

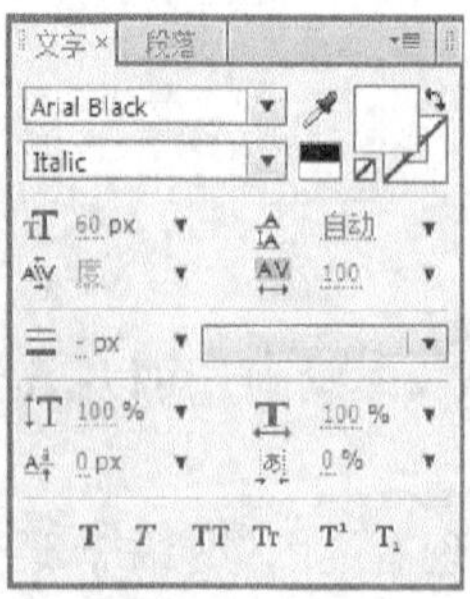

图 5-47

图 5-48

（3）在“时间线”面板中选中“文字”层，选择“图层 > 自动跟踪”命令弹出“自动跟踪”对话框，设置如图 5-49 所示，单击“确定”按钮，在“时间线”面板中自动生成“自动跟踪 Romantic love”层，如图 5-50 所示。

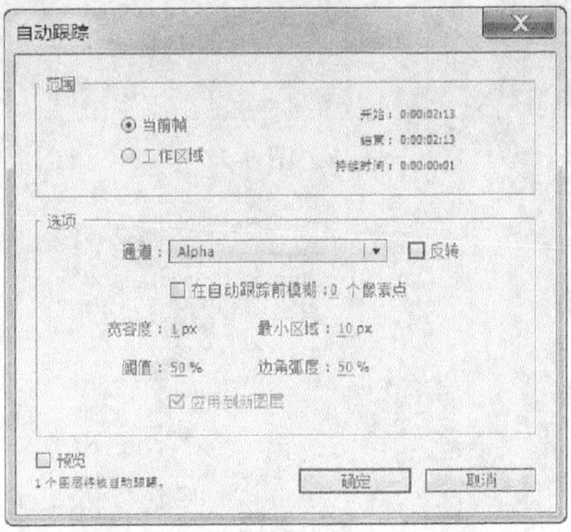

图 5-49

图 5-50

2. 流光文字制作

（1）在“时间线”面板中，单击“文字”层前面的眼睛按钮，关闭该层的可视性，选中“自动跟踪 Romantic love”层，选择“效果 > Trapcode > 3D Stroke”命令,在“特效控制台”面板中进行参数设置，如图 5-51 所示。合成窗口中的效果如图 5-52 所示。

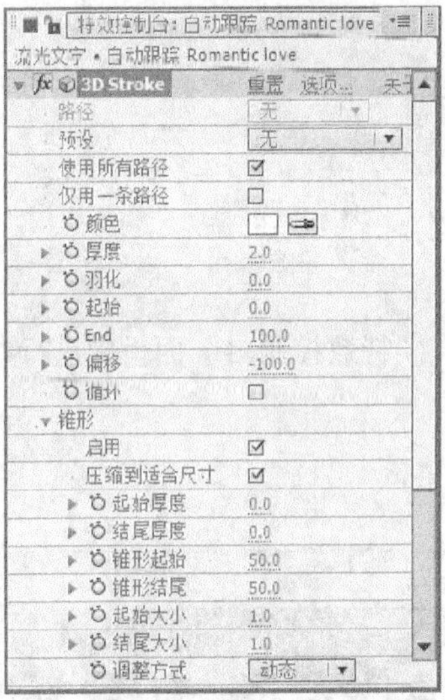

图 5-51

图 5-52

（2）选中“自动跟踪 Romantic love”层，在“时间线”面板中将时间标签放置在 0 s 的位置，如图 5-53 所示。在“特效控制台”面板中单击“偏移”选项前面的“关键帧自动记录器”按钮，如图 5-54 所示，记录第 1 个关键帧。

（3）在“时间线”面板中将时间标签放置在 3s 的位置，如图 5-55 所示。在“特效控制台”面板中设置“偏移”选项的数值为 15，如图 5-56 所示，记录第 2 个关键帧。

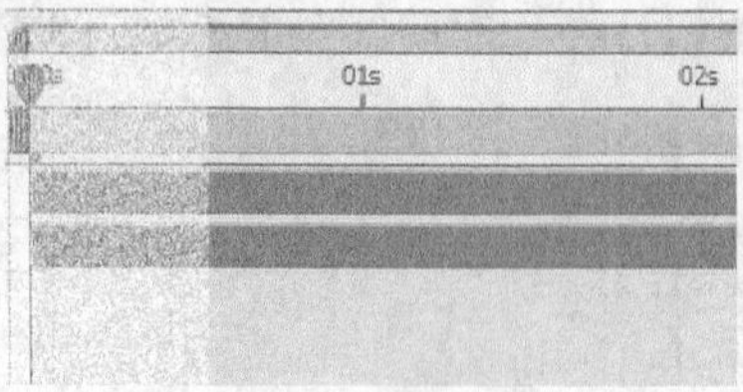

图 5-53

图 5-54

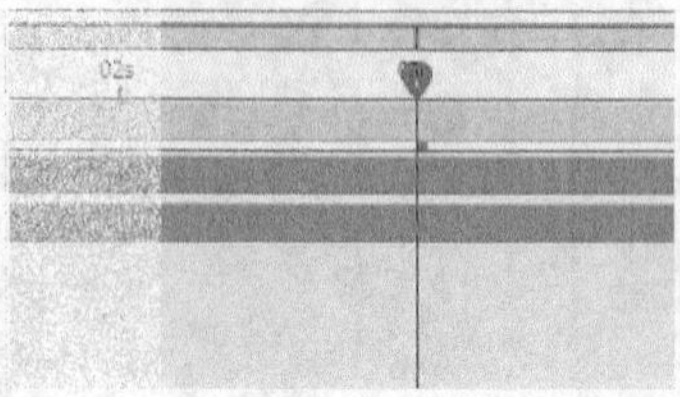

图 5-55

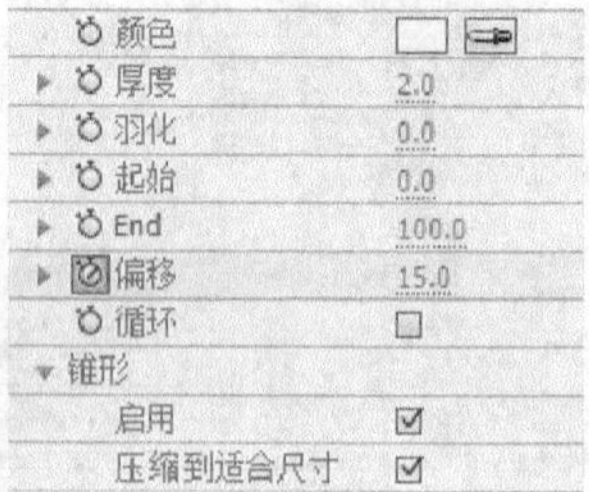

图 5-56

（4）在“时间线”面板中将时间标签放置在 04:24s 的位置，如图 5-57 所示。在“特效控制台”面板中设置“偏移”选项的数值为 30，如图 5-58 所示，记录第 3 个关键帧。

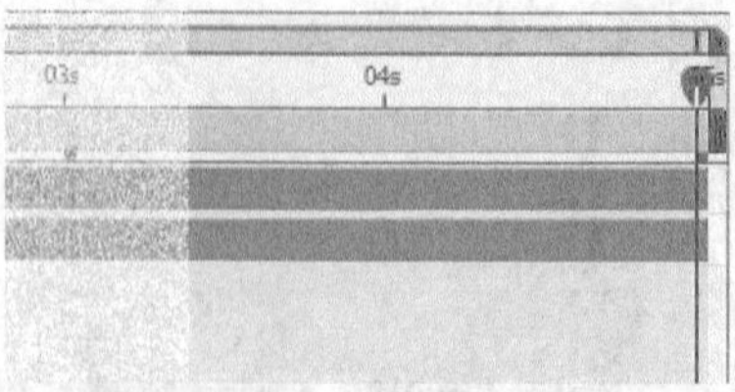

图 5-57

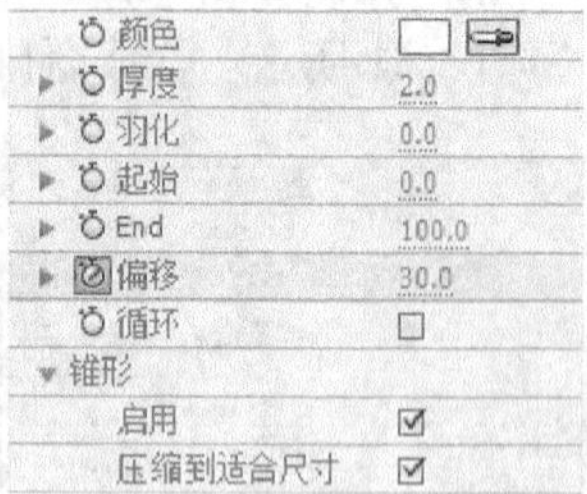

图 5-58

（5）选择“效果 > Trapcode > Starglow”命令，在“特效控制台”面板中进行参数设置，如图 5-59 所示。合成窗口中的效果如图 5-60 所示。

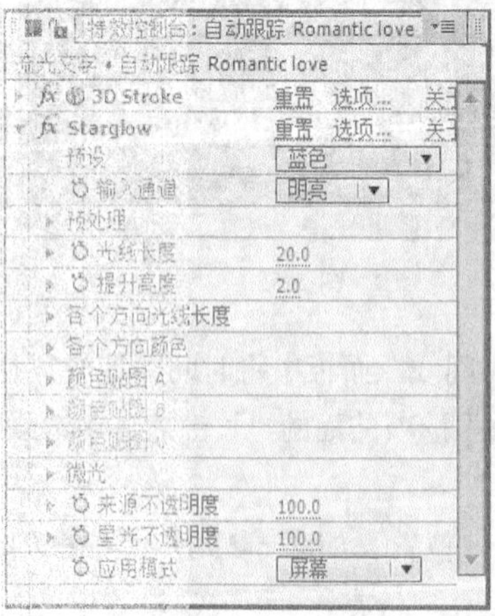

图 5-59

图 5-60

（6）选中“自动跟踪 Romantic love”层，按<Ctrl>+<D>组合键复制一层，如图 5-61 所示。在“特效控制台”中，设置“3D Stroke”特效如图 5-62 所示。

图 5-61

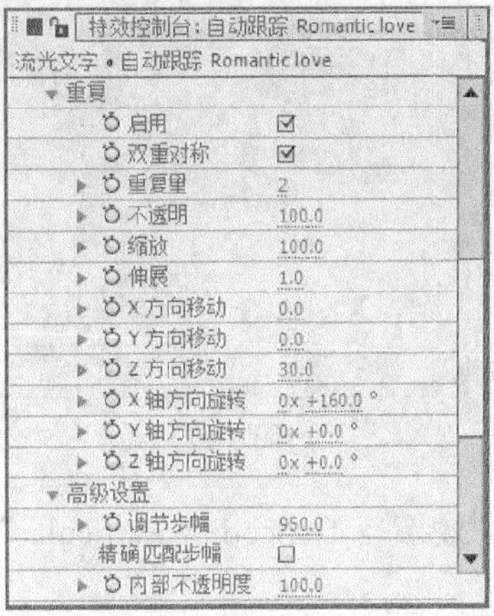

图 5-62

（7）选中“自动跟踪 Romantic love”层，在“时间线”面板中将时间标签放置在 3s 的位置，如图 5-63 所示。在“特效控制台”面板中单击“调节步幅”选项前面的“关键帧自动记录器”按钮，如图 5-64 所示，记录第 1 个关键帧。

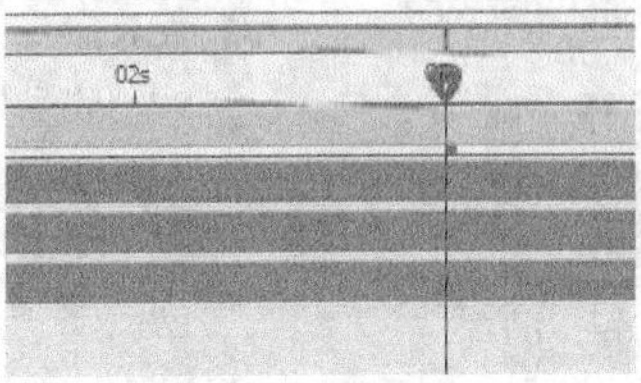

图 5-63

图 5-64

（8）在“时间线”面板中将时间标签放置在 04:24s 的位置，如图 5-65 所示。在“特效控制台”面板中设置“调节步幅”选项的数值为 1050，如图 5-66 所示，记录第 2 个关键帧。

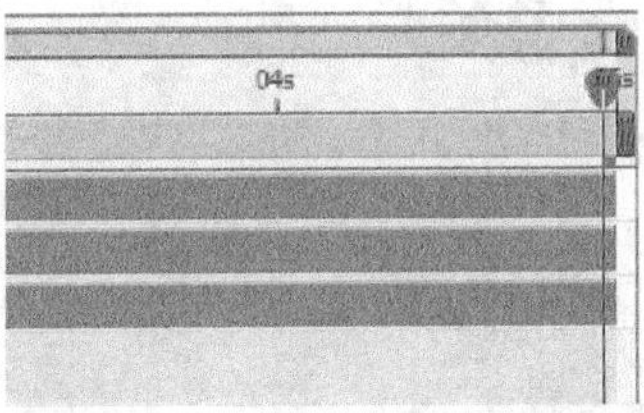

图 5-65

图 5-66

3．流光线条制作

（1）选择“图层 > 新建 > 固态层”命令，弹出“固态层设置”对话框，在“名称”选项的文本框中输入“流光线条”，将“颜色”选项设置为白色，如图 5-67 所示，单击“确定”按钮，在“时间线”面板中新增添一个固态层，如图 5-68 所示。

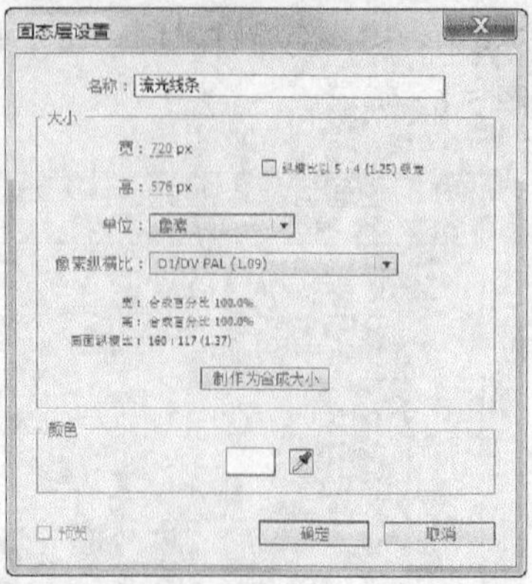

图 5-67

图 5-68

（2）选择“效果 > Trapcode > Particular”命令，在“特效控制台”面板中进行参数设置，如图 5-69 所示。

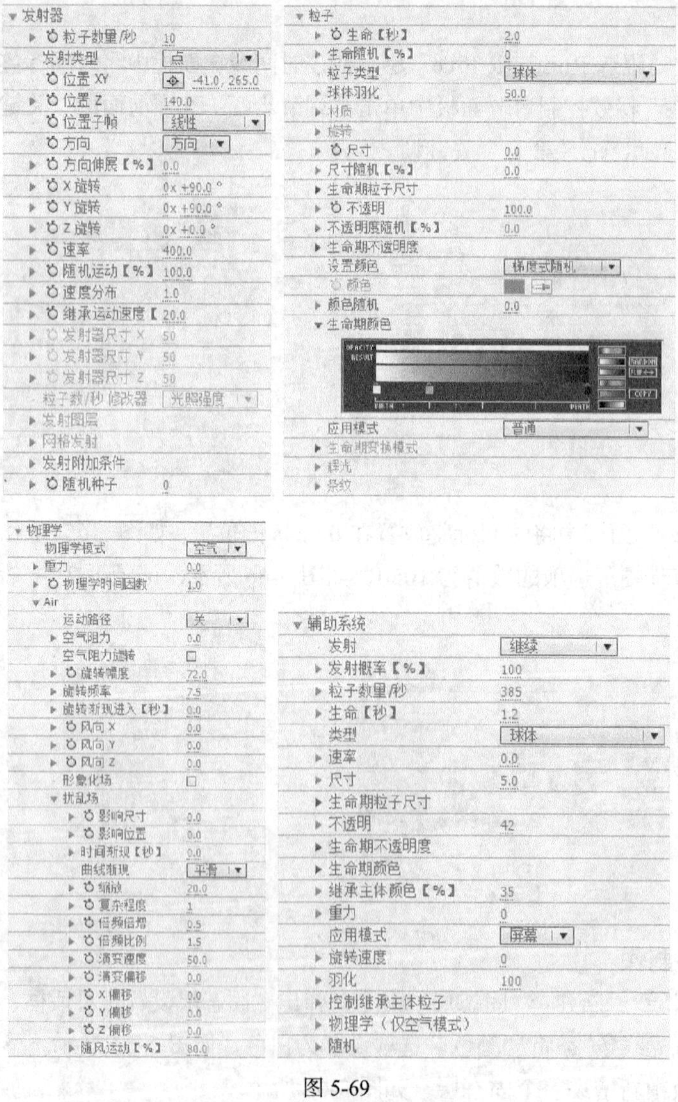

图 5-69

（3）选中“流光线条”层，在“时间线”面板中将时间标签放置在 0:11s 的位置，在“特效控制台”面板中单击“粒子数量/秒”选项前面的“关键帧自动记录器”按钮 ，如图 5-70 所示，记录第 1 个关键帧。将时间标签放置在 0:12s 的位置，设置“特效控制台”面板中“粒子数量/秒”选项数值为 0，如图 5-71 所示，记录第 2 个关键帧。

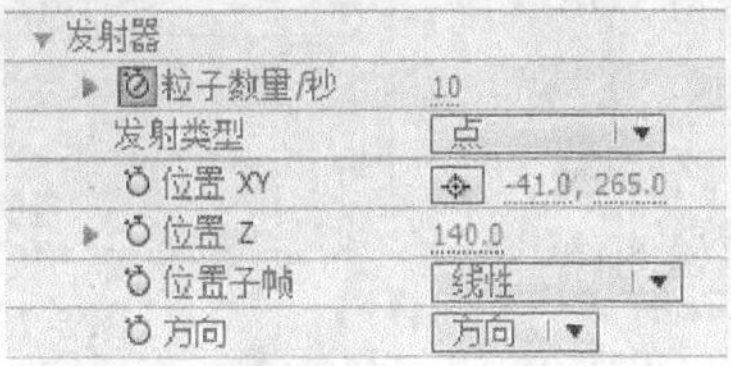

图 5-70

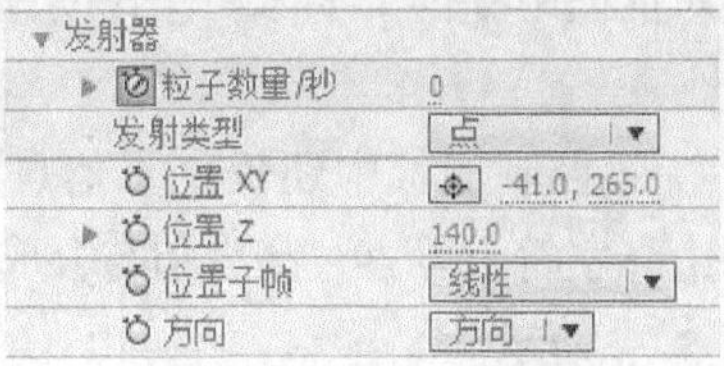

图 5-71

（4）选择“文件 > 导入 > 文件”命令，弹出“导入文件”对话框，选择光盘中的“Ch05\流光文字\ (Footage) \ 01”文件，单击“打开”按钮，导入背景图片，如图 5-72 所示。并将其拖曳到“时间线”面板中，如图 5-73 所示。

图 5-72

图 5-73

（5）选择“效果 > 色彩校正 > 色阶”命令，在“特效控制台”面板中进行参数设置，如图 5-74 所示。“流光文字”制作完成，如图 5-75 所示。

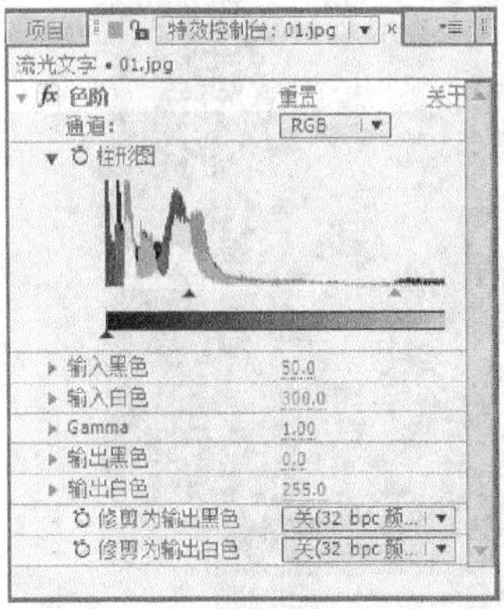

图 5-74

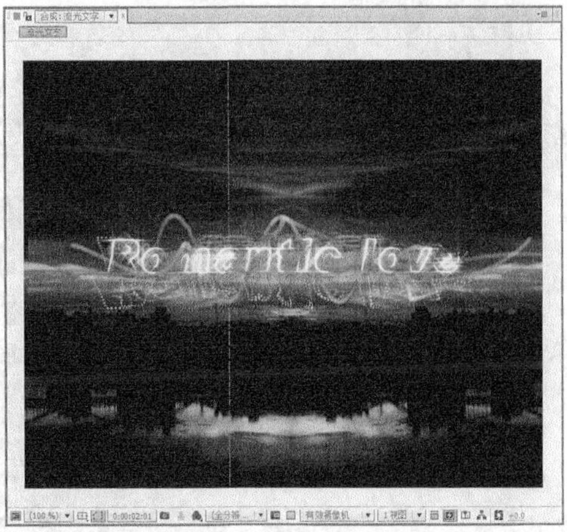
图 5-75

5.2.4 路径文字特效

路径文字特效用于制作字符沿某一条路径运动的动画效果。该特效对话框中提供了字体和样式设置，如图 5-76 所示。

路径文字特效控制面板中还提供了信息以及路径选项、填充与描边、字符、段落、高级和与合成与原始图像等设置，如图 5-77 所示。

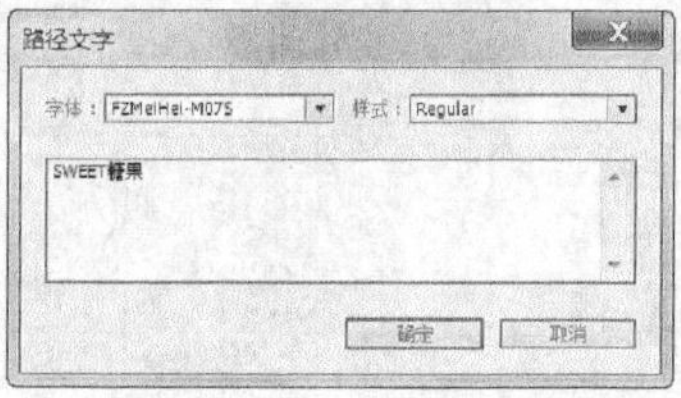

图 5-76

图 5-77

5.2.5 时间码特效

时间码特效主要用于在素材层中显示时间信息或者关键帧上的编码信息，同时还可以将时间码的信息译成密码并保存于层中以供显示。其中提供了显示格式、时间单位、丢帧、起始帧、文字位置、文字大小和文字色等设置，如图 5-78 所示。

图 5-78

5.3 课堂练习——飞舞数字流

练习知识要点：使用横排文字工具输入文字并进行编辑；使用“导入”命令导入视频文件；使用“Particular”命令制作飞舞数字；使用“分形杂波”命令制作随机线条动画。飞舞数字流效果如图 5-79 所示。

效果所在位置：光盘\Ch05\飞舞数字流.aep。

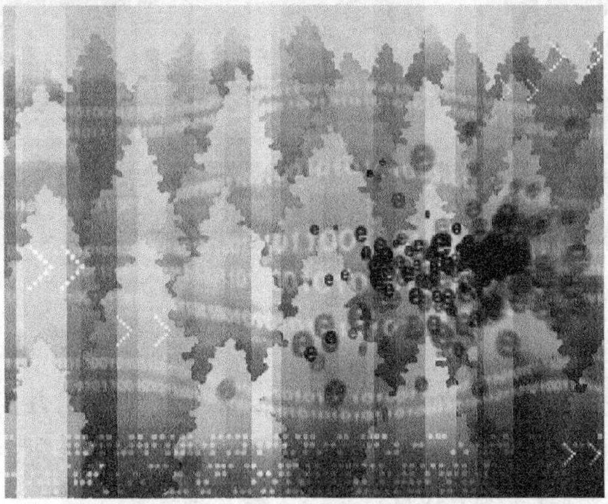

图 5-79

5.4 课后习题——运动模糊文字

习题知识要点：使用横排文字工具输入文字；使用“镜头光晕”命令添加镜头效果；使用“模式”编辑图层的混合模式。运动模糊文字效果如图 5-80 所示。

效果所在位置：光盘\Ch05\运动模糊文字.aep。

图 5-80

第6章 应用特效

本章主要介绍 After Effects 中各种效果控制面板及其应用方式和参数设置，对有实用价值、存在一定难度的特效进行重点讲解。通过对本章的学习，读者可以快速了解并掌握 After Effects 特效制作的精髓部分。

课堂学习目标

- 初步了解效果
- 模糊与锐化
- 色彩校正
- 生成
- 扭曲
- 杂波与颗粒
- 模拟仿真
- 风格化

6.1 初步了解效果

After Effects 软件本身自带了许多特效，包括音频、模糊与锐化、色彩校正、扭曲、键控、模拟仿真、风格化和文字等。效果不仅能够对影片进行丰富的艺术加工，还可以提高影片的画面质量和播放效果。

6.1.1 为图层添加效果

为图层添加效果的方法其实很简单，方式也有很多种，可以根据情况灵活应用。

⊙ 在“时间线”窗口，选中某个图层，选择“效果”命令中的各项效果命令即可。

⊙ 在“时间线”窗口，在某个图层上单击鼠标右键，在弹出的菜单中选择“效果”中的各项滤镜命令即可。

⊙ 选择“窗口 > 效果和预置”命令，打开“效果和预置”窗口，从分类中选中需要的效果，然后拖曳到“时间线”窗口中的某层上即可，如图 6-1 所示。

⊙ 在“时间线”窗口中选择某层，然后选择“窗口 > 效果和预置”命令，打开“效果和预置”窗口，双击分类中选择的效果即可。

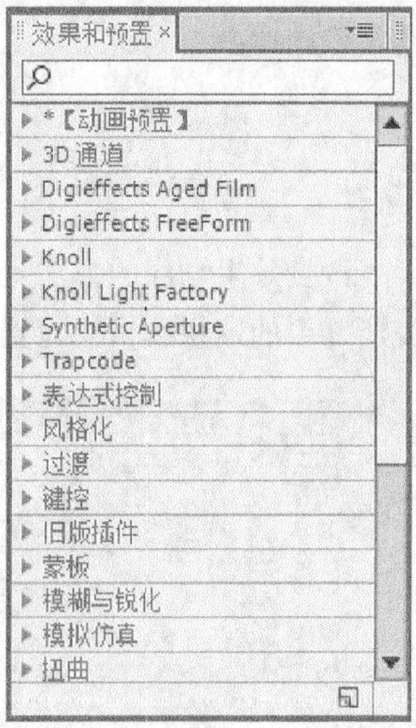

图 6-1

对于图层来讲，一个效果常常是不能完全满足创作需要的。只有使用以上描述的任意一种方法，为图层添加多个效果，才可以制作出复杂而千变万化的效果。但是，在同一图层应用多个效果时，一定要注意上下顺序，因为不同的顺序可能会有完全不同的画面效果，如图 6-2、图 6-3 所示。

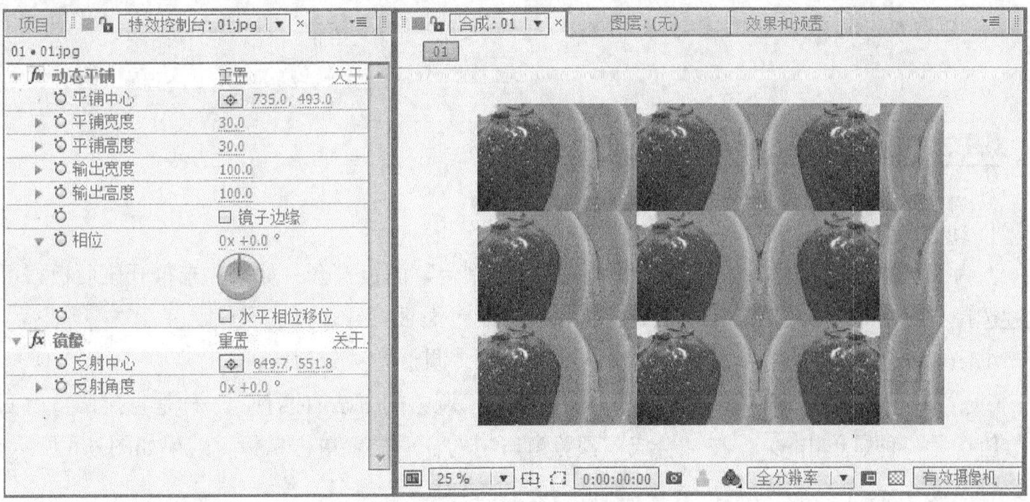

图 6-2

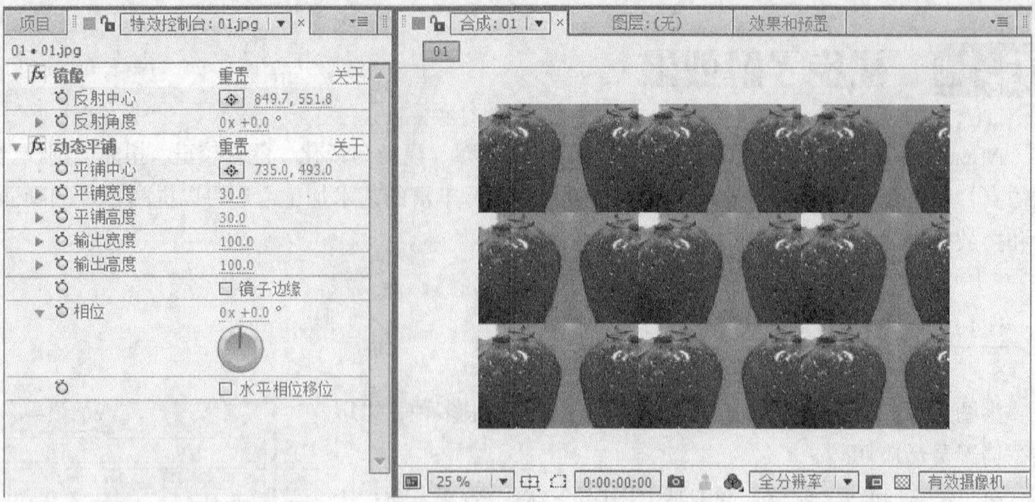

图 6-3

改变效果顺序的方法也很简单，只要在“特效控制台”面板或者“时间线”窗口中，上下拖曳所需要的效果到目标位置即可，如图 6-4、图 6-5 所示。

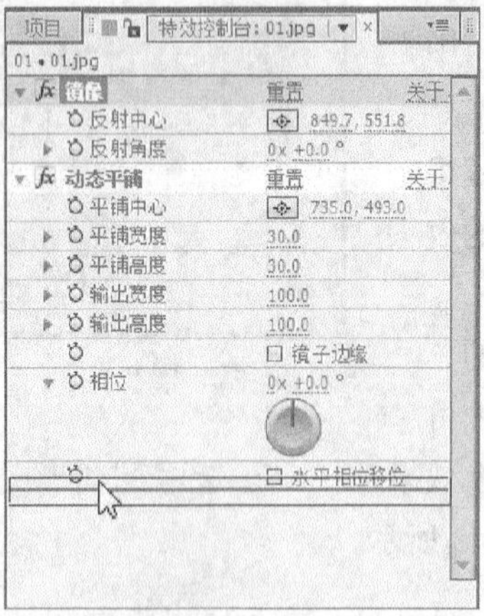

图 6-4

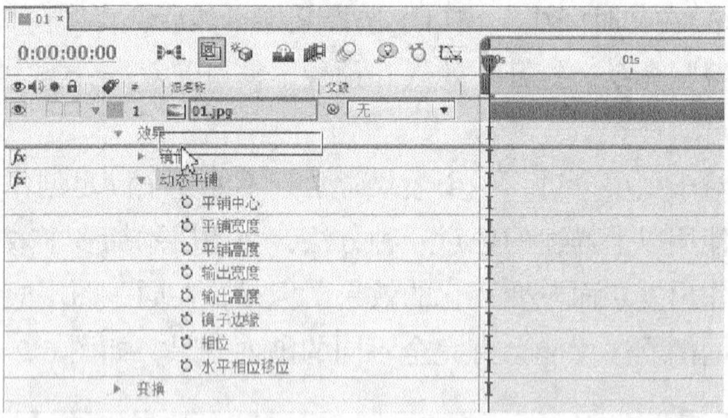

图 6-5

6.1.2 调整、复制和删除效果

1. 调整效果

在为图层添加特效时，一般会自动将“特效控制台”面板打开，如果并未打开该面板，可以通过选择“窗口 > 特效控制台”命令，将特效控制台面板打开。

After Effects 有多种效果，且各个功能有所不同，调整方法分为 5 种。

⊙ 位置点定义：一般用来设置特效的中心位置。调整的方法有两种：一种是直接调整后面的参数值；另一种是单击⊕，在“合成”预览窗口中的合适位置单击鼠标，效果如图 6-6 所示。

图 6-6

⊙ 下拉菜单的选择：各种单项式参数选择，一般不能通过设置关键帧制作动画。如果是可以设置关键帧动画的，也会像图 6-7 所示那样，产生硬性停止关键帧，这种变化是一种突变，不能出现连续性的渐变效果。

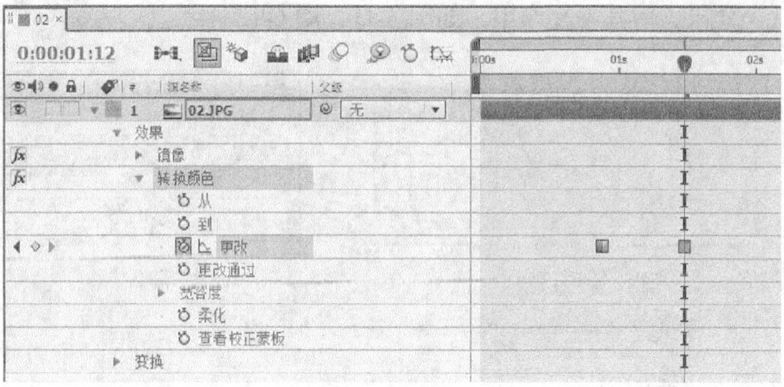

图 6-7

⊙ 调整滑块：通过左右拖动滑块调整数值程度。不过需要注意：滑块并不能显示参数的极限值。例如复合模糊滤镜，虽然在调整滑块中看到的调整范围是 0 到 100，但是如果用直接输入数值的方法调整，最大值则能输入到 4000，因此在滑块中看到的调整范围一般是常用的数值段，如图 6-8 所示。

⊙ 颜色选取框：主要用于选取或者改变颜色，单击将会弹出如图 6-9 所示的色彩选择对话框。

⊙ 角度旋转器：一般与角度和圈数设置有关，如图 6-10 所示。

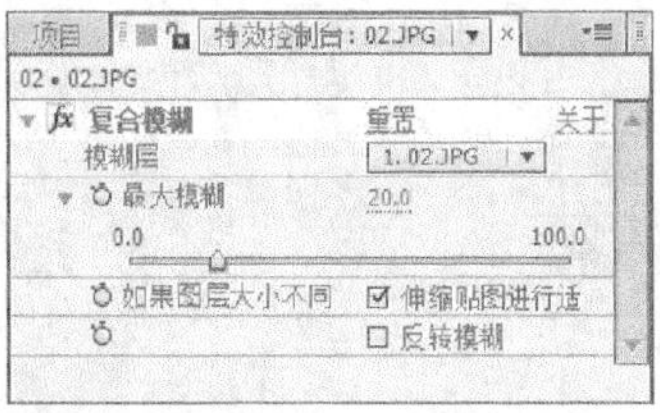

图 6-8

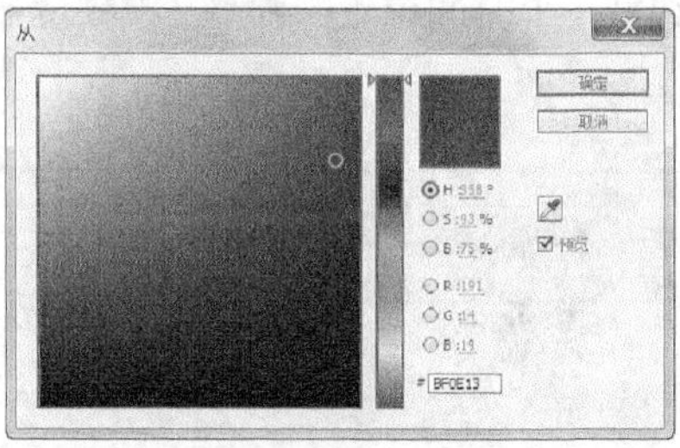

图 6-9

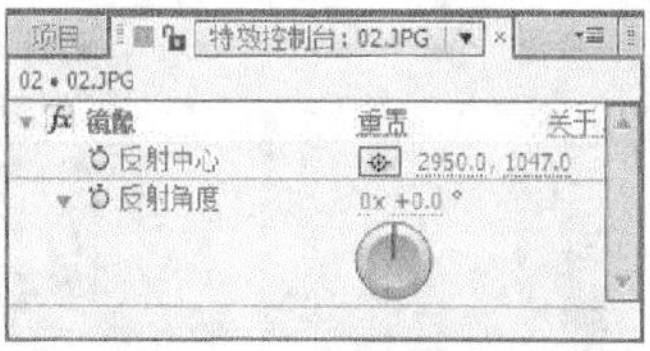

图 6-10

2．删除效果

删除 Effects 效果的方法很简单，只需要在“特效控制台”面板或者“时间线”窗口中选择某个特效滤镜名称，按<Delete>键即可删除。

提示 在“时间线”窗口中快速展开效果的方法是：选中含有效果的图层，按<E>键。

3．复制效果

如果只是在本图层中进行特效复制，只需要在“特效控制台”面板或者“时间线”窗口中选中特效，按<Ctrl>+<D>组合键即可实现。

如果是将特效复制到其他层使用，具体操作步骤如下。

（1）在“特效控制台”面板或者“时间线”窗口中选中原图层的一个或多个效果。

（2）选择“编辑 > 复制”命令，或者按<Ctrl>+<C>组合键，完成滤镜复制操作。

（3）在“时间线”窗口中，选中目标图层，然后选择“编辑 > 粘贴”命令，或按<Ctrl>+<V>组合键，完成效果贴操作。

4．暂时关闭效果

在“特效控制台”面板或者“时间线”窗口中，有一个非常方便的开关 *fx*，可以帮助用户暂时关闭某一个或某几个效果，使其不起作用，如图 6-11、图 6-12 所示。

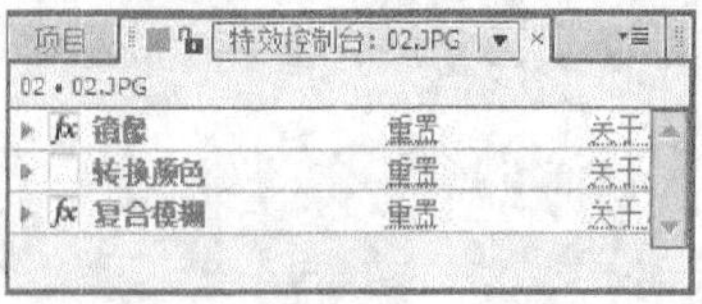

图 6-11

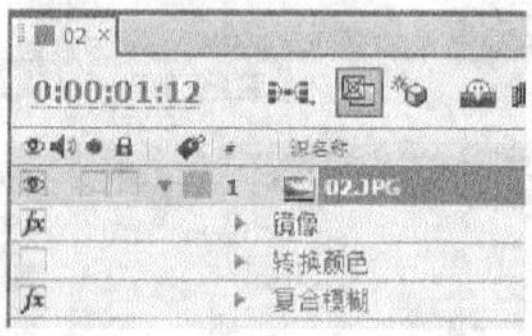

图 6-12

6.1.3 制作关键帧动画

1．在“时间线”窗口中制作动画

（1）在“时间线”窗口中选择某层，选择“效果 > 模糊与锐化 > 高斯模糊”命令，添加高斯模糊效果。

（2）按<E>键出现特效属性，单击“高斯模糊”效果名称前面的小三角形按钮 ▶，展开各项具体参数设置。

（3）单击“模糊量”前面的“关键帧自动记录器”按钮 ⏱，生成一个关键帧，如图 6-13 所示。

（4）将当前时间指针移动到另一个时间位置，调整“模糊量”的数值，After Effects 将自动生成第二个关键帧，如图 6-14 所示。

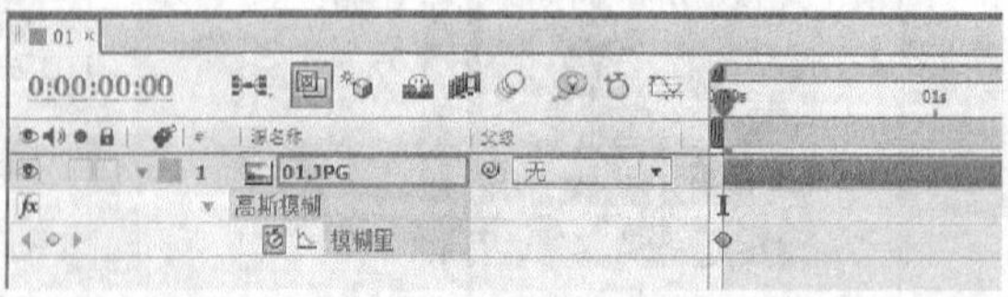

图 6-13

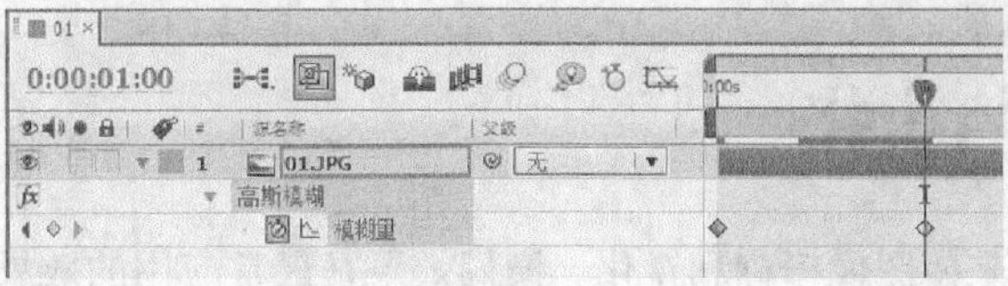

图 6-14

（5）按数字键盘上的<0>键，预览动画。

2．在“特效控制台”面板中制作关键帧动画

（1）在“时间线”窗口中选择某层，选择“效果 > 模糊与锐化 > 高斯模糊”命令，添加高斯模糊效果。

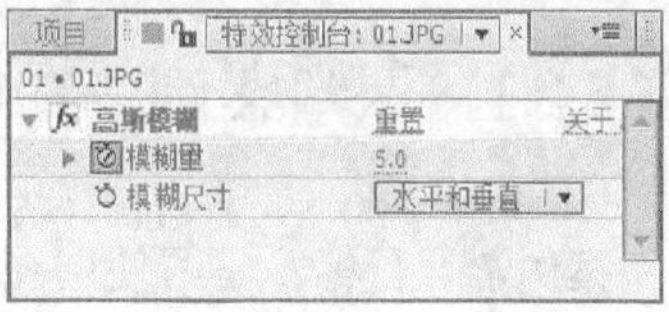

图 6-15

（2）在“特效控制台”面板中，单击“模糊量”前面的“关键帧自动记录器”按钮，如图 6-15 所示，或按住<Alt>键的同时，单击“模糊量”名称，生成第一个关键帧。

（3）将当前时间指针移动到另一个时间位置，在“特效控制台”面板中，调整“模糊量”的数值，自动生成第二个关键帧。

6.1.4　使用特效预置

在赋予特效预置时，在操作之前必须确定时间指针所处的时间位置，因为赋予的特效预置如果含有动画信息，将会以当前时间指针位置为动画的起始点，如图 6-16、图 6-17 所示。

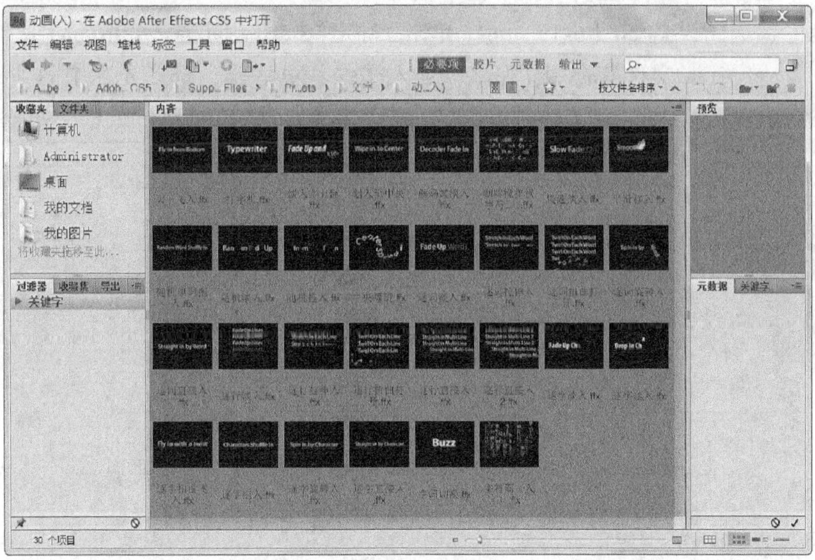

图 6-16

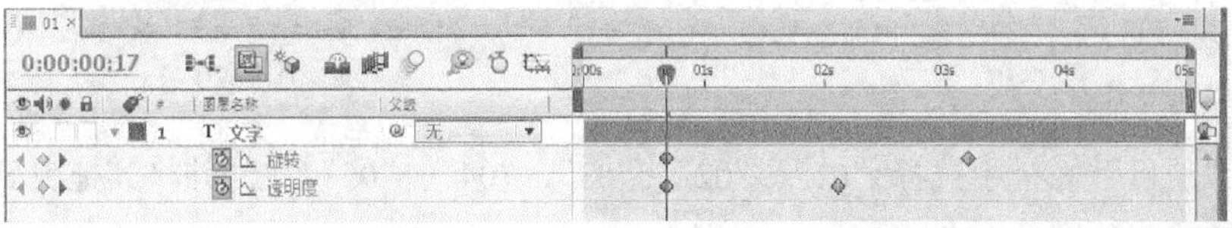

图 6-17

6.2 模糊与锐化

模糊与锐化效果用来使图像模糊和锐化。模糊效果是最常应用的效果之一，也是一种简便易行的改变画面视觉效果的途径。动态的画面需要“虚实结合”，这样即使是平面的合成，也能给人空间感和对比感，更能让人产生联想，而且可以使用模糊来提升画面的质量，有时很粗糙的画面经过处理后也会有良好的效果。

6.2.1 课堂案例——精彩闪白

案例学习目标：学习使用图片多种模糊效果。

案例知识要点：使用“导入”命令导入素材；使用“快速模糊”命令、“色阶”命令、“色相位/饱和度”命令制作图片编辑；使用“阴影”命令制作文字的投影效果；使用“预置特效”命令制作文字动画特效。精彩闪白效果如图 6-18 所示。

图 6-18

效果所在位置：光盘\Ch06\精彩闪白. aep。

1. 导入素材

（1）按<Ctrl>+<N>组合键，弹出“图像合成设置”对话框，在“合成组名称”选项的文本框中输入“闪白效果”，其他选项的设置如图 6-19 所示，单击“确定”按钮，创建一个新的合成“闪白效果”。选择“文件 > 导入 > 文件”命令，弹出“导入文件”对话框，选择光盘中的“Ch06\精彩闪白\ (Footage) \ 01～07”共 7 个文件，单击“打开”按钮，导入视频与图片，如图 6-20 所示。

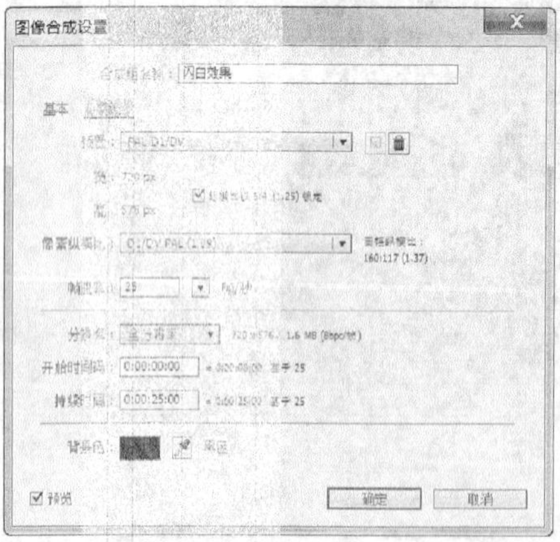

图 6-19

图 6-20

（2）在“项目”面板中选择“01”、“02”、“03”、“04”、“05”文件并将其拖曳到“时间线”面板中，层的排列如图 6-21 所示。

（3）在“时间线”面板中选择第一个素材文件，按住<Shift>键选择最后一个素材文件，即可选中所有素材，选择“动画 > 关键帧辅助 > 序列图层”命令，弹出“序列图层”对话框，取消“重叠”的选择，如图 6-22 所示，单击“确定”按钮，这样每个层就依次排序，首尾相接，如图 6-23 所示。

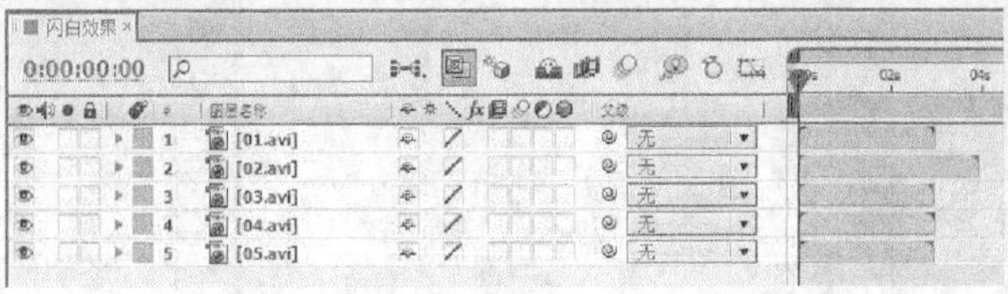

图 6-21

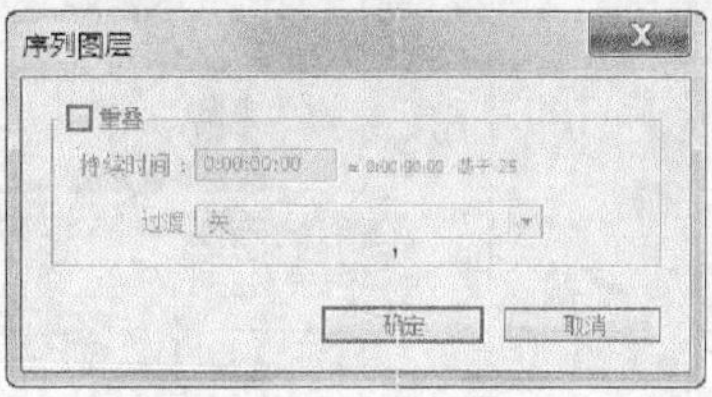

图 6-22

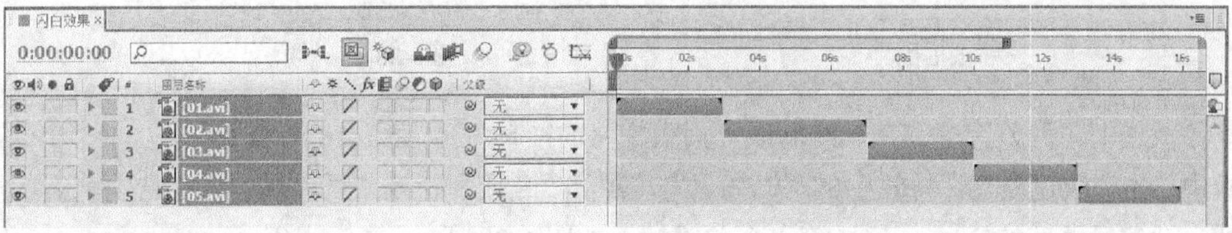

图 6-23

（4）选择“图层 > 新建 > 调节层”命令，在“时间线”面板中新增一个调节层，如图 6-24 所示。

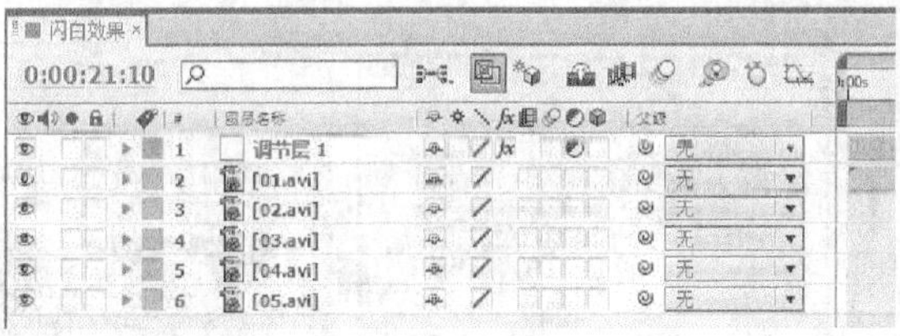

图 6-24

2. 制作图像闪白

（1）选中“调节”层，选择“效果 > 模糊与锐化 > 快速模糊”命令，在“特效控制台”面板中进行参数设置，如图 6-25 所示。合成窗口中的效果如图 6-26 所示。

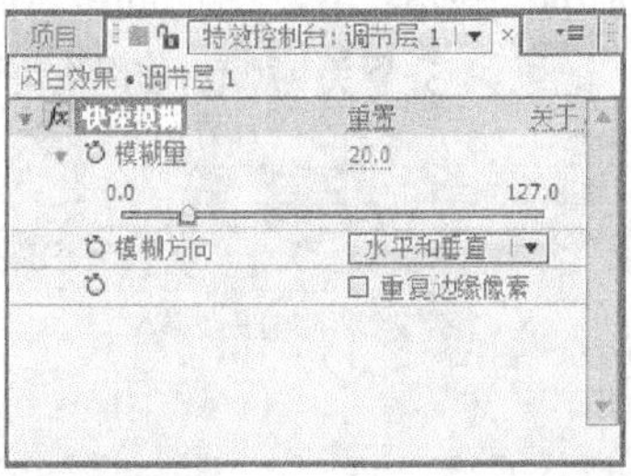

图 6-25

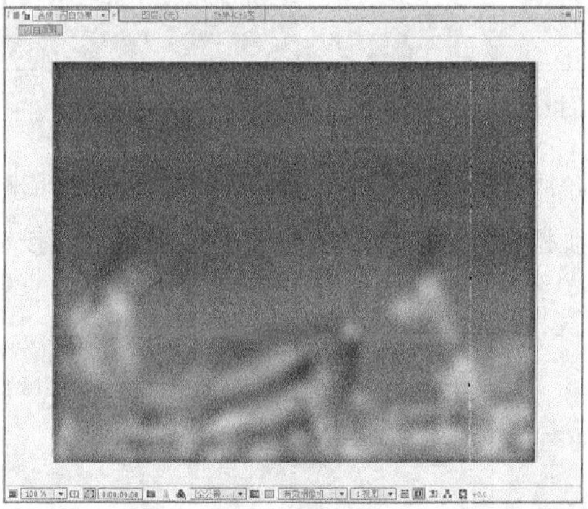

图 6-26

（2）选中“调节”层，选择“效果 > 色彩校正 > 色阶”命令，在“特效控制台”面板中进行参数设置，如图 6-27 所示。合成窗口中的效果如图 6-28 所示。

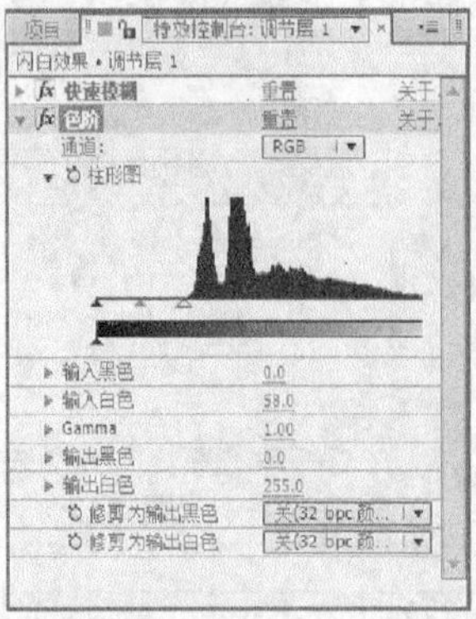

图 6-27

图 6-28

（3）选中“调节”层，在“时间线”面板中将时间标签放置在 0 s 的位置，在“特效控制台”面板中单击“快速模糊”特效中的“模糊量”选项和“色阶”特效中的“柱形图”选项前面的“关键帧自动记录器”按钮，记录第 1 个关键帧，如图 6-29 所示。

（4）将时间标签放置在 0:06s 的位置，在“特效控制台”面板中设置“模糊量”选项的数值为 0，“输入白色”选项的数值为 255，如图 6-30 所示，记录第 2 个关键帧。合成窗口中的效果如图 6-31 所示。

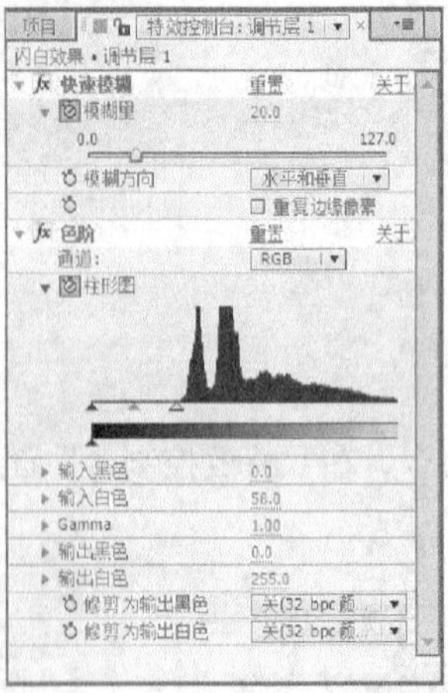

图 6-29

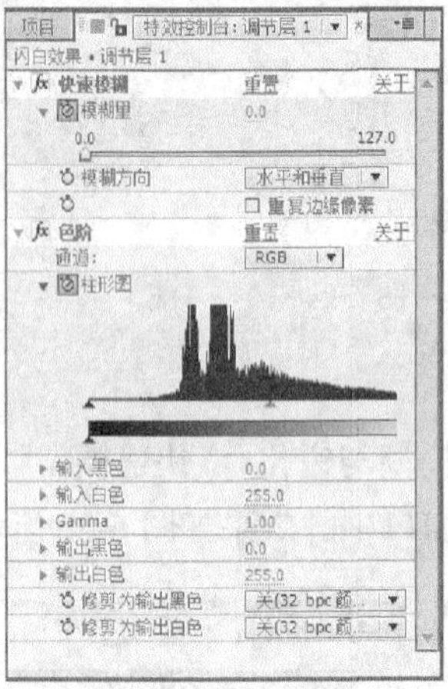

图 6-30

图 6-31

（5）将时间标签放置在 2:04s 的位置，按<U>键展开所有关键帧。单击“时间线”面板中“模糊量”选项和“柱形图”选项前面的添加关键帧按钮，记录第 3 个关键帧，如图 6-32 所示。

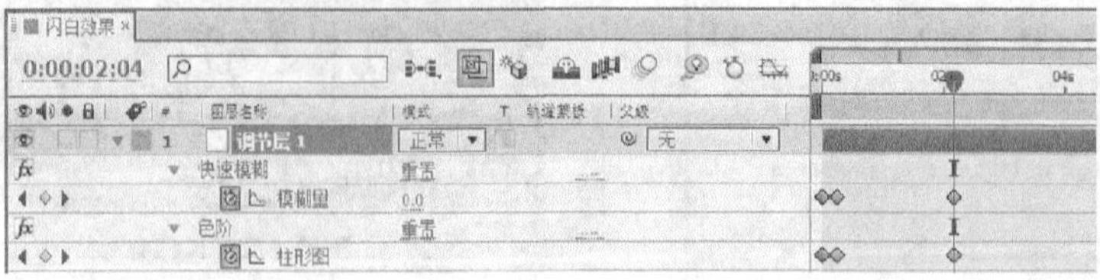

图 6-32

（6）将时间标签放置在 2:14s 的位置，在“特效控制台”面板中设置“模糊量”选项的数值为 7，“输入白色”选项的数值为 94，如图 6-33 所示，记录第 4 个关键帧。合成窗口中的效果如图 6-34 所示。

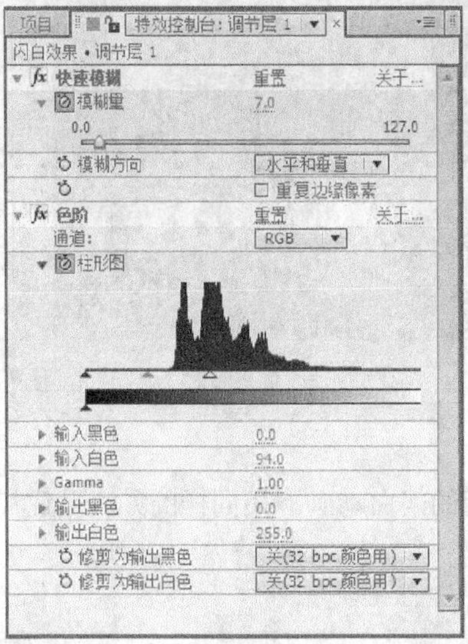

图 6-33

图 6-34

（7）将时间标签放置在 3:08s 的位置，在“特效控制台”面板中设置“模糊量”选项的数值为 20，“输入白色”选项的数值为 58，如图 6-35 所示，记录第 5 个关键帧。合成窗口中的效果如图 6-36 所示。

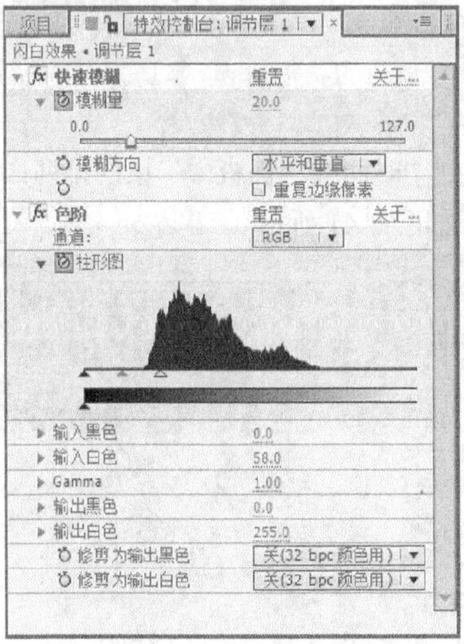

图 6-35

图 6-36

（8）将时间标签放置在 3:18s 的位置，在“特效控制台”面板中设置“模糊量”选项的数值为 0，“输入白色”选项的数值为 255，如图 6-37 所示，记录第 6 个关键帧。合成窗口中的效果如图 6-38 所示。

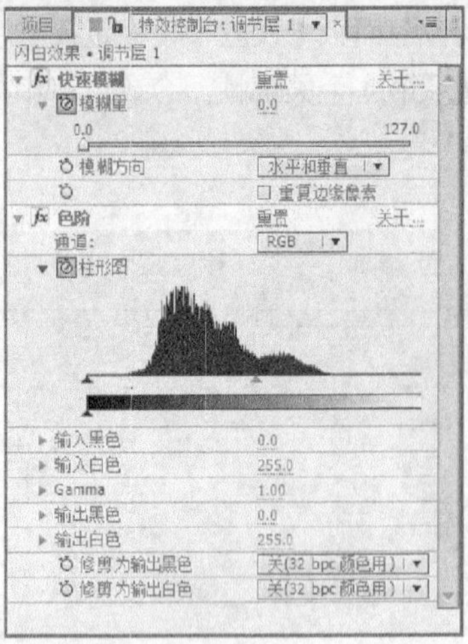

图 6-37

图 6-38

（9）至此制作完成了第一段素材与第二段素材之间的闪白动画。用同样的方法设置其他素材的闪白动画，如图 6-39 所示。

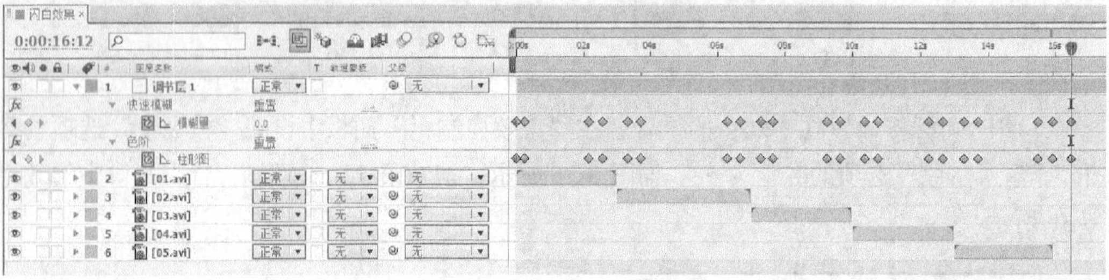

图 6-39

3．编辑文字

（1）在“项目”面板中选择“06”文件并将其拖曳到“时间线”面板中，层的排列如图 6-40 所示。选中“06”文件，将文件拖到 15:23s 的位置上，如图 6-41 所示。

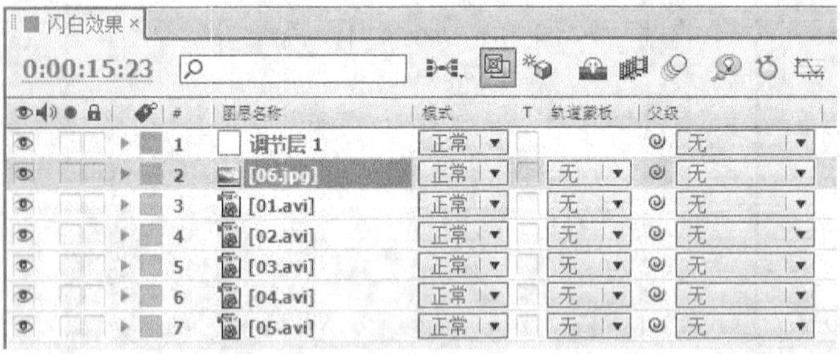

图 6-40

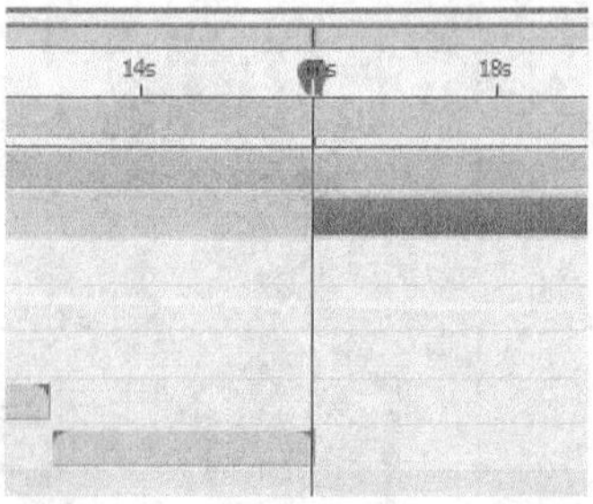

图 6-41

（2）选择“横排文字”工具[T]，在合成窗口输入文字“野生动物世界”。选中文字，在“文字”面板中设置文字的颜色为白色，在“段落”面板中设置对齐方式为文字居中，其他参数设置如图 6-42 所示，合成窗口中的效果如图 6-43 所示。

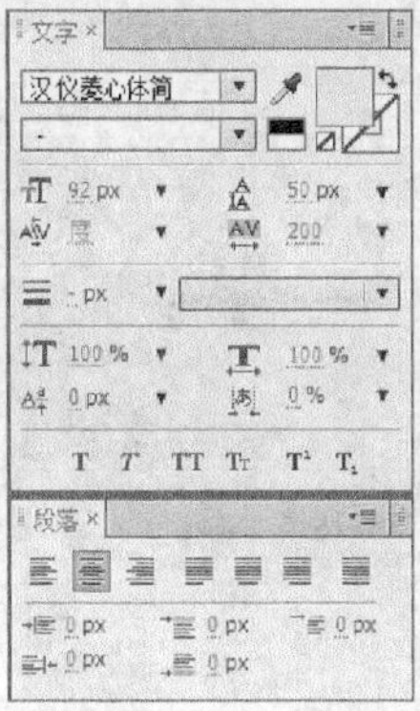

图 6-42

图 6-43

（3）选中“文字”层，把该层拖曳到调整层的下面，选择“效果 > 透视 > 阴影”命令，在“特效控制台”面板中进行参数设置，如图 6-44 所示。合成窗口中的效果如图 6-45 所示。

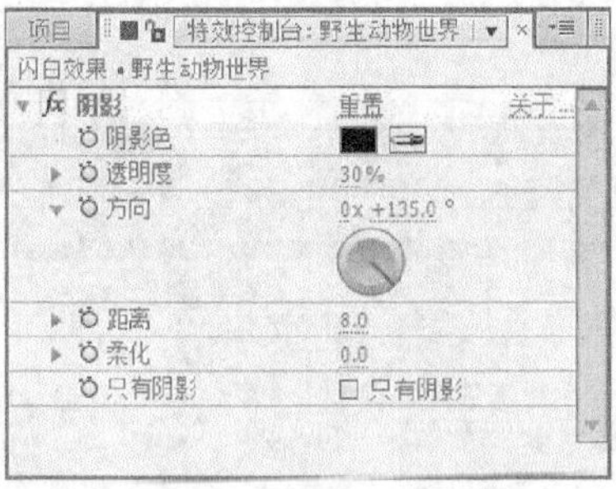

图 6-44

图 6-45

（4）将时间标签放置在 16:16s 的位置，选择“动画 > 浏览预置”命令，弹出“Presets-在 Adobe After Effects CS5 中打开”对话框，如图 6-46 所示。打开“文字 > 动画（入）”文件夹，双击“平滑移入”选项，如图 6-47 所示，文字层会自动添加动画效果。

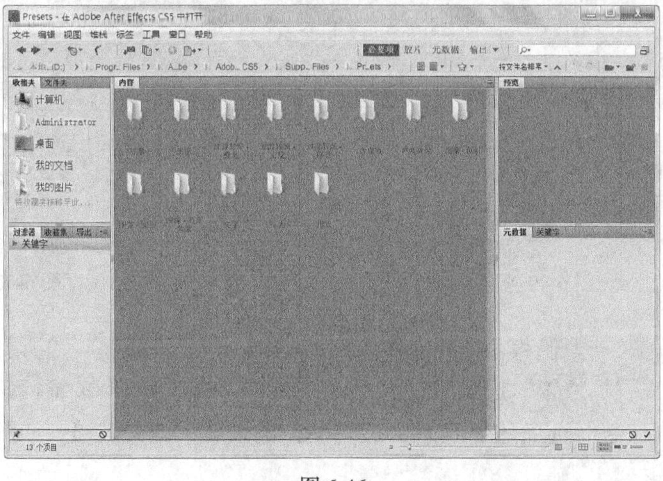

图 6-46

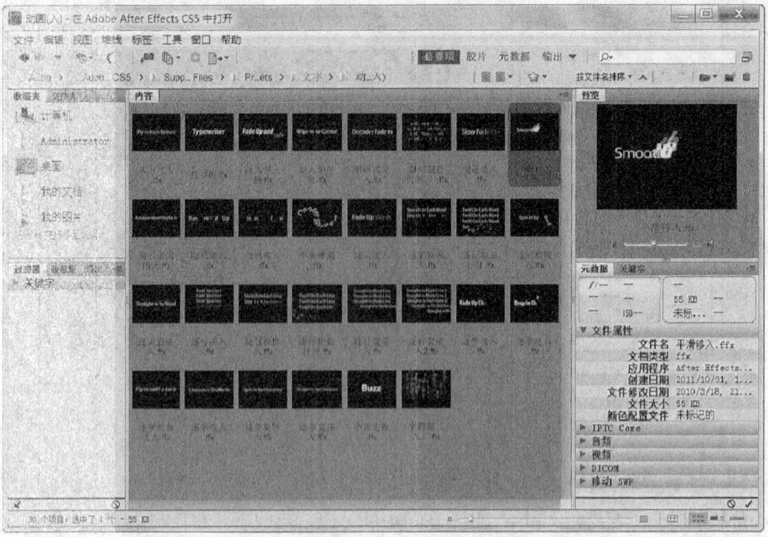

图 6-47

（5）在“时间线”面板中选择文字层，按<U>键展开所有关键帧，可以看到“平滑移入”动画的关键帧，如图 6-48 所示。

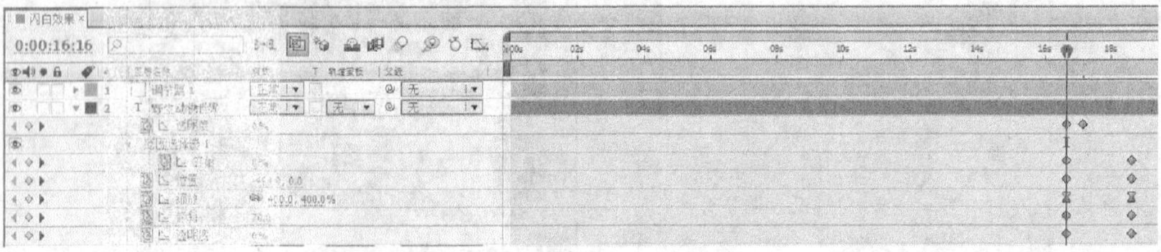

图 6-48

（6）在“项目”面板中选择“07”文件并将其拖曳到“时间线”面板中，在“时间线”面板中设置“02”图层的混合模式为屏幕，层的排列如图 6-49 所示。选中“07”文件，将文件拖到 18:13s 的位置上，如图 6-50 所示。

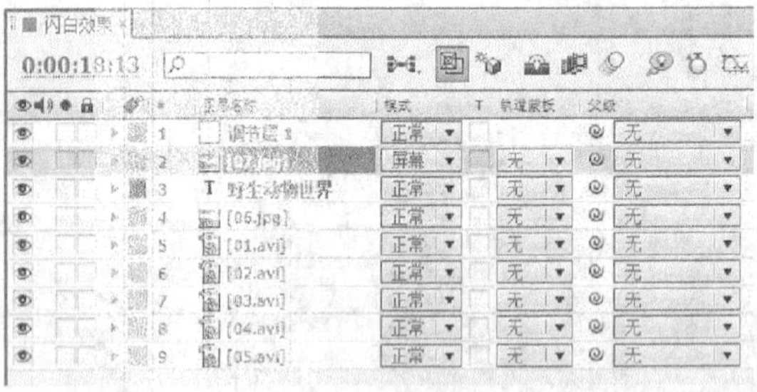

图 6-49

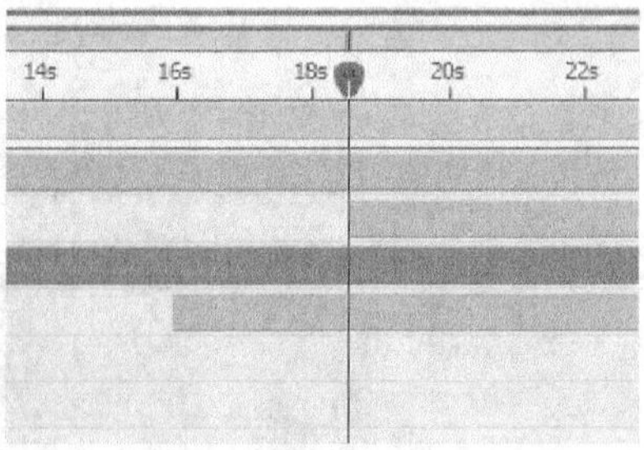

图 6-50

（7）选中“07”文件，按<P>键展开“位置”属性，单击“位置”选项前面的“关键帧自动记录器”按钮，设置“位置”选项的数值为-80、308，记录第 1 个关键帧。将时间标签放置在 20s 的位置，设置“位置”选项的数值为 800、308，记录第 2 个关键帧，如图 6-51 所示。

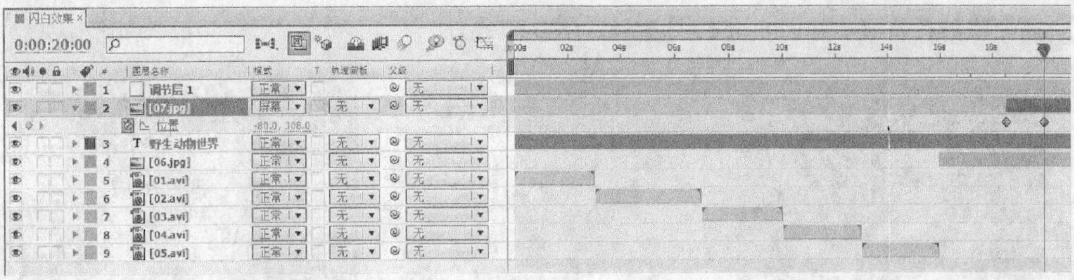

图 6-51

（8）选中“07”文件，按<Ctrl>+<D>组合键复制一层，按<U>键展开所有关键帧，将时间标签放置在 18:13s 的位置上，设置“位置”选项的数值为 800、308。将时间标签放置在 20s 的位置上，设置“位置”选项的数值为-80、308 如图 6-52 所示。精彩闪白制作完成，如图 6-53 所示。

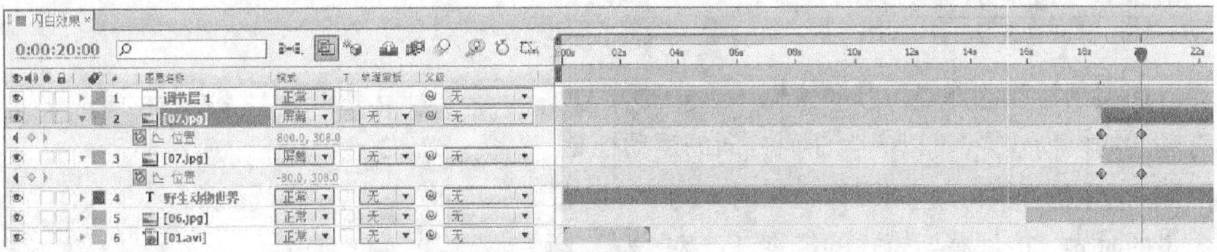

图 6-52

图 6-53

6.2.2　高斯模糊

高斯模糊特效用于模糊和柔化图像，可以去除杂点。高斯模糊能产生更细腻的模糊效果，尤其是单独使用的时候，如图 6-54 所示。

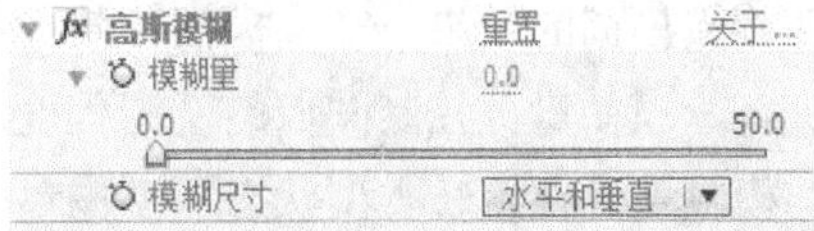

图 6-54

模糊量：调整图像的模糊程度。

模糊尺寸：设置模糊的方式。提供了水平、垂直、水平和垂直 3 种模糊方式。

高斯模糊特效演示如图 6-55、图 6-56、图 6-57 所示。

图 6-55

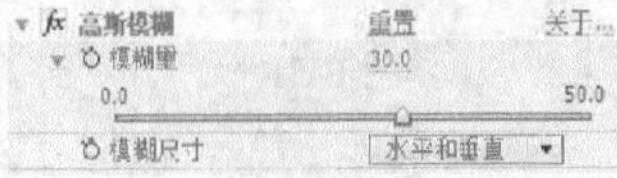

图 6-56

图 6-57

6.2.3 方向模糊

方向模糊特效也称之为方向模糊。这是一种十分具有动感的模糊效果，可以产生任何方向的运动视觉。当图层为草稿质量时，应用图像边缘的平均值；为最高质量的时候，应用高斯模式的模糊，产生平滑、渐变的模糊效果，如图 6-58 所示。

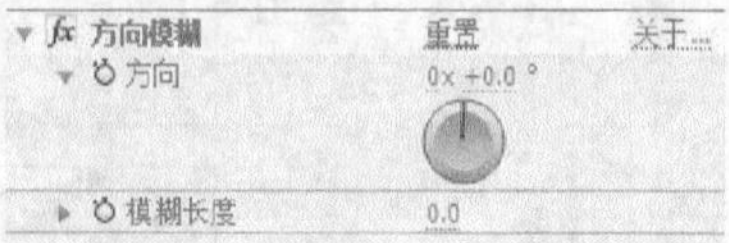

图 6-58

方向：调整模糊的方向。

模糊长度：调整滤镜的模糊程度，数值越大，模糊的程度也就越大。

方向模糊特效演示如图 6-59、图 6-60、图 6-61 所示。

图 6-59

图 6-60

图 6-61

6.2.4 径向模糊

径向模糊特效可以在层中围绕特定点为图像增加移动或旋转模糊的效果，径向模糊特效的参数设置如图 6-62 所示。

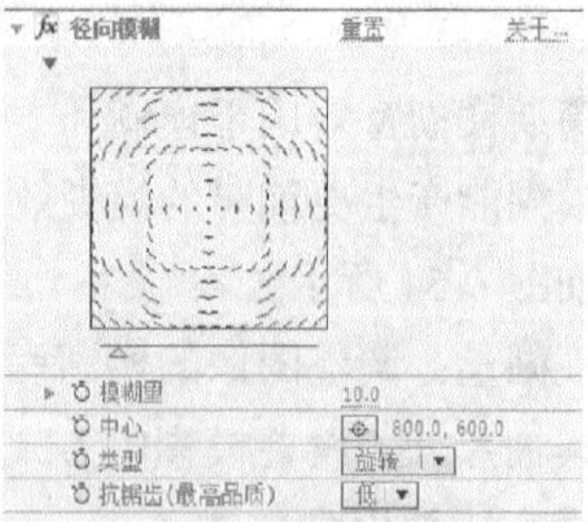

图 6-62

模糊量：控制图像的模糊程度。模糊程度的大小取决于模糊量，在旋转类型状态下模糊量表示旋转模糊程度；而在缩放类型下模糊量表示缩放模糊程度。

中心：调整模糊中心点的位置。可以通过单击按钮⊕在视频窗口中指定中心点位置。

类型：设置模糊类型。其中提供了旋转和缩放两种模糊类型。

抗锯齿：该功能只在图像的最高品质下起作用。

径向模糊特效演示如图 6-63、图 6-64、图 6-65 所示。

图 6-63

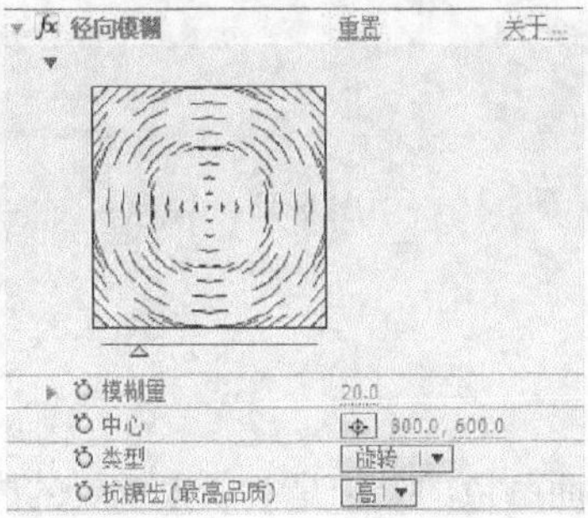

图 6-64

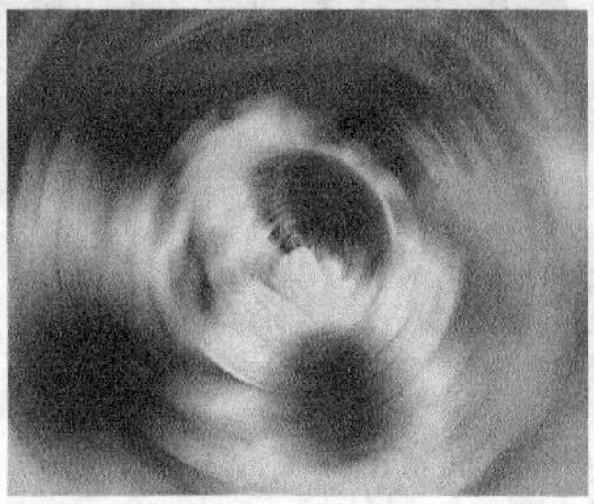

图 6-65

6.2.5　快速模糊

快速模糊特效用于设置图像的模糊程度，它和高斯模糊十分类似,而它在大面积应用的时候实现速度更快，效果更明显，如图 6-66 所示。

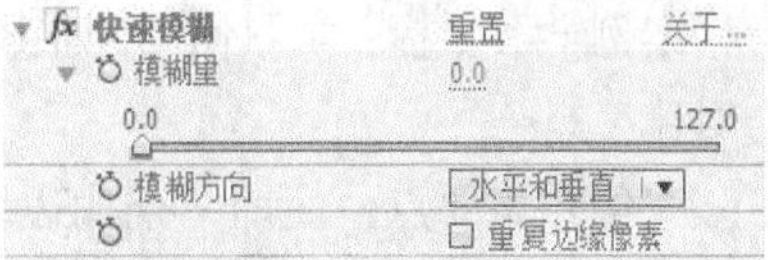

图 6-66

模糊量：用于设置模糊程度。

模糊方向：设置模糊方向，分别有水平和垂直、水平和垂直 3 种方式。

重复边缘像素：勾选重复边缘像素复选框，可让边缘保持清晰度。

快速模糊特效演示如图 6-67、图 6-68、图 6-69 所示。

图 6-67

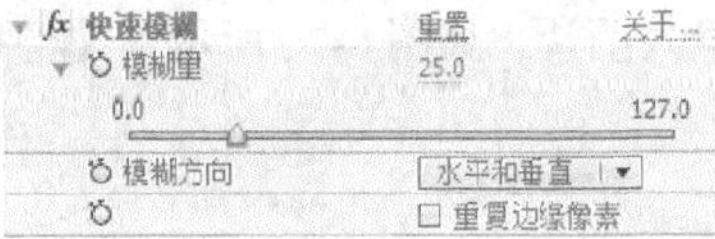

图 6-68

图 6-69

6.2.6　锐化滤镜

锐化特效用于锐化图像，在图像颜色发生变化的地方提高图像的对比度，如图 6-70 所示。

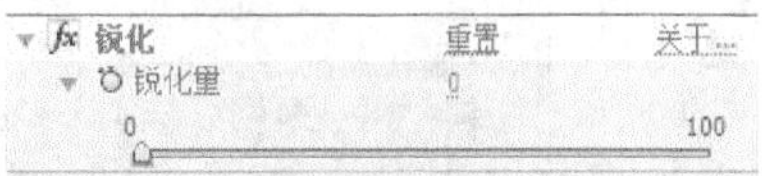

图 6-70

锐化量：用于设置锐化的程度。

锐化特效演示如图 6-71、图 6-72、图 6-73 所示。

图 6-71

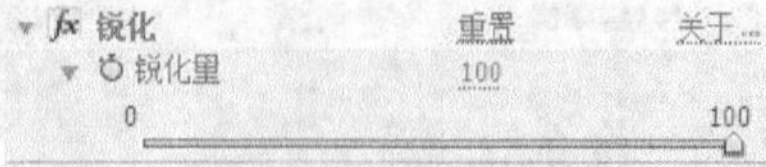

图 6-72

图 6-73

6.3 色彩校正

在视频制作过程中，对于画面颜色的处理是一项很重要的内容，有时直接影响效果的成败，色彩校正效果组下的众多特效可以用来对色彩不好的画面进行颜色的修正，也可以对色彩正常的画面进行颜色调节，使其更加精彩。

6.3.1 课堂案例——水墨画效果

案例学习目标：学习使用调整图像色相位/饱和度、亮度与对比度。

案例知识要点：使用“查找边缘”命令、“色相位/饱和度”命令、“色阶”命令、“高斯模糊”命令制作水墨画效果。水墨画效果如图 6-74 所示。

图 6-74

效果所在位置：光盘\Ch06\水墨画效果.aep。

1．导入并编辑素材

（1）按<Ctrl>+<N>组合键，弹出“图像合成设置”对话框，在“合成组名称”选项的文本框中输入“水墨画效果”，其他选项的设置如图 6-75 所示，单击“确定”按钮，创建一个新的合成“水墨效果”。选择“文件 > 导入 > 文件”命令，弹出“导入文件”对话框，选择光盘中的“Ch06\水墨画效果\ (Footage) \01、02”文件，单击“打开”按钮，导入图片，如图 6-76 所示，并将 01 文件拖曳到“时间线”面板中。

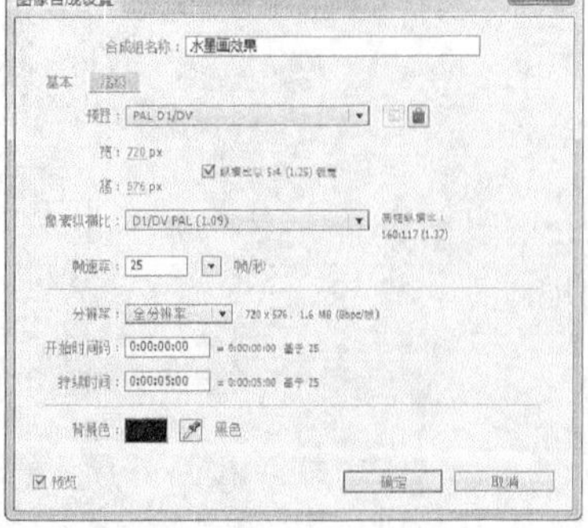

图 6-75

图 6-76

（2）选中“01”文件，按<Ctrl>+<D>组合键复制一层，单击复制层前面的眼睛按钮👁，关闭该层的可视性，如图 6-77 所示。合成窗口中的效果如图 6-78 所示。

图 6-77

图 6-78

（3）选中第二层的“01”文件，选择“效果 > 风格化 > 查找边缘”命令，在“特效控制台”面板中进行参数设置，如图 6-79 所示。合成窗口中的效果如图 6-80 所示。

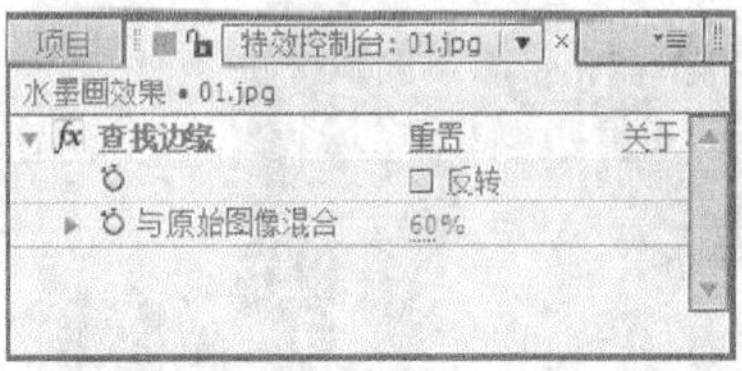

图 6-79

图 6-80

（4）选中“01”文件，选择“效果 > 色彩校正 > 色相位/饱和度”命令，在“特效控制台”面板中进行参数设置，如图 6-81 所示。合成窗口中的效果如图 6-82 所示。

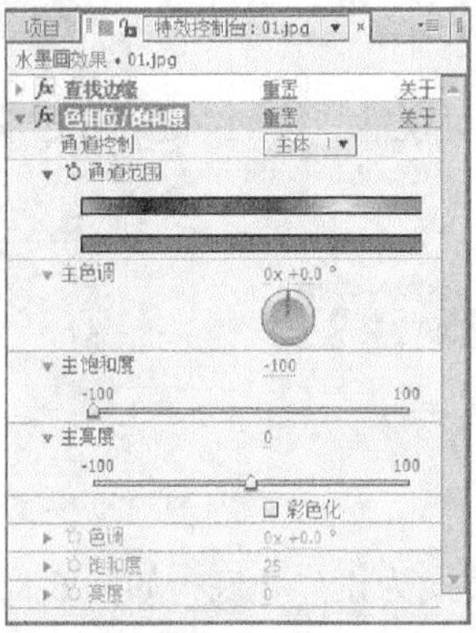

图 6-81

图 6-82

（5）选中“01”文件，选择“效果 > 色彩校正 > 曲线”命令，在“特效控制台”面板中调整曲线，如图 6-83 所示。合成窗口中的效果如图 6-84 所示。

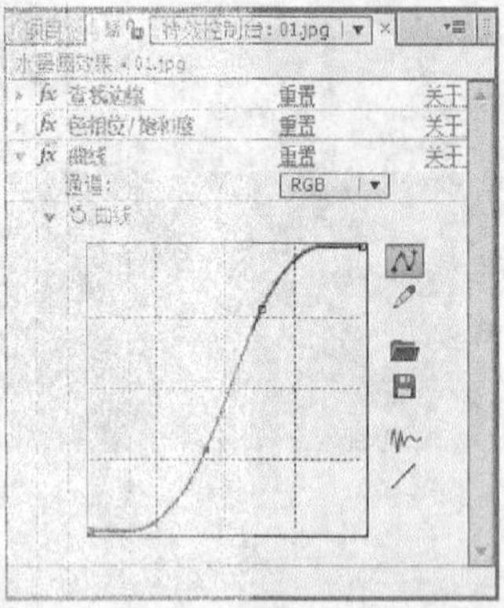

图 6-83

图 6-84

（6）选中“01”文件，选择“效果 > 模糊与锐化 > 高斯模糊”命令，在“特效控制台”面板中进行参数设置，如图 6-85 所示。合成窗口中的效果如图 6-86 所示。

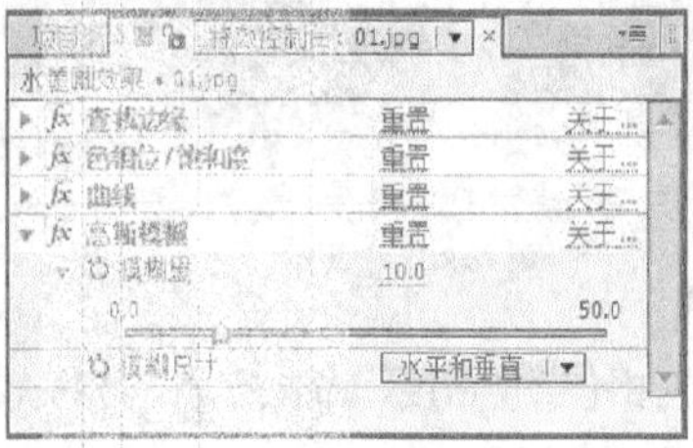

图 6-85

图 6-86

2．制作水墨画效果

（1）单击第 1 层层前面的眼睛按钮，打开该层的可视性。按<T>键展开透明度属性，设置“透明度”选项的数值为 70，如图 6-87 所示。

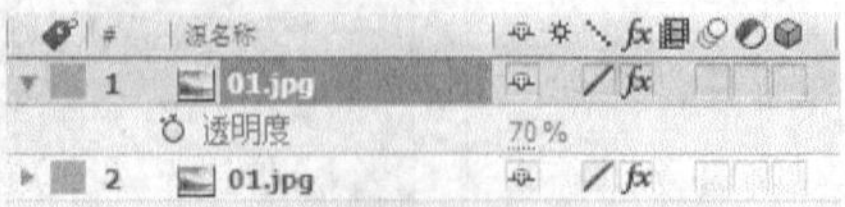

图 6-87

（2）在“时间线”面板中设置“模式”选项的叠加模式为正片叠底，如图 6-88 所示。合成窗口中的效果如图 6-89 所示。

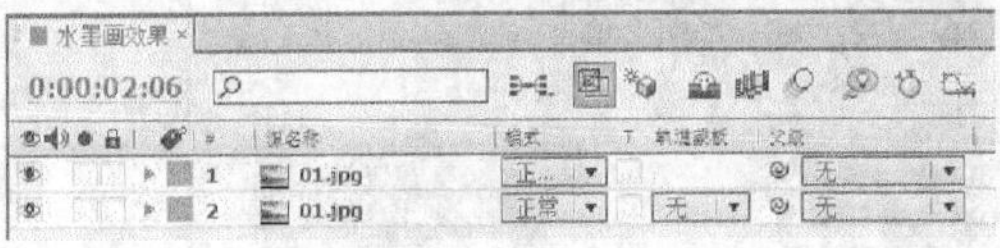

图 6-88

图 6-89

（3）选择“效果 > 风格化 > 查找边缘”命令，在“特效控制台”面板中进行参数设置，如图 6-90 所示。合成窗口中的效果如图 6-91 所示。

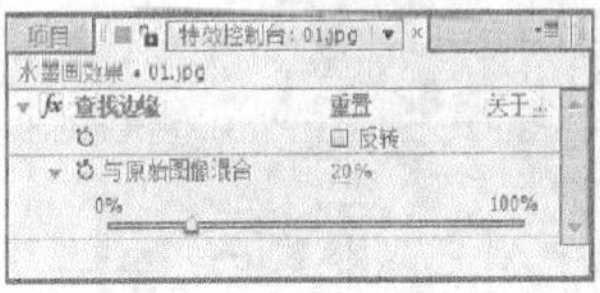

图 6-90

图 6-91

（4）选择“效果 > 色彩校正 > 色相位/饱和度”命令，在“特效控制台”面板中进行参数设置，如图 6-92 所示。合成窗口中的效果如图 6-93 所示。

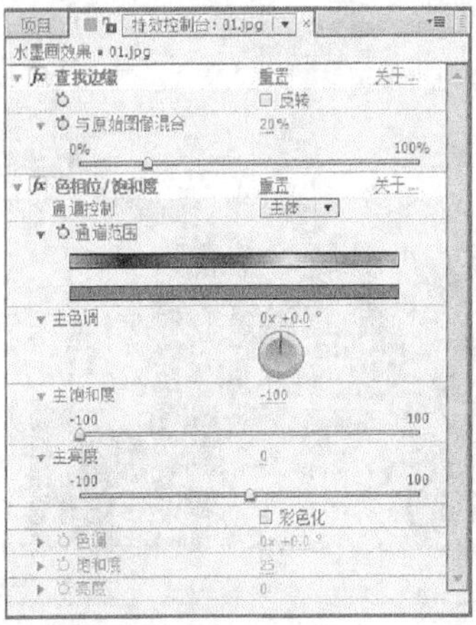

图 6-92

图 6-93

（5）选择“效果 > 色彩校正 > 曲线”命令，在“特效控制台”面板中调整曲线，如图 6-94 所示。合成窗口中的效果如图 6-95 所示。

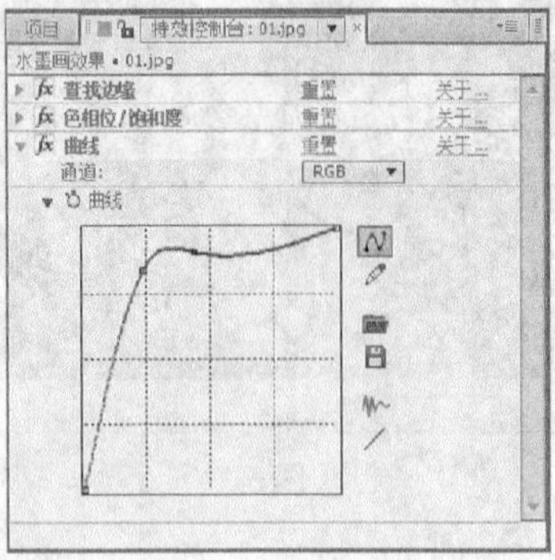

图 6-94

图 6-95

（6）选择“效果 > 模糊与锐化 > 快速模糊”命令，在“特效控制台”面板中进行参数设置，如图 6-96 所示。合成窗口中的效果如图 6-97 所示。

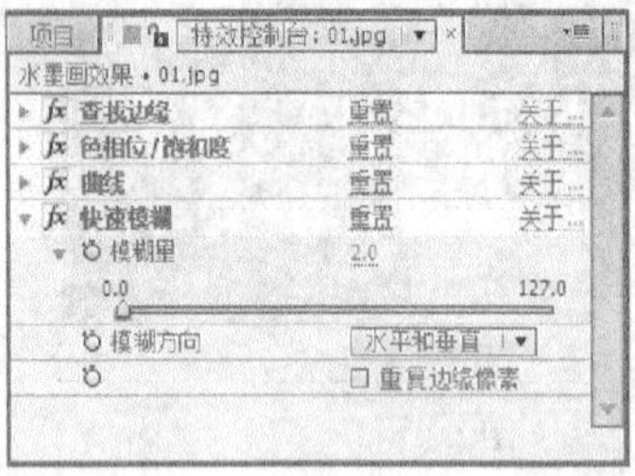

图 6-96

图 6-97

（7）在“项目”面板中选择“02”文件并将其拖曳到“时间线”面板中，层的排列如图 6-98 所示。水墨画效果制作完成，如图 6-99 所示。

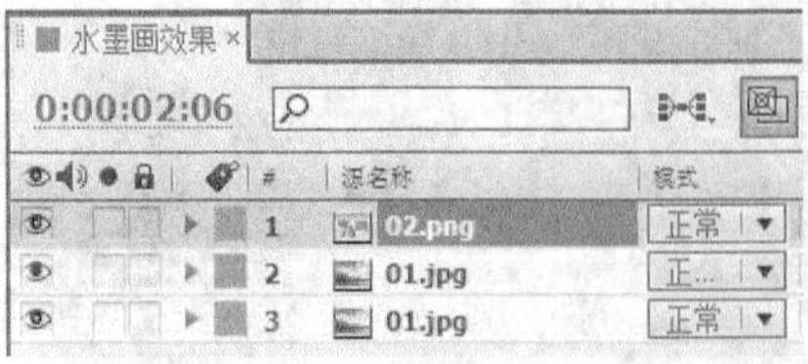

图 6-98

图 6-99

6.3.2　亮度与对比度

亮度与对比度特效用于调整画面的亮度和对比度，可以同时调整所有像素的高亮、暗部和中间色，操作简单且有效，但不能对单一通道进行调节，如图 6-100 所示。

图 6-100

亮度：用于调整亮度值。正值增加亮度，负值降低亮度。

对比度：用于调整对比度值。正值增加对比度，负值降低亮度。

亮度与对比度特效演示如图 6-101、图 6-102、图 6-103 所示。

图 6-101

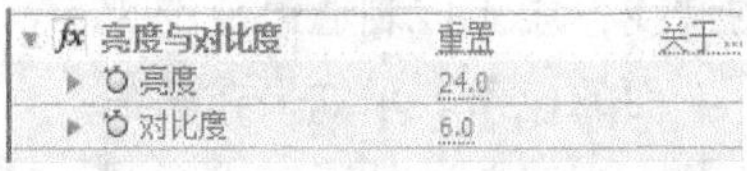

图 6-102

图 6-103

6.3.3　曲线

曲线特效用于调整图像的色调曲线。After Effects 里的曲线控制与 Photoshop 中的曲线控制功能类似，可对图像的各个通道进行控制，调节图像色调范围。可以用 0~255 的灰阶调节颜色。用 Level 也可以完成同样的工作，但是 Curves 控制能力更强。Curves 特效控制台是 After Effects 里非常重要的一个调色工具。

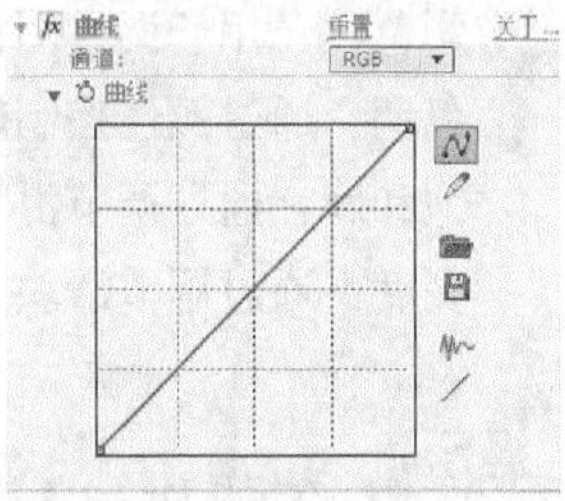

图 6-104

After Effects 可通过坐标来调整曲线。图 6-104 中的水平坐标代表像素的原始亮度级别，垂直坐标代表输出亮度值。可以通过移动曲线上的控制点编辑曲线，任何曲线的 Gamma 值表示为输入、输出值的对比度。向上移动曲线控制点可降低 Gamma 值，向下移动可增加 Gamma 值，Gamma 值决定了影响中间色调的对比度。

在曲线图表中，可以调整图像的阴影部分、中间色调区域和高亮区域。

通道：用于选择进行调控的通道，可以选择 RGB、红、绿、蓝和 Alpha 通道分别进行调控。需要在通道下拉列表中指定图像通道。可以同时调节图像的 RGB 通道，也可以对红、绿、蓝和 Alpha 通道分别进行调节。

曲线：用来调整 Gamma 值，即输入（原始亮度）和输出的对比度。

曲线工具 ：选中曲线工具并单击曲线，可以在曲线上增加控制点。如果要删除控制点，可在曲线上选中要删除的控制点，将其拖曳至坐标区域外即可。按住鼠标拖曳控制点，可对曲线进行编辑。

"铅笔工具"：选中铅笔工具，可以在坐标区域中拖曳光标，绘制一条曲线。

"平滑工具"：使用平滑工具，可以平滑曲线。

"直线工具"：可以将坐标区域中的曲线恢复为直线。

"存储工具"：可以将调节完成的曲线存储为一个.amp 或.acv 文件，以供再次使用。

"打开工具"：可以打开存储的曲线调节文件。

6.3.4 色相位/饱和度

色相位/饱和度特效用于调整图像的色调、饱和度和亮度。其应用的效果和色彩平衡一样，但利用颜色相应的调整轮来进行控制，如图 6-105 所示。

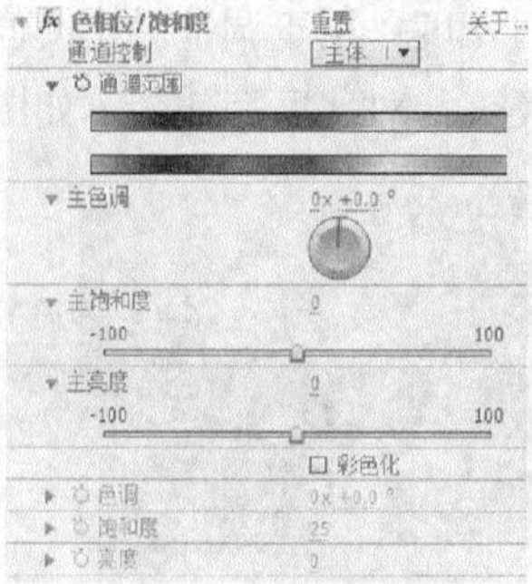

图 6-105

通道控制：选择颜色通道，如果选择主体时，对所有颜色应用效果，而如果分别选择红、黄、绿、青、蓝和品红通道时，则对所选颜色应用效果。

通道范围：显示颜色映射的谱线，用于控制通道范围。上面的色条表示调节前的颜色，下面的色条表示如果在满饱和度下进行的调节来影响整个色调。当对单独的通道进行调节时，下面的色条会显示控制滑杆。拖曳竖条可调节颜色范围，拖曳三角可调整羽化量。

主色调：控制所调节的颜色通道色调，可利用颜色控制轮盘（代表色轮）改变总的色调。

主饱和度：用于调整主饱和度。通过调节滑块，控制所调节的颜色通道的饱和度。

主亮度：用于调整主亮度。通过调节滑块，控制所调节的颜色通道亮度。

彩色化：用于调整图像为一个色调值，可以将灰阶图转换为带有色调的双色图。

色调：通过颜色控制轮盘，控制彩色化图像后的色调。

饱和度：通过调节滑块，控制彩色化图像后的饱和度。

亮度：通过调节滑块，控制彩色化图像后的亮度。

提示 色相位/饱和度特效是 After Effects 里非常重要的一个调色工具，在更改对象色相属性时很方便。在调节颜色的过程中，可以使用色轮来预测一个颜色成分中的更改是如何影响其他颜色的，并了解这些更改如何在 RGB 色彩模式间转换。

色相位/饱和度特效演示如图 6-106、图 6-107、图 6-108 所示。

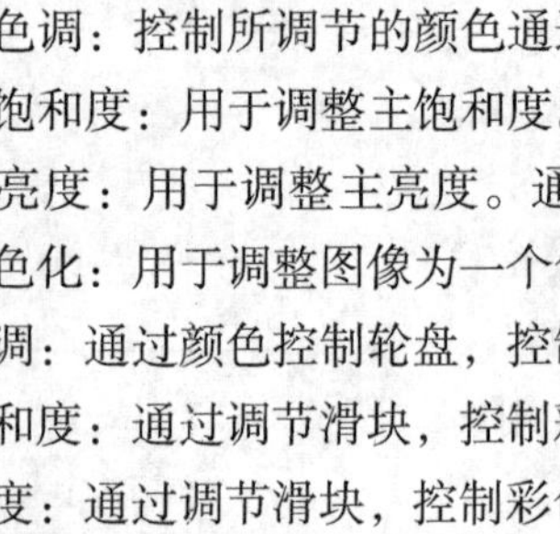

图 6-106

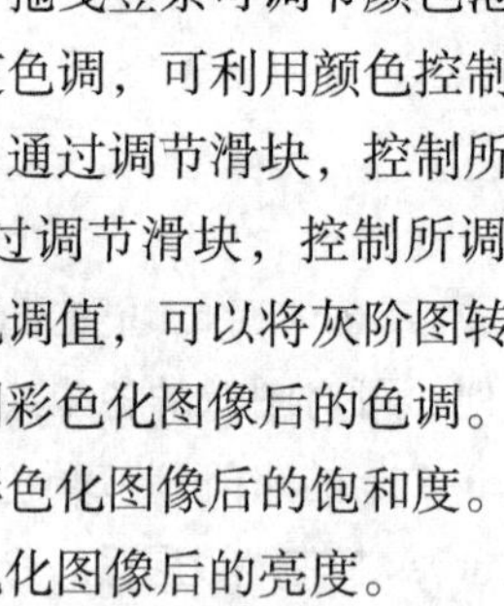

图 6-107

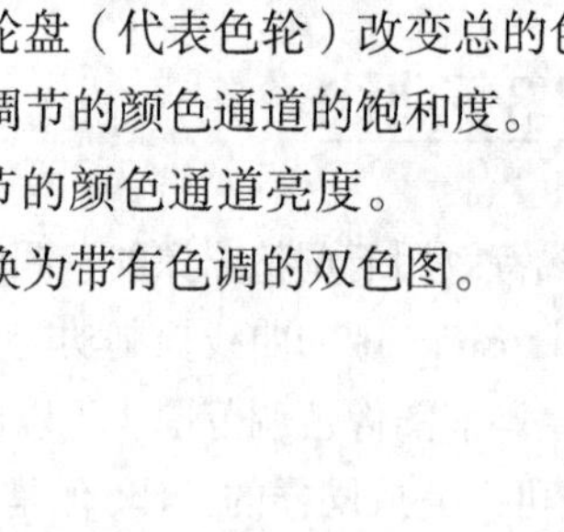

图 6-108

6.3.5　课堂案例——修复逆光照片

图 6-109

案例学习目标：学习使用色阶调整图片。

案例知识要点：使用导入命令导入图片，使用色阶命令修改图片。修复逆光的照片效果如图 6-109 所示。

效果所在位置：光盘\Ch06\修复逆光的照片.aep。

（1）选择“文件 >导入 > 文件”命令，弹出“导入文件”对话框，选择光盘中的“Ch06 \修复逆光照片\ (Footage) \ 01”文件，单击“打开”按钮，导入图片，如图 6-110 所示。在“项目”面板中选中“01”文件，将其拖曳到项目窗口下方的创建项目合成按钮，如图 6-111 所示，自动创建一个项目合成。

图 6-110

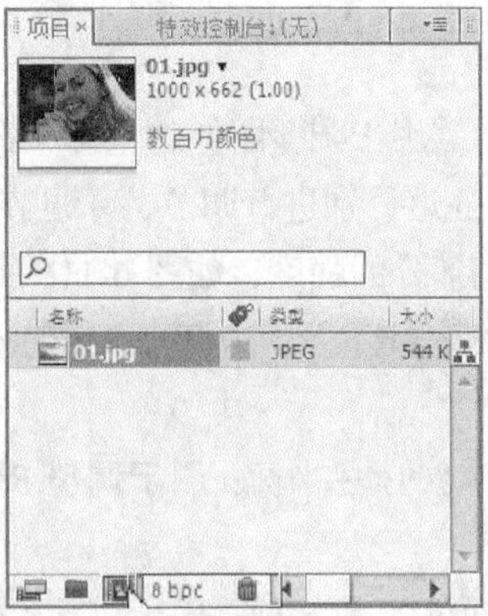

图 6-111

（2）在“时间线”面板中，按<Ctrl>+<K>组合键，弹出“图像合成设置”对话框，在“合成组名称”选项的文本框中输入“修复逆光照片”，单击“OK”按钮，将合成命名为“修复逆光照片”，如图 6-112 所示。合成窗口中的效果如图 6-113 所示。

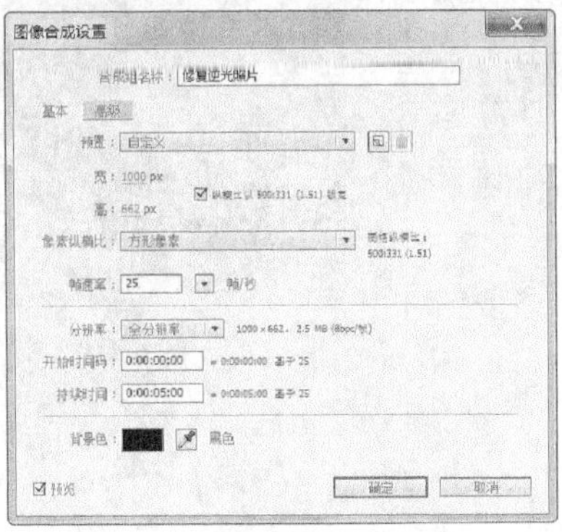

图 6-112

图 6-113

（3）选中“01”文件，选择“效果 > 色彩校正 > 色阶”命令，在“特效控制台”面板中进行参数设置，如图 6-114 所示。修复逆光照片效果制作完成，如图 6-115 所示。

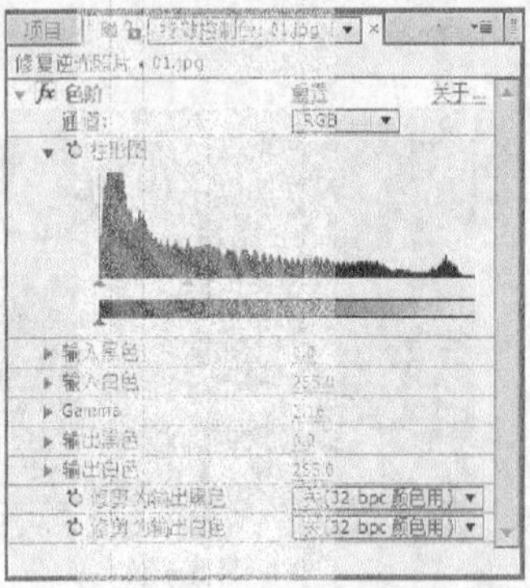

图 6-114

图 6-115

6.3.6 色彩平衡

色彩平衡特效用于调整图像的色彩平衡。通过对图像的红、绿、蓝通道分别进行调节，可调节颜色在暗部、中间色调和高亮部分的强度，如图 6-116 所示。

图 6-116

阴影红色/绿色/蓝色平衡：用于调整 RGB 彩色的阴影范围平衡。

中值红色/绿色/蓝色平衡：用于调整 RGB 彩色的中间亮度范围平衡。

高光红色/绿色/蓝色平衡：用于调整 RGB 彩色的高光范围平衡。

保持亮度：该选项用于保持图像的平均亮度，来保持图像的整体平衡。

色彩平衡特效演示如图 6-117、图 6-118、图 6-119 所示。

图 6-117

图 6-118

图 6-119

6.3.7 色阶

色阶特效是一个常用的调色特效工具，用于将输入的颜色范围重新映射到输出的颜色范围，还可以改变 Gamma 校正曲线。色阶主要用于基本的影像质量调整，如图 6-120 所示。

通道：用于选择要进行调控的通道。可以选择 RGB 彩色通道、Red 红色通道、Green 绿色通道、Blue 蓝色通道和 Alpha 透明通道分别进行调控。

柱形图：可以通过该图了解像素在图像中的分布情况。水平方向表示亮度值，垂直方向表示该亮度值的像素数值。像素值不会比输入黑色值更低，也不会比输入白色值更高。

输入黑色：输入黑色用于限定输入图像黑色值的阈值。

输入白色：输入白色用于限定输入图像白色值的阈值。

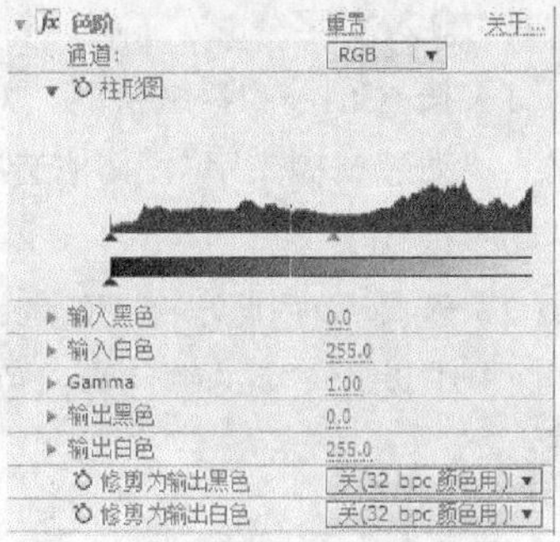

图 6-120

Gamma：设置伽玛值，用于调整输入输出对比度。

输出黑色：黑色输出用于限定输出图像黑色值的阈值，黑色输出在图下方灰阶条中。

输出白色：白色输出用于限定输出图像白色值的阈值，白色输出在图下方灰阶条中。

色阶特效演示如图 6-121、图 6-122、图 6-123 所示。

图 6-121

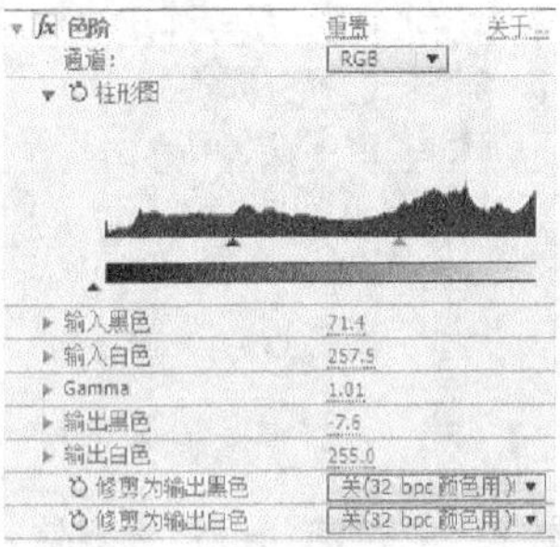

图 6-122

图 6-123

6.4 生成

生成效果组里包含很多特效，可以创造一些原画面中没有的效果，这些效果在制作动画的过程中有着广泛的应用。

6.4.1 课堂案例——动感模糊文字

案例学习目标：学习使用镜头光晕效果。

案例知识要点：使用“卡片擦除”命令制作动感文字；使用滤镜特效“方向模糊”命令、“色阶”命令、“Shine”命令制作文字发光并改变发光颜色；使用“镜头光晕”命令添加镜头光晕效果。动感模糊文字效果如图 6-124 所示。

效果所在位置：光盘\Ch06\动感模糊文字.aep。

图 6-124

1. 输入文字

（1）按<Ctrl>+<N>组合键，弹出“图像合成设置”对话框，在“合成组名称”选项的文本框中输入“动感模糊文字”，其他选项的设置如图 6-125 所示，单击“确定”按钮，创建一个新的合成“动感模糊文字”。

（2）选择“横排文字”工具[T]，在合成窗口输入文字“数码科技前沿”。选中文字，在“文字”面板中设置文字的颜色为白色，其他参数设置如图 6-126 所示，合成窗口中的效果如图 6-127 所示。

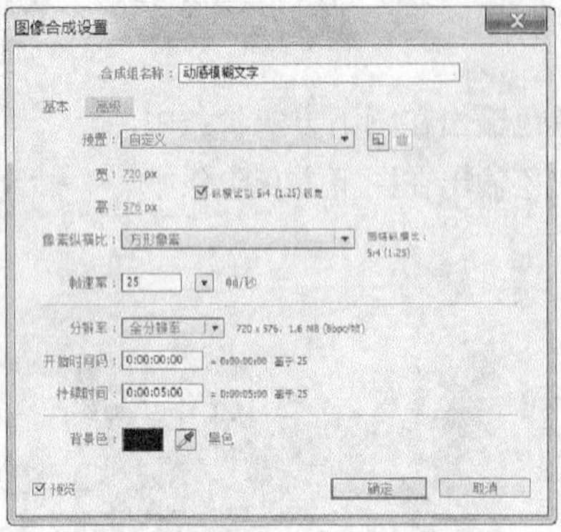

图 6-125

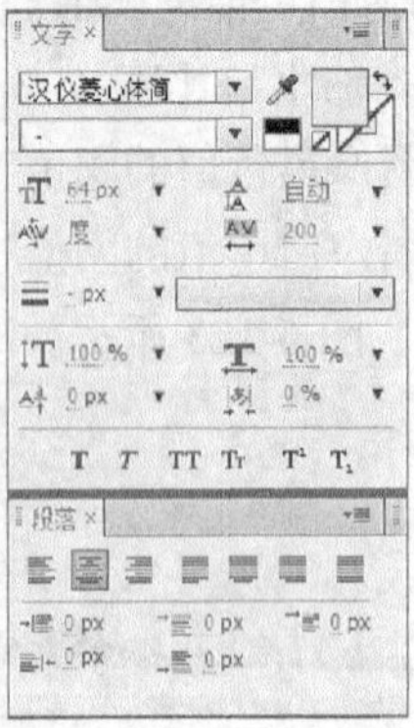

图 6-126

图 6-127

2. 添加文字特效

（1）选中“文字”层，选择“效果 > 过渡 > 卡片擦除”命令，在“特效控制台”面板中进行参数设置，如图 6-128 所示。

（2）选中“文字”层，在“时间线”面板中将时间标签放置在 0 s 的位置。在“特效控制台”面板中单击“变换完成度”选项前面的“关键帧自动记录器”按钮，如图 6-129 所示，记录第 1 个关键帧。

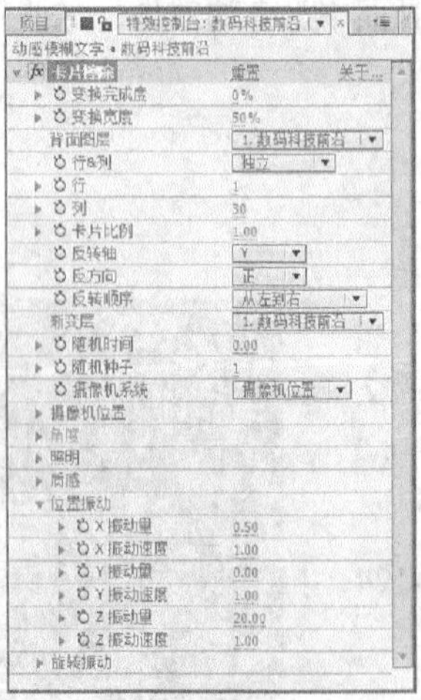

图 6-128

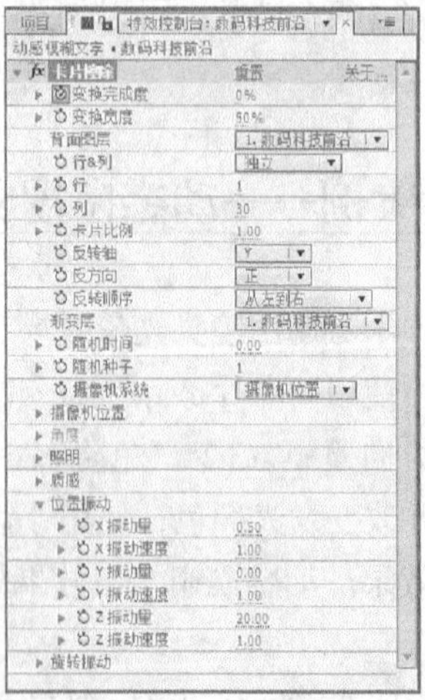

图 6-129

（3）将时间标签放置在 2s 的位置，在“特效控制台”面板中设置“变换完成度”选项的数值为 100，如图 6-130 所示，记录第 2 个关键帧。合成窗口中的效果如图 6-131 所示。

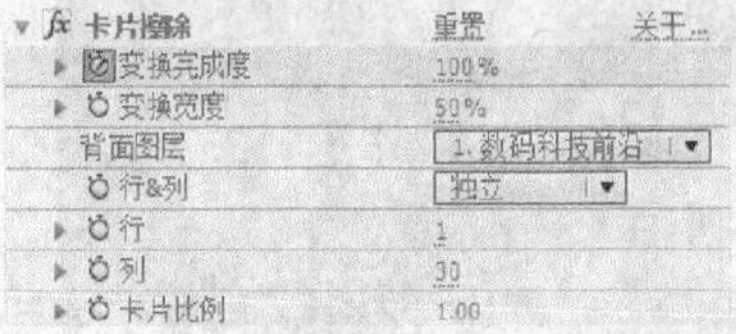

图 6-130

图 6-131

（4）选中“文字”层，在“时间线”面板中将时间标签放置在 0 s 的位置，在“特效控制台”面板中进行参数设置，单击“摄像机位置”下的“Y 轴旋转”和“Z 位置”，“位置震动”下的“X 振动量”和“Z 振动量”选项前面的“关键帧自动记录器”按钮，如图 6-132 所示。将时间标签放置在 2s 的位置，设置“Y 轴旋转”选项的数值为 0、0，“Z 位置”选项的数值为 2，“X 振动量”选项的数值为 0，“Z 振动量”选项的数值为 0，如图 6-133 所示。

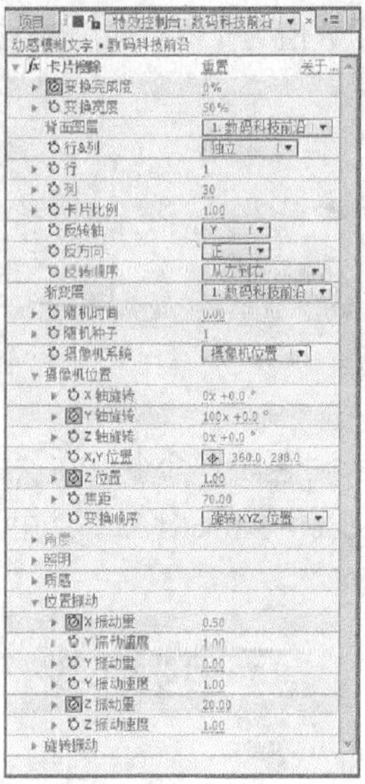

图 6-132

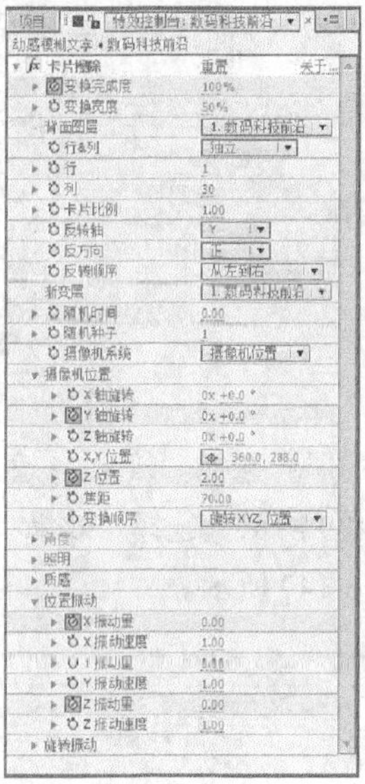

图 6-133

3．添加文字动感效果

（1）选中“文字”层，按<Ctrl>+<D>组合键复制一层，如图 6-134 所示。在“时间线”面板中设置新复制层的遮罩混合模式为添加，如图 6-135 所示。

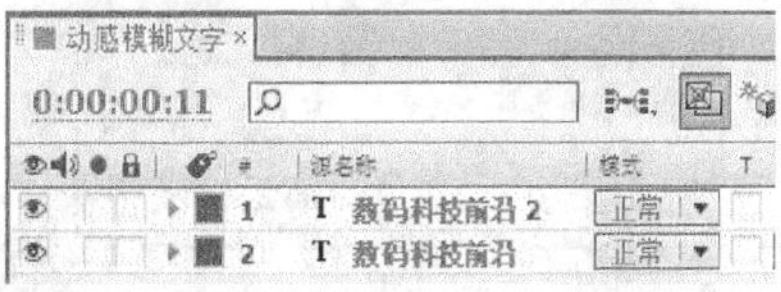

图 6-134

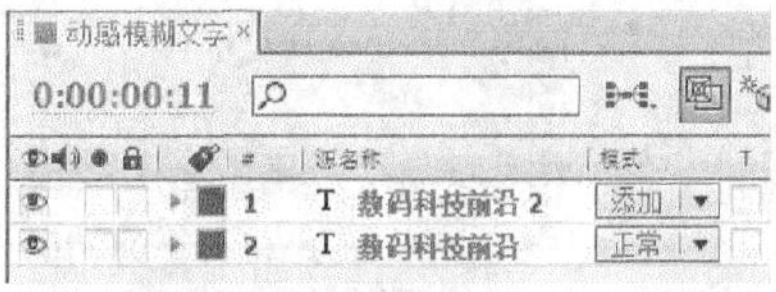

图 6-135

（2）选中新复制的层，选择选择“效果 > 模糊与锐化 > 方向模糊”命令，在“特效控制台”面板中进行参数设置，如图 6-136 所示。合成窗口中的效果如图 6-137 所示。

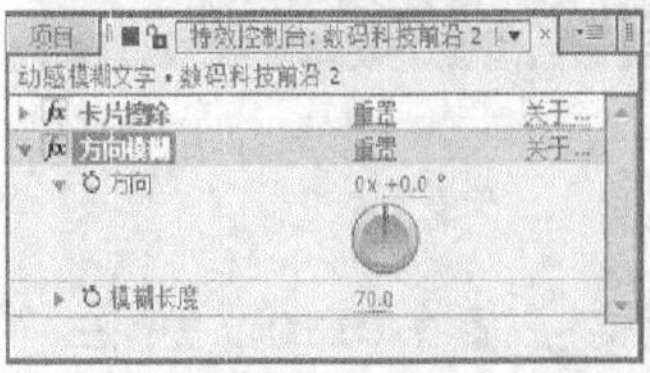

图 6-136

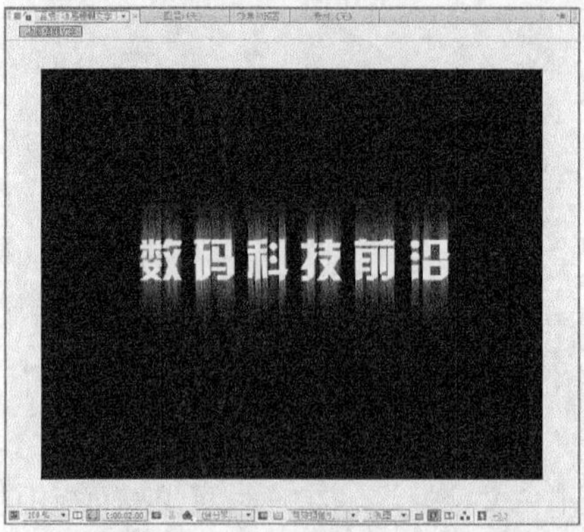

图 6-137

（3）将时间标签放置在 0s 的位置，在“特效控制台”面板中单击“模糊长度”选项前面的“关键帧自动记录器”按钮，记录第 1 个关键帧。将时间标签放置在 1s 的位置，设置“模糊长度”选项的数值为 100，将时间标签放置在 2s 的位置，设置“模糊长度”选项的数值为 100，将时间标签放置在 2:05s 的位置，设置“模糊长度”选项的数值为 150，如图 6-138 所示。

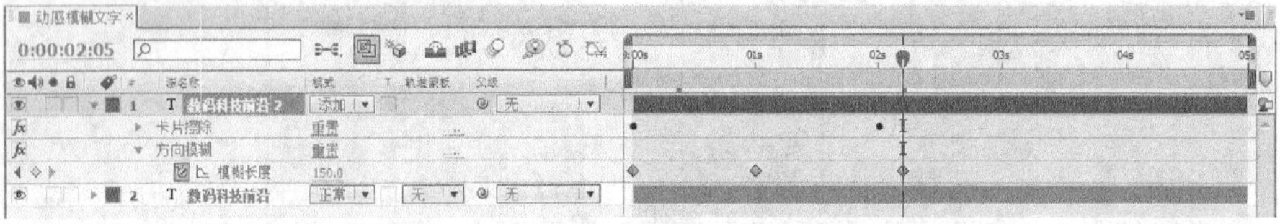

图 6-138

（4）选中新复制的层，选择“效果 > 色彩校正 > 色阶”命令，在“特效控制台”面板中进行参数设置，如图 6-139 所示。选择“效果 > Trapcode > Shine”命令，在“特效控制台”面板中进行参数设置，如图 6-140 所示。

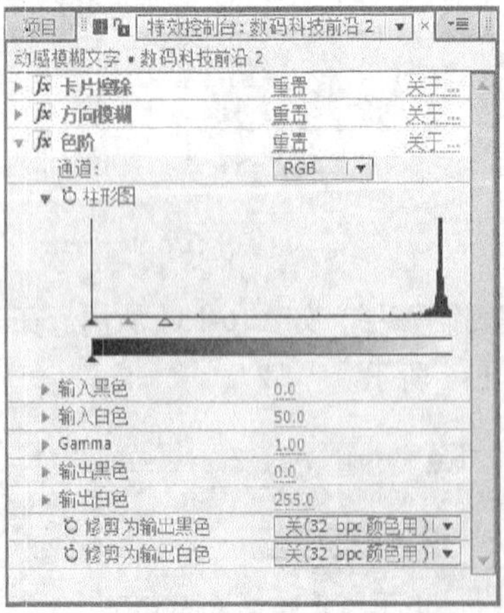

图 6-139

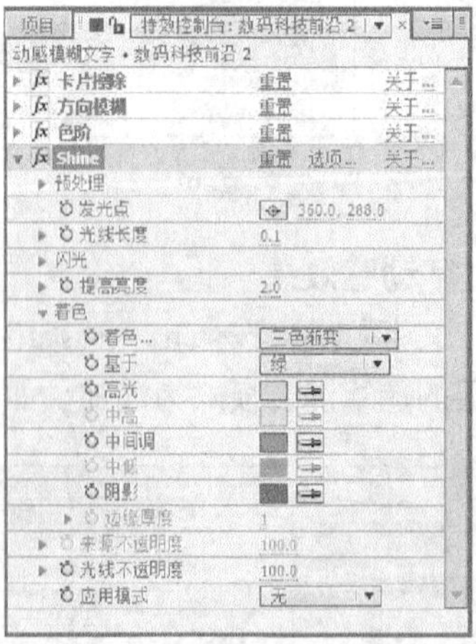

图 6-140

（5）在当前合成中建立一个新的黑色固态层“遮罩”。按<P>键展开“位置”属性，将时间标签放置在 2s 的位置，设置“位置”选项的数值为 360、288，单击“位置”选项前面的“关键帧自动记录器”按钮，如图 6-141 所示，记录第 1 个关键帧。将时间标签放置在 3s 的位置，设置“位置”选项的数值为 1080、288，如图 6-142 所示，记录第 2 个关键帧。

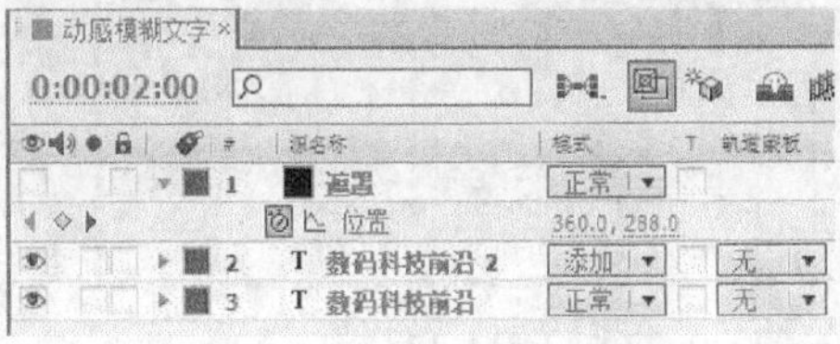

图 6-141

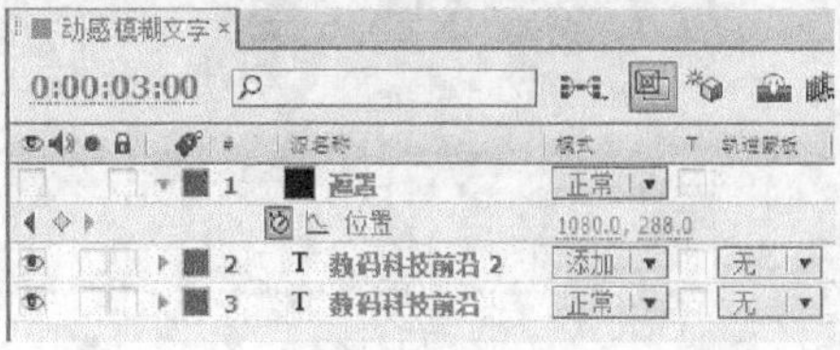

图 6-142

（6）选中第 2 层，将层的“T 轨道蒙版”选项设置为 Alpha 蒙版“遮罩”，如图 6-143 所示。合成窗口中的效果如图 6-144 所示。

图 6-143

图 6-144

4．添加镜头光晕

（1）将时间标签放置在 2s 的位置，在当前合成中建立一个新的黑色固态层“光晕”，在“时间线”面板中设置“光晕”层的模式为添加。选中“光晕”层，选择“效果 > 生成 > 镜头光晕”命令，在“特效控制台”面板中进行参数设置，如图 6-145 所示。合成窗口中的效果如图 6-146 所示。

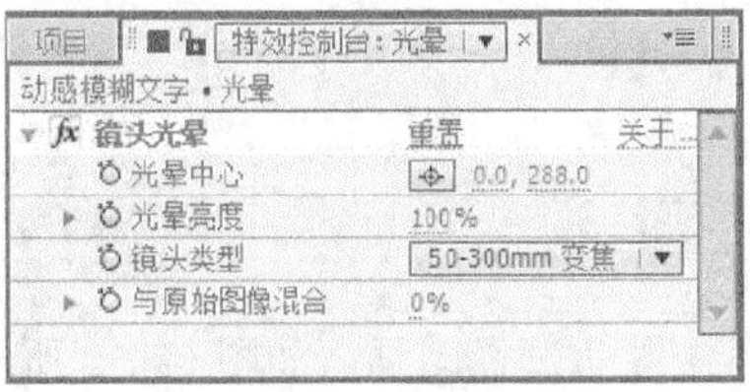

图 6-145

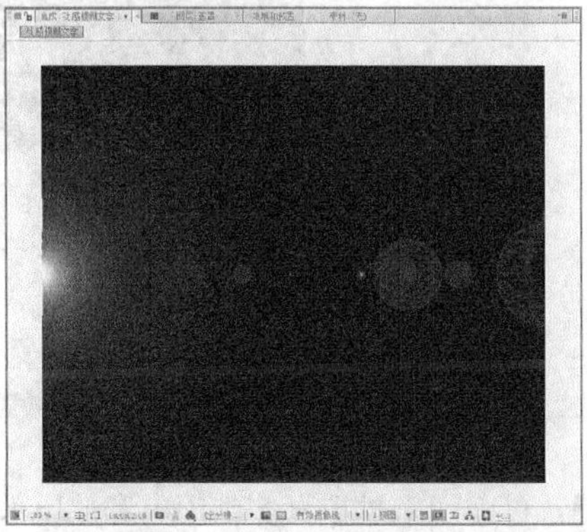

图 6-146

（2）在“特效控制台”面板中单击“光晕中心”选项前面的“关键帧自动记录器”按钮⏱，如图 6-147 所示，记录第 1 个关键帧。将时间标签放置在 3s 的位置，设置“光晕中心”选项的数值为 720、288，如图 6-148 所示，记录第 2 个关键帧。

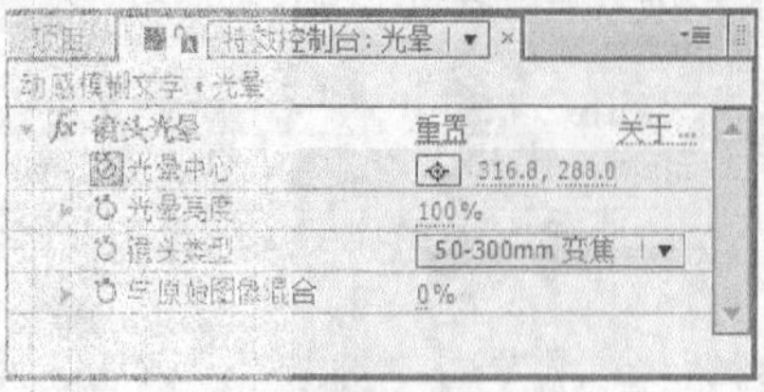
图 6-147

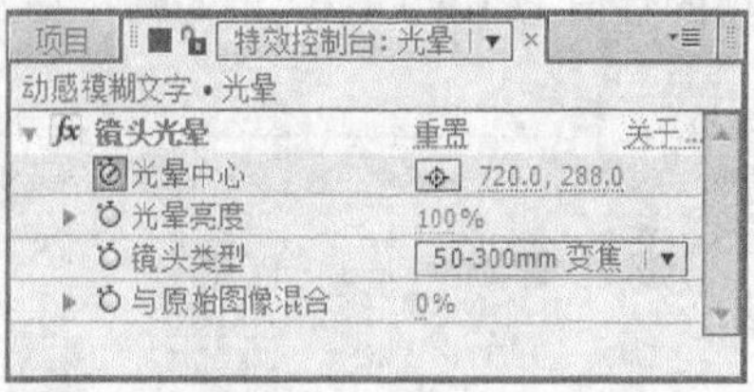
图 6-148

（3）选中“光晕”层，在“时间线”面板中将时间标签放置在 2s 的位置，按<Alt>+<[>组合键设置入点，如图 6-149 所示。在“时间线”面板中将时间标签放置在 3s 的位置，按<Alt>+<]>组合键设置出点，如图 6-150 所示。

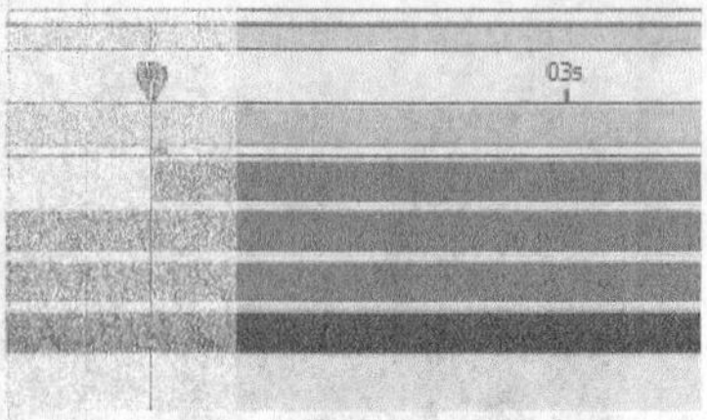
图 6-149

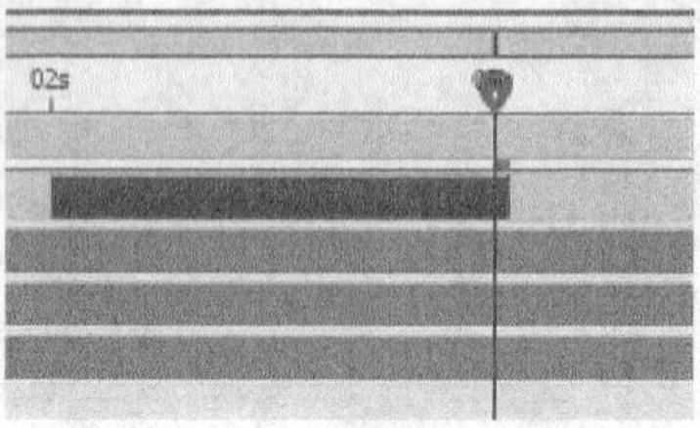
图 6-150

（4）动感模糊文字制作完成，如图 6-151 所示。

图 6-151

6.4.2 闪电

闪电特效可以用来模拟真实的闪电和放电效果，并自动设置动画，如图 6-152 所示。
起始点：闪电的起始位置。

结束点：闪电的结束拉置。

分段数：设置闪电的弯曲段数。分段数越多，闪电越扭曲。

振幅：设置闪电的振幅。

详细电平：控制闪电的分枝精细程度。

详细振幅：设置闪电的分枝线条的振幅。

分枝：设置闪电的分枝的数量。

再分枝：设置闪电再次分枝的数量。

分枝角度：设置闪电分枝与主干的角度。

分枝段长度：设置闪电分枝线段的长度。

分枝段：设置闪电分枝的段数。

分枝段宽度：设置闪电分枝的宽度。

速度：设置闪电的变化速度。

稳定性：设置闪电的稳定性。较高的数值使闪电变化剧烈。

图 6-152

固定结束点：固定闪电的结束点。

宽度：设置闪电的宽度。

宽度变化：设置线段的宽度是否变化。

核心宽度：设置闪电主干的宽度。

外边色：设置闪电的外围颜色。

内边色：设置闪电的内部颜色。

拉力：为线段弯曲的方向增加拉力。

拖拉方向：设置拉力的方向。

随机种子：设置闪电的随机性。

混合模式：设置闪电与原素材图像的混合方式。

仿真：勾选（重复运行于每帧）复选项，可使每一帧重新生成闪电效果。

闪电特效演示如图 6-153、图 6-154、图 6-155 所示。

图 6-153

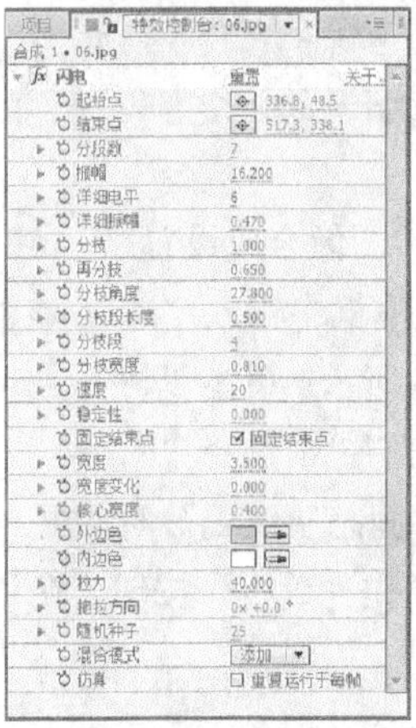

图 6-154

图 6-155

6.4.3　镜头光晕

镜头光晕特效可以模拟镜头拍摄到发光的物体上时，由于经过多片镜头所产生的很多光环效果，这是后期制作中经常使用的提升画面效果的手法，如图 6-156 所示。

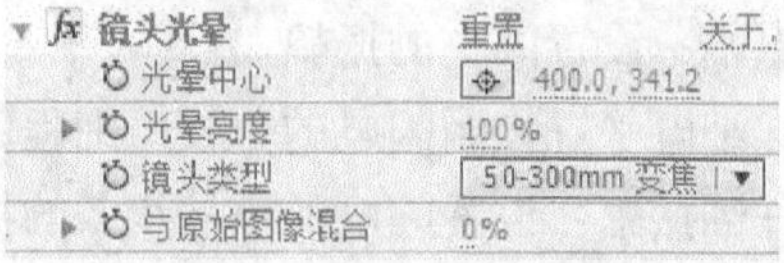

图 6-156

光晕中心：设置发光点的中心位置。

光晕亮度：设置光晕的亮度。

镜头类型：选择镜头的类型，有 50~300 变焦、35mm 聚焦和 105mm 聚焦。

与原始图像混合：和原素材图像的混合程度。

镜头光晕特效演示如图 6-157、图 6-158、图 6-159 所示。

图 6-157

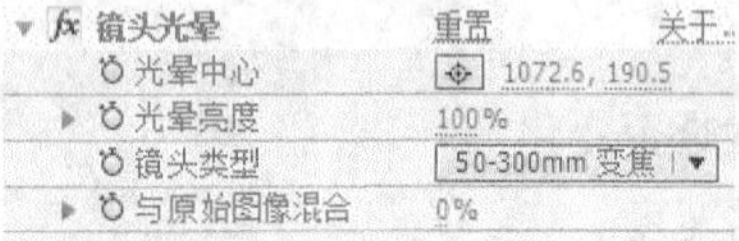

图 6-158

图 6-159

6.4.4　课堂案例——透视光芒

案例学习目标：学习使用编辑单元格特效。

案例知识要点：使用滤镜特效“蜂巢图案”命令、“亮度与对比度”命令、“快速模糊”命令、“辉光”命令制作光芒形状；使用“3D 图层”编辑透视效果。透视光芒效果如图 6-160 所示。

图 6-160

效果所在位置：光盘\Ch06\透视光芒. aep。

1．编辑单元格形状

（1）按<Ctrl>+<N>组合键，弹出“图像合成设置”对话框，在“合成组名称”选项的文本框中输入“透视光芒”，其他选项的设置如图 6-161 所示，单击“确定”按钮，创建一个新的合成“透视光芒”。选择“图层 > 新建 > 固态层”命令，弹出“固态层设置”对话框，在“名称”选项的文本框中输入“光芒”，将“颜色”选项设置为黑色，单击“确定”按钮，在“时间线”面板中新增一个固态层，如图 6-162 所示。

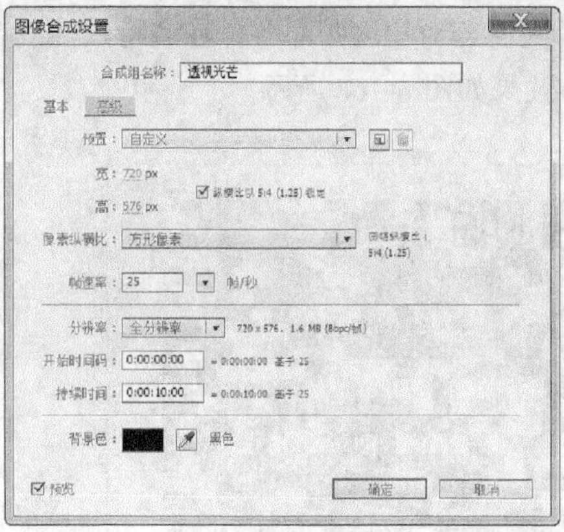

图 6-161

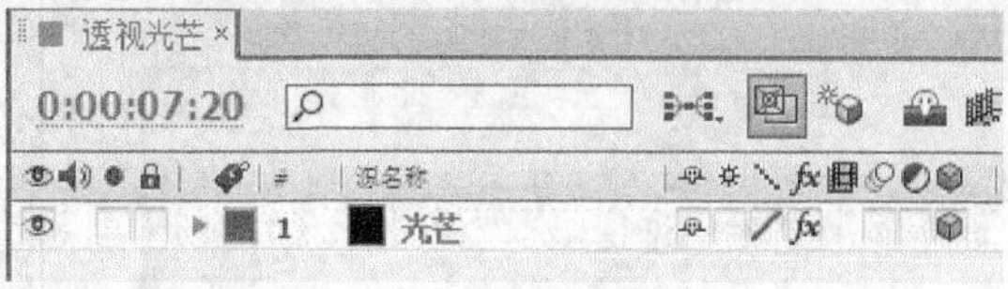

图 6-162

（2）选中“光芒”层，选择“效果 > 生成 > 蜂巢图案”命令，在“特效控制台”面板中进行参数设置，如图 6-163 所示，合成窗口中的效果如图 6-164 示。

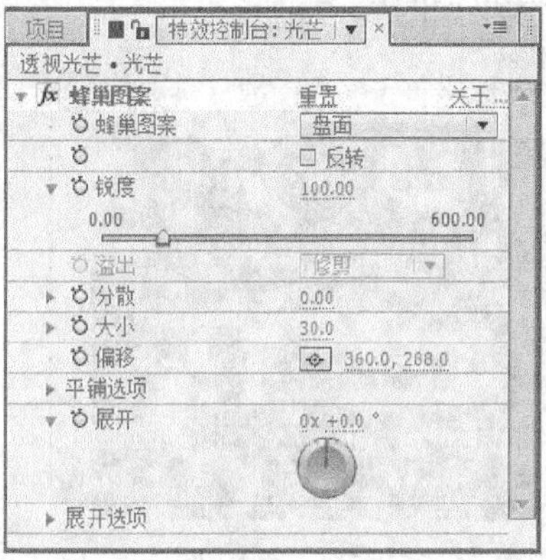

图 6-163

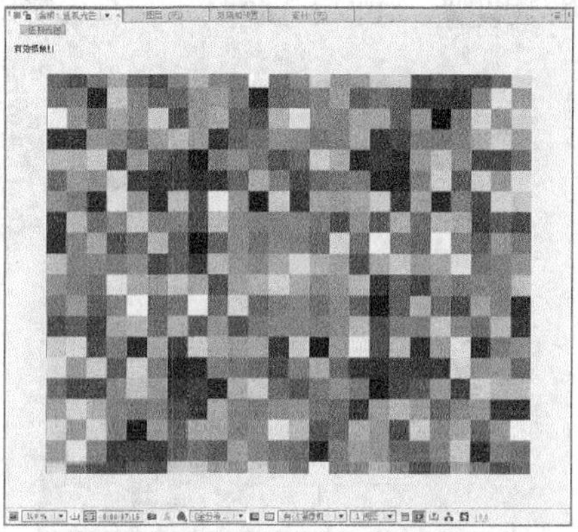

图 6-164

（3）在“特效控制台”面板中单击“展开”选项前面的“关键帧自动记录器”按钮，如图 6-165 所示，记录第 1 个关键帧。将时间标签放置在 10s 的位置，在“特效控制台”面板中设置“展开”选项的数值为 7，如图 6-166 所示，记录第 2 个关键帧。

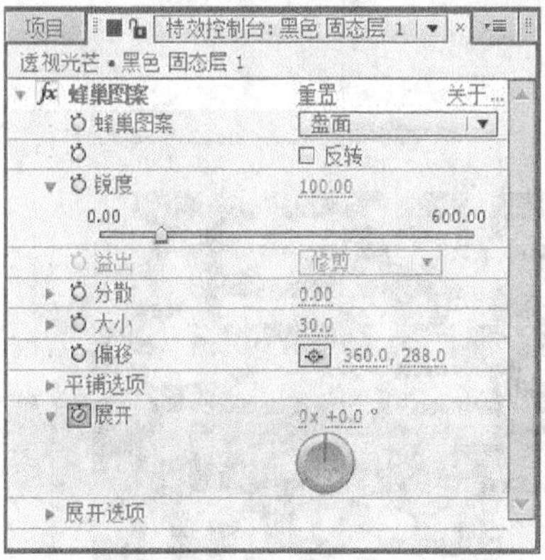

图 6-165

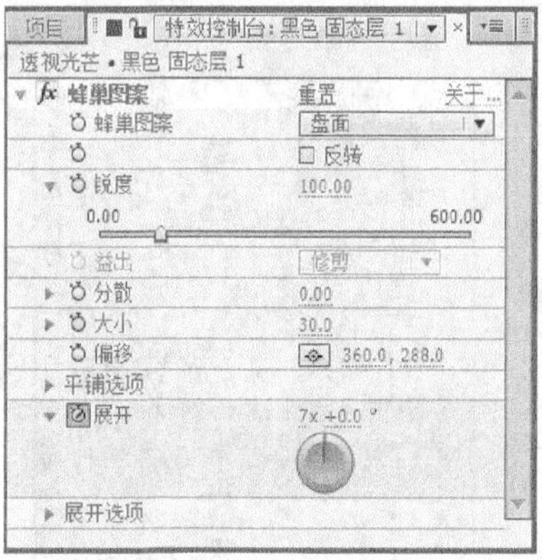

图 6-166

（4）选中“光芒”层，选择“效果 > 色彩校正 > 亮度与对比度”命令，在“特效控制台”面板中进行参数设置，如图 6-167 所示，合成窗口中的效果如图 6-168 所示。

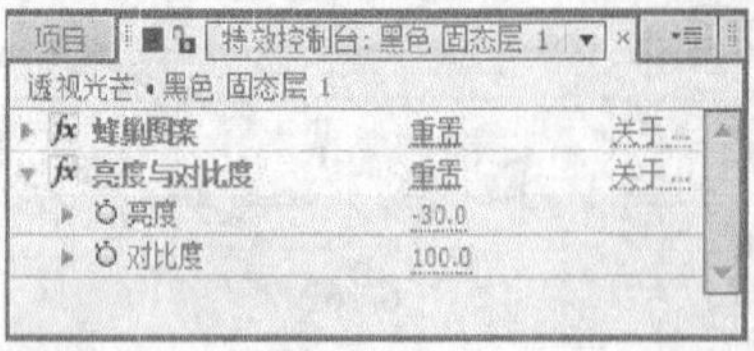

图 6-167

图 6-168

（5）选中“光芒”层，选择“效果 > 模糊与锐化 > 快速模糊”命令，在“特效控制台”面板中进行参数设置，如图 6-169 所示，合成窗口中的效果如图 6-170 所示。

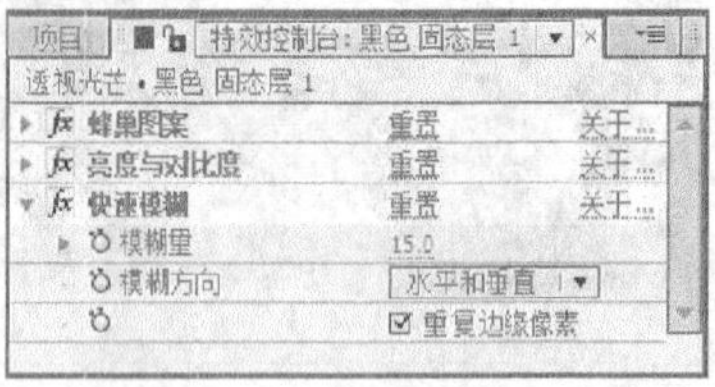

图 6-169

图 6-170

（6）选中“光芒”层，选择“效果 > 风格化 > 辉光”命令，在“特效控制台”面板中“颜色 A”选项设为黄色（其 R、G、B 的值分别为 238、231、41），“颜色 B”选项设为黄褐色（其 R、G、B 的值分别为 161、138、48），其他参数设置如图 6-171 所示。合成窗口中的效果如图 6-172 所示。

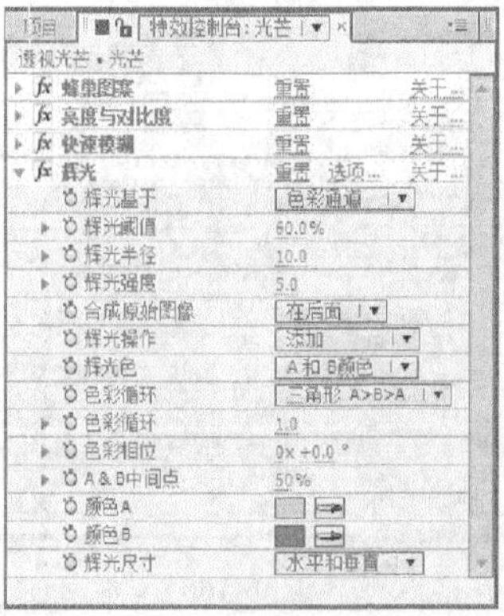

图 6-171

图 6-172

2．添加透视效果

（1）选择“矩形遮罩”工具，在合成窗口中拖曳鼠标绘制一个矩形遮罩，选中“光芒”层，展开遮罩下的遮罩 1 属性，设置“遮罩透明度”选项的数值为 100，“遮罩羽化”选项的数值为 233，如图 6-173 所示，合成窗口中的效果如图 6-174 所示。

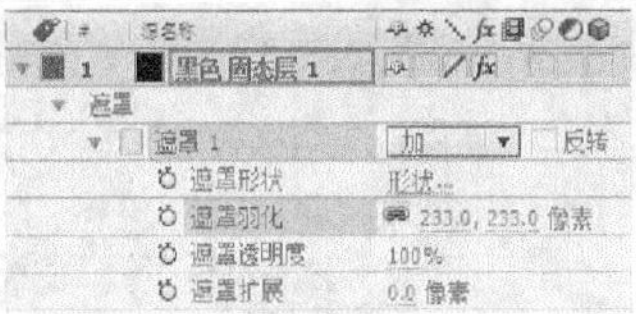

图 6-173

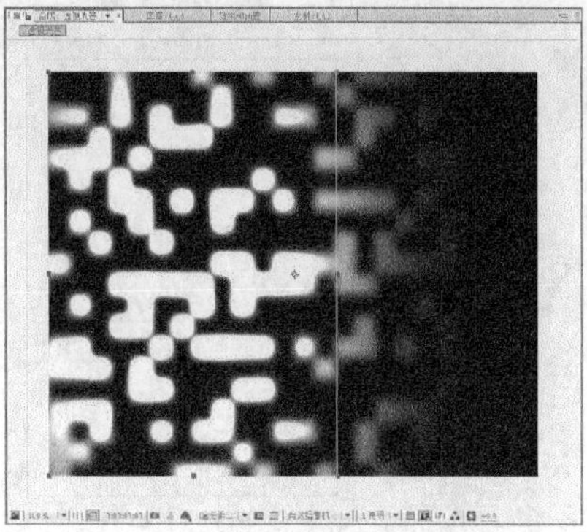

图 6-174

（2）选择“图层 > 新建 > 摄像机”命令，弹出“摄像机设置”对话框，在“名称”选项的文本框中输入“摄像机 1”，其他选项的设置如图 6-175 所示，单击“确定”按钮，在“时间线”面板中新增一个摄像机层，如图 6-176 所示。

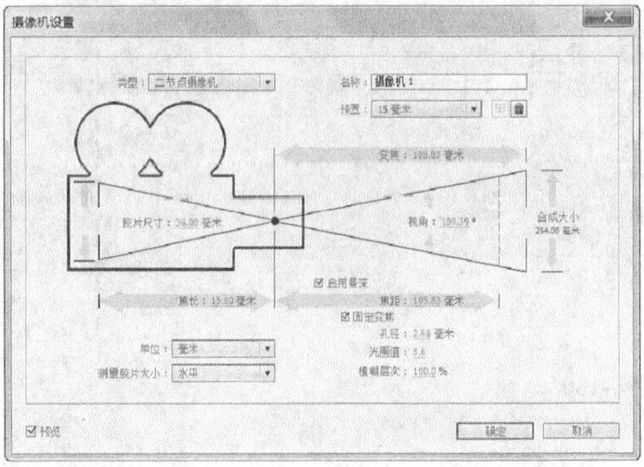

图 6-175

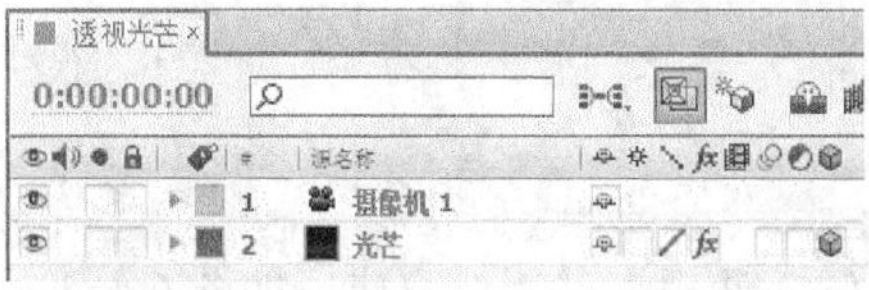

图 6-176

（3）选中“光芒”层，单击“光芒”层右面的“3D 图层”按钮，打开三维属性，并在“变换”选项中设置参数，如图 6-177 所示。

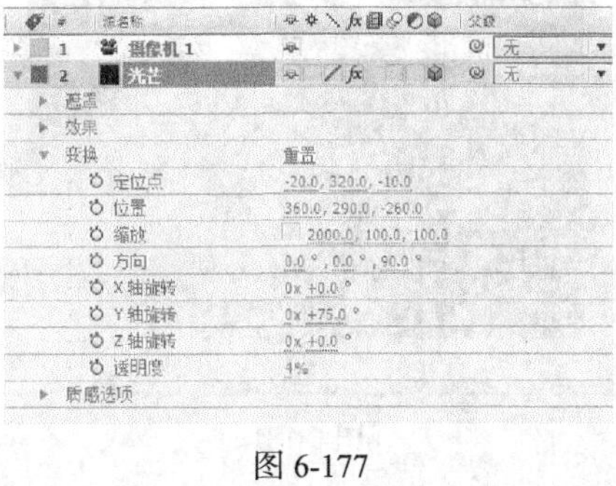

图 6-177

（4）将时间标签放置在 0s 的位置，单击“定位点”选项前面的“关键帧自动记录器”按钮⏱，如图 6-178 所示，记录第 1 个关键帧。将时间标签移动到 10s 的位置。设置“定位点”选项的数值为 497.9、320、-10，记录第 2 个关键帧，如图 6-179 所示。

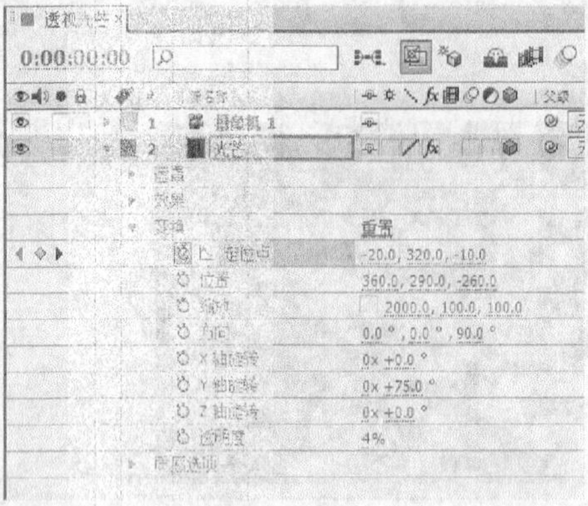

图 6-178

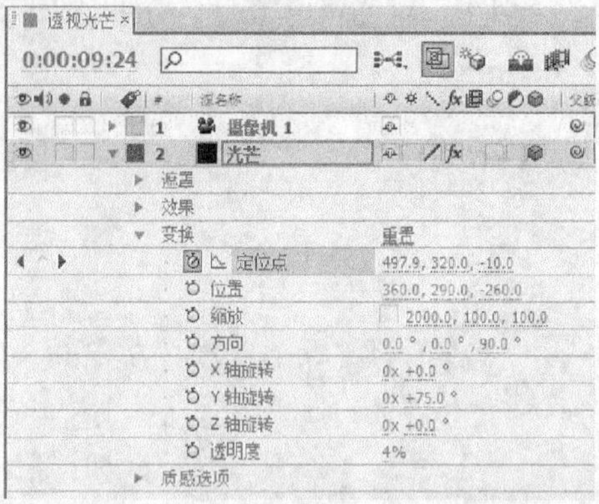

图 6-179

（5）将时间标签放置在 9s 的位置，单击“透明度”选项前面的“关键帧自动记录器”按钮⏱，记录第 1 个关键帧。把时间标签移动到 10s 的位置，设置“透明度”选项的数值为 0，如图 6-180 所示，记录第 2 个关键帧。

图 6-180

（6）透视光芒制作完成，如图 6-181 所示。

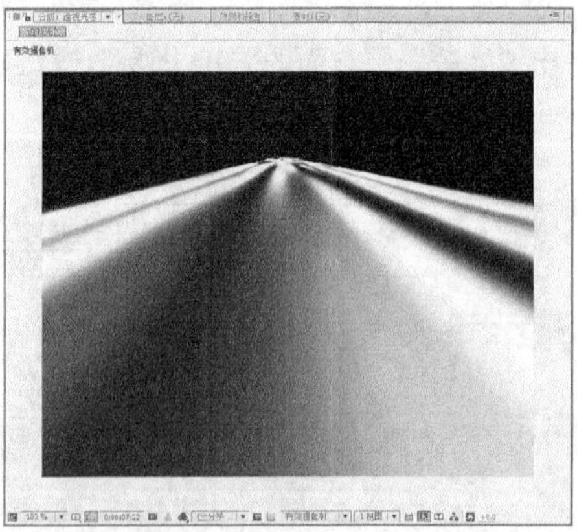

图 6-181

6.4.5　蜂巢图案

蜂巢图案特效可以创建多种类型的类似细胞图案的单元图案拼合效果，如图 6-182 所示。

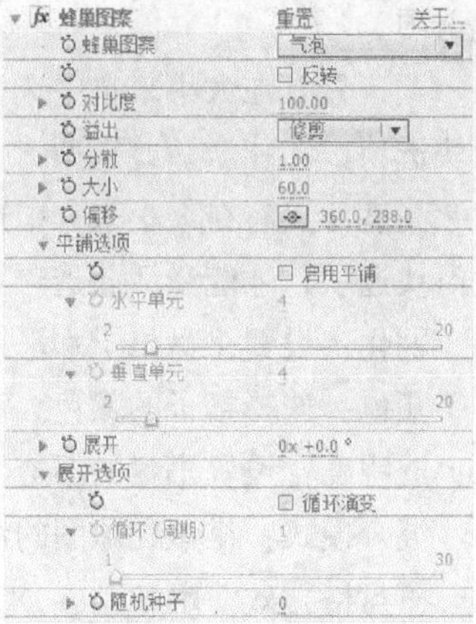

图 6-182

蜂巢图案：选择图案的类型，基中包括气泡、结晶、盘面、静态盘面、结晶化、枕状、高品质结晶、高品质盘面、高品质静态盘面、高品质结晶化、混合结晶、管状。

反转：反转图案效果。

溢出：溢出设置，基中包括修剪、柔和夹住、背面包围。

分散：图案的分散设置。

大小：单个图案大小尺寸的设置。

偏移：图案偏离中心点的设置。

平铺选项：在该选项下勾选启用平铺复选项后，可以设置水平单元和垂直单元的数值。

展开：为这个参数设置关键帧，可以记录运动变化的动画效果。

展开选项：设置图案的各种扩展变化。

循环演变：勾选此复选项后，循环（旋转）设置才为有效状态。

循环（旋转）：设置图案的循环。

随机种子：设置图案的随机速度。

蜂巢图案特效演示如图 6-183、图 6-184、图 6-185 所示。

图 6-183

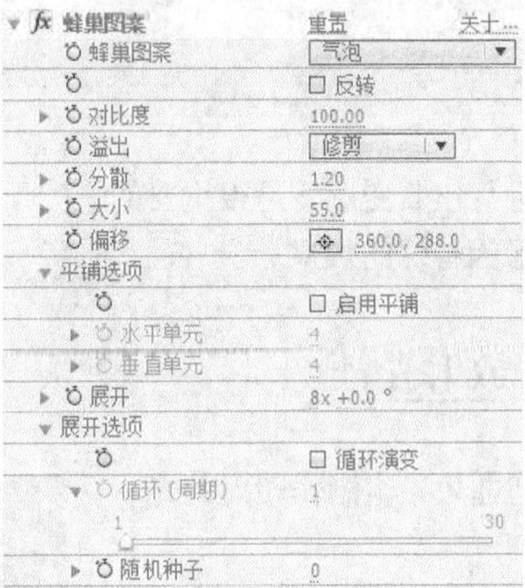

图 6-184

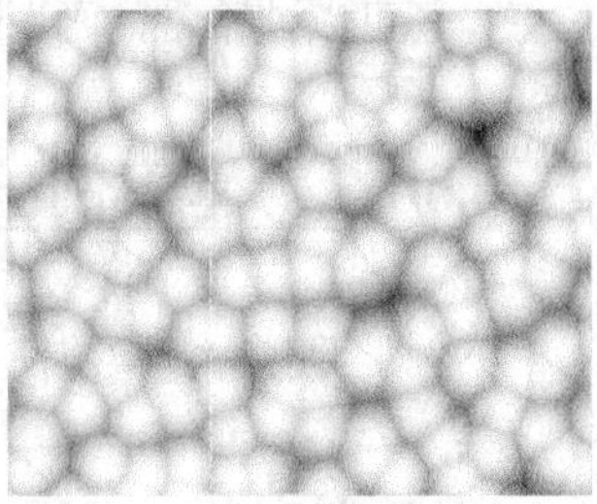
图 6-185

6.4.6　棋盘

棋盘特效能在图像上创建棋盘格的图案效果，如图 6-186 所示。

定位点：设置棋盘格的位置。

大小来自：选择棋盘的尺寸类型，有角点、宽度滑块、宽度和高度滑块。

角点：只有在大小来自中选中角点选项，才能激活此选项。

宽：只有在大小来自中选中宽度滑块或宽度和高度滑块选项，才能激活此选项。

高度：只有在大小来自中选中宽度滑块或宽度和高度滑块选项，才能激活此选项。

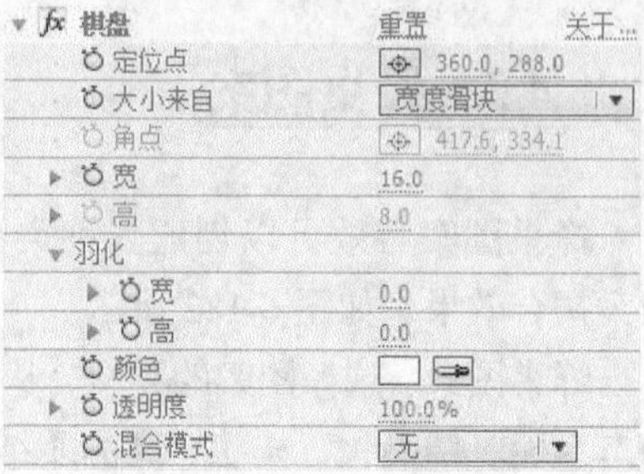

图 6-186

羽化：设置棋盘格子水平或垂直边缘的羽化程度。

颜色：选择格子的颜色。

透明度：设置棋盘的不透明度。

混合模式：棋盘与原图的混合方式。

棋盘格特效演示如图 6-187、图 6-188、图 6-189 所示。

图 6-187

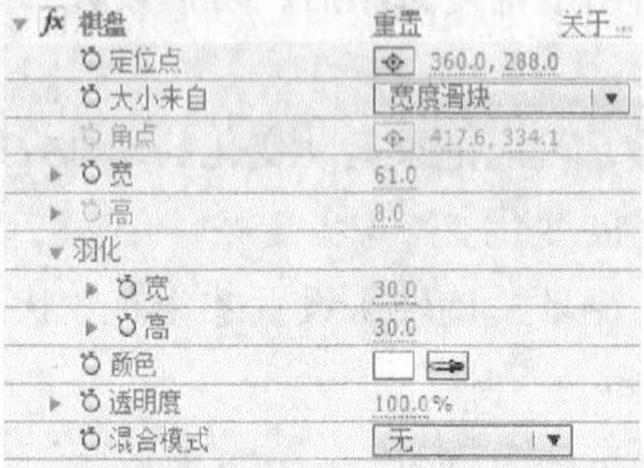

图 6-188

图 6-189

6.5 扭曲

扭曲效果主要用来对图像进行扭曲变形，是很重要的一类画面特技，可以对画面的形状进行校正，还可以使平常的画面变形为特殊的效果。

6.5.1 课堂案例——放射光芒

案例学习目标：学习使用扭曲效果组制作四射的光芒效果。

案例知识要点：使用滤镜特效“分形噪波”命令、“方向模糊”命令、“色相位/饱和度”命令、“辉光”命令、“极坐标”命令制作光芒特效。放射光芒效果如图 6-190 所示。

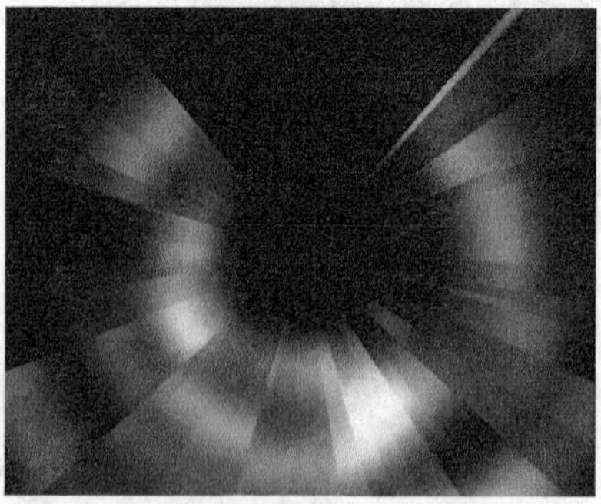

图 6-190

效果所在位置：光盘\Ch06\放射光芒.aep。

（1）按<Ctrl>+<N>组合键，弹出“图像合成设置”对话框，在“合成组设置”选项的文本框中输入“放射光芒”，其他选项的设置如图 6-191 所示，单击“确定”按钮，创建一个新的合成“放射光芒”。选择“图层 > 新建 > 固态层”命令，弹出“固态层设置”对话框，在“名称”选项的文本框中输入“放射光芒”，将“颜色”选项设置为黑色，单击“确定”按钮，在“时间线”面板中新增一个固态层，如图 6-192 所示。

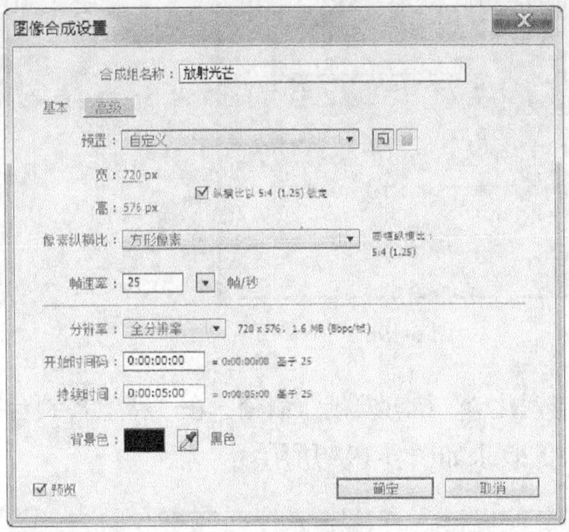

图 6-191

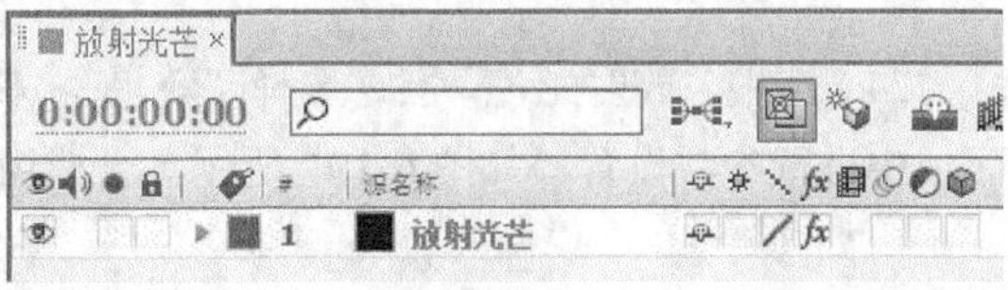

图 6-192

（2）选中“放射光芒”层，选择“效果 > 杂波与颗粒 > 分形杂波”命令，在“特效控制台”面板中进行参数设置，如图 6-193 所示。合成窗口中的效果如图 6-194 所示。

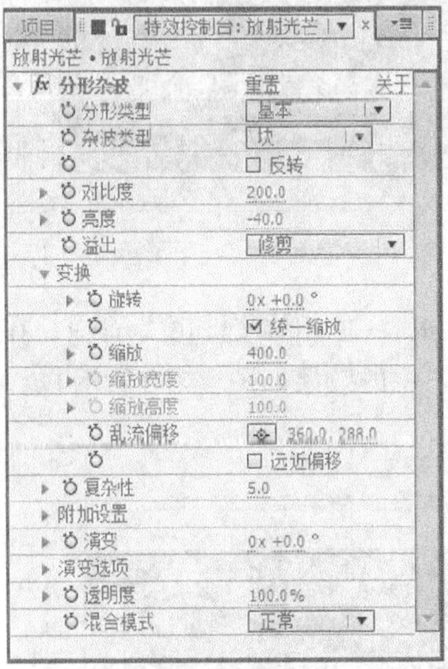

图 6-193

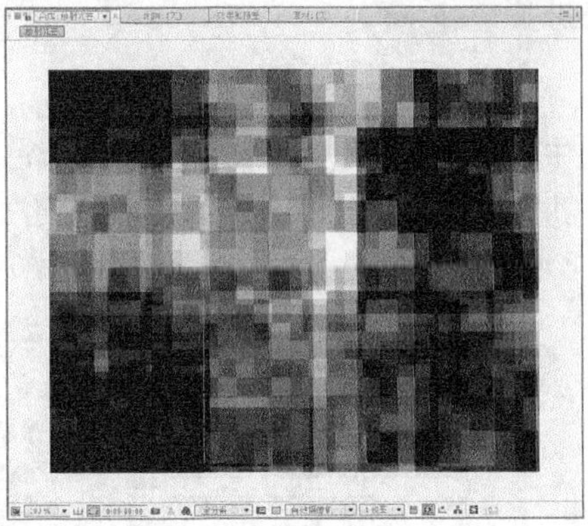

图 6-194

（3）选中“放射光芒”层，在“时间线”面板中将时间标签放置在 0 s 的位置，在“特效控制台”面板中单击“演变”选项前面的“关键帧自动记录器”按钮，如图 6-195 所示，记录第 1 个关键帧。将时间标签放置在 4:24s 的位置，在“特效控制台”面板中设置“演变”选项的数值为 10、0，如图 6-196 所示，记录第 2 个关键帧。

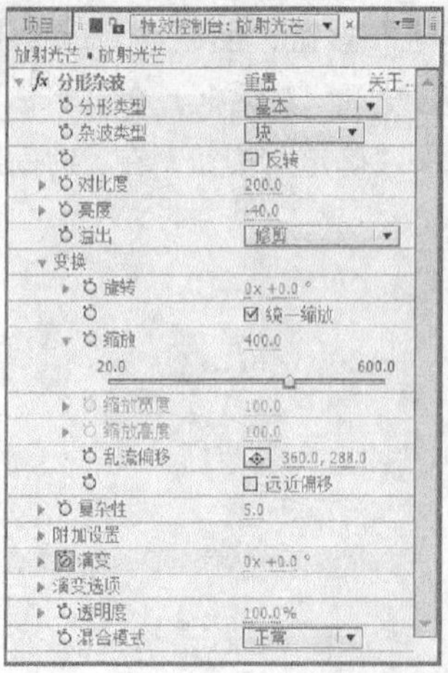

图 6-195

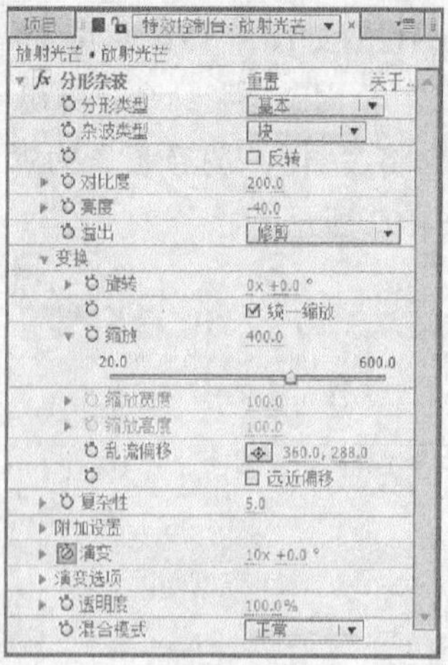

图 6-196

（4）选中“放射光芒”层，选择“效果 > 模糊与锐化 > 方向模糊”命令，在“特效控制台”面板中进行参数设置，如图 6-197 所示。合成窗口中的效果如图 6-198 所示。

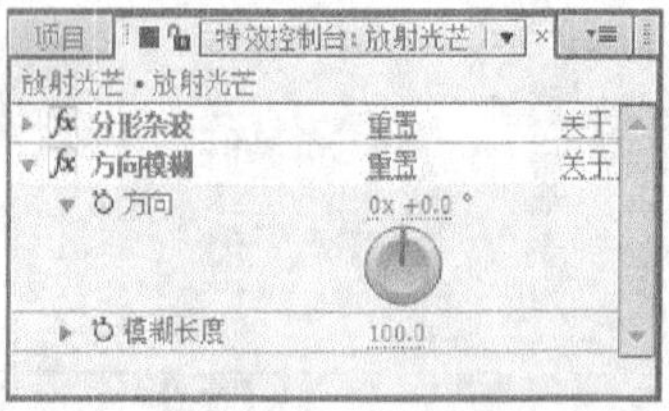

图 6-197

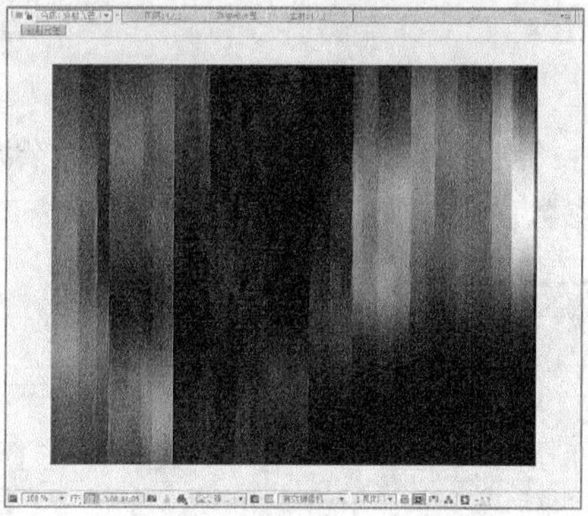

图 6-198

（5）选中“放射光芒”层，选择“效果 > 色彩校正 > 色相位/饱和度”命令，在“特效控制台”面板中进行参数设置，如图 6-199 所示。合成窗口中的效果如图 6-200 所示。

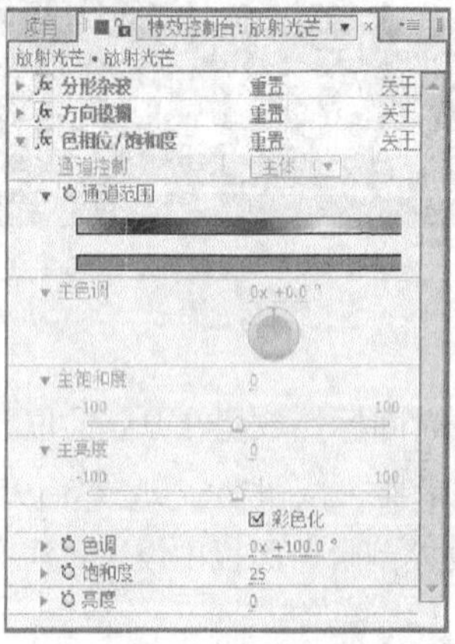

图 6-199

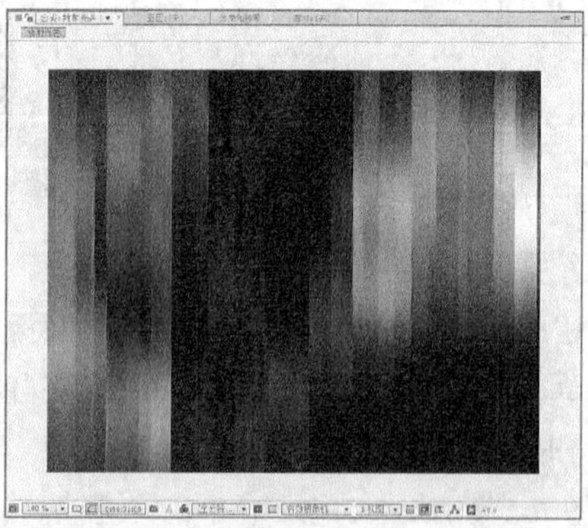

图 6-200

（6）选中“放射光芒”层，选择“效果 > 风格化 > 辉光”命令，在“特效控制台”面板将“色彩 A”选项设置为浅绿色（其 R、G、B 的值分别设置为 194、255、201），将“色彩 B”选项设置为绿色（其 R、G、B 的值分别设置为 0、255、24），其他参数的设置如图 6-201 所示，合成窗口中的效果如图 6-202 所示。

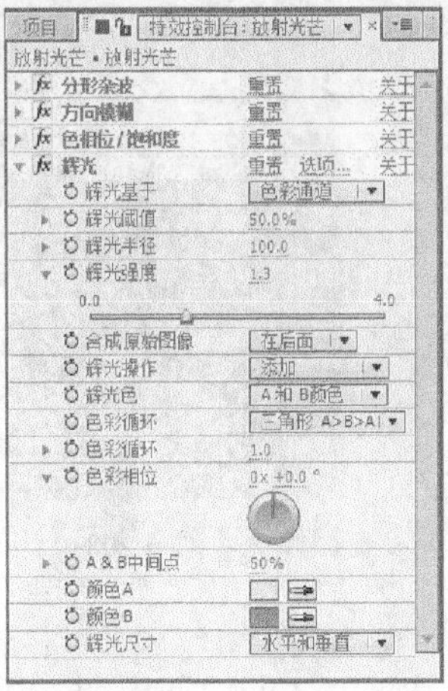

图 6-201

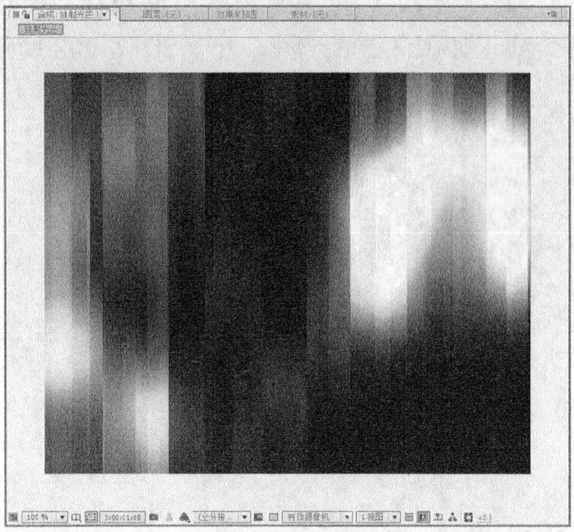

图 6-202

（7）选中“放射光芒”层，选择“效果 > 扭曲 > 极坐标”命令，在“特效控制台”面板中进行参数设置，如图 6-203 所示。放射光芒制作完成，如图 6-204 所示。

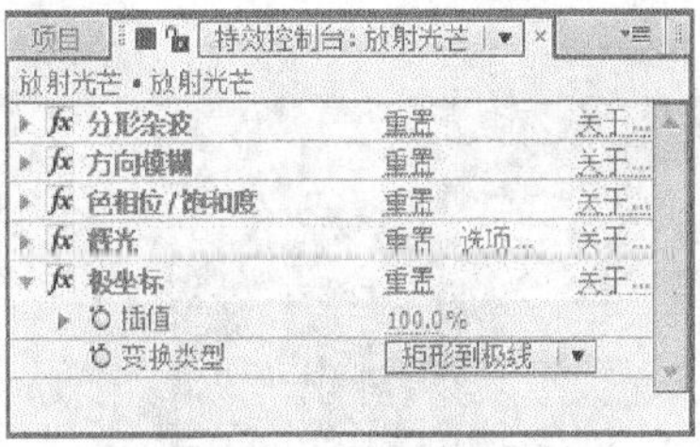

图 6-203

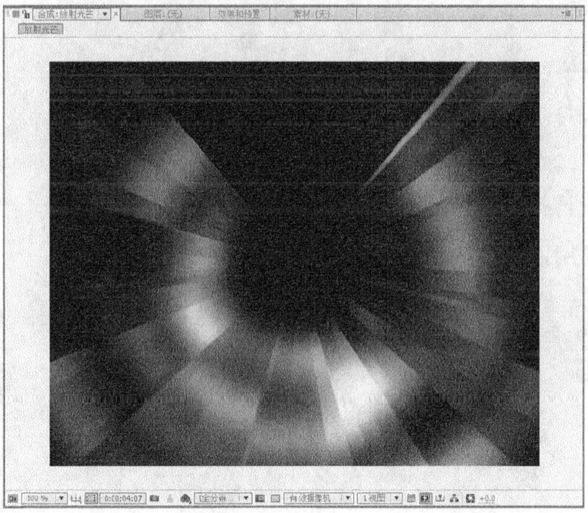

图 6-204

6.5.2　膨胀

膨胀特效可以模拟图像透过气泡或放大镜时所产生的放大效果，如图 6-205 所示。

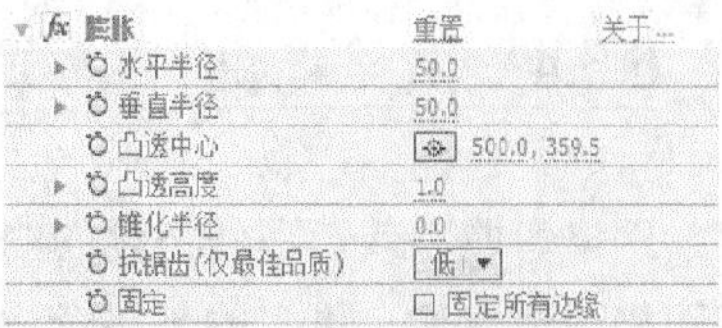

图 6-205

水平半径：膨胀镜效果的水平半径大小。

垂直平径：膨胀效果的垂直半径大小。

凸透中心：膨胀效果的中心定位点。

凸透高度：膨胀程度的设置。正值为膨胀，负值为收缩。

锥化半径：用来设置膨胀边界的锐利程度。

抗锯齿（仅最佳品质）：反锯齿设置，只用于最高质量。

固定所有边缘：选择固定所有边缘可固定住所有边界。

膨胀特效演示如图 6-206、图 6-207、图 6-208 所示。

图 6-206

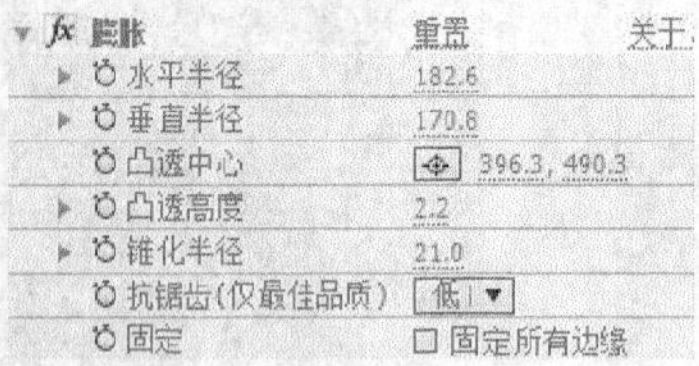

图 6-207

图 6-208

6.5.3 边角固定

边角固定特效通过改变 4 个角的位置来使图像变形，可根据需要来定位。可以拉伸、收缩、倾斜和扭曲图形，也可以用来模拟透视效果，还可以和运动遮罩层相结合，形成画中画的效果，如图 6-209 所示。

上左：左上定位点。

上右：右上定位点。

下左：左下定位点。

下右：右下定位点。

边角固定特效演示如图 6-210 所示。

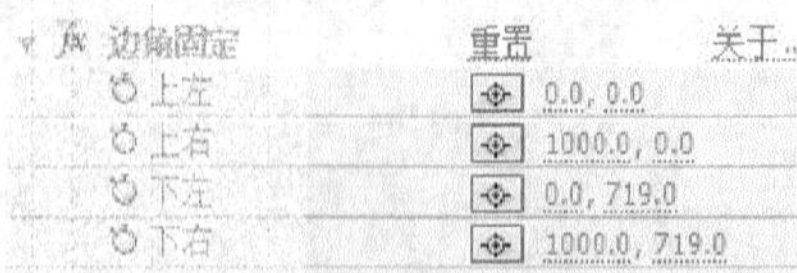

图 6-209

图 6-210

6.5.4 网格弯曲

网格弯曲特效使用网格化的曲线切片控制图像的变形区域。对于网格变形的效果控制，确定好网格数量之后，更多的是在合成图像中通过光标拖曳网格的节点来完成，如图 6-211 所示。

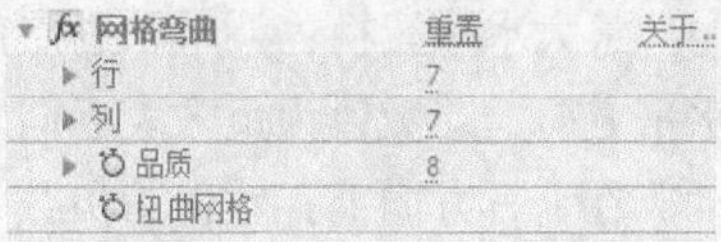

图 6-211

行：用于设置行数。

列：用于设置列数。

品质：弹性设置。

扭曲网格：用于改变分辨率，在行列数发生变化时显示。拖曳节点如果要调整显示更细微的效果，可以加行/列数（控制节点）。

网格弯曲特效演示如图 6-212、图 6-213、图 6-214 所示。

图 6-212

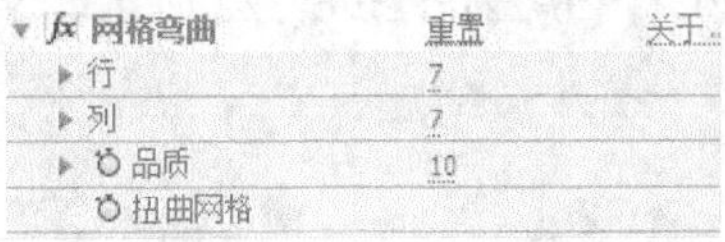

图 6-213

图 6-214

6.5.5　极坐标

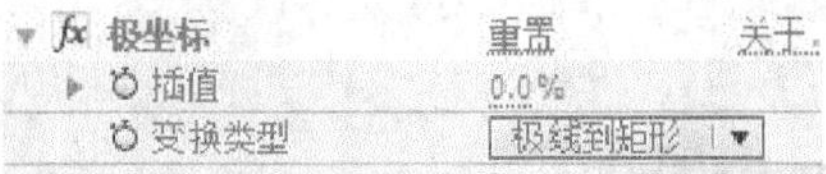

图 6-215

极坐标特效用来将图像的直角坐标转化为极坐标，以产生扭曲效果，如图 6-215 所示。

差值：设置扭曲程度。

变换类型：设置转换类型。极线到矩形表示将极坐标转化为直角坐标，矩形到极线表示将直角坐标转化为极坐标。

极坐标特效演示如图 6-216、图 6-217、图 6-218 所示。

图 6-216

图 6-217

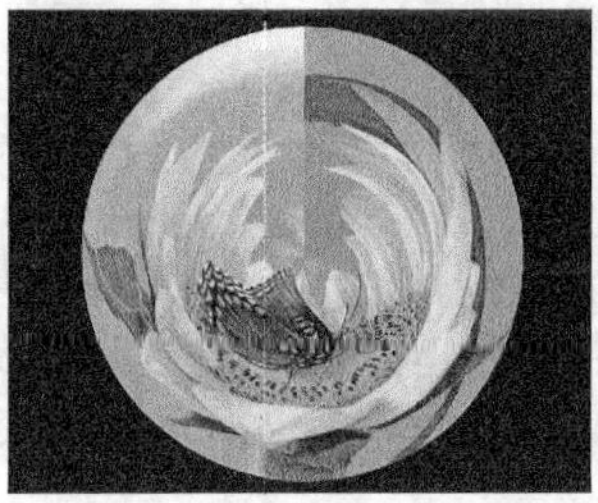

图 6-218

6.5.6　置换映射

置换映射特效是通过用另一张作为映射层的图像的像素来置换原图像像素，通过映射的像素颜色值对本层变形，变形方向分水平和垂直两个方向，如图 6-219 所示。

映射图层：选择作为映射层的图像名称。

使用水平置换：调节水平或垂直方向的通道，默认值范围在-100～到 100。最大范围为-32000～32000。

最大水平置换：调节映射层的水平或垂直位置，在水平方向上，数值为负数表示向左移动，正数为向右移动，在垂直方向上，数值为负数是向下移动，正数是向上移动，默认数值在-100～100，最大范围为-32000～3200。

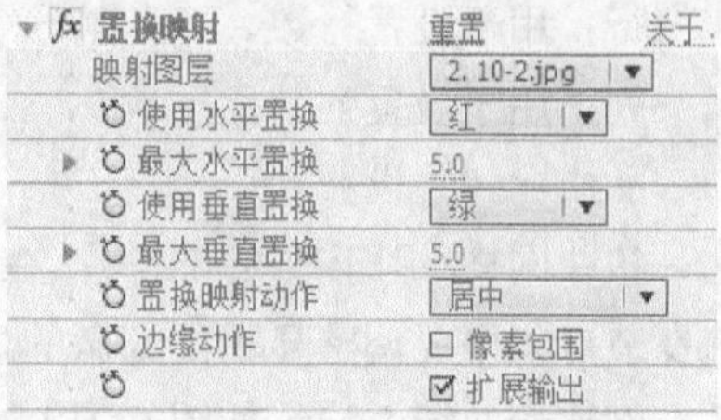

图 6-219

置换映射动作：选择映射方式。

边缘动作：设置边缘行为。

像素包围：锁定边缘像素。

扩展输出：为设置特效伸展到原图像边缘外。

置换映射特效演示如图 6-220、图 6-221、图 6-222 所示。

图 6-220

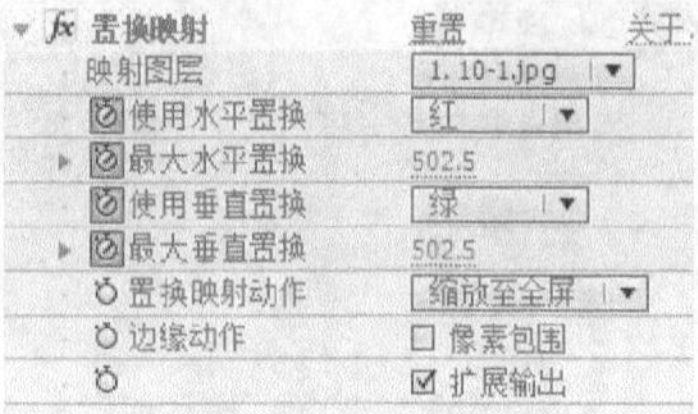

图 6-221

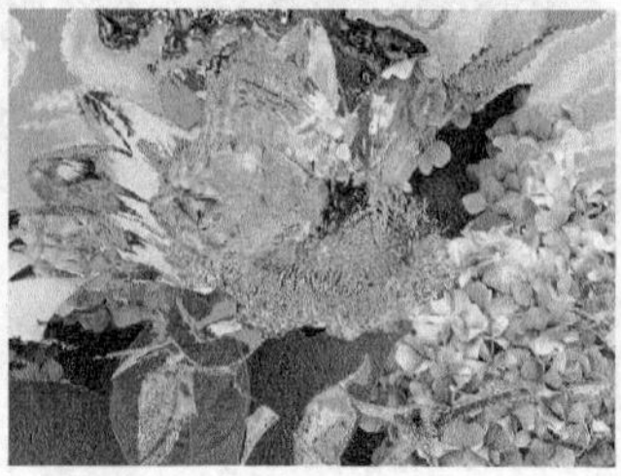

图 6-222

6.6 杂波与颗粒

杂波与颗粒特效可以为素材设置噪波或颗粒效果，通过它可分散素材或使素材的形状产生变化。

6.6.1 课堂案例——降噪

案例学习目标：学习使用噪波和颗粒滤镜制作降噪。

案例知识要点：使用滤镜特效“移除颗粒”命令、“色阶”命令修饰照片；使用“曲线”命令调整图片曲线。降噪效果如图 6-223 所示。

图 6-223

效果所在位置：光盘\Ch06\降噪. aep。

1. 导入图片

（1）选择“文件 > 导入 > 文件”命令，弹出“导入文件”对话框，选择光盘中的“Ch06 \降噪 \ (Footage) \ 01”文件，单击“打开”按钮，导入图片，如图 6-224 所示。在“项目”面板中选中“01”文件，将其拖曳到项目窗口下方的创建项目合成按钮，如图 6-225 所示，自动创建一个项目合成。

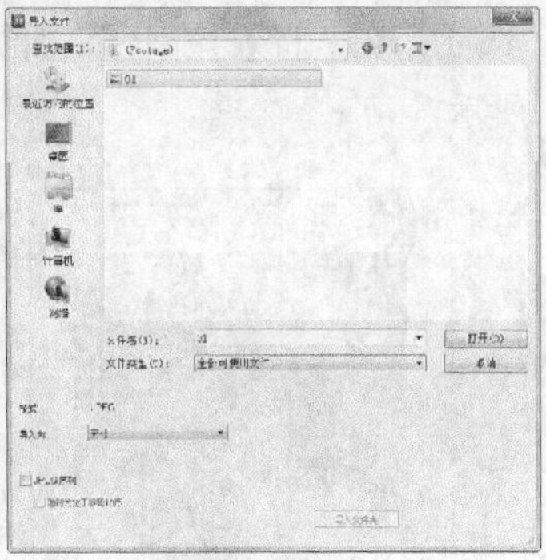

图 6-224

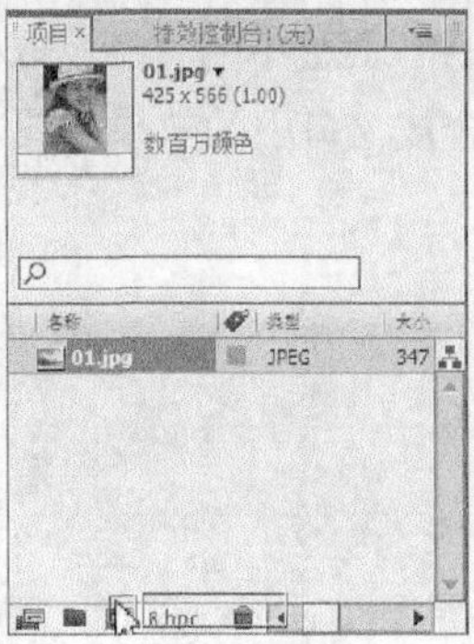

图 6-225

（2）在“时间线”面板中，按<Ctrl>+<K>组合键，弹出“合成组设置”对话框，在“合成组名称”选项的文本框中输入“降噪”，单击“确定”按钮，将合成命名为“降噪”，如图 6-226 所示。合成窗口中的效果如图 6-227 所示。

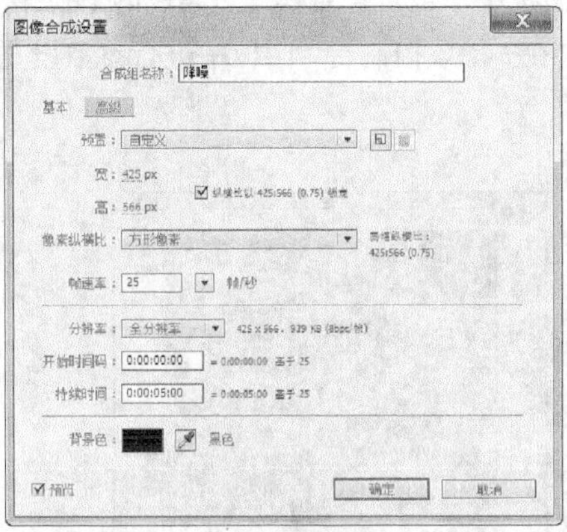

图 6-226

图 6-227

2. 修复图片

（1）选中“01”文件，选择“效果 > 杂波与颗粒 > 移除颗粒”命令，在“特效控制台”面板中进行参数设置，如图 6-228 所示。合成窗口中的效果如图 6-229 所示。

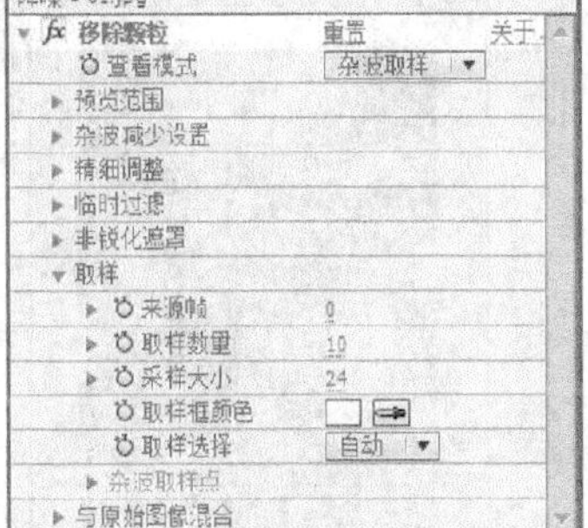

图 6-228

图 6-229

（2）展开“项目”面板中的“杂波取样点”选项，在“特效控制台”面板中进行参数设置，如图 6-230 所示。合成窗口中的效果如图 6-231 所示。

图 6-230

图 6-231

（3）选中“01”文件，在“特效控制台”面板中单击“查看模式”属性的下拉菜单，选择“最终输出”选项，展开“杂波减少量设置”属性，在“特效控制台”面板中进行参数设置，如图 6-232 所示。合成窗口中的效果如图 6-233 所示。

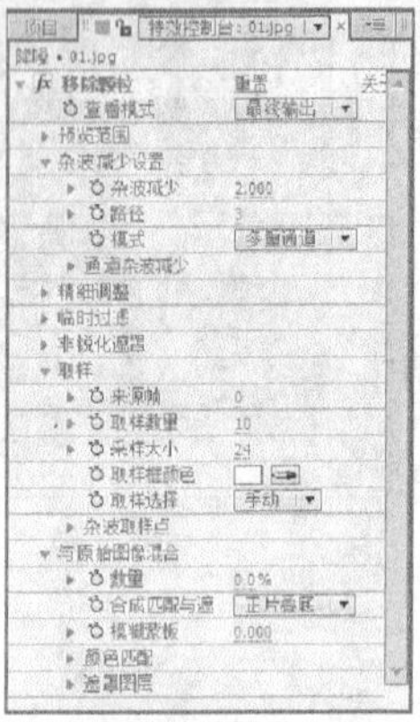

图 6-232

图 6-233

（4）选中“01”文件，选择“效果 > 色彩校正 > 色阶”命令，在“特效控制台”面板中进行参数设置，如图 6-234 所示。合成窗口中的效果如图 6-235 所示。

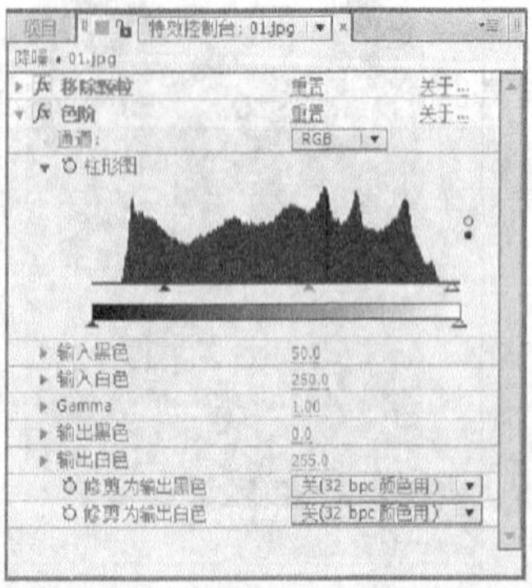

图 6-234

图 6-235

（5）选中“01”文件，选择“效果 > 色彩校正 > 曲线”命令，在“特效控制台”面板中调整曲线，如图 6-236 所示。降噪制作完成，如图 6-237 所示。

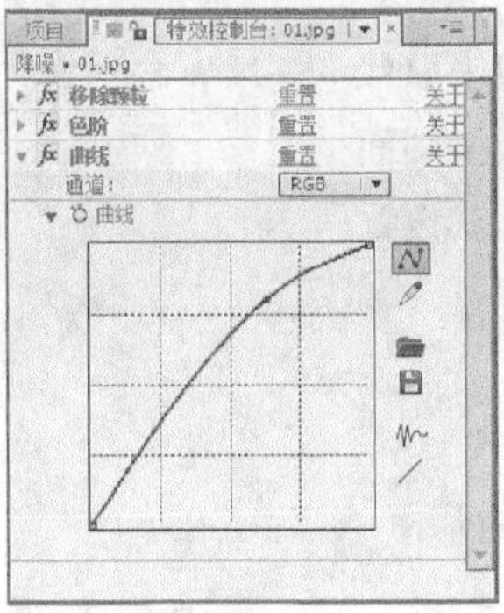

图 6-236

图 6-237

6.6.2　分形杂波

分形杂波特效可以模拟烟、云、水流等纹理图案，如图 6-238 所示。

分形类型：选择分形类型。

杂波类型：选择杂波的类型。

反转：反转图像的颜色，将黑色和白色反转。

对比度：调节生成杂波图像的对比度。

亮度：调节生成杂波图像的亮度。

溢出：选择杂波图案的比例、旋转和偏移等。

复杂性：设置杂波图案的复杂程度。

附加设置：杂波的子分形变化的相关设置（如子分形影响力、子分形缩放等）。

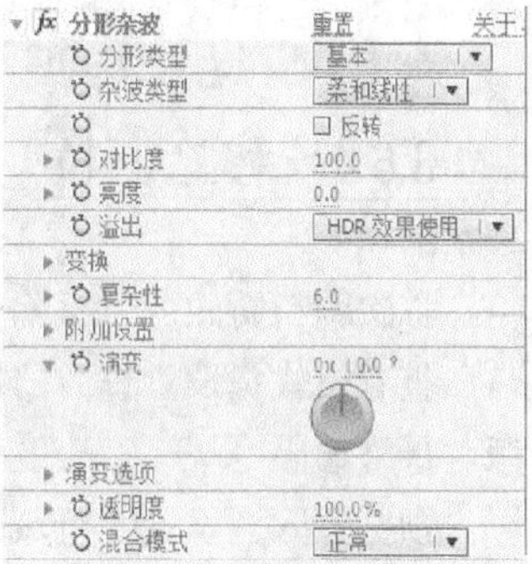

图 6-238

演变：控制杂波的分形变化相位。

演变选项：控制分形变化的一些设置（循环、随机种子等）。

透明度：设置所生成的杂波图像的不透明度。

混合模式：生成的杂波图像与原素材图像的叠加模式。

分形啊波特效演示如图 6-239、图 6-240、图 6-241 所示。

图 6-239

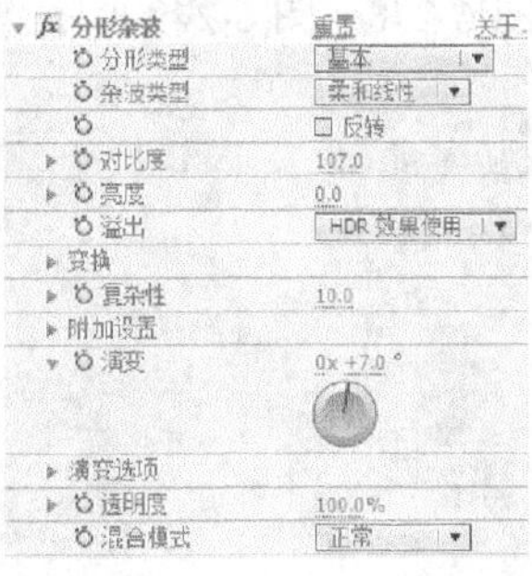

图 6-240

图 6-241

6.6.3 中值

中值特效使用指定半径范围内的像素的平均值来取代像素值。指定较低数值的时候，该效果可以用来减少画面中的杂点；取高值的时候，会产生一种绘画效果，其设置如图 6-242 所示。

图 6-242

半径：指定像素半径。

在 Alpha 通道上操作：应用于 Alpha 通道。

中值特效演示如图 6-243、图 6-244、图 6-245 所示。

图 6-243

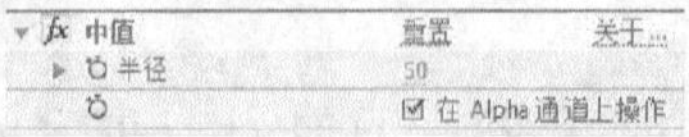

图 6-244

图 6-245

6.6.4 移除颗粒

移除颗粒特效可以移除杂点或颗粒的，如图 6-246 所示。

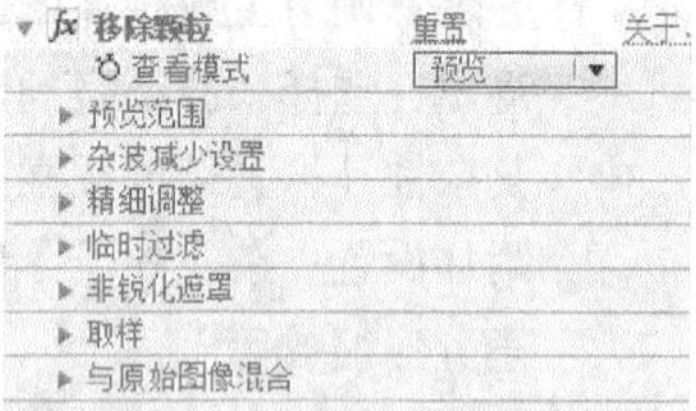

图 6-246

查看模式：设置查看的模式，有预览、杂波取样、混合蒙版、最终输出。

预览范围：设置预览域的大小、位置等。

杂波减少设置：对杂点或噪波进行设置。

精细调整：对材质、尺寸、色泽等进行精细的设置。

临时过滤：是否开启实时过滤。

非锐化遮罩：设置反锐化遮罩。

取样：设置各种采样情况、采样点等参数。

与原始图像混合：混合原始图像。

移除颗粒特效演示如图 6-247、图 6-248、图 6-249 所示。

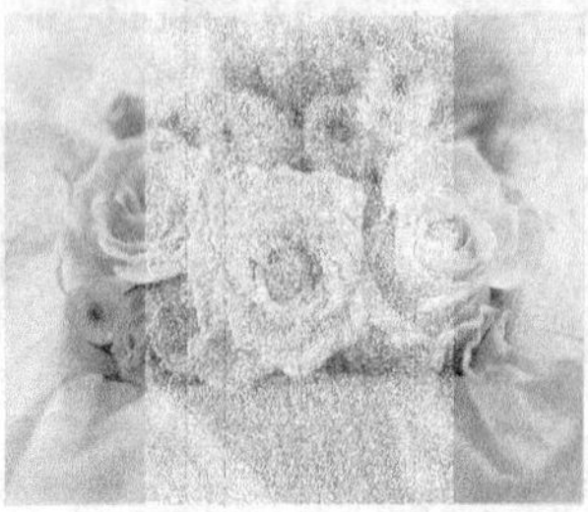

图 6-247

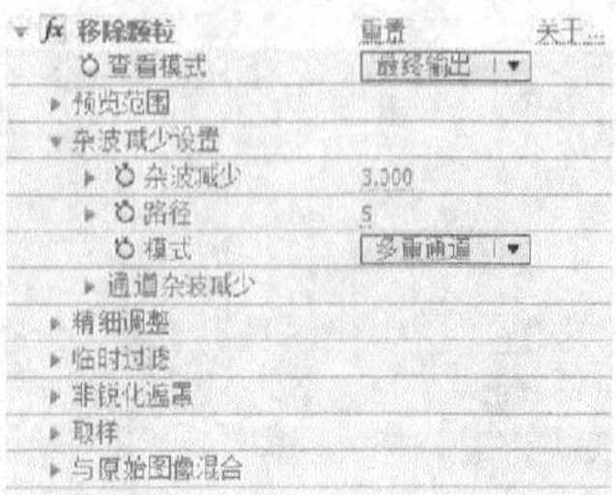

图 6-248

图 6-249

6.7 模拟与仿真

模拟与仿真特效有卡片舞蹈、水波世界、泡沫、焦散、碎片和粒子运动，这些特效功能强大，可以用来设置多种逼真的效果，不过其参数项较多，设置也比较复杂。

6.7.1 课堂案例——汽泡效果

案例学习目标：学习使用粒子空间滤镜制作汽泡。

案例知识要点：使用“泡沫”命令制作汽泡并编辑属性。汽泡效果如图 6-250 所示。

效果所在位置：光盘\Ch06\汽泡.aep。

图 6-250

（1）按<Ctrl>+<N>组合键，弹出“合成设置”对话框，在“合成组名称”选项的文本框中输入“汽泡效果”，其他选项的设置如图 6-251 所示，单击“确定”按钮，创建一个新的合成“汽泡效果”。选择“文件 >导入 >文件”命令，弹出“导入文件”对话框，选择光盘中的“Ch06\汽泡效果\ (Footage) \ 01”文件，单击“打开”按钮，导入背景图片，如图 6-252 所示。并将其拖曳到“时间线”面板中。

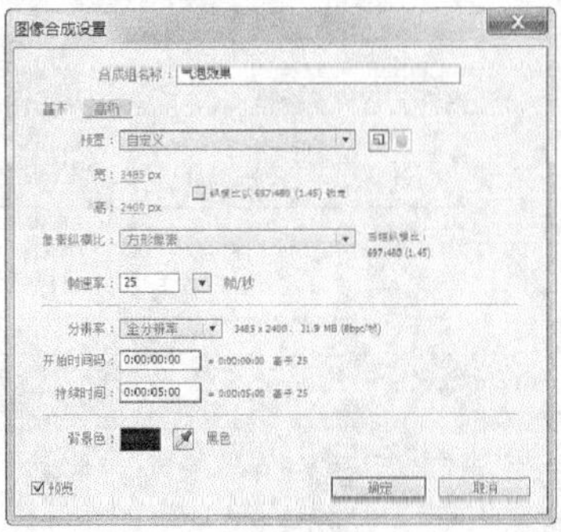
图 6-251

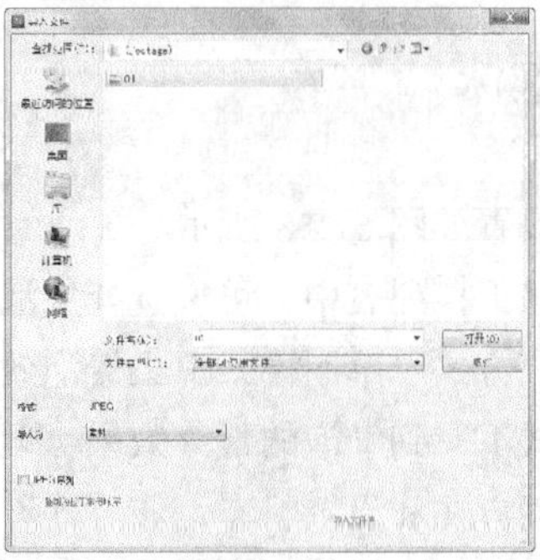
图 6-252

（2）选中“01”文件，按<Ctrl>+<D>组合键复制一层，如图 6-253 所示。选中第 1 个图层，选择“效果 > 风格化 > 泡沫”命令，在“特效控制台”面板中进行参数设置，如图 6-254 所示。

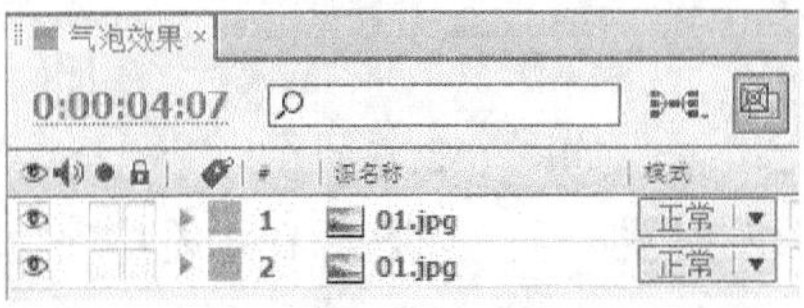

图 6-253

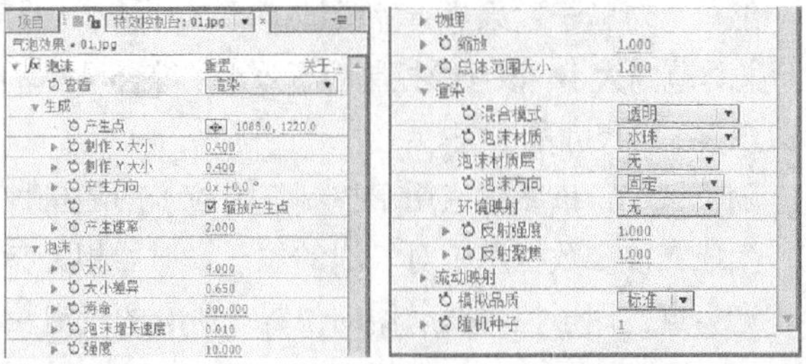
图 6-254

（3）在“时间线”面板中将时间标签放置在 0s 的位置，在“特效控制台”面板中单击“强度”选项前面的“关键帧自动记录器”按钮，如图 6-255 所示。记录第 1 个关键帧。将时间标签放置在 5s 的位置，在“特效控制台”面板中设置“强度”选项的数值为 0，如图 6-256 所示。

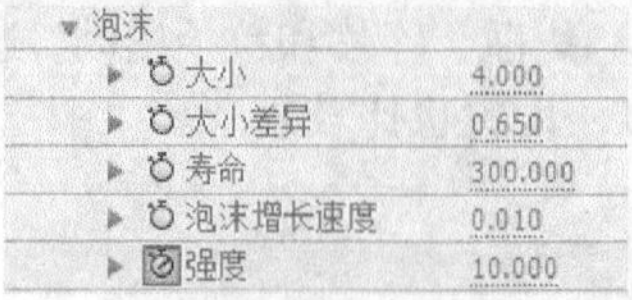

图 6-255

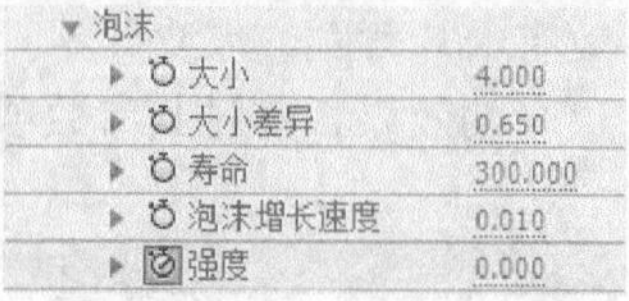

图 6-256

（4）汽泡制作完成，如图 6-257 所示。

图 6-257

6.7.2 泡沫

泡沫特效设置如图 6-258 所示。

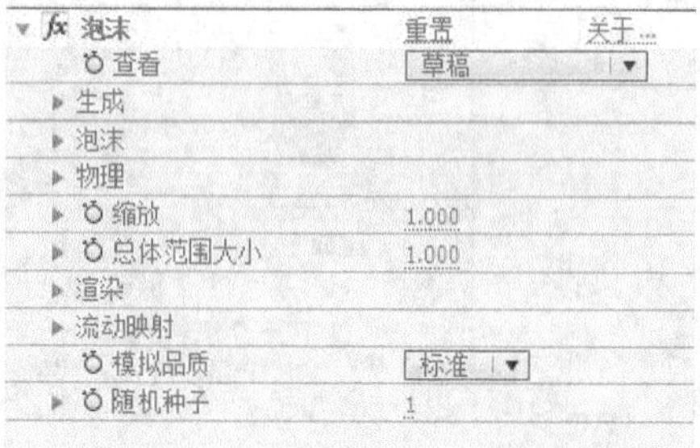

图 6-258

查看：在该下拉列表中，可以选择气泡效果的显示方式。草稿方式以草图模式渲染气泡效果，虽然不能在该方式下看到气泡的最终效果，但是可以预览气泡的运动方式和设置状态。该方式计算速度非常快速。为特效指定了影响通道后，使用草稿+流动映射方式可以看到指定的影响对象。在渲染方式下可以预览气泡的最终效果，但是计算速度相对较慢。

缩放：对粒子效果进行缩放。

总体范围大小：该参数控制粒子效果的综合尺寸。在草稿或者草稿+流动映射状态下预览效果时，可以观察综合尺寸范围框。

随机种子：该参数栏用于控制气泡粒子的随机种子数。

生成：该参数栏用于对气泡的粒子发射器相关参数进行设置，如图 6-259 所示。

产生点：用于控制发射器的位置。所有的气泡粒子都由发射器产生，就好像在水枪中喷出气泡一样。

制作 X 大小：分别控制发射器的大小。在草稿或者草稿+流动映射状态下预览效果时，可以观察发射器。

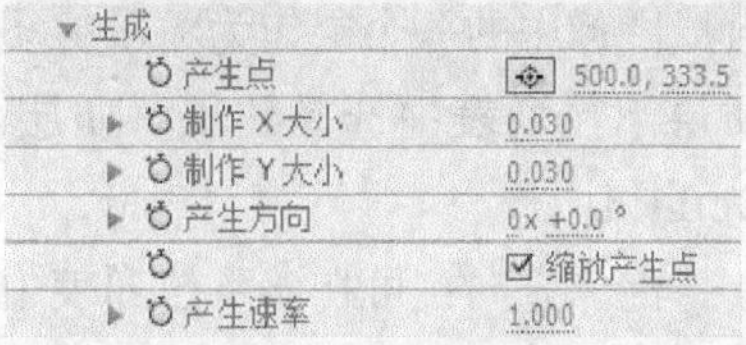

图 6-259

产生方向：用于旋转发射器，使气泡产生旋转效果。

缩放产生点：可缩放发射器位置。不选择此项，系统会默认发射效果点为中心缩放发射器的位置。

产生速率：用于控制发射速度。一般情况下，数值越高，发射速度越快，单位时间内产生的气泡粒子也越多。当数值为 0 时，不发射粒子。系统发射粒子时，在特效的开始位置，粒子数目为 0。

泡沫：在该参数栏中，可对气泡粒子的尺寸、生命以及强度进行控制，如图 6-260 所示。

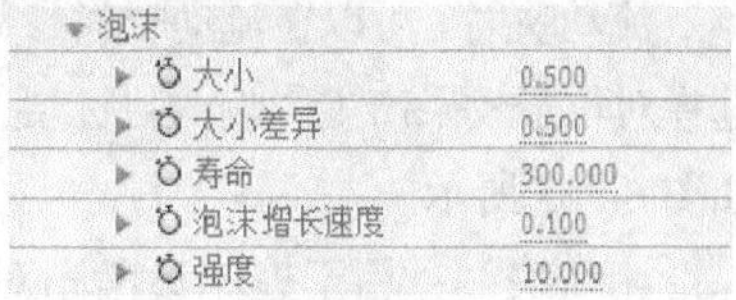

图 6-260

大小：用于控制气泡粒子的尺寸。数值越大，每个气泡粒子越大。

大小差异：用于控制粒子的大小差异。数值越高，每个粒子的大小差异越大。数值为 0 时，每个粒子的最终大小都是相同的。

寿命：用于控制每个粒子的生命值。每个粒子在发射产生后，最终都会消失。所谓生命值，即是粒子从产生到消亡之间的时间。

泡沫增长速度：用于控制每个粒子生长的速度，即粒子从产生到最终大小的时间。

强度：用于控制粒子效果的强度。

物理学：该参数影响粒子运动因素。例如，初始速度、风度、混乱度及活力等，如图 6-261 所示。

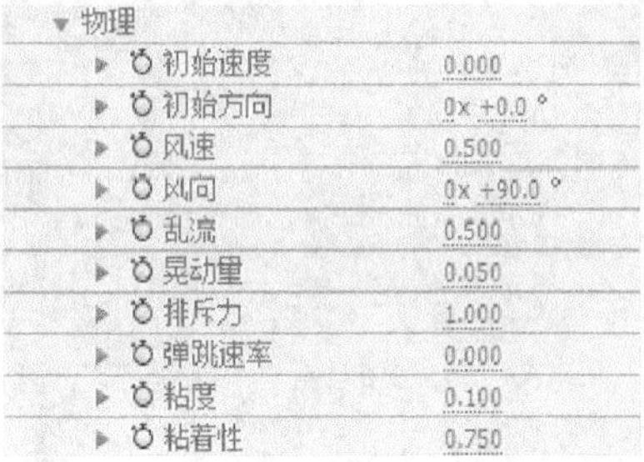

图 6-261

初始速度：控制粒子特效的初始速度。

初始方向：控制粒子特效的初始方向。

风速：控制影响粒子的风速，就好像一股风在吹动粒子一样。

风向：控制风的方向。

乱流：控制粒子的混乱度。该数值越大，粒子运动越混乱，同时向四面八方发散；数值较小，则粒子运动较为有序和集中。

晃动量：控制粒子的摇摆强度。参数较大时，粒子会产生摇摆变形。

排斥力：用于在粒子间产生排斥力。数值越高，粒子间的排斥性越强。

弹跳速率：控制粒子的总速率。

粘度：控制粒子的粘度。数值越小，粒子堆砌得越紧密。

粘着性：控制粒子间的粘着程度。

渲染：该参数栏控制粒子的渲染属性。

例如，融合模式下的粒子纹理及反射效果等。该参数栏的设置效果仅在渲染模式下才能看到效果。渲染选项如图 6-262 所示。

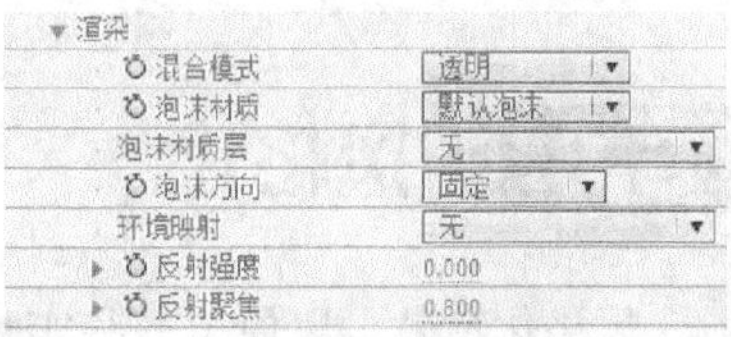

图 6-262

混合模式：用于控制粒子间的融合模式。透明方式下，粒子与粒子间进行透明叠加。

泡沫材质：可在该下拉列表中选择气泡粒子的材质方式。

泡沫材质层：除了系统预制的粒子材质外，还可以指定合成图像中的一个层作为粒子材质。该层可以是一个动画层，粒子将使用其动画材质。在泡沫材质层下拉列表中选择粒子材质层。注意，必须在泡沫材质下拉列表中将粒子材质设置为 Use Defined。

泡沫方向：可在该下拉列表中设置气泡的方向。可以使用默认的坐标，也可以使用物理参数控制方向，还可以根据气泡速率进行控制。

环境映射：所有的所气粒子都可以对周围的环境进行反射。可以在环境映射下拉列表中指定气泡粒子的反射层。

反射强度：控制反射的强度。

反射聚焦：控制反射的聚集度。

流动映射：可以在流动映射参数栏中指定一个层来影响粒子效果。在流动映射下拉列表中，可以选择对粒子效果产生影响的目标层。当选择目标层后，在草稿+流动映射模式下可以看到流动映射，如图 6-263 所示。

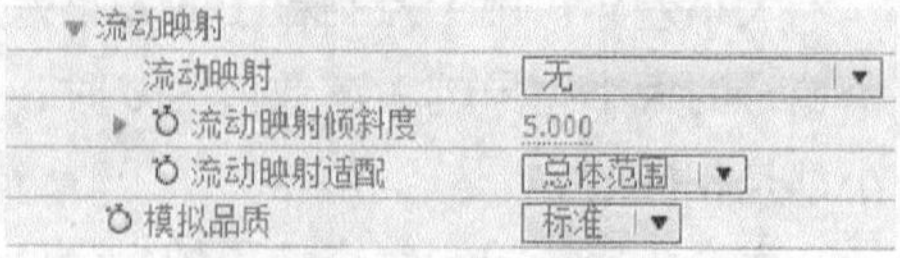

图 6-263

流动映射：用于控制参考图对粒子的影响。

流动映射适配：在该下拉列表中，可以设置参考图的大小。可以使用合成图像屏幕大小，也可以使用粒子效果的总体范围大小。

模拟品质：在该下拉列表中，可以设置气泡粒子的仿真质量。

泡沫特效演示如图 6-264、图 6-265、图 6-266 所示。

图 6-264

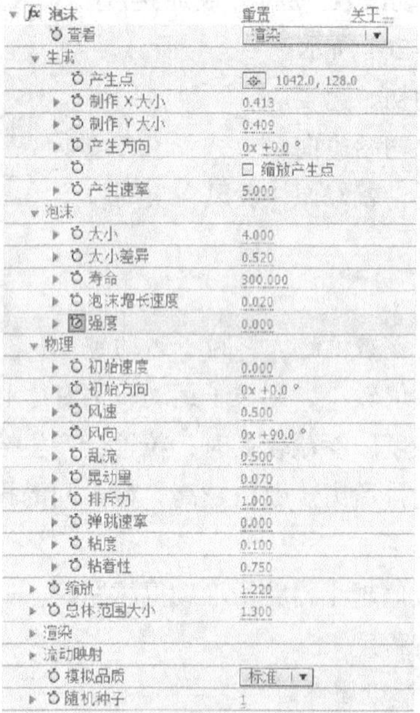

图 6-265

图 6-266

6.8 风格化

风格化特效可以模拟一些实际的绘画效果，或为画面提供某种风格化效果。

6.8.1　课堂案例——手绘效果

案例学习目标：学习使用浮雕、查找边缘效果制作手绘风格。

案例知识要点：使用滤镜特效“查找边缘”命令、“色阶命令”、“色相位/饱和度”命令、“笔触”命令制作手绘效果；使用钢笔工具绘制蒙板形状。手绘效果如图 6-267 所示。

图 6-267

效果所在位置：光盘\Ch06\手绘效果.aep。

1．导入图片

（1）选择“文件 > 导入 > 文件”命令，弹出“导入文件”对话框，选择光盘中的“Ch06\手绘效果\ (Footage)\ 01”文件，单击“打开”按钮，导入图片，如图 6-268 所示。在“项目”面板中选中“01”文件，将其拖曳到项目窗口下方的创建项目合成按钮，如图 6-269 所示，自动创建一个项目合成。

图 6-268

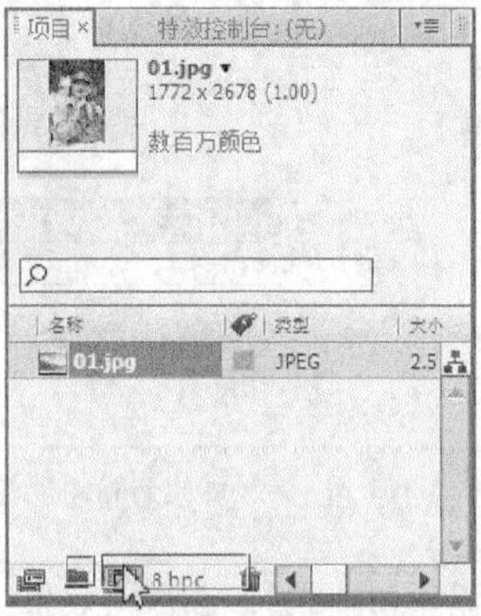

图 6-269

（2）在“时间线”面板中，按<Ctrl>+<K>组合键，弹出“合成设置”对话框，在“合成组名称”选项的文本框中输入“手绘效果”，单击“确定”按钮，将合成命名为“手绘效果”，如图 6-270 所示。合成窗口中的效果如图 6-271 所示。

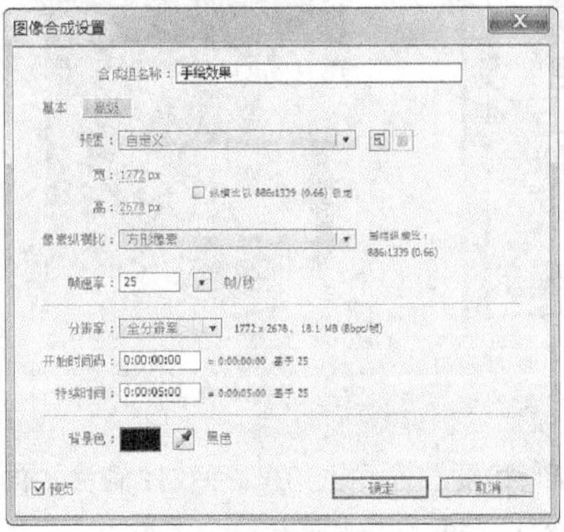

图 6-270

图 6-271

2．制作手绘效果

（1）选中“01”文件，按<Ctrl>+<D>组合键复制一层，选择第 1 层，按<T>键展开“01”文件的“透明度”属性，如图 6-272 所示。设置“透明度”选项的数值为 70。

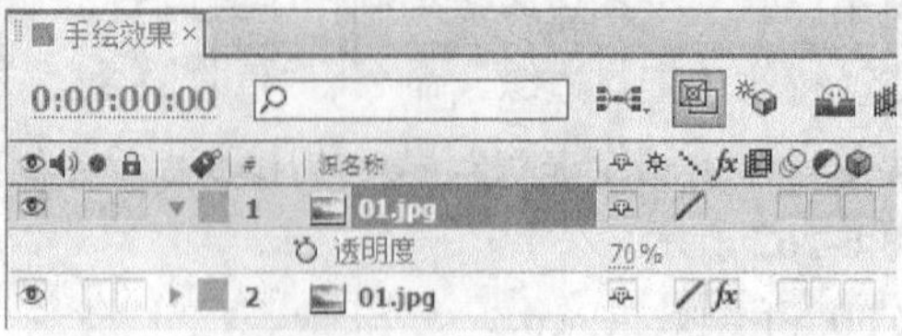

图 6-272

（2）选择第 2 层，选择“效果 > 风格化 > 查找边缘”命令，在“特效控制台”面板中进行参数设置，如图 6-273 所示。合成窗口中的效果如图 6-274 所示。

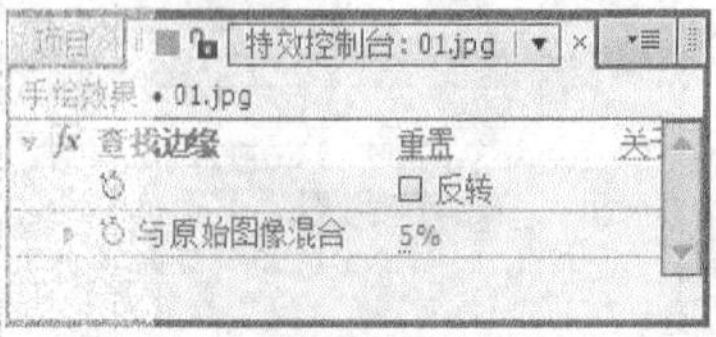

图 6-273　　图 6-274

（3）选中新复制的图层，选择“效果 > 色彩校正 > 色阶”命令，在“特效控制台”面板中进行参数设置，如图 6-275 所示。合成窗口中的效果如图 6-276 所示。

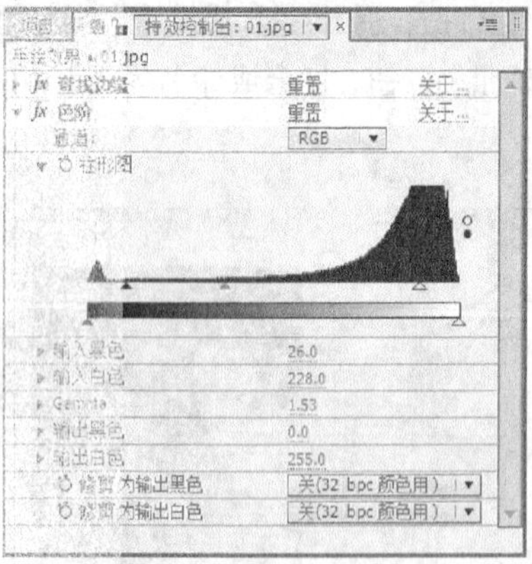

图 6-275　　图 6-276

（4）选择“效果 > 色彩校正 > 色相位/饱和度”命令，在“特效控制台”面板中进行参数设置，如图 6-277 所示。合成窗口中的效果如图 6-278 所示。

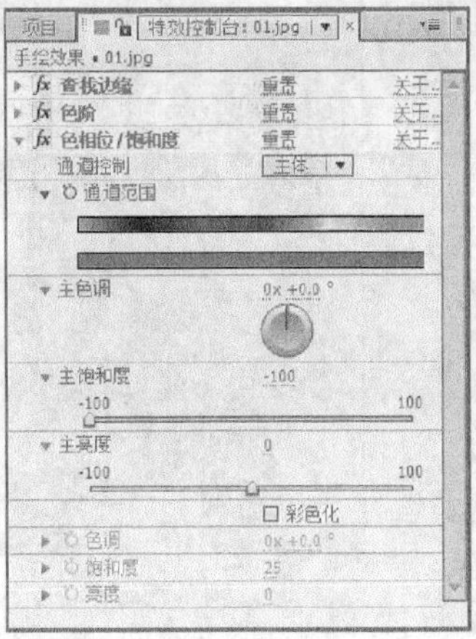

图 6-277

图 6-278

（5）选择“效果 > 风格化 > 笔触”命令，在“特效控制台”面板中进行参数设置，如图 6-279 所示。合成窗口中的效果如图 6-280 所示。

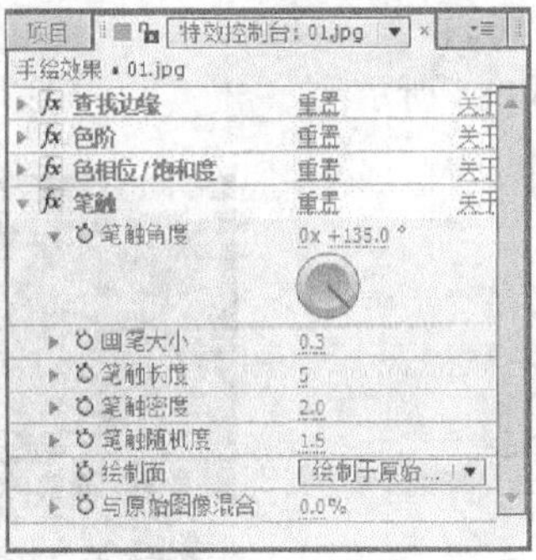

图 6-279

图 6-280

（6）在“项目”面板中选择“01”文件并将其拖曳到“时间线”面板中，层的排列如图 6-281 所示。选中第 1 层，选择“钢笔”工具，在合成窗口中绘制一个遮罩形状，如图 6-282 所示。

（7）选中第 1 层，展开遮罩属性，设置“遮罩羽化”选项的数值为 30，如图 6-283 所示。手绘效果制作完成，如图 6-284 所示。

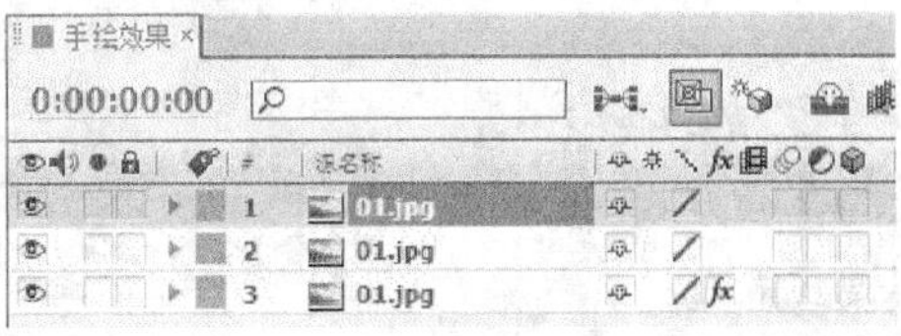

图 6-281

图 6-282

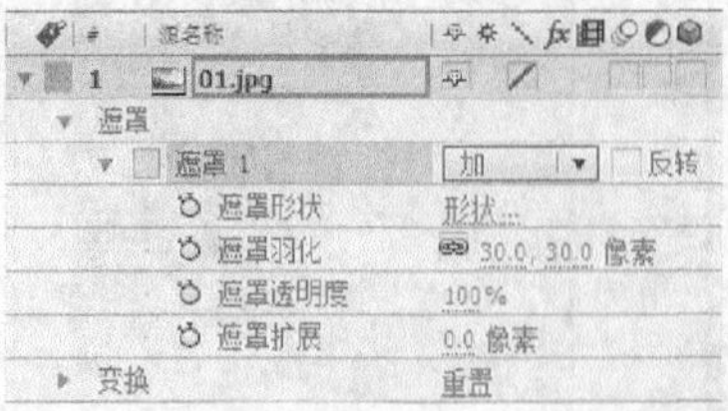

图 6-283

图 6-284

6.8.2　查找边缘

查找边缘特效通过强化过渡像素来产生彩色线条，如图 6-285 所示。

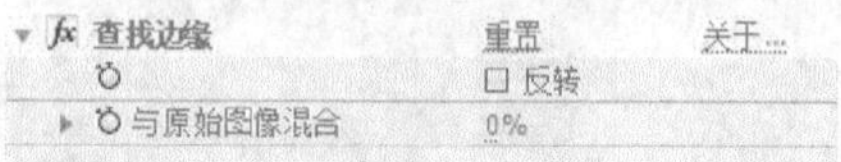

图 6-285

反转：用于反向勾边结果。

与原始图像混合：设置和原始素材图像的混合比例。

查找边缘特效演示如图 6-286、图 6-287、图 6-288 所示。

图 6-286

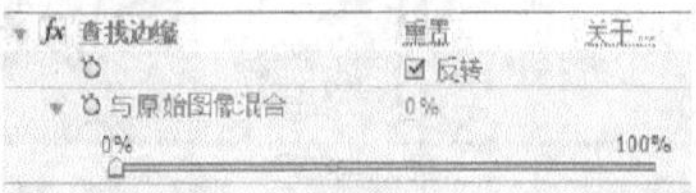

图 6-287

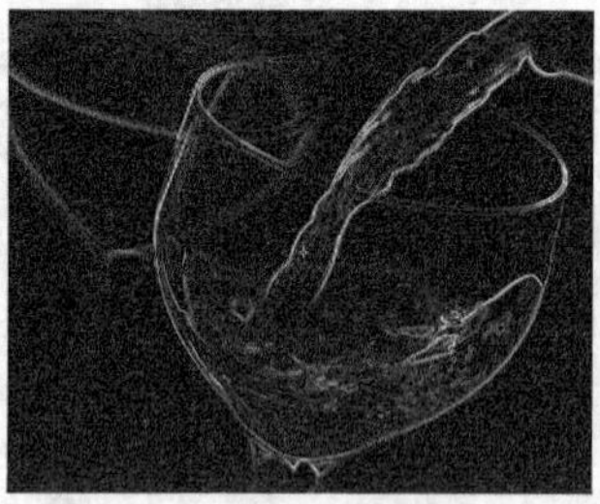

图 6-288

6.8.3　辉光

辉光特效经常用于图像中的文字和带有 Alpha 通道的图像，可产生发光或光晕的效果，如图 6-289 所示。

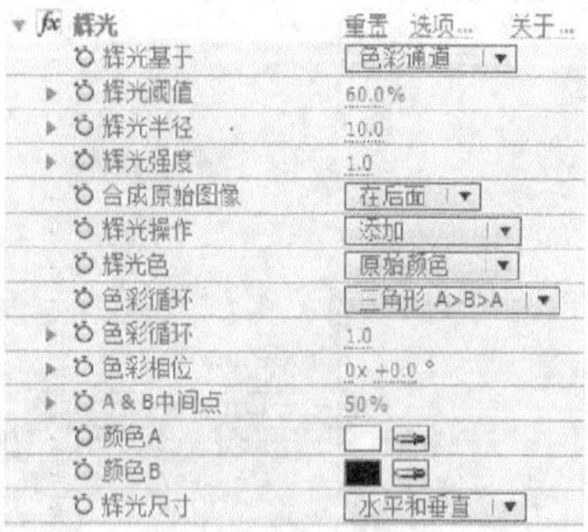

图 6-289

辉光基于：控制辉光效果基于哪一种通道方式。

辉光阈值：设置辉光的阈值，影响到辉光的覆盖面。

辉光半径：设置辉光的发光半径。

辉光强度：设置辉光的发光强度，影响到辉光的亮度。

合成原始图像：设置和原始素材图像的合成方式。

辉光操作：辉光的发光模式，类似层模式的选择。

辉光色：设置辉光的颜色，影响到辉光的颜色。

色彩循环：设置辉光颜色的循环方式。

色彩循环：设置辉光颜色循环的数值。

色彩相位：设置辉光的颜色相位。

A&B 中间点：设置辉光颜色 A 和 B 的中点百分比。

色彩 A：选择颜色 A。

色彩 B：选择颜色 B。

辉光尺寸：设置辉光作用的方向，有水平和垂直、水平和垂直 3 种方式。

辉光特效演示如图 6-290、图 6-291、图 6-292 所示。

图 6-290

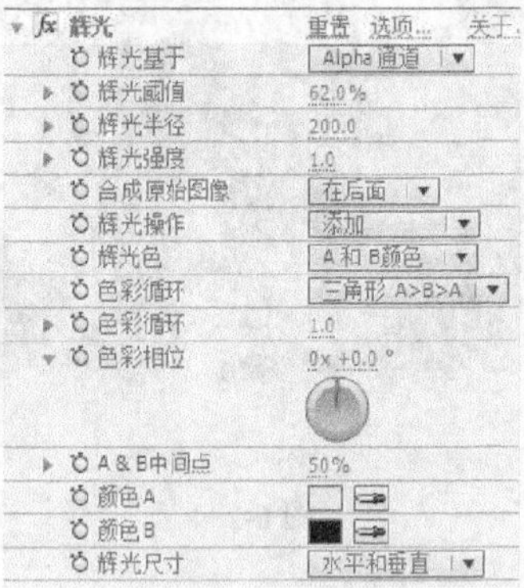

图 6-291

图 6-292

6.9 课堂练习——单色保留

练习知识要点：使用“曲线”命令、“分色”命令、“色相位/饱和度”命令调整图片局部颜色效果；使用横排文字工具输入文字。单色保留效果如图 6-293 所示。

效果所在位置：光盘\Ch06\单色保留.aep。

图 6-293

6.10 课后习题——火烧效果

习题知识要点：使用“椭圆”命令制作椭圆形特效；使用“分形杂波”命令、“置换映射”命令制作火焰动画；使用“导入”命令导入图片。火烧效果如图 6-294 所示。

效果所在位置：光盘\Ch06\火烧效果.aep。

图 6-294

第7章 跟踪与表达式

本章对 After Effects CS5 中的“跟踪与表达式”进行了介绍。重点讲解了运动跟踪中的单点跟踪和多点跟踪、表达式中的创建表达式和编辑表达式。通过对本章内容的学习，读者可以制作影片自动生成的动画，完成最终的影片效果。

课堂学习目标

- 运动跟踪
- 表达式

7.1 运动跟踪

运动跟踪是对影片中产生运动的物体进行追踪。应用运动跟踪时，合成文件中应该至少有两个层：一层为追踪目标层；一层是连接到追踪点的层。当导入影片素材后，在菜单栏中选择“动画 > 动态跟踪”命令增加运动追踪，如图 7-1 所示。

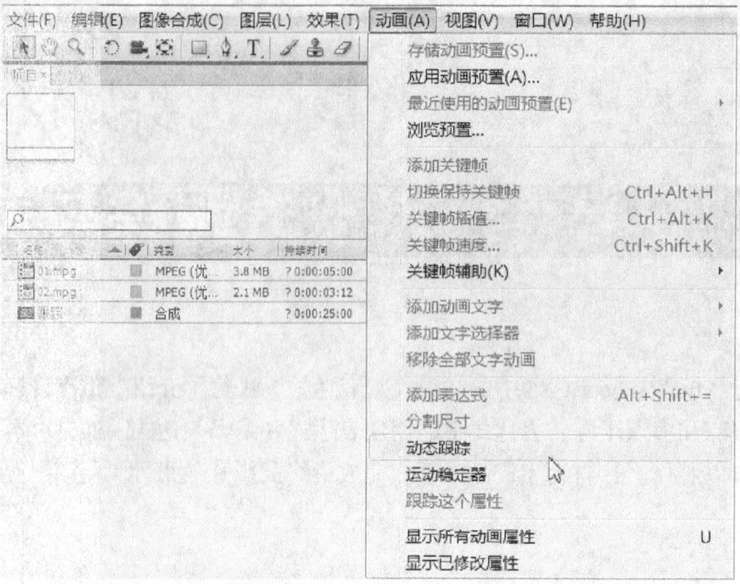

图 7-1

7.1.1 课堂案例——单点跟踪

案例学习目标：学习使用单点跟踪命令。

案例知识要点：使用“跟踪”命令添加跟踪点；使用“调节层”命令新建调节层；使用“色阶”命令调整亮度。单点跟踪效果如图 7-2 所示。

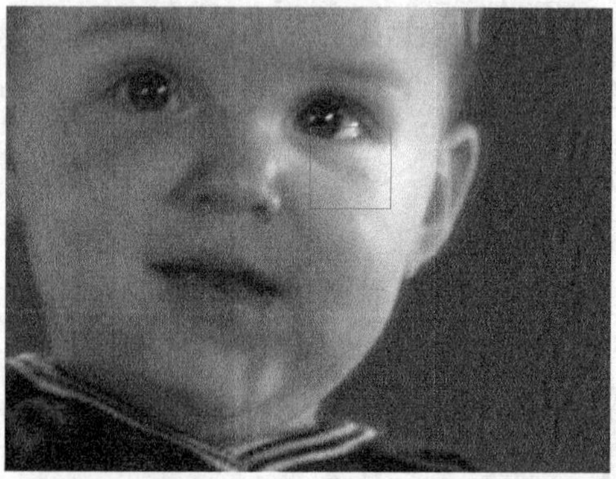

图 7-2

效果所在位置：光盘\Ch07\单点跟踪. aep。

1．制作跟踪点

（1）按<Ctrl>+<N>组合键，弹出“图像合成设置”对话框，在“合成组名称”选项的文本框中输入“单点跟踪”，其他选项的设置如图 7-3 所示，单击“确定”按钮，创建一个新的合成“单点跟踪”。选择“文件 > 导入 > 文件”命令，弹出“导入文件”对话框，选择光盘中的“Ch07\单点跟踪\ (Footage) \ 01”文件，单击“打开”按钮，导入视频文件，如图 7-4 所示，并将其拖曳到“时间线”面板中。

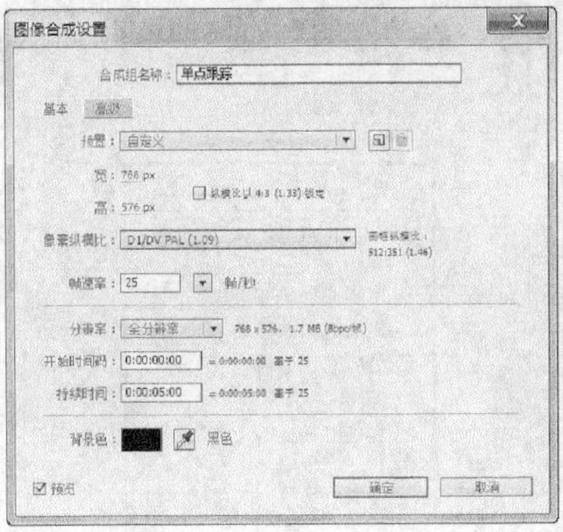

图 7-3

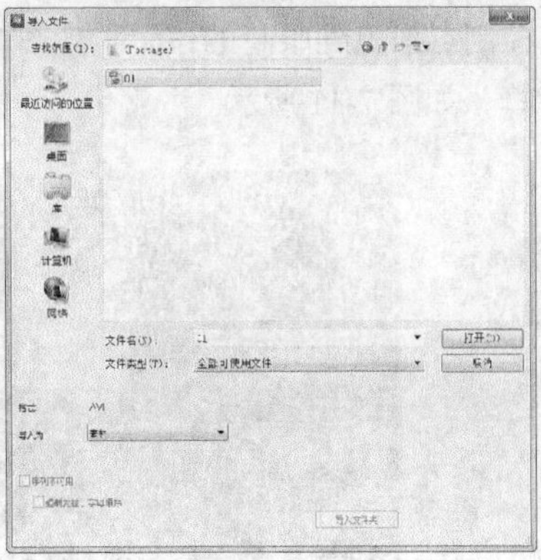

图 7-4

（2）选中“01”文件，按<S>键展开“缩放”属性，选项的设置如图 7-5 所示。

图 7-5

（3）选择“图层 > 新建 > 空白对象”命令，在“时间线”面板中新增一个空白 1 层，如图 7-6 所示。选择“窗口 > 跟踪”命令，出现“跟踪”面板，如图 7-7 所示。

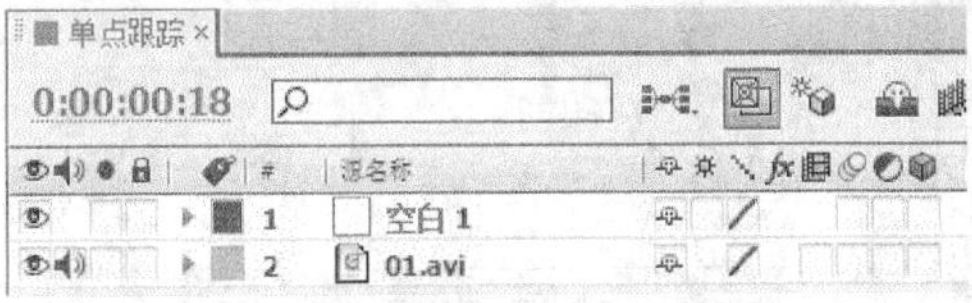

图 7-6

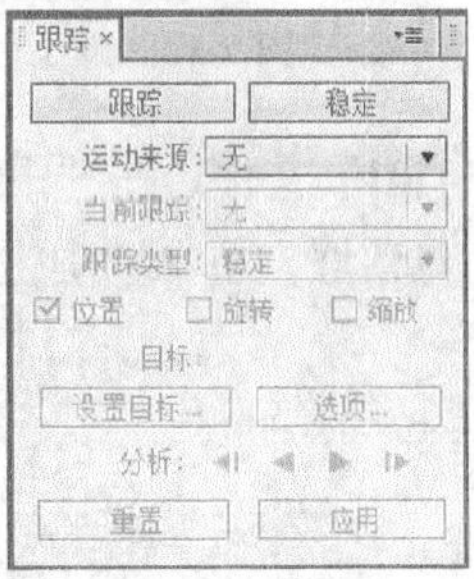

图 7-7

（4）选中“01”文件，在“跟踪”面板中单击“跟踪”按钮，面板处于激活状态，如图 7-8 所示。合成窗口中的效果如图 7-9 所示。

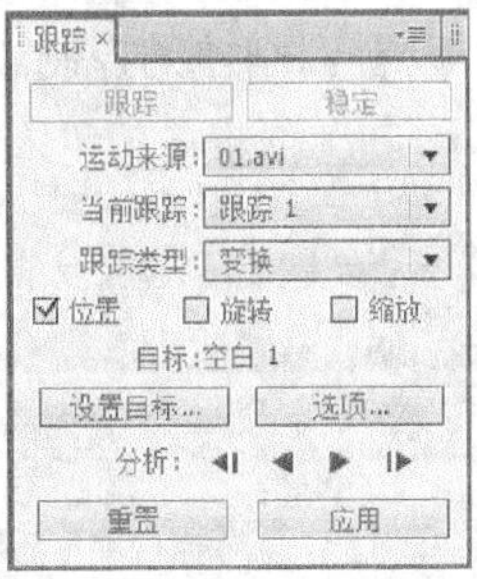

图 7-8

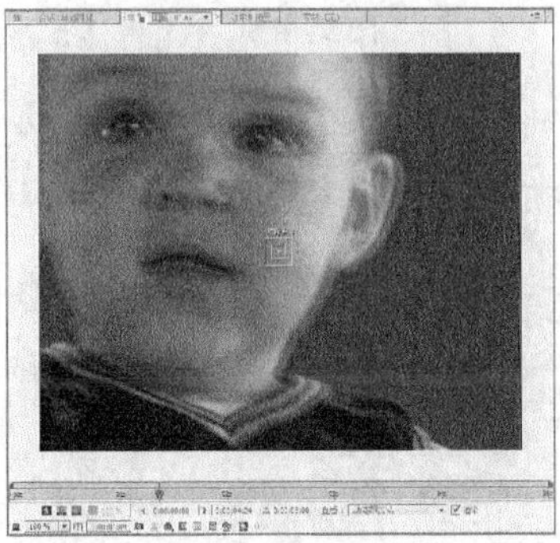

图 7-9

（5）把控制点拖曳到眼睛的位置，如图 7-10 所示。在“跟踪”面板中单击“向前分析”按钮自动跟踪计算，如图 7-11 所示。

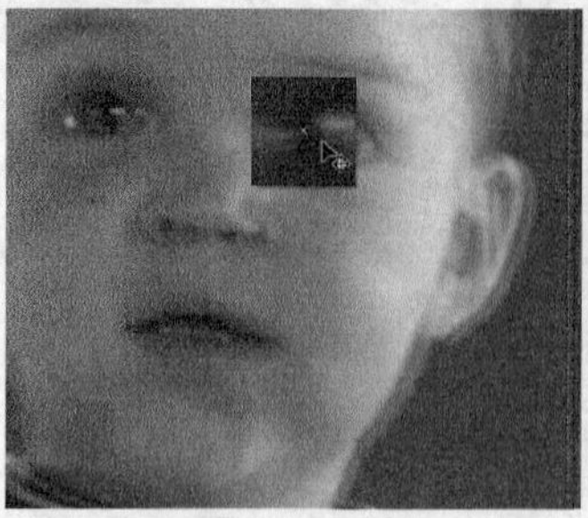

图 7-10

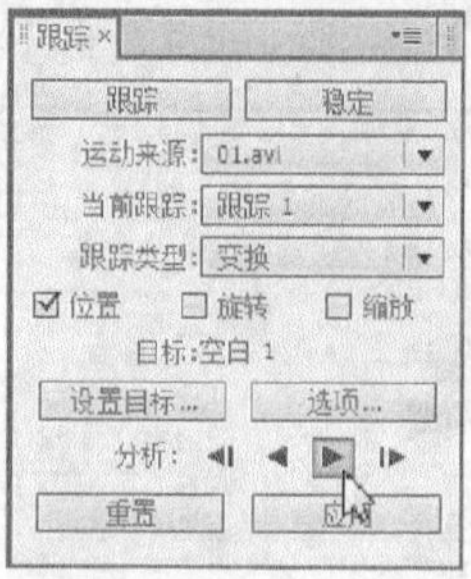

图 7-11

（6）由于运动得太快，需要手动调整关键帧位置，如图 7-12 所示。调整后的效果如图 7-13 所示。

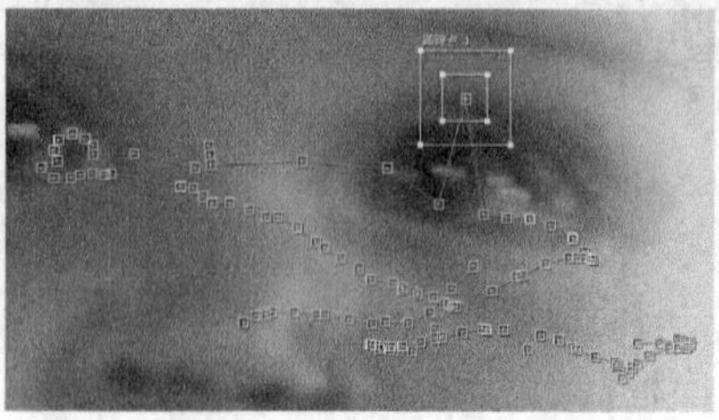

图 7-12

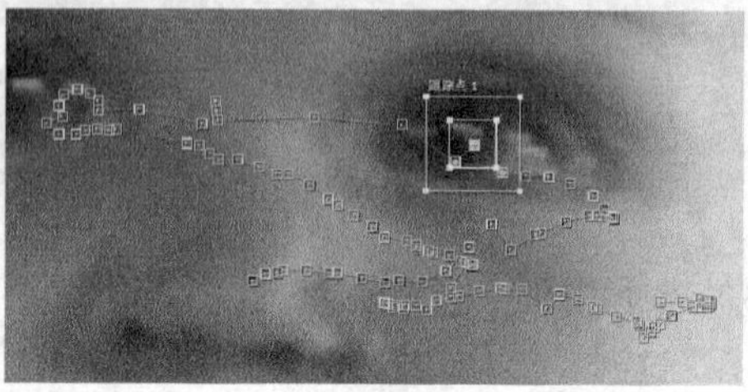

图 7-13

（7）选中“01”文件，在“跟踪”面板中单击“应用”按钮，如图 7-14 所示，弹出“动态跟踪应用选项”对话框，单击“确定”按钮，如图 7-15 所示。

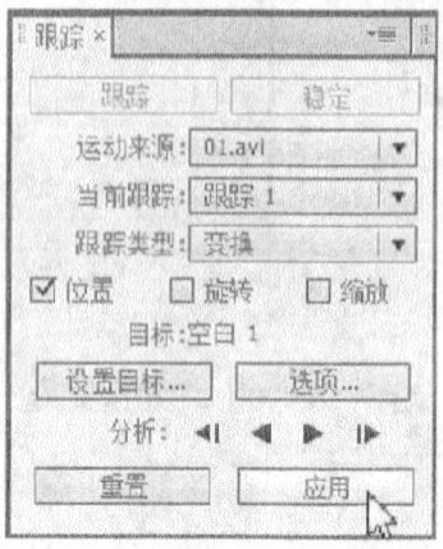

图 7-14

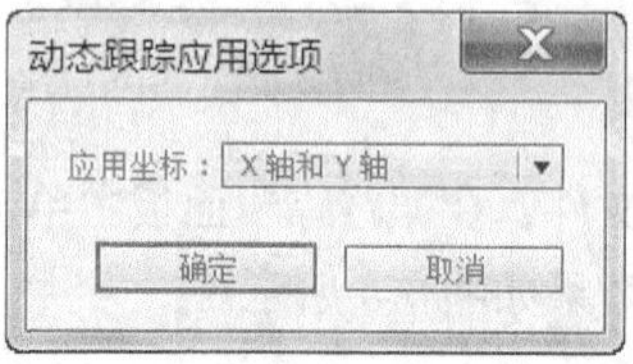

图 7-15

（8）选中“01”文件，按<U>键展开所有关键帧，可以看到刚才的控制点经过跟踪计算后所产生的一系列关键帧，如图 7-16 所示。

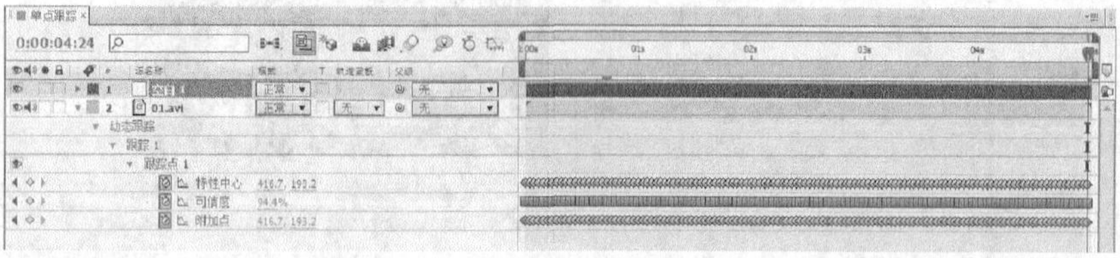

图 7-16

（9）选中“空白 1”层，按<U>键展开所有关键帧，同样可以看到由于跟踪所产生的一系列关键帧，如图 7-17 所示。合成窗口中的效果如图 7-18 所示。

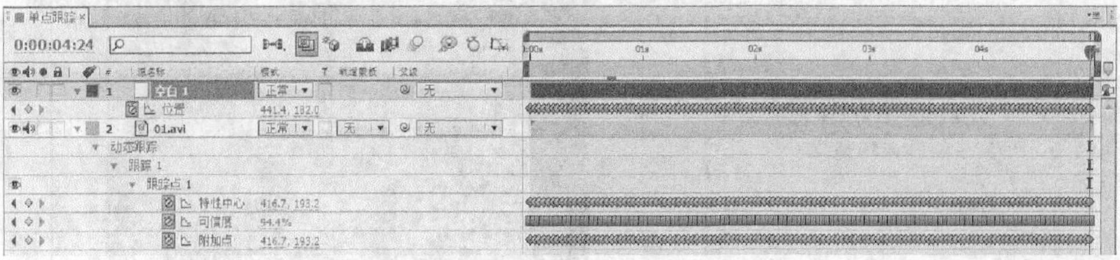

图 7-17

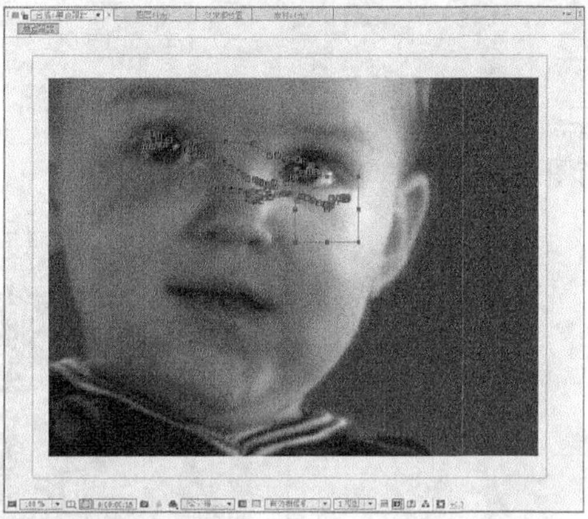

图 7-18

2．编辑形状

（1）选择“图层 > 新建 > 调节层”命令，在“时间线”面板中新增一个调节层，如图 7-19 所示。选中“调节层 1”层，选择“椭圆遮罩”工具，在合成窗口中拖曳鼠标绘制一个椭圆形遮罩，如图 7-20 所示。

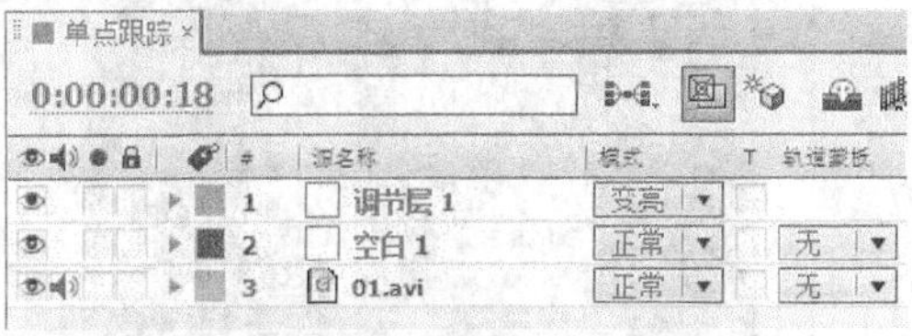

图 7-19

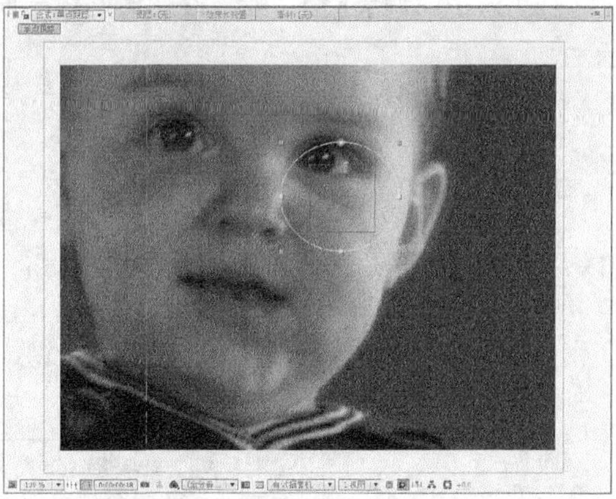

图 7-20

（2）选中“调节层 1”层，选择“效果 > 色彩校正 > 色阶”命令，在“特效控制”面板中进行参数设置，如图 7-21 所示。合成窗口中的效果如图 7-22 所示。

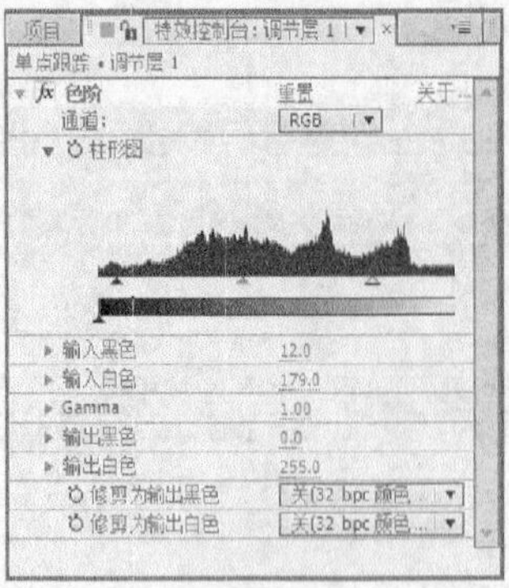

图 7-21

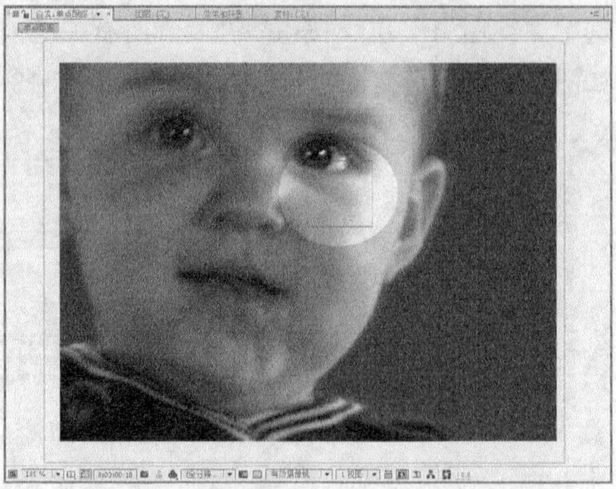

图 7-22

（3）选中“调节层 1”层，展开“遮罩”属性，设置“遮罩羽化”选项的数值为 60，如图 7-23 所示。合成窗口中的效果如图 7-24 所示。

图 7-23

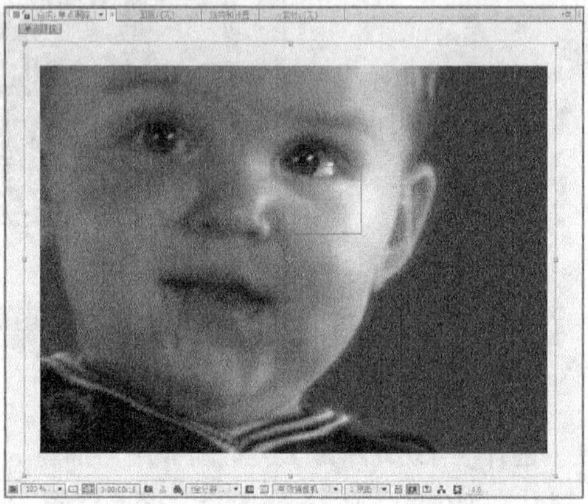

图 7-24

（4）选中“调节层 1”层，在“时间线”面板中设置父级的选项为“2.空白 1”，如图 7-25 所示。

（5）单点跟踪制作完成，如图 7-26 所示。

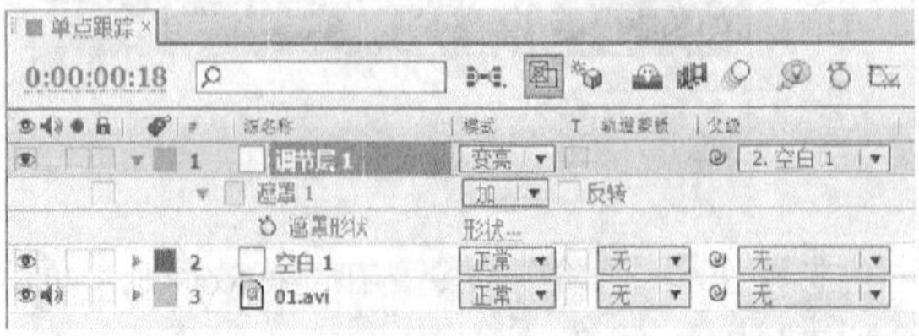

图 7-25

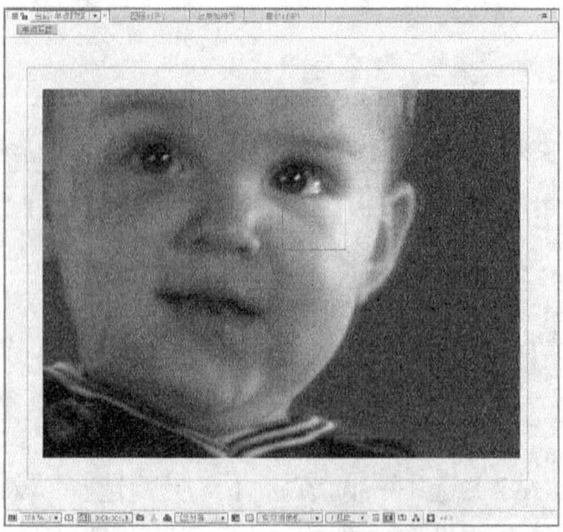

图 7-26

7.1.2　单点跟踪

在某些合成效果中可能需要将某种特效跟踪另外一个物体运动，从而创建出想要得到的最佳效果。例如，动态跟踪通过追踪人物单独一个点的运动轨迹，使调节层与人物的运动轨迹相同，完成合成效果，如图 7-27 所示。

图 7-27

选择"效果 > 动态跟踪"或"窗口 > 跟踪"命令，打开"跟踪"控制面板，并且将在"图层"视图中显示当前层。通过面板中提供的"跟踪类型"设置，选择类型为变换，制作单点跟踪效果。该面板中还提供跟踪、稳定、运动来源、当前跟踪、位置、旋转、缩放、设置目标、选项、分析、重置、应用等设置，与图层视图相结合，用户可以进行单点跟踪设置，如图 7-28 所示。

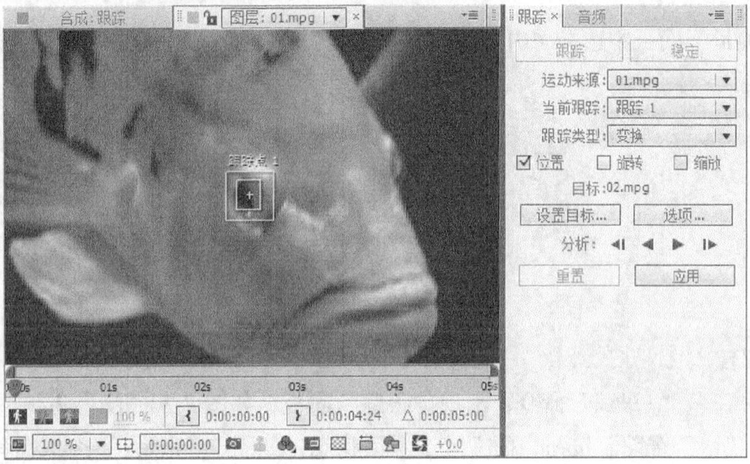

图 7-28

7.1.3　课堂案例——四点跟踪

案例学习目标：学习使用多点跟踪制作四点跟踪效果。

案例知识要点：使用"导入"命令导入视频文件；使用"跟踪"命令添加跟踪点。四点跟踪效果如图 7-29 所示。

图 7-29

效果所在位置：光盘\Ch07\四点跟踪. aep。

1．导入视频文件

（1）按<Ctrl>+<N>组合键，弹出"图像合成设置"对话框，在"合成组名称"选项的文本框中输入"四点跟踪"，其他选项的设置如图 7-30 所示，单击"确定"按钮，创建一个新的合成"四点跟踪"。

选择“文件 > 导入 > 文件”命令，弹出“导入文件”对话框，选择光盘中的“Ch07 \四点跟踪\(Footage)\”中的“01”、“02”文件，单击“打开”按钮，导入视频文件，如图 7-31 所示。

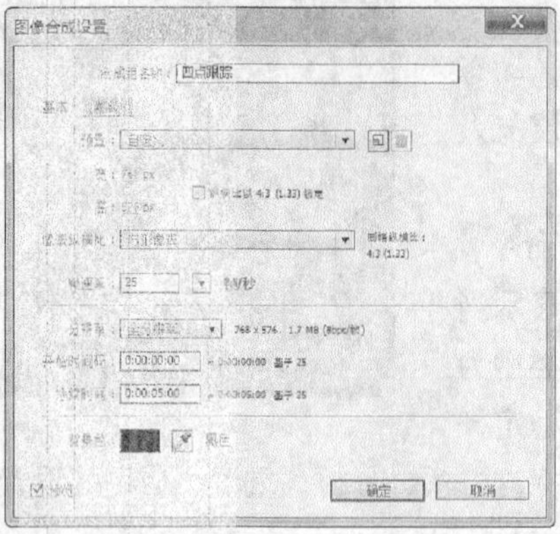

图 7-30

图 7-31

（2）在“项目”面板中选择“01”、“02”文件，并将其拖曳到“时间线”面板中。层的排列如图 7-32 所示。

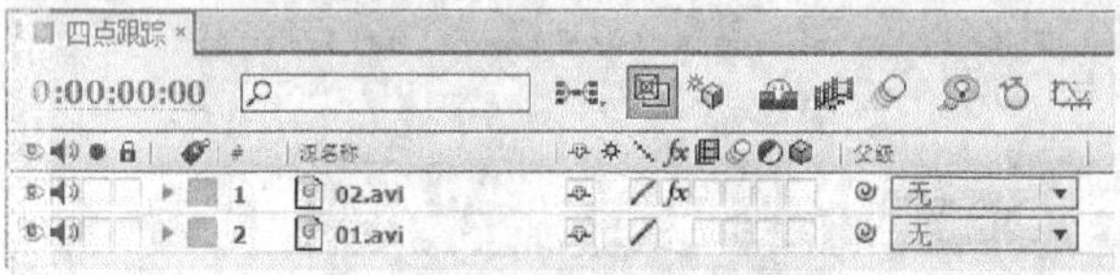

图 7-32

2．添加跟踪点

（1）选择“窗口 > 跟踪”命令，出现“跟踪”面板，如图 7-33 所示。选中“01”文件，在“跟踪”面板中单击“跟踪”按钮，面板处于激活状态，如图 7-34 所示。合成窗口中的效果如图 7-35 所示。

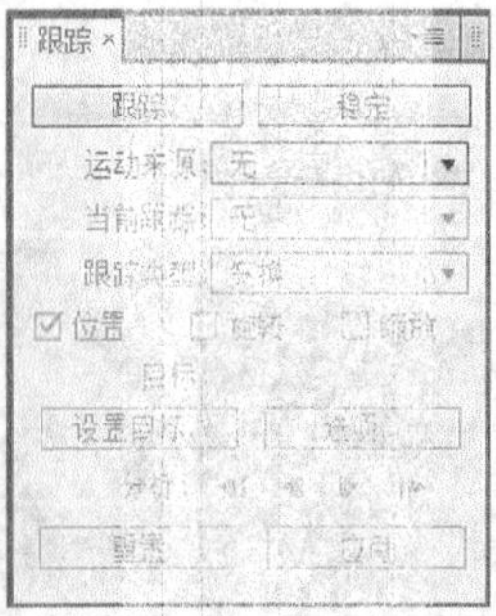

图 7-33

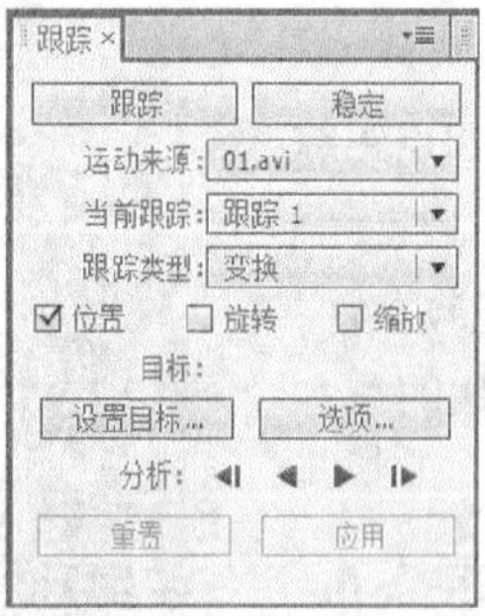

图 7-34

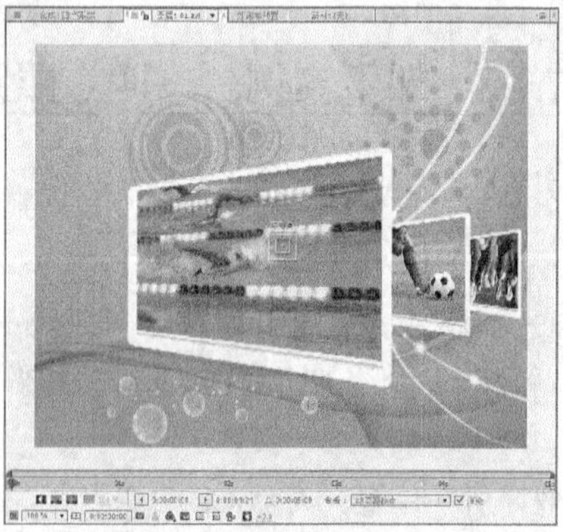

图 7-35

（2）选中“01”文件，在“跟踪”面板的“跟踪类型”下拉菜单中选择“透视拐点”，如图 7-36 所示。合成窗口中的效果如图 7-37 所示。

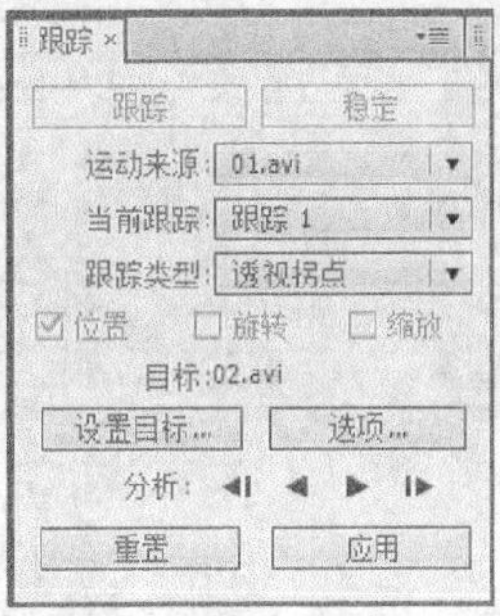

图 7-36

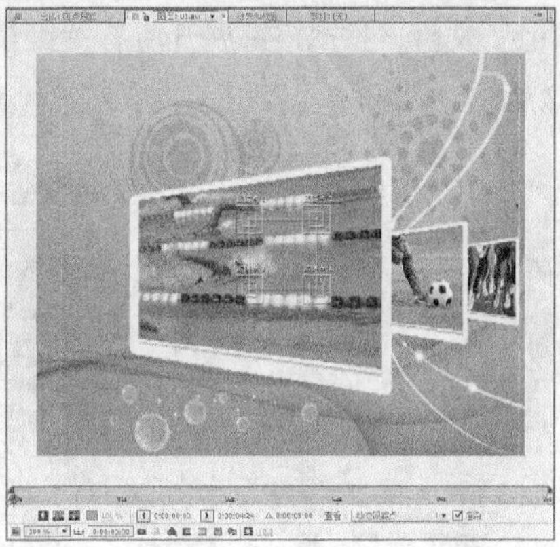

图 7-37

（3）用鼠标分别拖曳 4 个控制点到画面的四角，如图 7-38 所示。在“跟踪”面板中单击“向前分析”按钮自动跟踪计算，如图 7-39 所示。

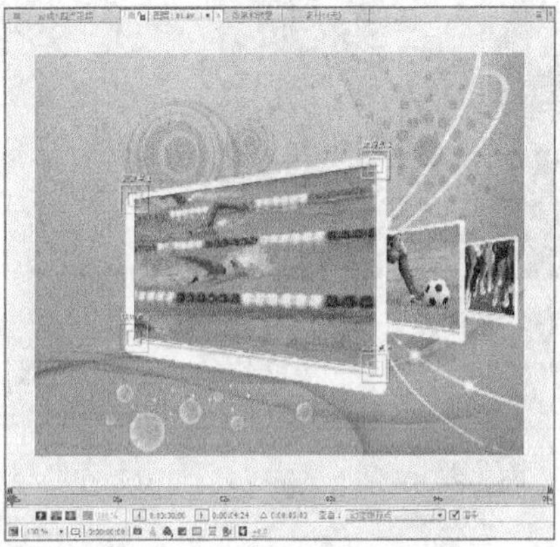

图 7-38

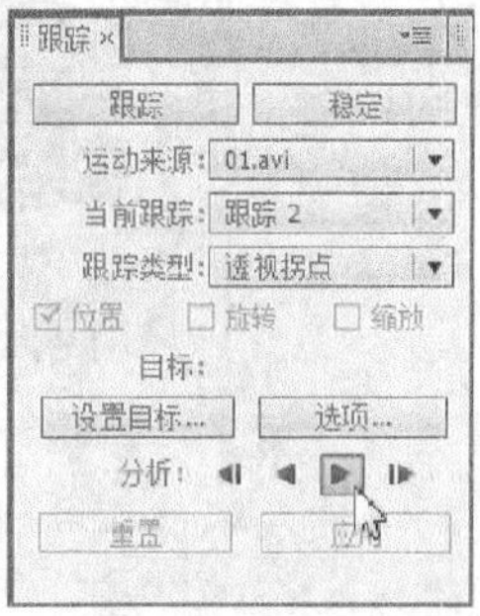

图 7-39

（4）选中“01”文件，在“跟踪”面板中单击“应用”按钮，如图 7-40 所示。

（5）选中“01”文件，按<U>键展开所有关键帧，可以看到刚才的控制点经过跟踪计算后所产生的一系列关键帧，如图 7-41 所示。

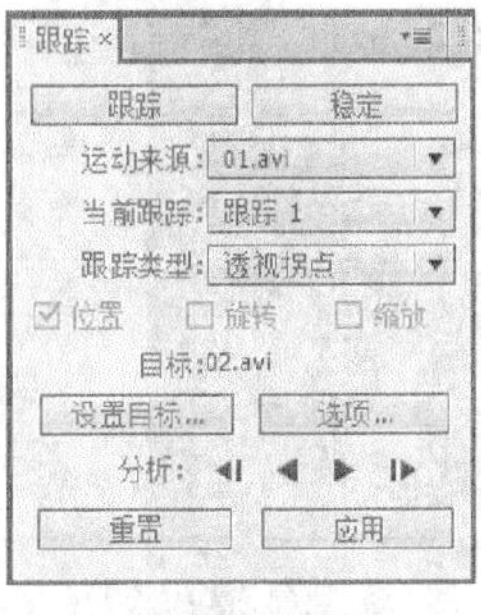

图 7-40

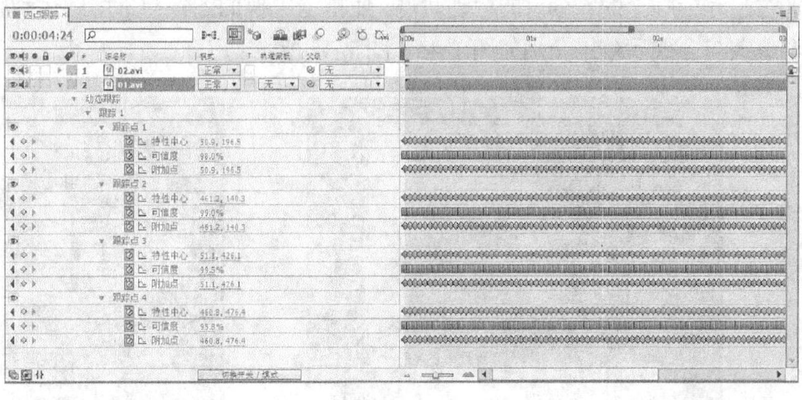

图 7-41

（6）选中“02”文件，按<U>键展开所有关键帧，同样可以看到由于跟踪所产生的一系列关键帧，如图 7-42 所示。

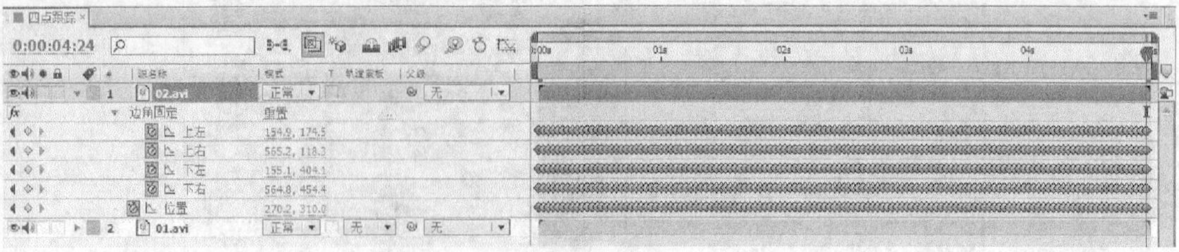

图 7-42

（7）四点跟踪效果制作完成，如图 7-43 所示。

图 7-43

7.1.4 多点跟踪

在某些影片的合成过程中经常需要将动态影片中的某一部分图像设置成其他图像，并生成跟踪效果，制作出想要得到的结果。例如，将一段影片与另一指定的图像进行置换合成。动态跟踪通过追踪标牌上的 4 个点的运动轨迹，使指定置换的图像与标牌的运动轨迹相同，完成合成效果，合成前与合成后效果分别如图 7-44、图 7-45 所示。

图 7-44

图 7-45

多点跟踪效果的设置与单点跟踪的效果设置大部分相同，只是在“跟踪类型”设置中选择类型为“透视拐点”，指定类型以后“图层”视图中会由原来的 1 个跟踪点，变成定义 4 个跟踪点的位置制作多点跟踪效果，如图 7-46 所示。

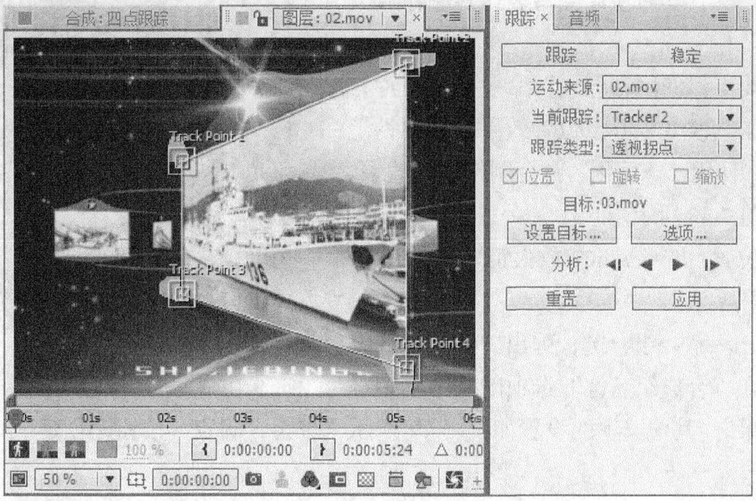

图 7-46

7.2 表达式

表达式可以创建层属性或一个属性关键帧到另一层或另一个属性关键帧的联系。当要创建一个复杂的动画，但又不愿意手工创建几十、几百个关键帧时，就可以试着用表达式代替。在 After Effects 中想要给一个层增加表达式，首先需要先给该层增加一个表达式控制滤镜特效，如图 7-47 所示。

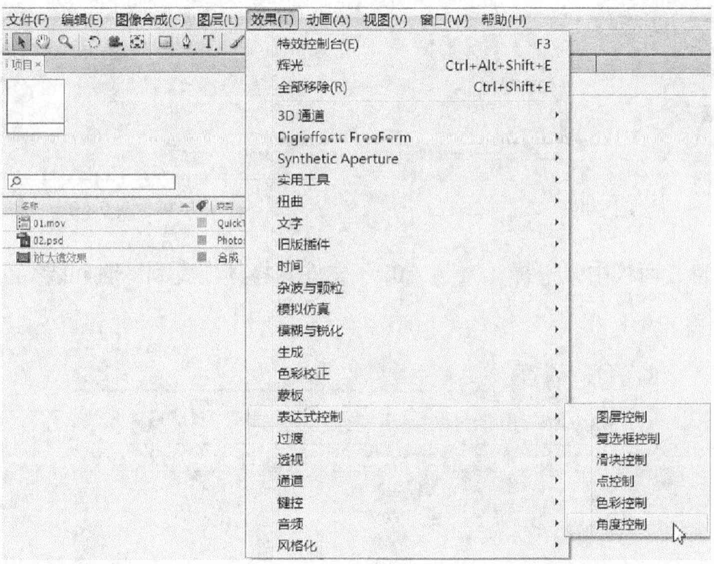

图 7-47

7.2.1 课堂案例——放大镜效果

案例学习目标：学习使用编写表达式制作放大镜效果。

案例知识要点：使用“导入”命令导入图片；使用平移拖后工具改变中心点位置效果；使用钢笔工具绘制形状；使用“球面化”命令制作放大效果。放大镜效果如图 7-48 所示。

效果所在位置：光盘\Ch07\放大镜效果.aep。

图 7-48

1．导入图片

（1）按<Ctrl>+<N>组合键，弹出“图像合成设置”对话框，在“合成组名称”选项的文本框中输入“放大镜效果”，其他选项的设置如图 7-49 所示，单击“确定”按钮，创建一个新的合成“放大镜效果”。

（2）选择“导入 > 文件 > 导入”命令，弹出“导入文件”对话框，选择光盘中的“Ch07 \ 放大镜效果\ (Footage)\”中的“01”、“02”文件，单击“打开”按钮，导入图片，如图 7-50 所示。

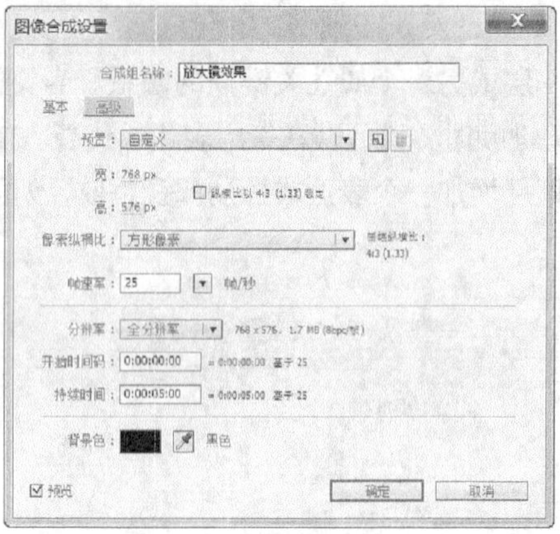

图 7-49

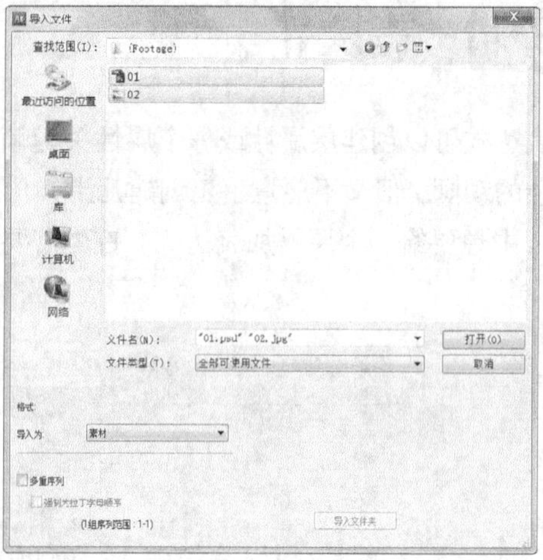

图 7-50

（3）在“项目”面板中，选择“01”、“02”文件并将其拖曳到“时间线”面板中，层的排列如图 7-51 所示。

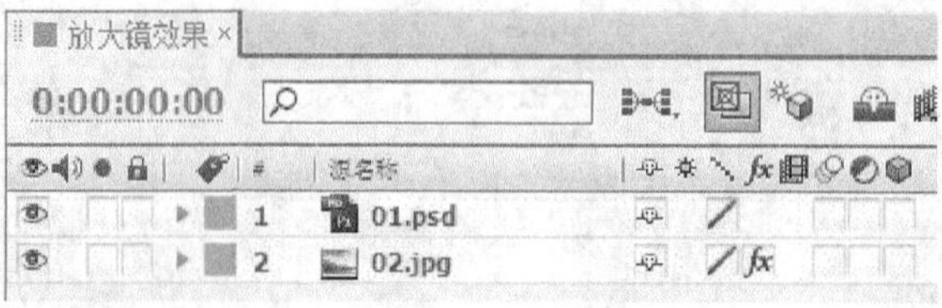

图 7-51

2．制作放大效果

（1）选中“01”文件，按<S>键展开“缩放”属性，设置“缩放”选项的数值为 40，如图 7-52 所示。按<P>键展开的“位置”属性，设置“位置”选项的数值为 598.4、237，如图 7-53 所示。

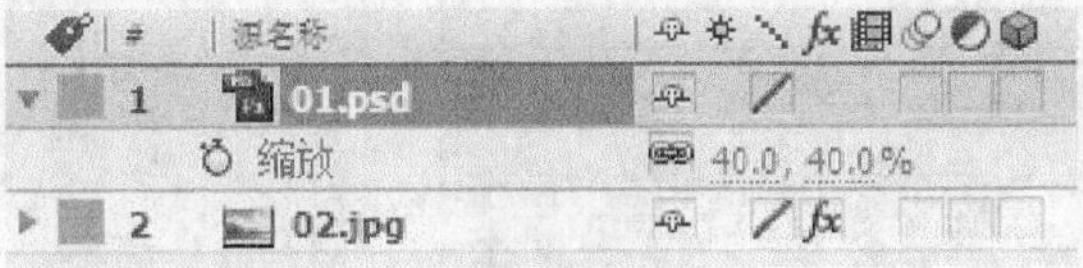

图 7-52

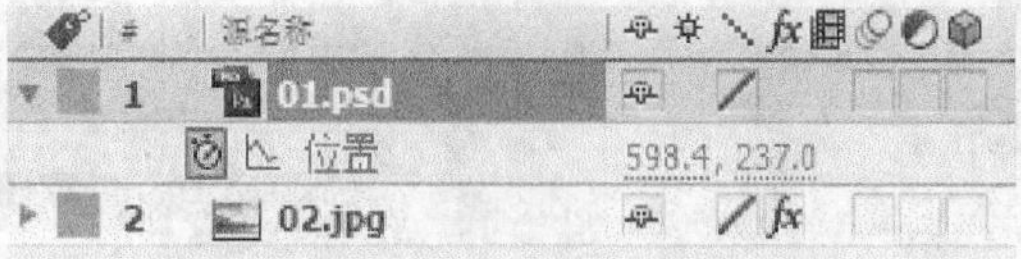

图 7-53

（2）选择“定位点”具，在合成窗口中按住鼠标左键，调整放大镜的中心点位置，如图 7-54 所示。

（3）在“时间线”面板中将时间标签放置在 0s 的位置，单击“位置”选项前面的“关键帧自动记录器”按钮，如图 7-55 所示，记录第 1 个关键帧。

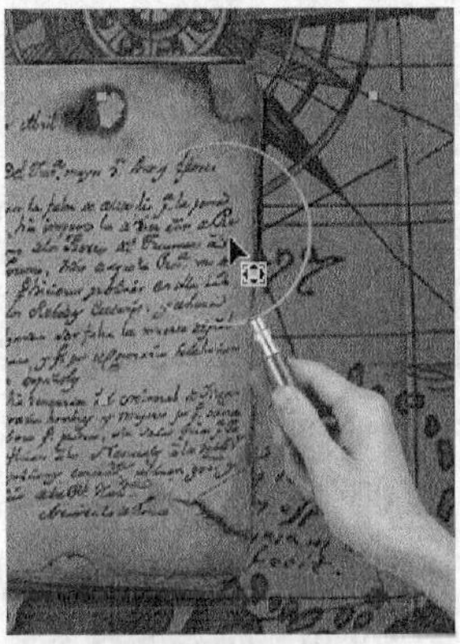

图 7-54

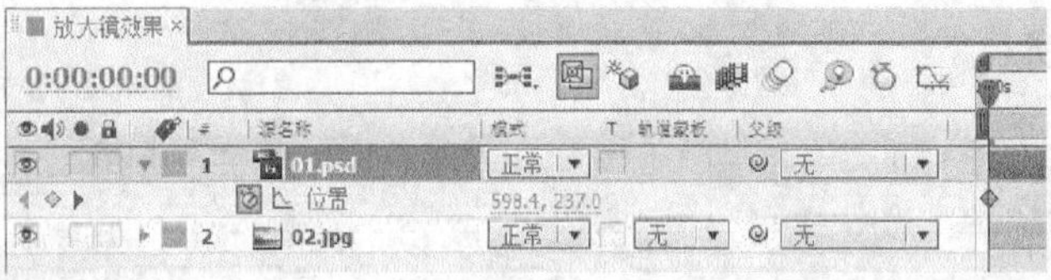

图 7-55

（4）将时间标签放置在 2s 的位置，设置“位置”选项的数值为 563.4、321，如图 7-56 所示，记录第 2 个关键帧。

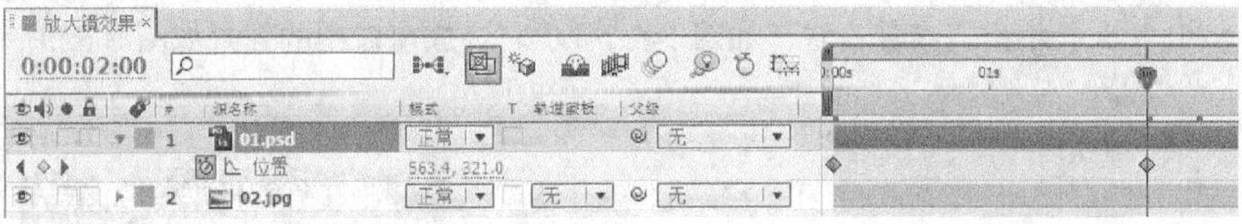

图 7-56

（5）将时间标签放置在 4:24s 的位置，设置“位置”选项的数值为 283.4、271，如图 7-57 所示，记录第 3 个关键帧。

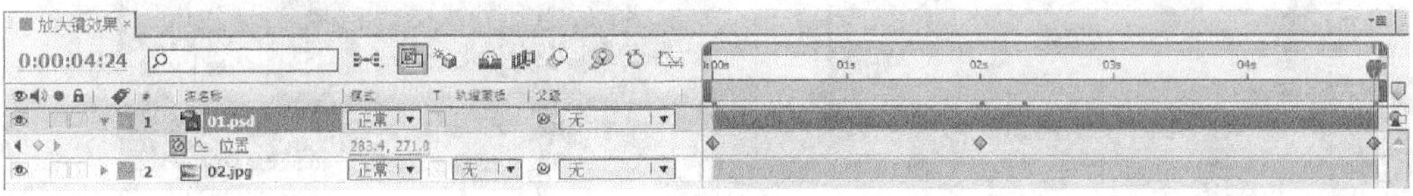

图 7-57

（6）选中“01”文件，按<R>键展开“旋转”属性，将时间标签放置在 0s 的位置，设置“旋转”选项的数值为 0、0，单击“旋转”选项前面的“关键帧自动记录器”按钮，记录第 1 个关键帧，如图 7-58 所示。

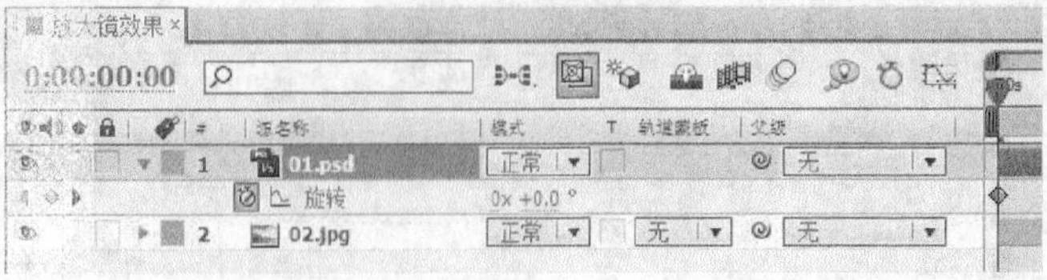

图 7-58

（7）将时间标签放置在 2s 的位置，设置“旋转”选项的数值为 0、20，记录第 2 个关键帧，如图 7-59 所示。

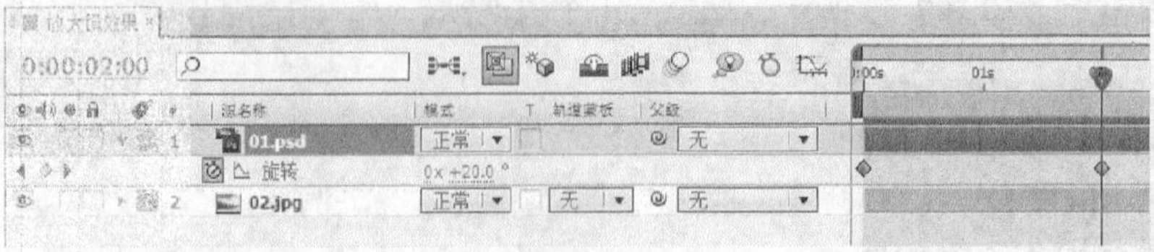

图 7-59

（8）将时间标签放置在 4:24s 的位置，设置“旋转”选项的数值为 0、30，添加的关键帧如图 7-60 所示。

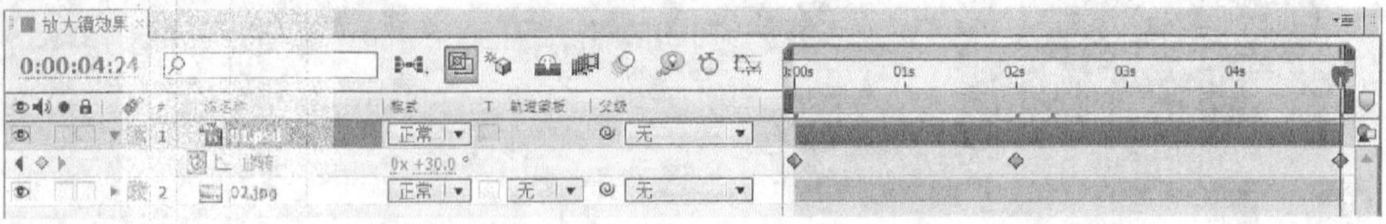

图 7-60

（9）将时间标签放置在 0s 的位置，选中“02”文件，选择“效果 > 扭曲 > 球面化”命令，在“特效控制”面板中进行参数设置，如图 7-61 所示。合成窗口中的效果如图 7-62 所示。

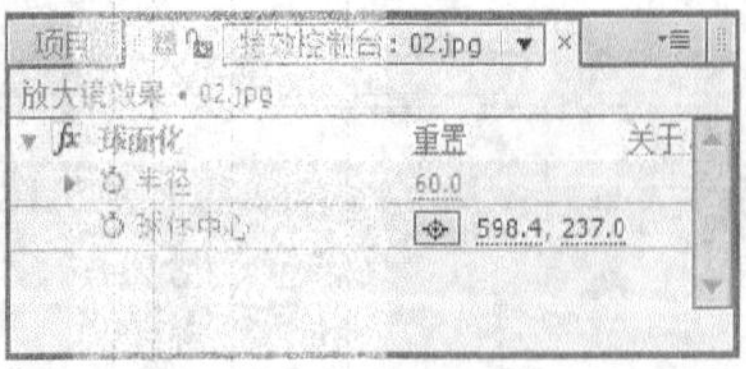

图 7-61

图 7-62

（10）展开“球面化”属性，选中“球体中心”选项，选择“动画 > 添加表达式 ”命令，为“球体中心”属性添加一个表达式，如图 7-63 所示。在“时间线”面板右侧输入表达式代码：thisComp.layer("01.psd").position，如图 7-64 所示。

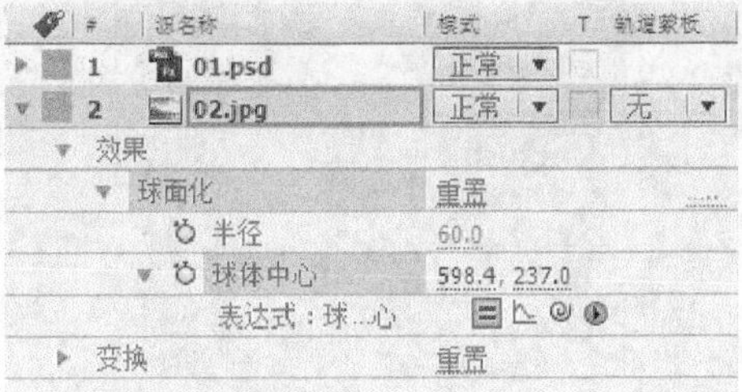

图 7-63

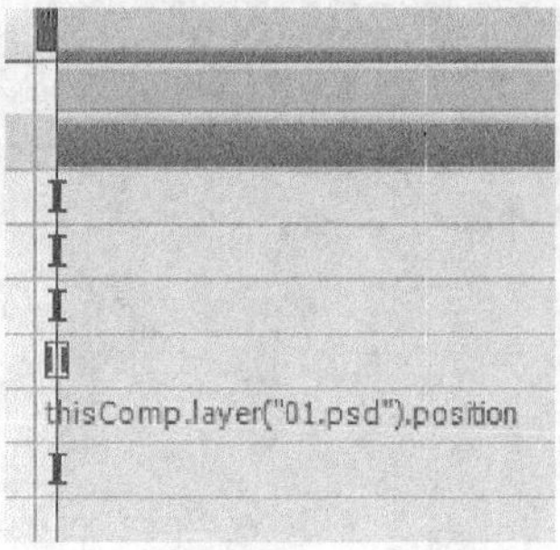

图 7-64

（11）放大镜效果制作完成，如图 7-65 所示。

图 7-65

7.2.2　创建表达式

在时间线窗口中选择一个需要增加表达式的控制属性，在菜单栏中选择“动画 > 添加表达式”命令激活该属性，如图 7-66 所示。属性被激活后可以在该属性条中直接输入表达式覆盖现有的文字，增加表达式的属性中会自动增加启用开关、显示图表、表达式拾取和语言菜单等工具，如图 7-67 所示。

编写、增加表达式的工作都在时间线窗口中完成，当增加一个层属性的表达式到时间线窗口时，一个默认的表达式就出现在该属性下方的表达式编辑区中，在这个表达式编辑区中可以输入新的表达式或修改表达式的值；许多表达式依赖于层属性名，如果改变了一个表达式所在的层属性名或层名，这个表达式可能产生一个错误的消息。

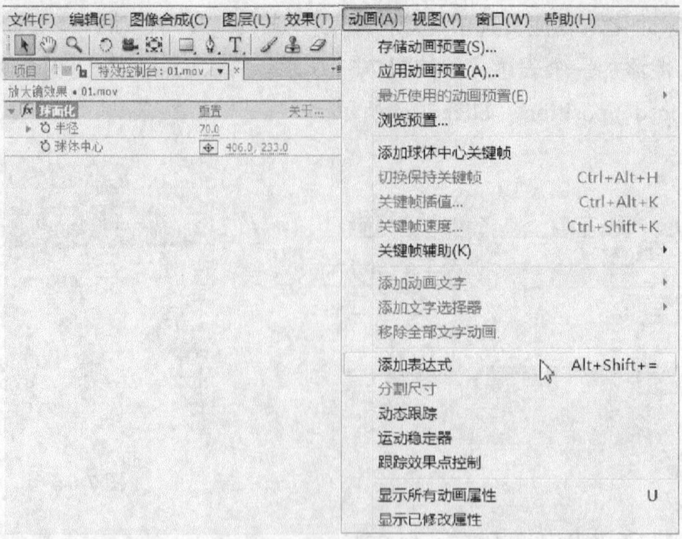

图 7-66

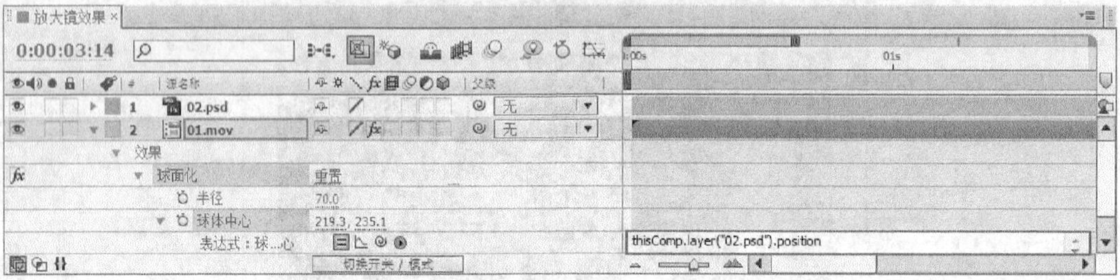

图 7-67

7.2.3　编写表达式

可以在时间线窗口中的表达式编辑区中直接写表达式，或通过其他文本工具编写。如果在其他文本工具中编写表达式，只需简单地将表达式复制粘贴到表达式编辑区中即可。在编写自己的表达式时，可能需要一些 JavaScript 语法和数学基础知识。

当编写表达式时，需要注意如下事项：JavaScript 语句区分大小写；在一段或一行程序后需要加“;”符号，使词间空格被忽略。

在 After Effects 中，可以用表达式语言访问属性值。访问属性值时，用“.”符号将对象连接起来，连接的对象在层水平，例如，连接 Effect、masks、文字动画，可以用“( )”符号；连接层 A 的 Opacity 到层 B 的高斯模糊的 Blurriness 属性，可以在层 A 的 Opacity 属性下面输入如下表达式：

thisComp.layer(“layer B”).effect(“Gaussian Blur”) (“Blurriness”)。

表达式的默认对象是表达式中对应的属性，接着是层中内容的表达，因此，没有必要指定属性。例如，在层的位置属性上写摆动表达式可以用如下两种方法：

wiggle(5,10);

position.wiggle(5,10)。

在表达式中可以包括层及其属性。例如，将 B 层的 Opacity 属性与 A 层的 Position 属性相连的表达式为：

thisComp.layer(layerA).position[0].wiggle(5,10)。

当加一个表达式到属性后，可以连续对属性进行编辑、增加关键帧。编辑或创建的关键帧的值将在表达式以外的地方使用。当表达式存在时，可以用下面的方法创建关键帧，表达式仍将保持有效。

写好表达式后可以存储它以便将来复制粘贴，还可以在记事本中编辑。但是表达式是针对层写的，不允许简单地存储和装载表达式到一个项目。如果要存储表达式以便用于其他项目，可能要加注解或存储整个项目文件。

7.3 课堂练习——跟踪飞机运动

练习知识要点：使用“导入”命令导入视频文件；使用“跟踪”命令编辑进行单点跟踪。跟踪飞机运动效果如图 7-68 所示。

效果所在位置：光盘\Ch07\跟踪飞机运动. aep。

图 7-68

7.4 课后习题——跟踪对象运动

习题知识要点：使用“跟踪”命令编辑多个跟踪点，改变不同的位置。跟踪对象运动效果如图 7-69 所示。

效果所在位置：光盘\Ch07\跟踪对象运动. aep。

图 7-69

第8章 抠像

本章对 After Effects 中的抠像功能进行了详细讲解，包括颜色差异抠像、颜色抠像、颜色范围、不光滑差异、吸取抠像、内外抠像、线性颜色抠像、亮度抠像、溢出压制和外挂抠像等内容。通过对本章的学习，读者可以自如地应用抠像功能进行实际创作。

课堂学习目标

- 抠像效果
- 外挂抠像

8.1 抠像效果

抠像滤镜通过指定一种颜色，然后将与其近似的像素抠像，使其透明。此功能相对简单，对于拍摄质量好，背景比较单纯的素材有不错的效果，但是不适合处理复杂情况。

8.1.1 课堂案例——抠像效果

案例学习目标：学习使用键控命令制作抠像效果。

案例知识要点：使用“颜色键”命令修复图片效果；设置“位置”属性编辑图片位置。抠像效果如图 8-1 所示。

效果所在位置：光盘\Ch08\抠像效果.aep。

图 8-1

（1）选择“文件 > 导入 > 文件”命令，弹出“导入文件”对话框，选择光盘中的“Ch08\抠像效果\ (Footage)\ 01、02”文件，单击“打开”按钮，导入图片，如图 8-2 所示。在“项目”面板中选中“01”文件，将其拖曳到项目窗口下方的创建项目合成按钮，如图 8-3 所示，自动创建一个项目合成。

图 8-2

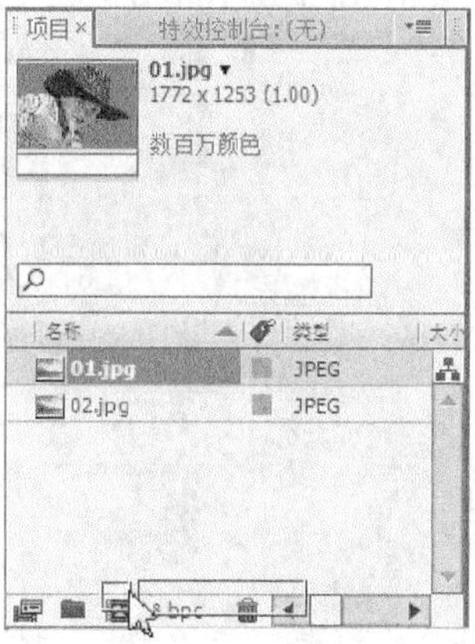

图 8-3

（2）在“时间线”面板中，按<Ctrl>+<K>组合键，弹出“图像合成设置”对话框，在“合成组名称”选项的文本框中输入“抠像”，单击“确定”按钮，将合成命名为“抠像”，如图 8-4 所示。合成窗口中的效果如图 8-5 所示。

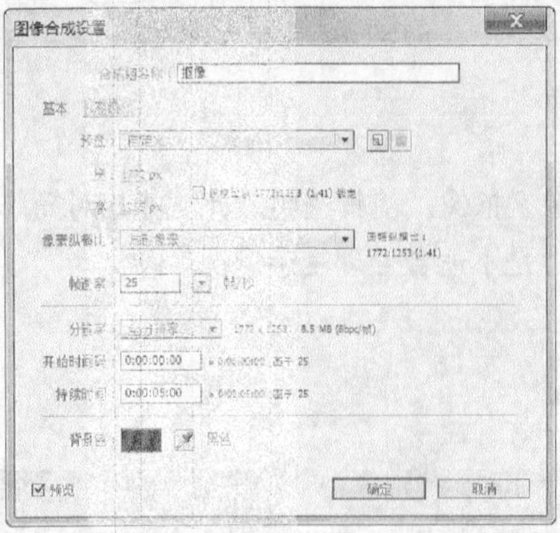

图 8-4

图 8-5

（3）选中“01”文件，选择“效果 > 键控 > 颜色键”命令，选择“颜色键”选项后面的吸管工具，如图 8-6 所示，吸取背景素材上的绿色，如图 8-7 所示。合成窗口中的效果如图 8-8 所示。

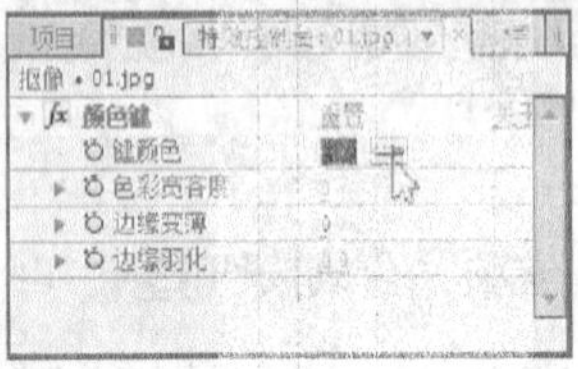

图 8-6

图 8-7

图 8-8

（4）选中“01”文件，在“特效控制台”面板中进行参数设置，如图 8-9 所示。合成窗口中的效果如图 8-10 所示。

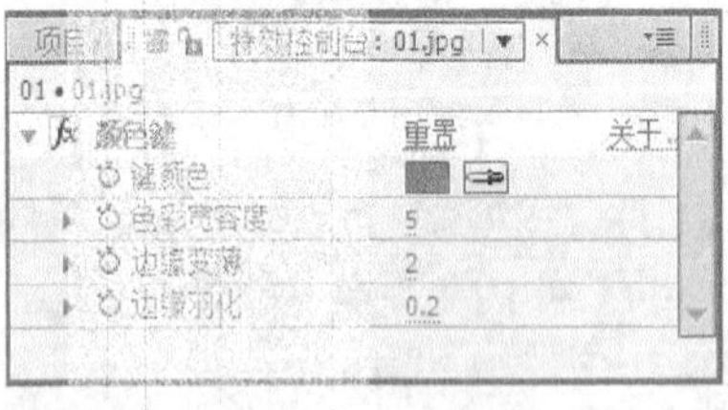

图 8-9

图 8-10

（5）按<Ctrl>+<N>组合键，弹出“图像合成设置”对话框，在“合成组名称”选项的文本框中输入“抠像效果”，其他选项的设置如图 8-11 所示，单击“确定”按钮，创建一个新的合成“抠像效果”。在“项目”窗口中选择“02”文件，并将其拖曳到“时间线”面板中如图 8-12 所示。

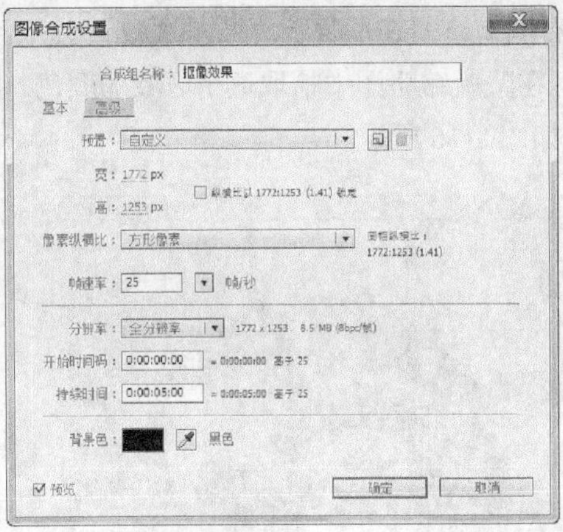

图 8-11

图 8-12

（6）在“项目”面板中选中“抠像”合成并将其拖曳到“时间线”面板中，按<S>键展开“缩放”属性，设置“属性”选项的数值为 66.3，如图 8-13 所示。按<P>键展开“位置”属性，设置“位置”选项的数值为 588、832.5，如图 8-14 所示。抠像效果制作完成，如图 8-15 所示。

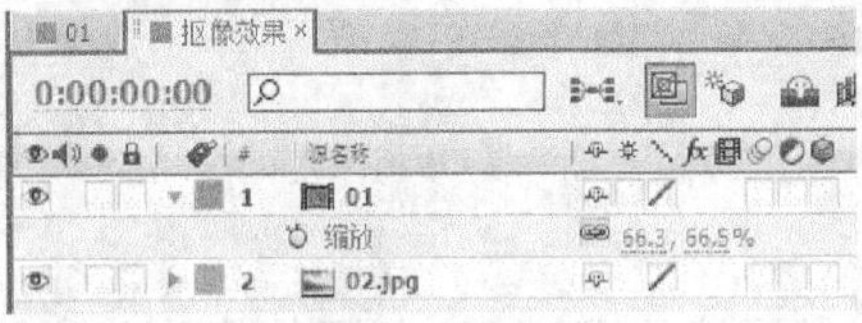

图 8-13

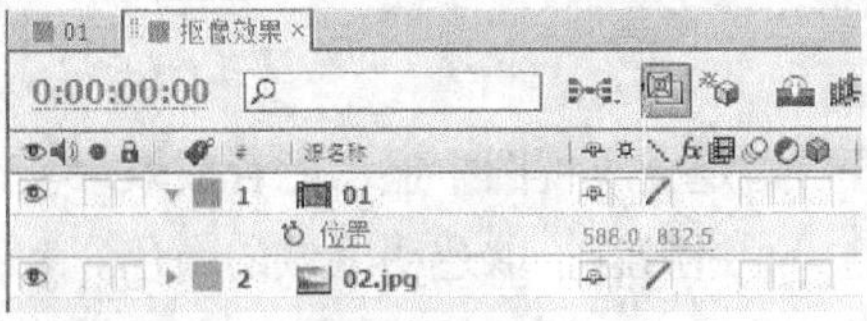

图 8-14

图 8-15

8.1.2　颜色差异键

颜色差异键把图像划分为两个蒙版透明效果。局部蒙版 B 使指定的抠像颜色变为透明，局部蒙版 A 使图像中不包含第二种不同颜色的区域变为透明。这两种蒙版效果联合起来就得到最终的第三种蒙版效果，即背景变为透明。

颜色差异抠像的左侧缩略图表示原始图像，右侧缩略图表示蒙版效果，吸管工具用于在原始图像缩略图中拾取抠像颜色，吸管工具用于在蒙版缩略图中拾取透明区域的颜色，吸管工具用于在蒙版缩略图中拾取不透明区域颜色，如图 8-16 所示。

图 8-16

查看：指定合成视图中显示的合成效果。

键色：通过吸管拾取透明区域的颜色。

色彩匹配精度：用于控制匹配颜色的精确度。若屏幕上不包含主色调会得到较好的效果。

蒙版控制：调整通道中的 Black、White 和 Gamma 参数值的设置，从而修改图像蒙版的透明度。

8.1.3 颜色键

颜色键设置如图 8-17 所示。

图 8-17

键颜色：通过吸管工具拾取透明区域的颜色。

色彩宽容度：用于调节抠像颜色相匹配的颜色范围。该参数值越高，抠掉的颜色范围就越大；该参数越低，抠掉的颜色范围就越小。

边缘变薄：减少所选区域的边缘的像素值。

边缘羽化：设置抠像区域的边缘以产生柔和羽化效果。

8.1.4　色彩范围

色彩范围可以通过去除 Lab、YUV 或 RGB 模式中指定的颜色范围来创建透明效果。用户可以对多种颜色组成的背景屏幕图像，如不均匀光照并且包含同种颜色阴影的蓝色或绿色屏幕图像应用该滤镜特效，如图 8-18 所示。

图 8-18

模糊性：设置选区边缘的模糊量。

色彩空间：设置颜色之间的距离，有 Lab、YUV、RGB 3 种选项，每种选项对颜色的不同变化有不同的反映。

最大/最小：对层的透明区域进行微调设置。

8.1.5　差异蒙版

差异蒙版可以通过对比源层和对比层的颜色值，将源层中与对比层颜色相同的像素删除，从而创建透明效果。该滤镜特效的典型应用就是将一个复杂背景中的移动物体合成到其他场景中，通常情况下对比层采用源层的背景图像，如图 8-19 所示。

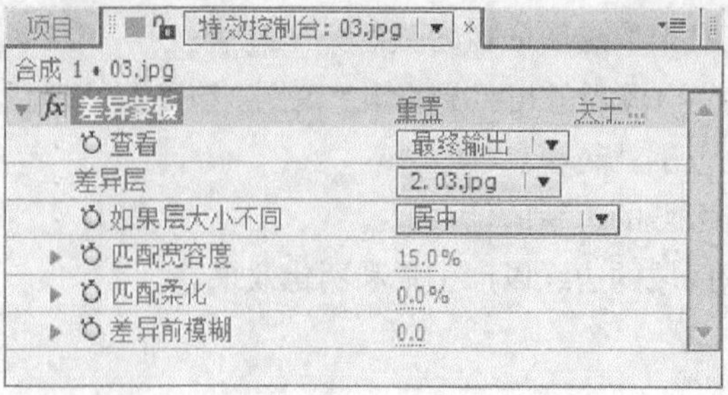

图 8-19

差异层：设置哪一层将作为对比层。如果层大小不同：设置对比层与源图像层的大小匹配方式，有居中和拉伸进行适配两种方式。

差异前模糊：细微模糊两个控制层中的颜色噪点。

8.1.6 提取（抽出）

提取（抽出）通过图像的亮度范围来创建透明效果。图像中所有与指定的亮度范围相近的像素都将删除，对于具有黑色或白色背景的图像，或者是背景亮度与保留对象之间亮度反差很大的复杂背景图像是该滤镜特效的优点，还可以用来删除影片中的阴影，如图 8-20 所示。

图 8-20

8.1.7 内部/外部键

内部/外部键通过层的遮罩路径来确定要隔离的物体边缘，从而把前景物体从它的背景上隔离出来。利用该滤镜特效可以将具有不规则边缘的物体从它的背景中分离出来，这里使用的遮罩路径可以十分粗略，不一定正好在物体的四周边缘，如图 8-21 所示。

图 8-21

8.1.8 线性色键

线性色键既可以用来进行抠像处理，还可以用来保护其他误删除但不应删除的颜色区域，如果在图像中抠出的物体包含被抠像颜色，当对其进行抠像时这些区域可能也会变成透明区域，这时通过对图像施加该滤镜特效，然后在滤镜特效控制面板中设置“键操作 > 保持颜色”选项，找回不该删除的部分，如图 8-22 所示。

图 8-22

8.1.9 亮度键

亮度键是根据层的亮度对图像进行抠像处理，可以将图像中具有指定亮度的所有像素都删除，从而创建透明效果，而层质量设置不会影响滤镜效果，如图 8-23 所示。

图 8-23

键类型：包括亮部抠出、暗部抠出、抠出相似区域和抠出非相似区域等抠像类型。
阈值：设置抠像的亮度极限数值。
宽容度：指定接近抠像极限数值的像素范围，数值的大小可以直接影响抠像区域。

8.1.10 溢出抑制

溢出抑制是光线从屏幕反射到图像物体上的颜色，是由透明物体中显示的背景颜色。溢出抑制可以删除对图像以后留下的一些溢出颜色的痕迹，如图 8-24 所示。

图 8-24

色彩抑制：拾取选择要进一步删除的溢出颜色。

色彩精度：选择控制溢出颜色的精确度，包括更快和更好选项。

抑制里：控制溢出颜色程度。

8.2 外挂抠像

根据设计制作任务的需要，可以将外挂抠像插件安装在电脑中。安装后，就可以使用功能强大的外挂抠像插件。例如 Keylight（1.2）插件是为专业的高端电影开发的抠像软件，用于精细地去除影像中任何一种指定的颜色。

8.2.1 课堂案例——复杂抠像

案例学习目标：学习使用外挂抠像命令制作复杂抠像效果。

案例知识要点：使用“缩放”属性改变图片大小；使用“Keylight”命令修复图片效果。复杂抠像效果如图 8-25 所示。

图 8-25

效果所在位置：光盘\Ch08\复杂抠像. aep。

（1）按<Ctrl>+<N>组合键，弹出“图像合成设置”对话框，在“合成组名称”选项的文本框中输入“复杂抠像”，其他选项的设置如图 8-26 所示，单击“确定”按钮，创建一个新的合成“复杂抠像”。选择“文件 > 导入 > 文件”命令，弹出“导入文件”对话框，选择光盘中的“Ch08 \复杂抠像 \ (Footage) \”中的“01”、“02”、“03”文件，单击“打开”按钮，导入图片，如图 8-27 所示。

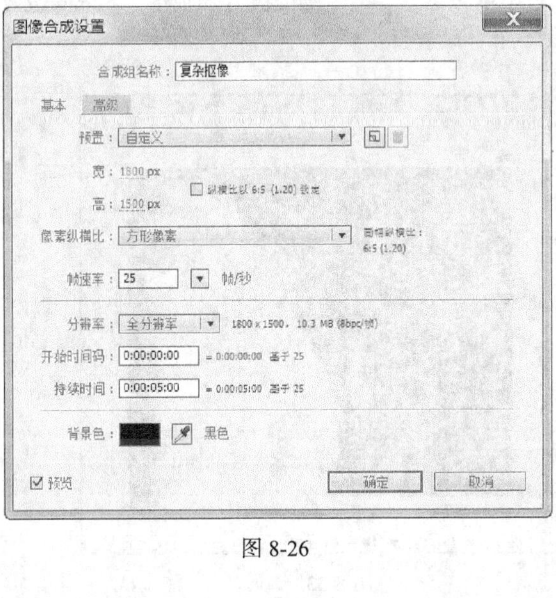

图 8-26

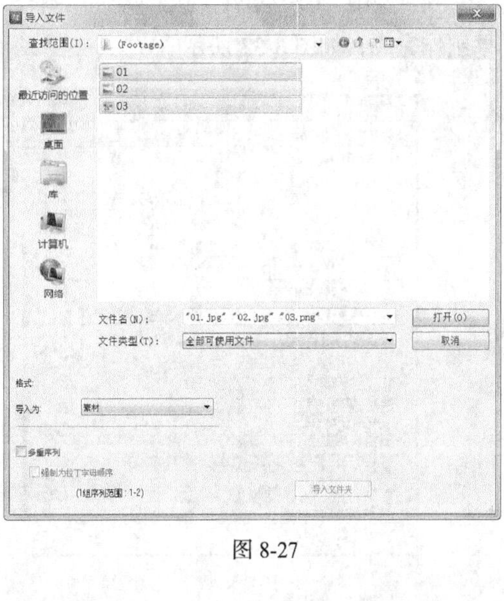

图 8-27

（2）在“项目”面板中选中“01”文件，将其拖曳到“时间线”面板中，按<S>键展开的“缩放”属性，设置“缩放”选项的数值为 63.7，如图 8-28 所示。按<P>键展开“位置”属性，设置“位置”选项的数值为 1340、806，如图 8-29 所示。

图 8-28

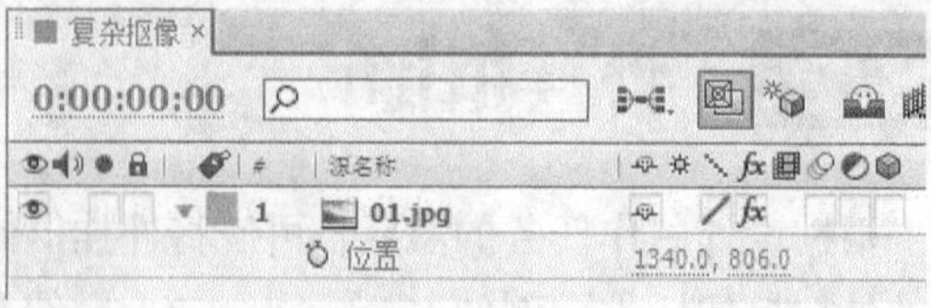

图 8-29

（3）选中“01”文件，选择“效果 > Keying > Keylight”命令，选择“Screen Colour”选项后面的吸管工具，如图 8-30 所示，吸取背景素材上的蓝色，如图 8-31 所示。

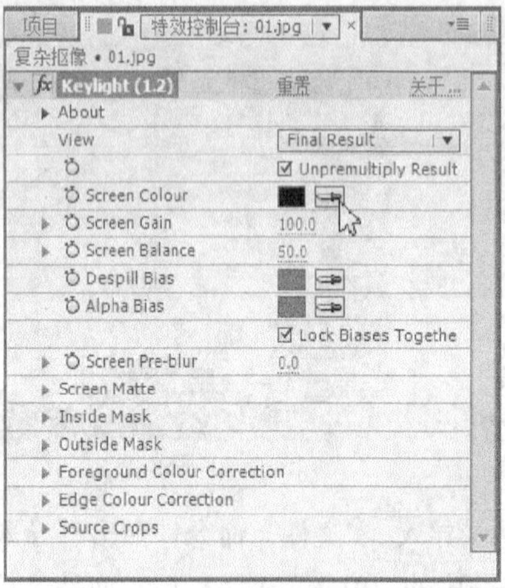

图 8-30

图 8-31

（4）选中“01”文件，在“特效控制台”面板中进行参数设置，如图 8-32 所示。复杂抠像效果制作完成，如图 8-33 所示。

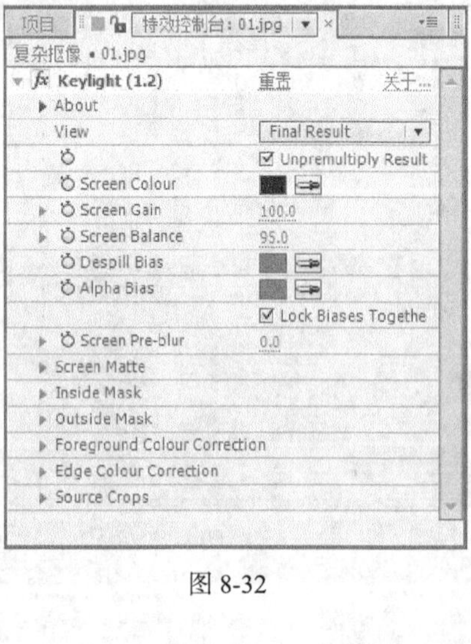

图 8-32

图 8-33

（5）在“项目”面板中选中“02”文件，将其拖曳到“时间线”面板中，按<S>键展开“缩放”属性，设置“缩放”选项的数值为 85，如图 8-34 所示，合成窗口中效果如图 8-35 所示。

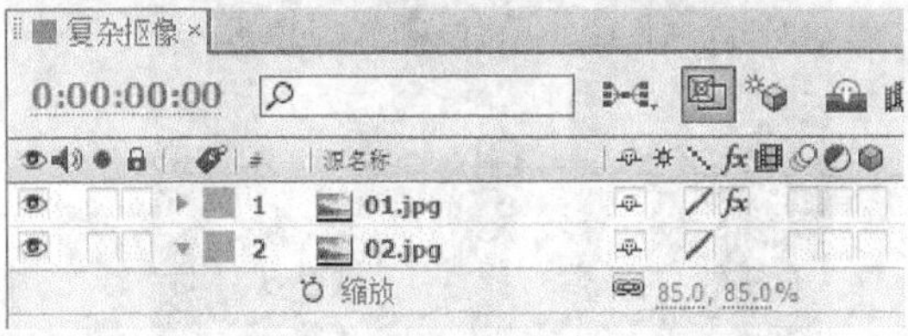

图 8-34

图 8-35

（6）在“项目”面板中选中“03”文件，将其拖曳到“时间线”面板中，按<S>键展开“缩放”属性，设置“缩放”选项的数值为 82.4，如图 8-36 所示。按<P>键展开“位置”属性，设置“位置”选项的数值为 920、938，如图 8-37 所示。抠像效果制作完成，如图 8-38 所示。

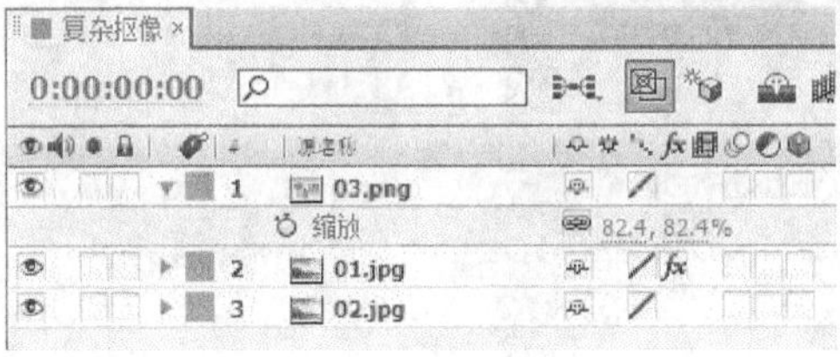

图 8-36

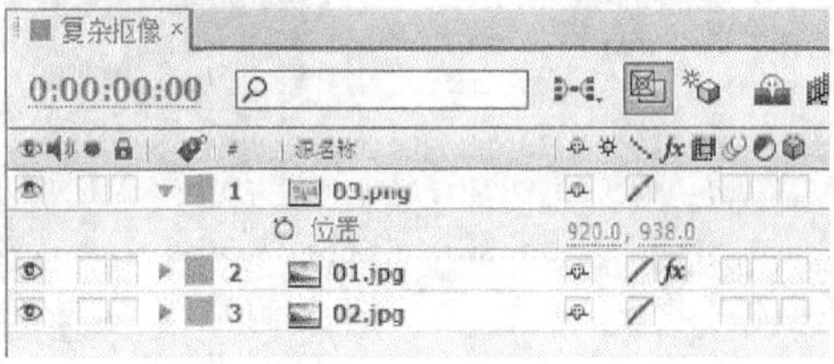

图 8-37

图 8-38

8.2.2 Keylight（1.2）

“抠像”一词是从早期电视制作中得来，英文称作“Keylight”，意思就是吸取画面中的某一种颜色作为透明色，将它从画面中删除，从而使背景透出来，形成两层画面的叠加合成。这样在室内拍摄的人物经抠像后与各景物叠加在一起，形成了各种奇特效果，原图图片如图 8-39、图 8-40 所示。叠加合成后的效果如图 8-41 所示。

图 8-39

图 8-40

图 8-41

After Effects 中，实现键出的滤镜都放置在“键控”分类里，根据其原理和用途，又可以分为 3 类：二元键出、线性键出和高级键出。其各个属性的含义如下。

二元键出：诸如“颜色键”和“亮度键”等。这是一种比较简单的键出抠像，只能产生透明与不透明效果，对于半透明效果的抠像就力不从心了，适合前期拍摄较好的高质量视频，有着明确的边缘，背景平整且颜色无太大变化。

线性键出：诸如“线性色键”、“差异蒙版”和“提取（抽出）”等。这类键出抠像可以将键出色与画面颜色进行比较，当两者不是完全相同，则自动抠去键出色；当键出色与画面颜色不是完全符合，将产生半透明效果，但是此类滤镜产生的半透明效果是线性分布的，虽然适合大部分抠像要求，但对于烟雾、玻璃之类更为细腻的半透明抠像仍有局限，需要借助更高级的抠像滤镜。

高级键出：诸如“颜色差异键”和“色彩范围”等。此类键出滤镜适合复杂的抠像操作，对于透明、半透明的物体抠像十分适合，并且即使实际拍摄时背景不够平整、蓝屏或者绿屏亮度分布不均匀带有阴影等情况都能得到不错的键出抠像效果。

8.3 课堂练习——替换人物背景

练习知识要点：使用“Keylight”命令去除图片背景；使用“位置”属性改变图片位置；使用“调节层”命令新建调节层；使用“色相位/饱和度”命令调整图片颜色。替换人物背景效果如图 8-42 所示。

效果所在位置：光盘\Ch08\替换人物背景. aep。

图 8-42

8.4 课后习题——外挂抠像

习题知识要点：使用“Keylight”命令去除图片背景；使用“添加颗粒”命令添加颗粒效果；设置“模式”选项的叠加模式；使用“缩放”属性改变图片大小；使用“位置”属性改变图片位置。外挂抠像效果如图 8-43 所示。

效果所在位置：光盘\Ch08\外挂抠像. aep。

图 8-43

第9章 添加声音特效

本章对声音的导入和声音面板进行了详细讲解。其中包括声音导入与监听、声音长度的缩放、声音的淡入淡出、声音的倒放、低音和高音、声音的延迟、卷边和合唱等内容。读者通过对本章的学习，可以完全掌握 After Effects 的声音特效制作。

课堂学习目标

- 将声音导入影片
- 声音特效面板

9.1 将声音导入影片

音乐是影片的引导者，没有声音的影片无论是多么精彩也不会使观众陶醉。下面介绍把声音配入影片中及动态音量的设置方法。

9.1.1 课堂案例——为帆船视频添加背景音乐

案例学习目标：学习使用声音导入影片制作为帆船视频添加背景音乐效果。

案例知识要点：使用“导入”命令导入声音、视频文件；使用“音频电平”选项制作背景音乐效果。为帆船视频添加背景音乐效果如图 9-1 所示。

效果所在位置：光盘\Ch09\为帆船视频添加背景音乐.aep。

图 9-1

（1）按<Ctrl>+<N>组合键，弹出“图像合成设置”对话框，在“合成组名称”选项的文本框中输入“最终效果”，其他选项的设置如图 9-2 所示，单击“确定”按钮，创建一个新的合成“最终效果”。选择“文件 > 导入 > 文件”命令，弹出“导入文件”对话框，选择光盘中的“Ch09\为帆船视频添加背景音乐\ (Footage) \”中的 01、02 文件，单击“打开”按钮，导入视频，如图 9-3 所示，并将其拖曳到“时间线”面板中。层的排列如图 9-4 所示。

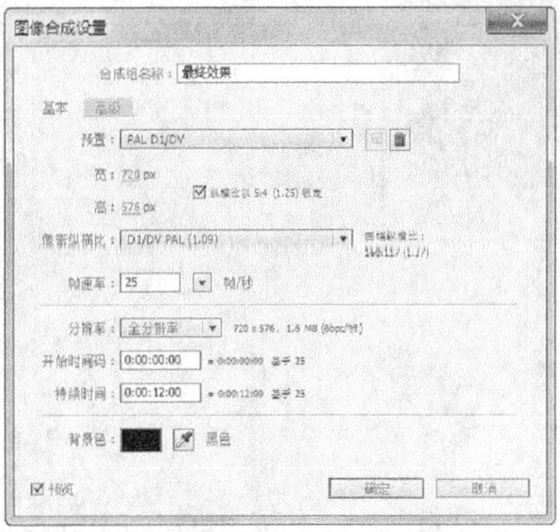

图 9-2

图 9-3

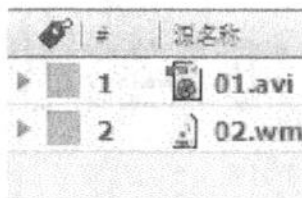

图 9-4

（2）选中“02”文件展开“音频”属性，在“时间线”面板中将时间标签放置在 10s 的位置，如图 9-5 所示。在“时间线”面板中单击“音频电平”选项前面的“关键帧自动记录器”按钮，记录第 1 个关键帧，如图 9-6 所示。

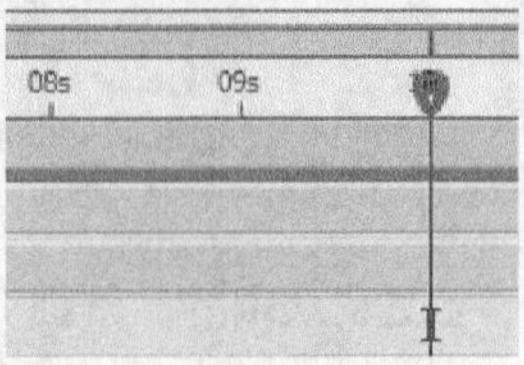

图 9-5

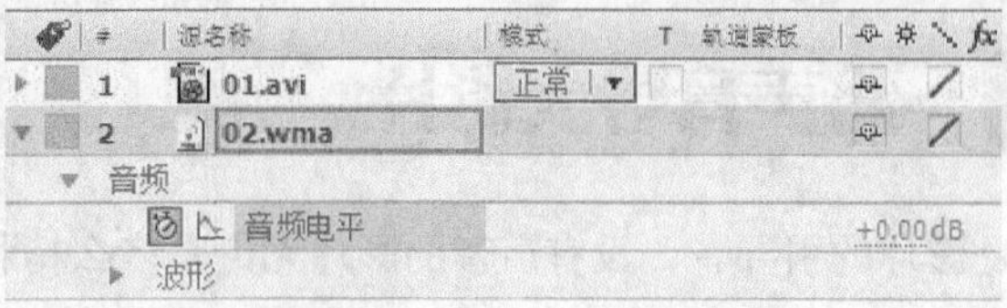

图 9-6

（3）将时间标签放置在 11:24s 的位置，如图 9-7 所示。在“时间线”面板中设置“音频电平”选项的数值为-30，如图 9-8 所示，记录第 2 个关键帧。

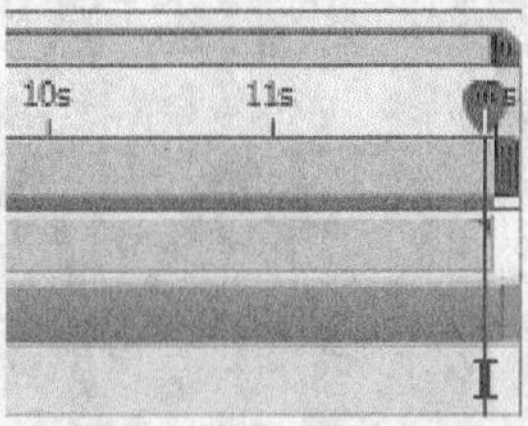

图 9-7

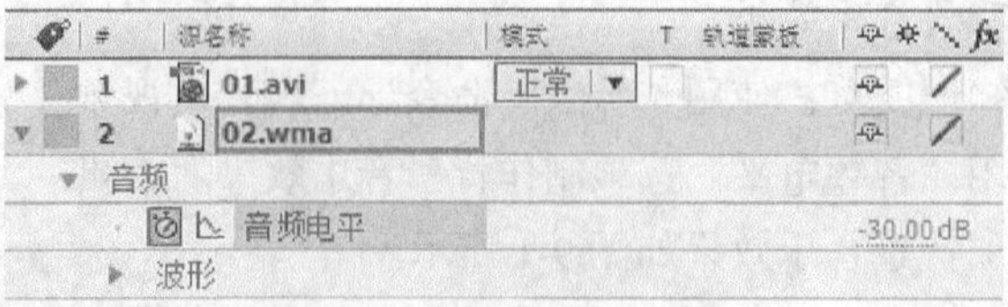

图 9-8

（4）为帆船视频添加背景音乐效果制作完成，如图 9-9 所示。

图 9-9

9.1.2　声音的导入与监听

启动 After Effects，选择“文件 > 导入 >文件”命令，在弹出的对话框中选择“基础素材 > Ch09 > 素材 > 小溪”文件，单击“打开”按钮，在项目面板中选择该素材，观察到预览窗口下方出现了声波图形，如图 9-10 所示。这说明该视频素材携带着声道。从项目面板中将“小溪”文件拖曳到时间线面板中。

选择“窗口 > 预览控制台”命令，在弹出的“预览控制台”面板中确定图标为弹起状态，如图 9-11 所示。在时间线面板中同样确定图标为弹起状态，如图 9-12 所示。

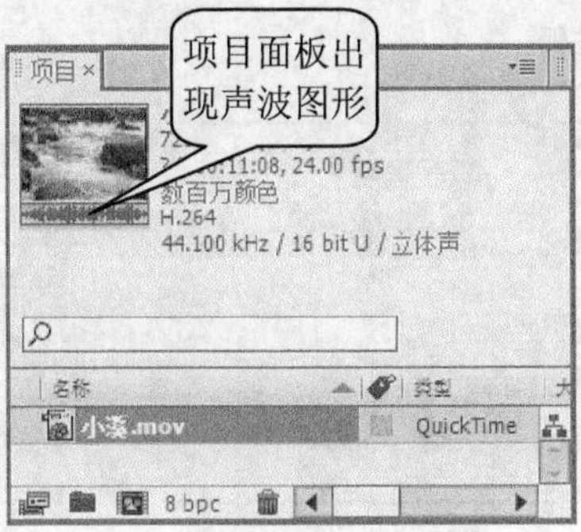

图 9-10

图 9-11

图 9-12

按数字键盘 0 键即可监听影片的声音，按住<Ctrl>键的同时，拖动时间指针，可以实时听到当前时间指针位置的音频。

选择“窗口 > 音频”命令，弹出“音频”面板，在该面板中拖曳滑块可以调整声音素材的总音量或分别调整左右声道的音量，如图 9-13 所示。

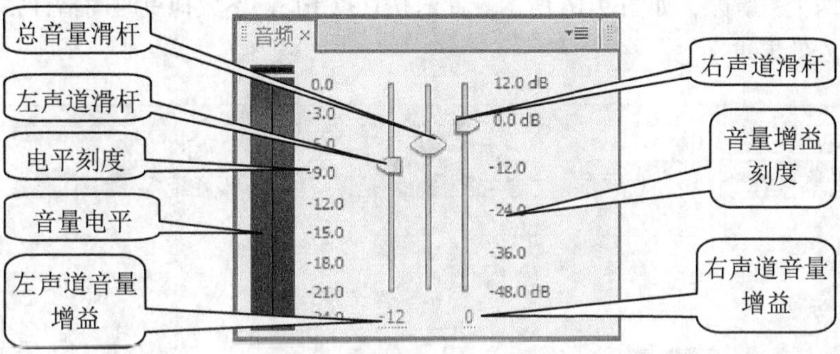

图 9-13

在时间线面板中打开“波形”卷展栏，可以在时间线中显示声音的波形，调整“音频电平”右侧的两个参数可以分别调整左右声道的音量，如图 9-14 所示。

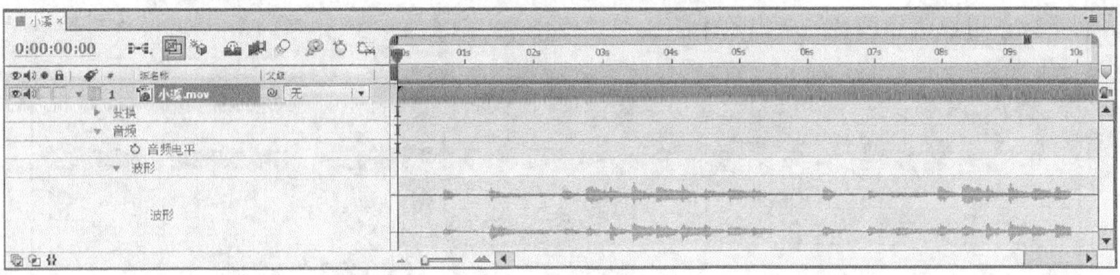

图 9-14

9.1.3　声音长度的缩放

在时间线面板底部单击按钮 ，将控制区域完全显示出来。在“持续时间”项可以设置声音的播放长度，在“伸缩”项可以设置播放时长与原始素材时长的百分比，如图 9-15 所示。例如将“伸缩”参数设置为 200.0%后，声音的实际播放时长是原始素材时长的 2 倍。但通过这两个参数缩短或延长声音的播放长度后，声音的音调也同时升高或降低。

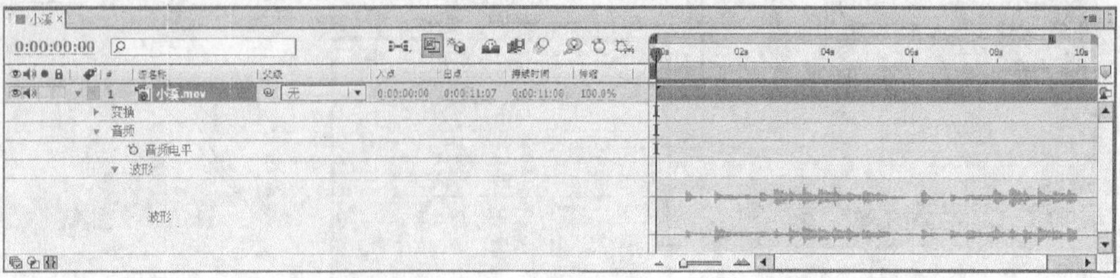

图 9-15

9.1.4 声音的淡入淡出

将时间指针拖曳到起始帧的位置，在“音频电平”旁边单击“关键帧自动记录器”按钮⏱，添加关键帧。输入参数-100.00；拖动时间指针到 0:00:04:00 帧位置，输入参数 0.00，观察到在时间线上增加了两个关键帧，如图 9-16 所示。此时按住<Ctrl>键不放拖曳时间指针，可以听到声音由小变大的淡入效果。

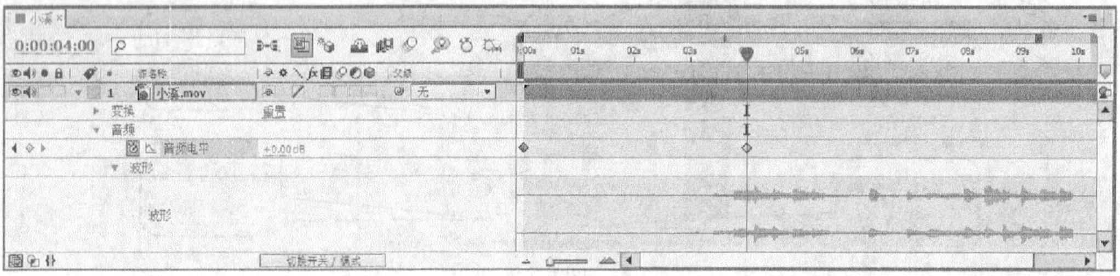

图 9-16

拖曳时间指针到 0:00:08:00 帧的位置，输入“音频电平”参数为 0.10；拖曳时间指针到结束帧，输入“音频电平”参数为-100.00。时间线面板的状态如图 9-17 所示。按住<Ctrl>键不放拖曳时间指针，可以听到声音的淡出效果。

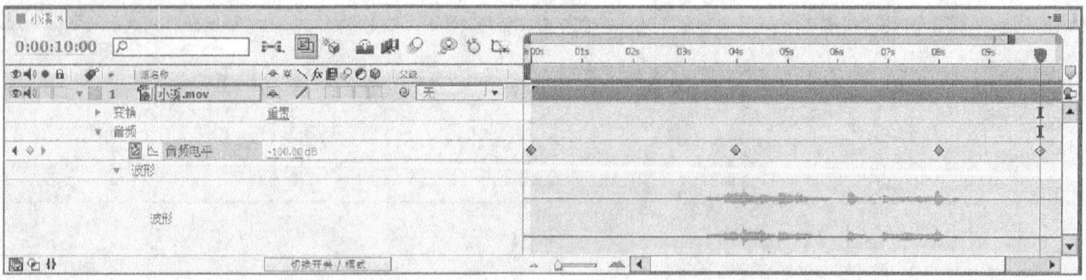

图 9-17

9.2 声音特效面板

为声音添加特效就像为视频添加滤镜一样，只要在效果面板中单击相应的命令来完成需要的操作就可以了。

9.2.1　课堂案例——为骏马视频添加背景音乐

案例学习目标：学习使用声音特效。

案例知识要点：使用“低音与高音”命令制作声音文件特效；使用“高通/低通”命令调整高低音效果。为骏马视频添加背景音乐效果如图 9-18 所示。

效果所在位置：光盘\Ch09\为骏马视频添加背景音乐.aep。

图 9-18

（1）按<Ctrl>+<N>组合键，弹出“图像合成设置”对话框，在“合成组名称”选项的文本框中输入“最终效果”，其他选项的设置如图 9-19 所示，单击“确定”按钮，创建一个新的合成“最终效果”。选择“文件 > 导入 > 文件”命令，弹出“导入文件”对话框，选择光盘中的“Ch09 \为骏马视频添加背景音乐\ (Footage) \”中的 01、02 文件，单击“打开”按钮，导入视频，如图 9-20 所示，并将其拖曳到“时间线”面板中，层的排列如图 9-21 所示。

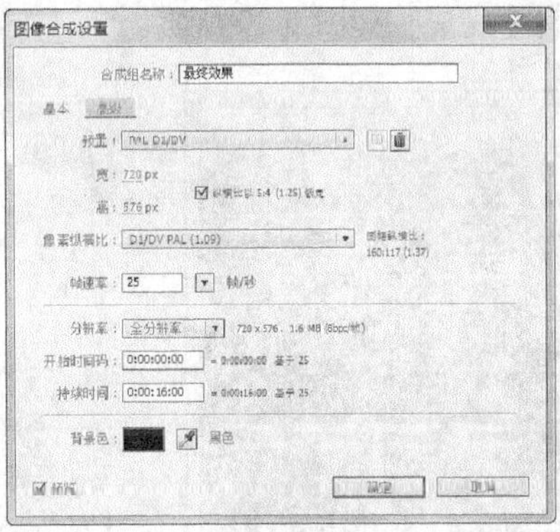

图 9-19

图 9-20

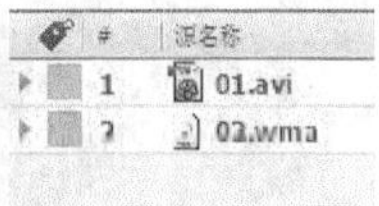

图 9-21

（2）选中“02”文件，展开“02”文件的 “音频”属性，在“时间线”面板中将时间标签放置在 13:20s 的位置，如图 9-22 所示。在“时间线”面板中单击“音频电平”选项前面的“关键帧自动记录器”按钮，记录第 1 个关键帧，如图 9-23 所示。

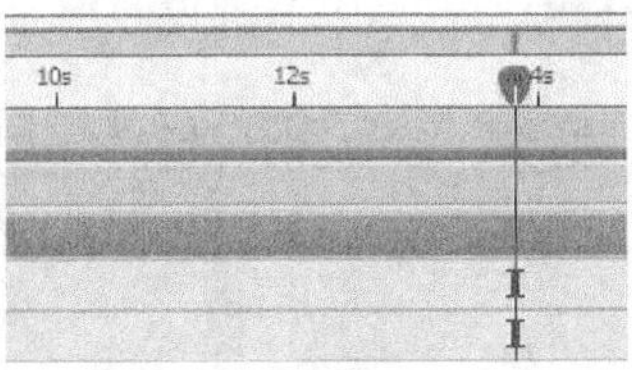

图 9-22

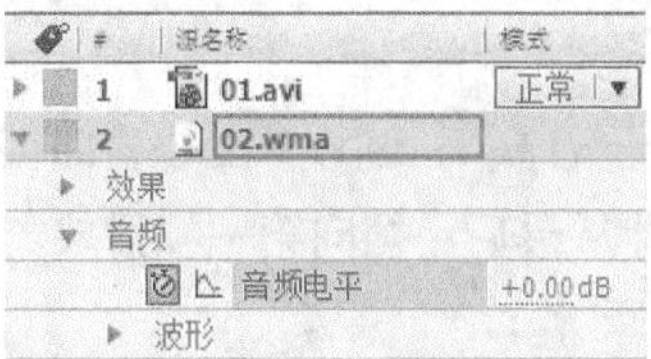

图 9-23

（3）将时间标签放置在 15:24s 的位置，如图 9-24 所示。在“时间线”面板中设置“音频电平”选项的数值为-30，如图 9-25 所示，记录第 2 个关键帧。

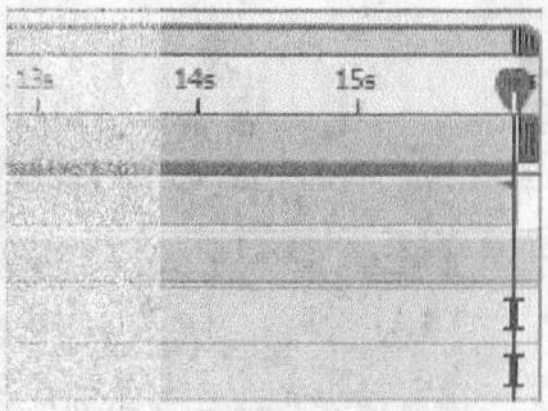

图 9-24

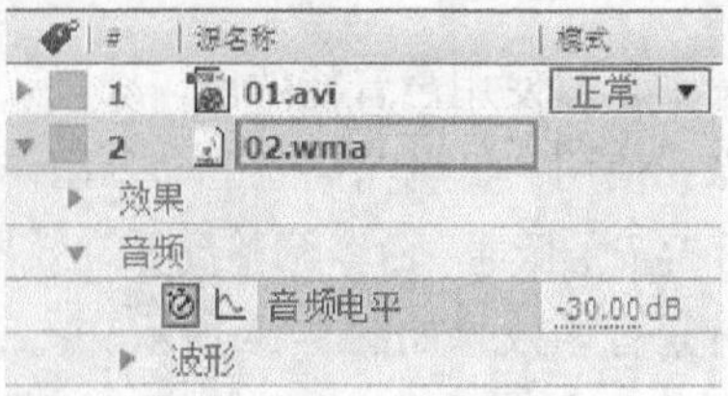

图 9-25

（4）选中“02”文件，选择“效果 > 音频 > 低音与高音”命令，在“特效控制台”面板中进行参数设置，如图 9-26 所示。选择“效果 > 音频 > 高通/低通”命令，在“特效控制台”面板中进行参数设置，如图 9-27 所示。

图 9-26

图 9-27

（5）选中“01”文件，选择“效果 > 色彩校正 > 照片滤镜”命令，在“特效控制台”面板中进行参数设置，如图 9-28 所示。为视频添加背景音乐效果制作完成，如图 9-29 所示。

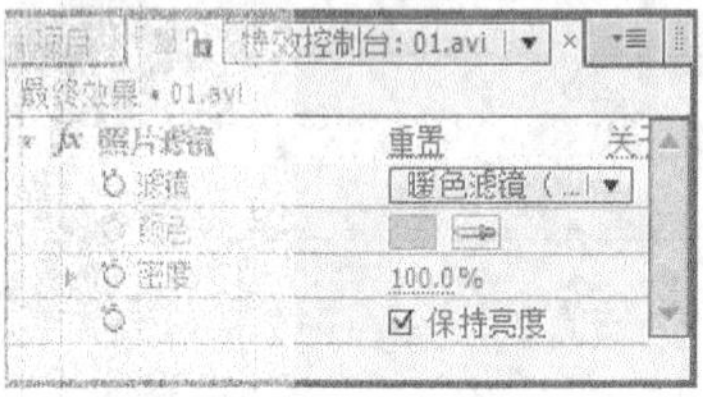

图 9-28

图 9-29

9.2.2 倒放

选择“效果 > 音频 > 倒放”命令，即可将该特效菜单添加到特效控制台中。这个特效可以倒放音频素材，即从最后一帧向第一帧播放。勾选“交换声道”复选框可以交换左、右声道中的音频，如图 9-30 所示。

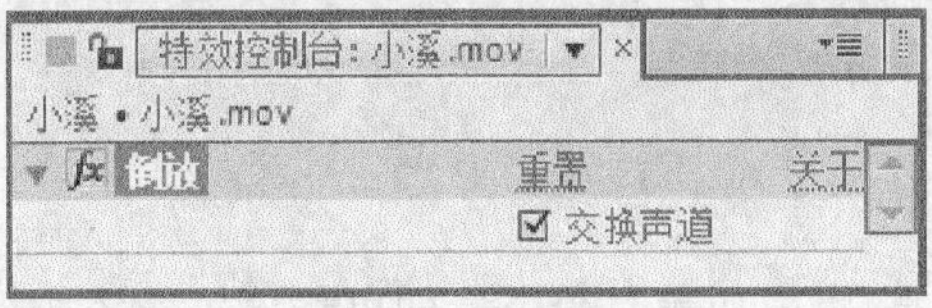

图 9-30

9.2.3　低音与高音

选择“效果 > 音频 > 低音与高音”命令即可将该特效滤镜添加到特效面板中。拖动低音或高音滑块可以增加或减少音频中低音或高音的音量，如图 9-31 所示。

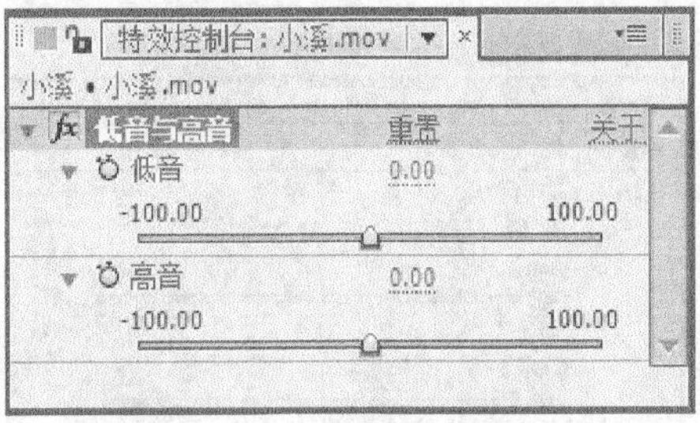

图 9-31

9.2.4　延迟

选择“效果 > 音频 > 延迟”命令，即可将该特效添加到特效面板中。它可将声音素材进行多层延迟来模仿回声效果，例如制造墙壁的回声或空旷的山谷中的回音。“延迟时间”参数用于设定原始声音和其回音之间的时间间隔，单位为毫秒；“延迟量”参数用于设置延迟音频的音量；“回授”参数用于设置由回音产生的后续回音的音量；“干输出”参数用于设置声音素材的电平；“湿输出”参数用于设置最终输出声波电平，如图 9-32 所示。

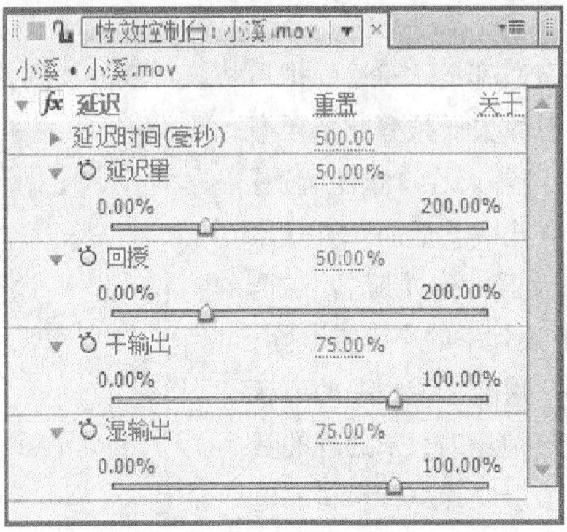

图 9-32

9.2.5 镶边与和声

选择“效果 > 音频 > 镶边与和声”命令，即可将该特效添加到特效面板中。“镶边”效果的产生原理是将声音素材的一个拷贝稍作延迟后与原声音混合，这样就造成某些频率的声波产生叠加或相减，这在声音物理学中被称作为“梳状滤波”，它会产生一种“干瘪”的声音效果，该效果在电吉他独奏中经常被应用。当混入多个延迟的拷贝声音后会产生乐器的“和声”效果。

在该特效设置栏中，“声音”参数用于设置延迟的拷贝声音的数量，增大此值将使卷边效果减弱而使合唱效果增强。“变调深度”用于设置拷贝声音的混合深度；“声音相位改变”参数用于设置拷贝声音相位的变化程度。“干声输出/湿声输出”用于设置未处理音频与处理后的音频的混合程度，如图 9-33 所示。

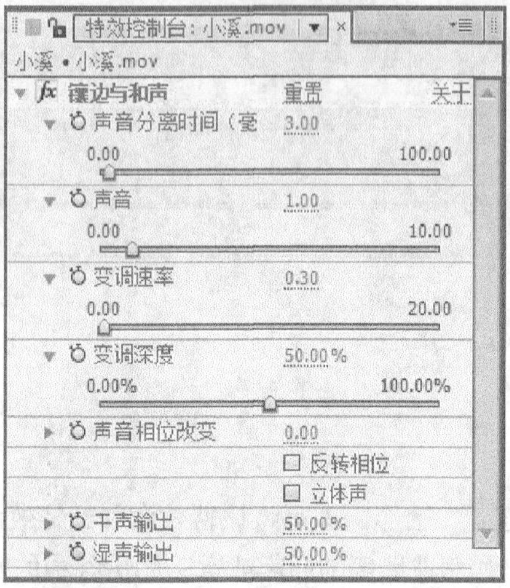

图 9-33

9.2.6 高通/低通

选择“效果 > 音频 > 高通/低通”命令，即可将该特效添加到特效面板中。该声音特效只允许设定的频率通过，通常用于滤去低频率或高频率的噪声，如电流声、“咝咝”声等。在“过滤选项”栏中可以选择使用“高通”方式或“低通”方式。“频率截断”参数用于设置滤波器的分界频率，当选择“高通”方式滤波时，低于该频率的声音被滤除；当选择“低通”方式滤波时，则高于该频率的声音被滤除。“干输出”调整在最终渲染时，未处理的音频的混合量，“干输出”参数用于设置声音素材的电平，“湿输出”参数用于设置最终输出声波电平，如图 9-34 所示。

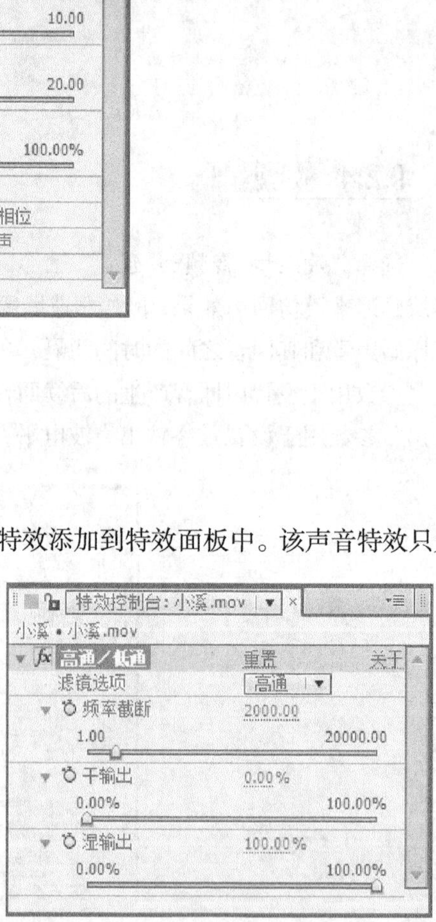

图 9-34

9.2.7 调节器

选择"效果 > 音频 > 调节器"命令，即可将该特效添加到特面板中。该声音特效可以为声音素材加入颤音效果。"变调类型"用于设定颤音的波形，"变调比率"参数以 Hz 为单位设定颤音调制的频率。"变调深度"参数以调制频率的百分比为单位设定颤音频率的变化范围。"振幅变调"用于设定颤音的强弱，如图 9-35 所示。

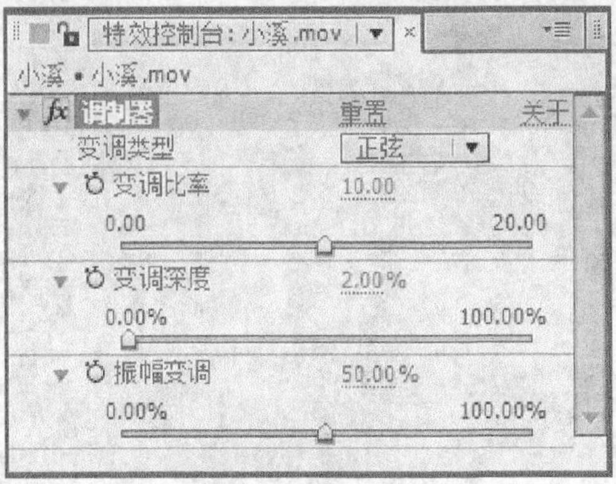

图 9-35

9.3 课堂练习——为动画添加背景音乐

练习知识要点：使用"导入"命令导入视频与音乐；选择"音频电平"属性编辑音乐添加关键帧。为动画添加背景音乐效果如图 9-36 所示。

效果所在位置：光盘\Ch09\为动画添加背景音乐.aep。

图 9-36

9.4 课后习题——为城市添加声音特效

习题知识要点：使用“倒放”命令将音乐倒放；使用“音频电平”属性编辑音乐添加关键帧；使用“高通/低通”命令编辑高低音效果。为城市添加声音特效效果如图 9-37 所示。

效果所在位置：光盘\Ch09\为城市添加声音特效.aep。

图 9-37

第10章 制作三维合成特效

After Effects 不仅可以在二维空间创建合成效果，随着新版本的推出，在三维立体空间中的合成与动画功能也越来越强大。新版本可以在深度的三维空间中丰富图层的运动样式，创建更逼真的灯光、投射阴影、材质效果和摄像机运动效果。读者通过对本章的学习，可以掌握制作三维合成特效的方法和技巧。

课堂学习目标

- 三维合成
- 应用灯光和摄像机

10.1 三维合成

After Effects CS5 可以在三维图层中显示图层，将图层指定为三维时，After Effects 会添加一个 z 轴控制该层的深度。当增加 z 轴值，该层在空间中移动到更远处；当 z 轴值减小时，则会更近。

10.1.1 课堂案例——三维空间

案例学习目标：学习使用三维合成制作三维空间效果。

案例知识要点：使用水平类型工具输入文字；使用“位置”选项制作文字动画效果；使用“马赛克”命令、“最大/最小”命令、“查找边缘”命令制作特效形状；使用“位置”选项调整文字位置动画；使用“渐变”命令制作背景渐变效果；使用变换三维层的位置属性制作空间效果；使用“透明度”选项调整文字不透明度。三维空间效果如图 10-1 所示。

效果所在位置：光盘\Ch10\三维空间.aep。

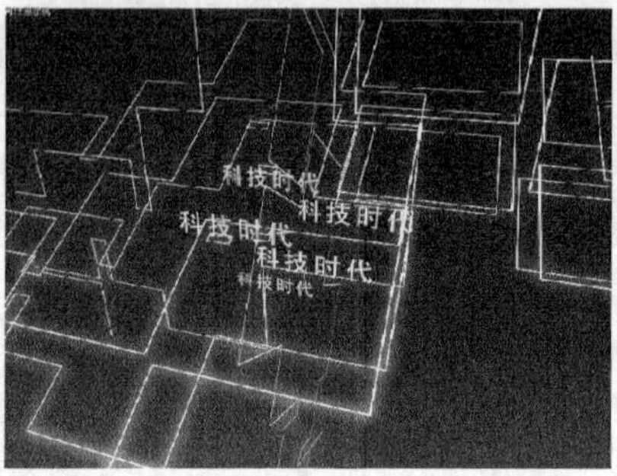

图 10-1

1. 编辑文字

（1）按<Ctrl>+<N>组合键，弹出“图像合成设置”对话框，在“合成组名称”选项的文本框中输入“线框”，其他选项的设置如图 10-2 所示，单击“确定”按钮，创建一个新的合成“线框”。选择“横排文字”工具T，在合成窗口中输入文字“123456789”。选中“文字”层，在“文字”面板中设置文字的颜色为白色，其他参数设置如图 10-3 所示。

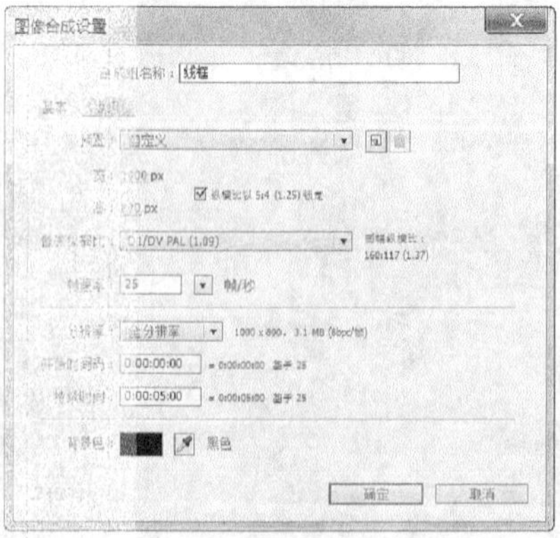

图 10-2

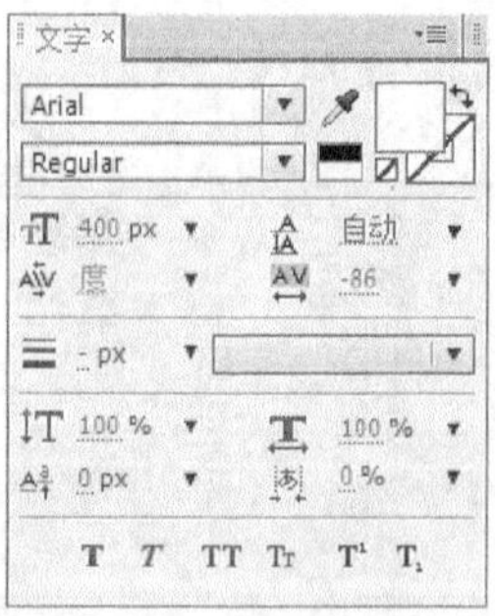

图 10-3

（2）选中“文字”层，按<P>键展开“位置”属性，设置“位置”选项的数值为−251、651，如图 10-4 所示。合成窗口中的效果如图 10-5 所示。

图 10-4

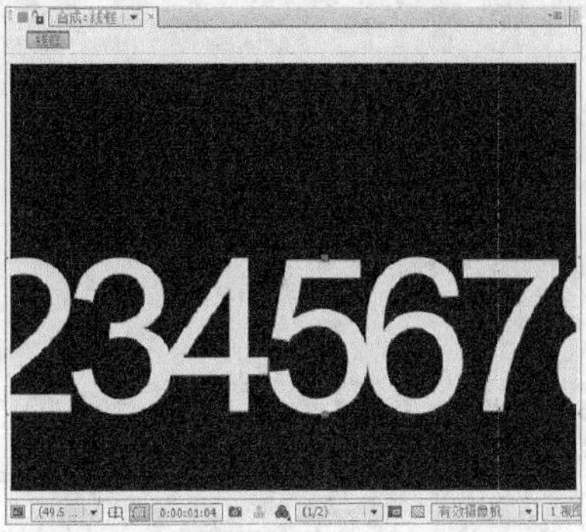

图 10-5

（3）展开“文字”层的属性，单击“动画”后的按钮，在弹出的菜单选项中选择“缩放”选项，如图 10-6 所示，在“时间线”面板中自动添加一个“范围选择器 1”和“缩放”选项。选择“范围选择器 1”选项，按<Delete>键删除，设置“缩放”选项的数值为 180、180，如图 10-7 所示。

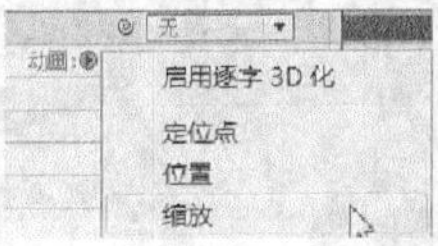

图 10-6

图 10-7

（4）单击“动画 1”选项后的“添加”按钮，在弹出的窗口中选择“选择 > 摇摆”选项，如图 10-8 所示。展开“波动选择器 1”属性，设置“模式”选项为加，如图 10-9 所示。

图 10-8

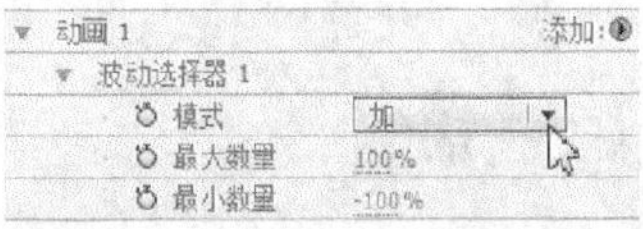

图 10-9

（5）展开“文字”选项下的“更多选项”属性，设置“编组对齐”选项为 0、160，如图 10-10 所示。合成窗口中的效果如图 10-11 所示。

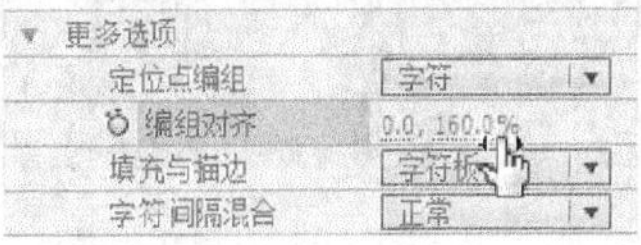

图 10-10

图 10-11

（6）选择“效果 > 风格化 > 马赛克”命令，在“特效控制台”面板中进行参数设置，如图 10-12 所示。合成窗口中的效果如图 10-13 所示。

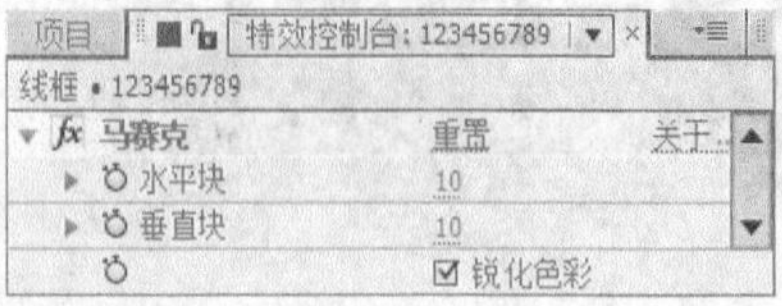

图 10-12

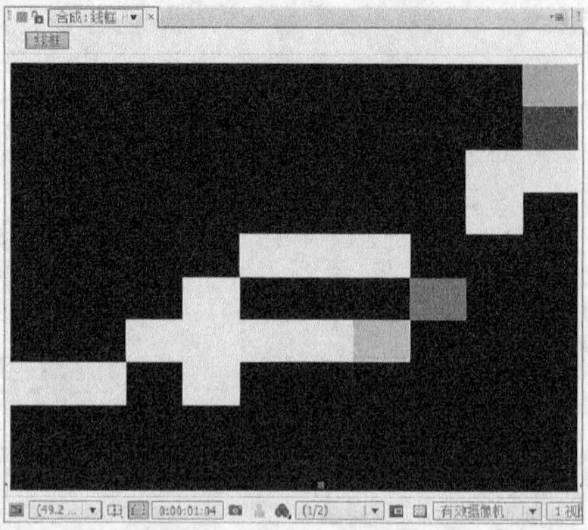

图 10-13

（7）选择“效果 > 通道 > 最大/最小”命令，在“特效控制台”面板中进行参数设置，如图 10-14 所示。合成窗口中的效果如图 10-15 所示。

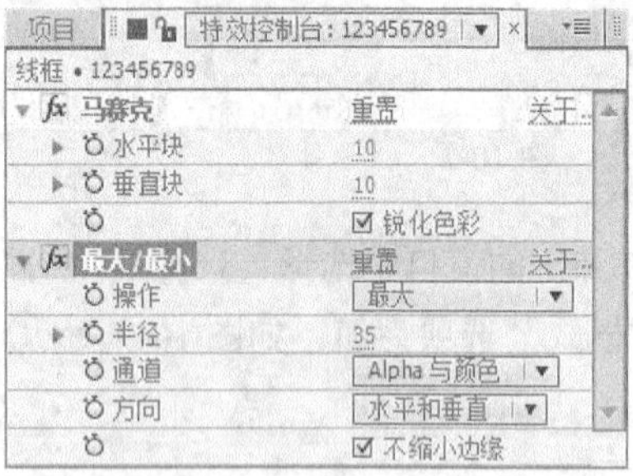

图 10-14

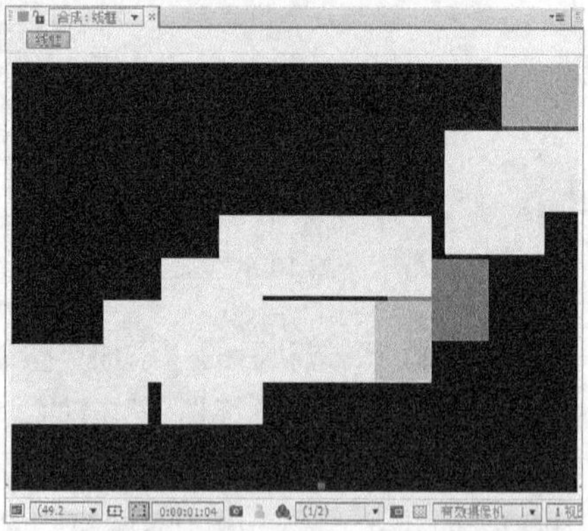

图 10-15

（8）选择“效果 > 风格化 > 查找边缘”命令，在“特效控制台”面板中进行参数设置，如图 10-16 所示。合成窗口中的效果如图 10-17 所示。

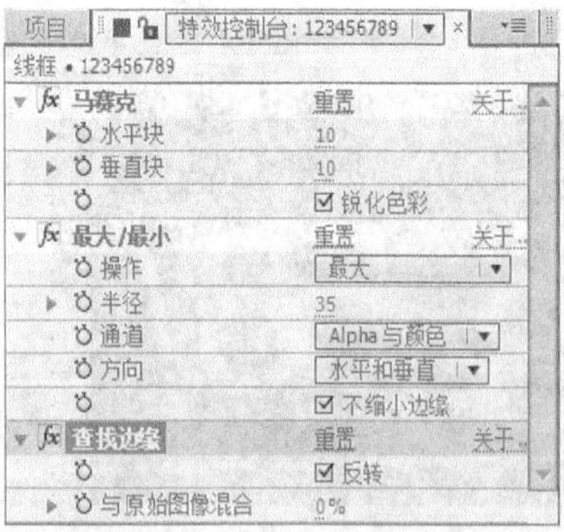

图 10-16

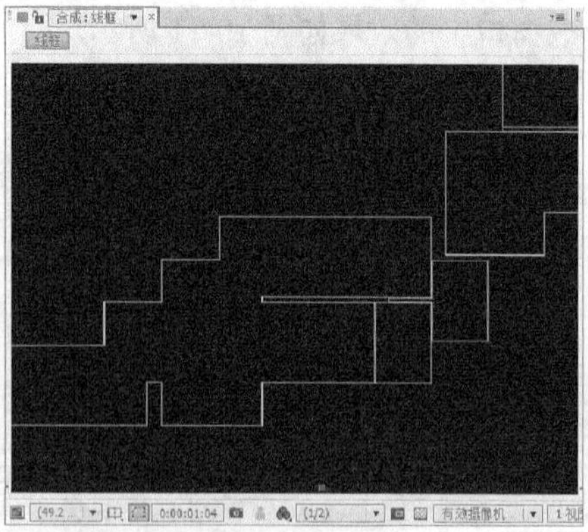

图 10-17

（9）按<Ctrl>+<N>组合键，弹出“图像合成设置”对话框，在“合成组名称”选项的文本框中输入“文字”，其他选项的设置如图 10-18 所示，单击“确定”按钮，创建一个新的合成“文字”。选择“横排文字”工具T，在合成窗口中输入文字“科技时代”。选中文字，在“文字”面板中设置文字的颜色为白色，其他参数设置如图 10-19 所示。

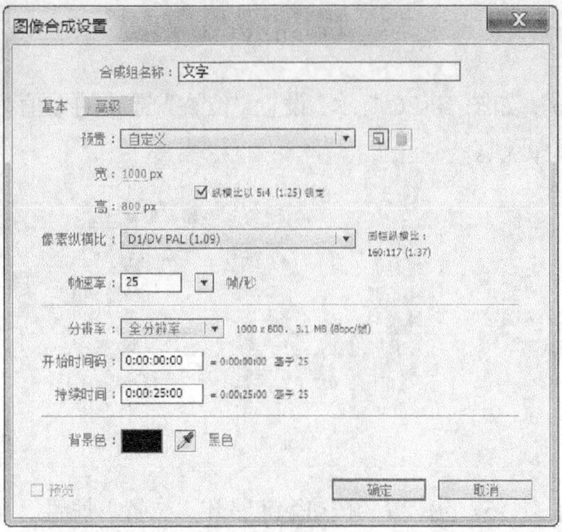

图 10-18

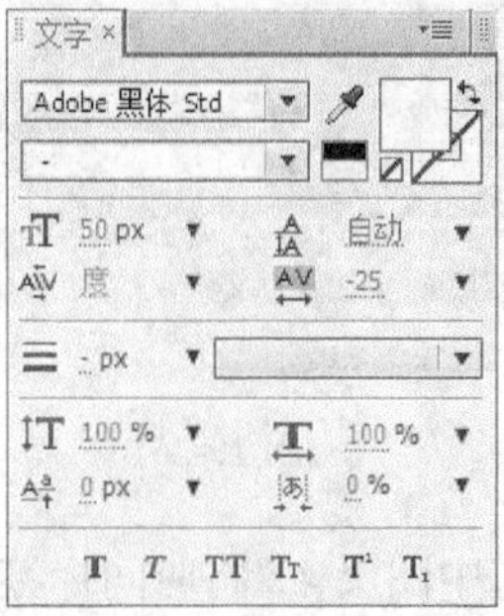

图 10-19

（10）单击“文字”层右面的“3D 图层”按钮，打开三维属性，如图 10-20 所示。按<S>键展开“缩放”属性，设置“缩放”选项的数值为 80，如图 10-21 所示。

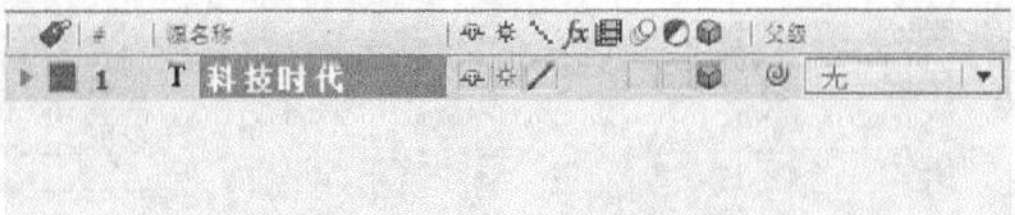

图 10-20

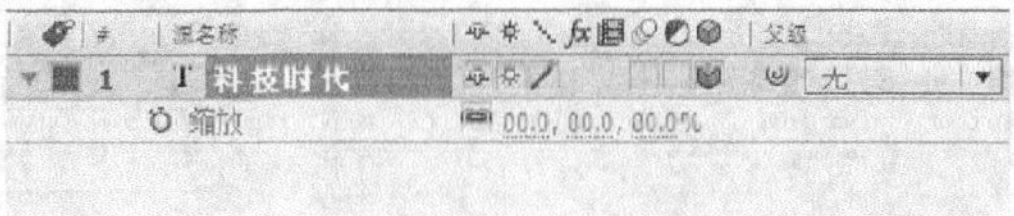

图 10-21

（11）按<P>键展开“位置”属性，设置“位置”选项的数值为 355、531、550，如图 10-22 所示。选中“文字”层，单击收缩属性按钮，按 4 次<Ctrl>+<D>组合键复制 4 层，如图 10-23 所示。

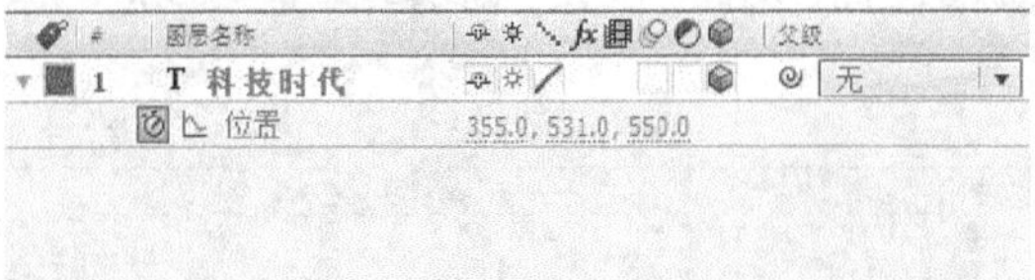

图 10-22

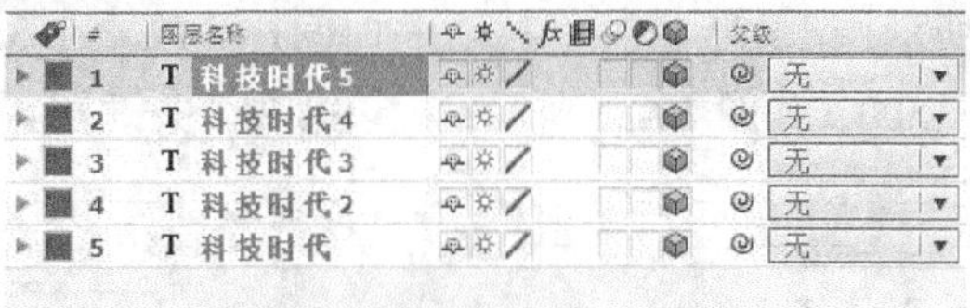

图 10-23

2．添加文字动画

（1）选中图层 5，在“时间线”面板中将时间标签放置在 2:05s 的位置，如图 10-24 所示，按<P>键展开“位置”属性，单击“位置”选项前面的“关键帧自动记录器”按钮，如图 10-25 所示，记录第 1 个关键帧。

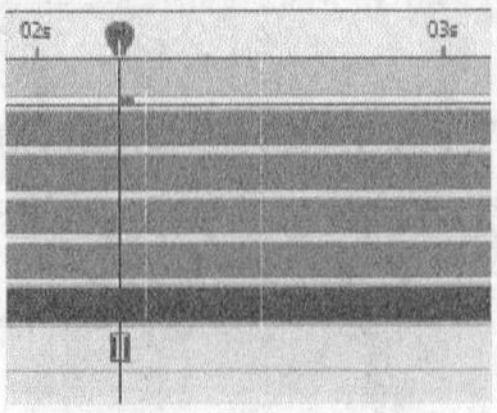

图 10-24

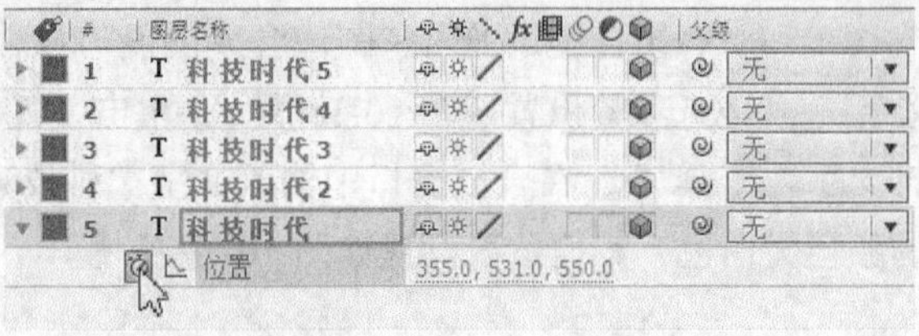

图 10-25

（2）将时间标签放置在 3:05s 的位置，如图 10-26 所示，设置“位置”选项的数值为 355、530、-1200，如图 10-27 所示，记录第 2 个关键帧。

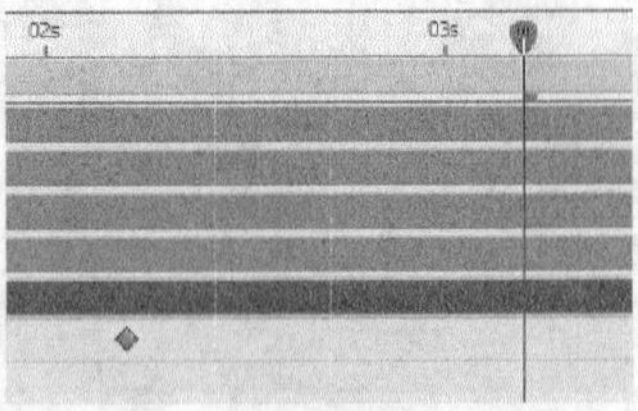

图 10-26

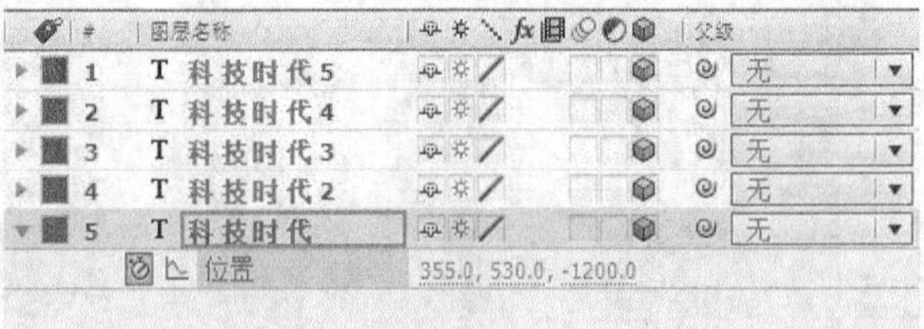

图 10-27

（3）选中图层 4，将时间标签放置在 1:15s 的位置，按<P>键展开“位置”属性，单击“位置”选项前面的“关键帧自动记录器”按钮，设置“位置”选项的数值为 428、453、-60，如图 10-28 所示，记录第 1 个关键帧。将时间标签放置在 2:15s 的位置，设置“位置”选项的数值为 428、453、-1400，如图 10-29 所示，记录第 2 个关键帧。

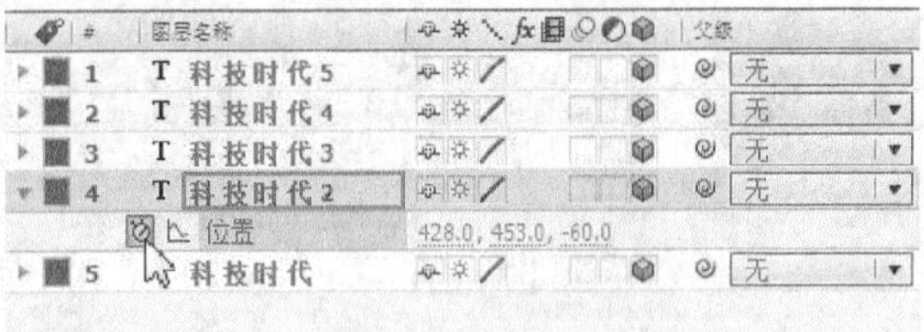

图 10-28

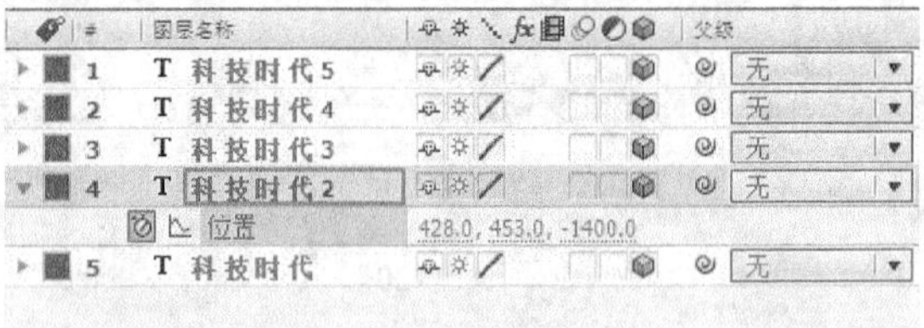

图 10-29

（4）选中图层 3，将时间标签放置在 2:15s 的位置，按<P>键展开“位置”属性，单击“位置”选项前面的“关键帧自动记录器”按钮，设置“位置”选项的数值为 320、413、-100，如图 10-30 所示，记录第 1 个关键帧。将时间标签放置在 3:15s 的位置，设置“位置”选项的数值为 320、457、-1500，如图 10-31 所示，记录第 2 个关键帧。

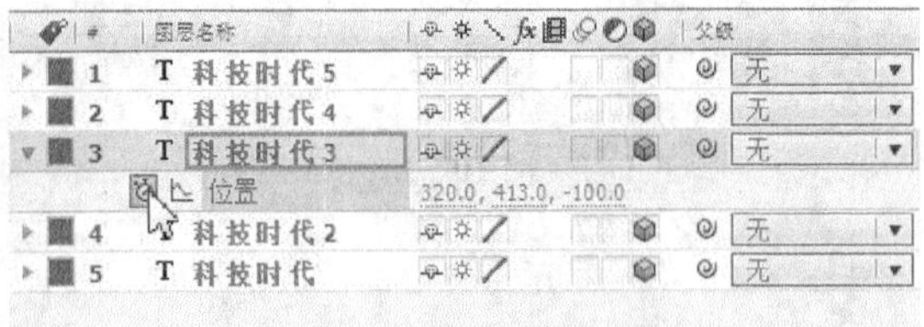

图 10-30

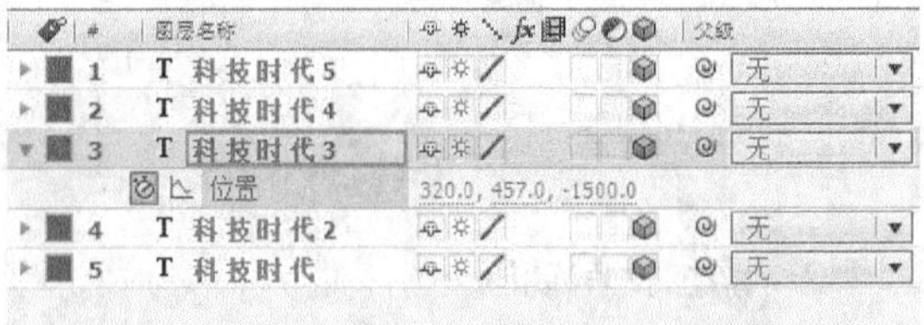

图 10-31

（5）选中图层 2，将时间标签放置在 1:10s 的位置，按<P>键展开“位置”属性，单击“位置”选项前面的“关键帧自动记录器”按钮，设置“位置”选项的数值为 490、364、150，如图 10-32

所示，记录第 1 个关键帧。将时间标签放置在 2:10s 的位置，设置“位置”选项的数值为 490、364、-1400，如图 10-33 所示，记录第 2 个关键帧。

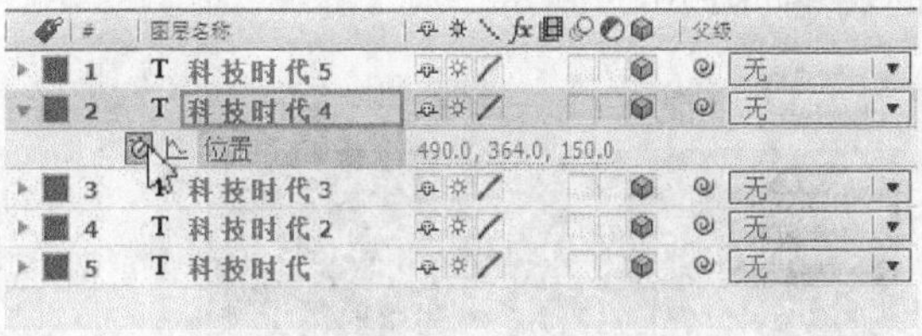

图 10-32

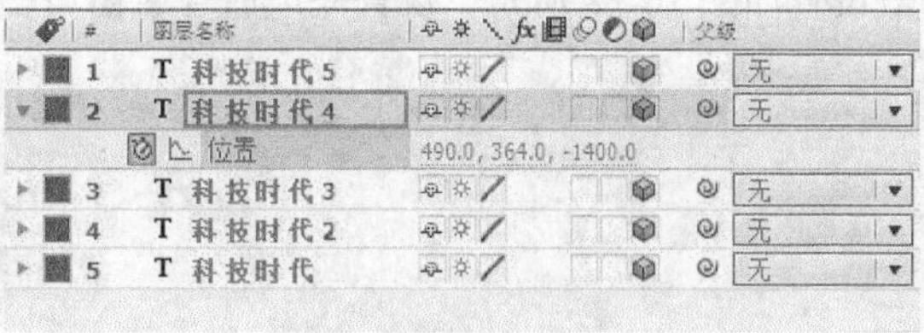

图 10-33

（6）选中图层 1，将时间标签放置在 2:20s 的位置，按<P>键展开“位置”属性，单击“位置”选项前面的“关键帧自动记录器”按钮，设置“位置”选项的数值为 360、312、288，如图 10-34 所示，记录第 1 个关键帧。将时间标签放置在 3:20s 的位置，设置“位置”选项的数值为 360、312、-1200，如图 10-35 所示，记录第 2 个关键帧。

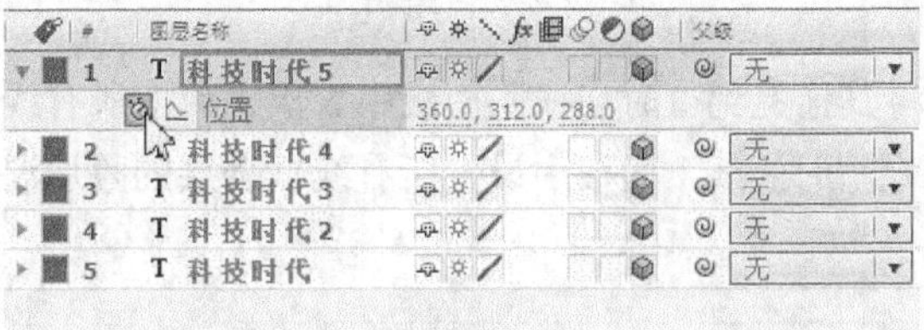

图 10-34

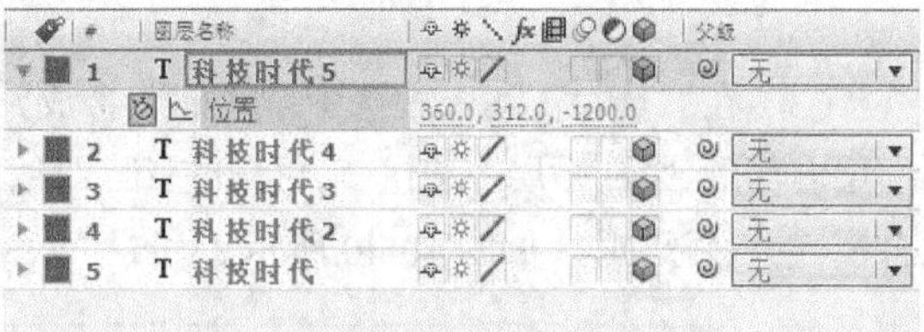

图 10-35

3．制作空间效果

（1）按<Ctrl>+<N>组合键，弹出“图像合成设置”对话框，在“合成组名称”选项的文本框中输入“三维空间”，其他选项的设置如图 10-36 所示，单击“确定”按钮，创建一个新的合成“三维空间”。选择“图层 > 新建 > 固态层”命令，弹出“固态层设置”对话框，在“名称”选项的文本框中输入文字“背景”，单击“确定”按钮，在“时间线”面板中新增一个固态层，如图 10-37 所示。

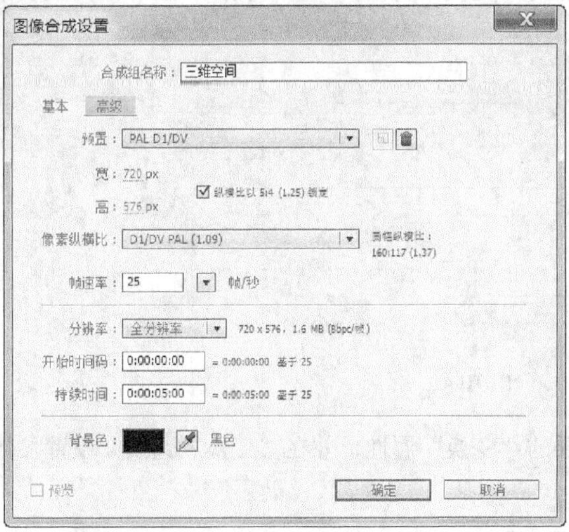

图 10-36

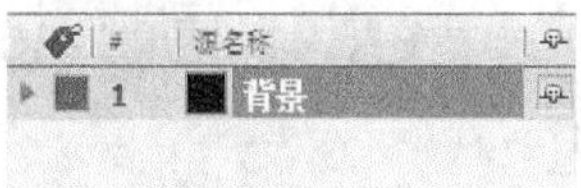

图 10-37

（2）选中“背景”层，选择“效果 > 生成 > 渐变”命令，在“特效控制台”面板中设置“开始色”的颜色为黑色，“结束色”的颜色为绿色（其 R、G、B 的值分别为 43、103、37），其他参数设置如图 10-38 所示，设置完成后合成窗口中的效果如图 10-39 所示。

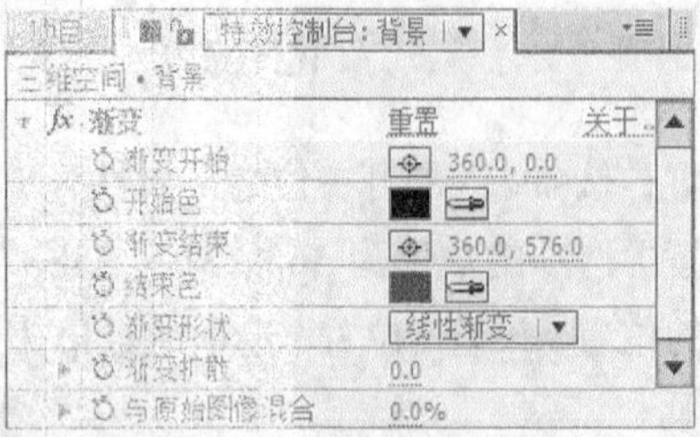

图 10-38

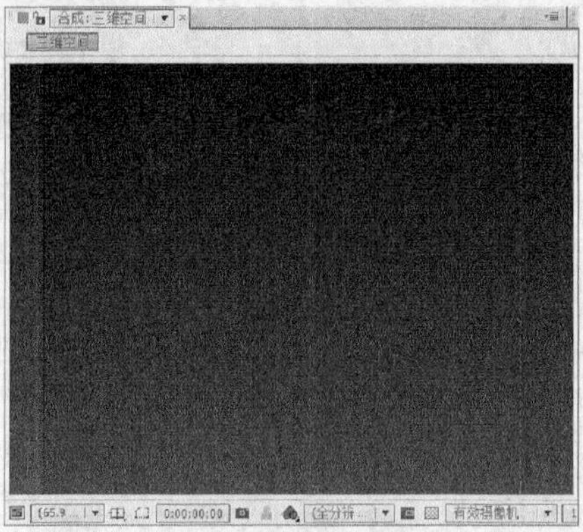

图 10-39

（3）在“项目”面板中选中“线框”合成并将其拖曳到“时间线”面板中 5 次，单击所有线框层右面的“3D 图层”按钮，打开三维属性，在“时间线”面板中设置所有线框合层的叠加混合模式为“添加”，如图 10-40 所示。

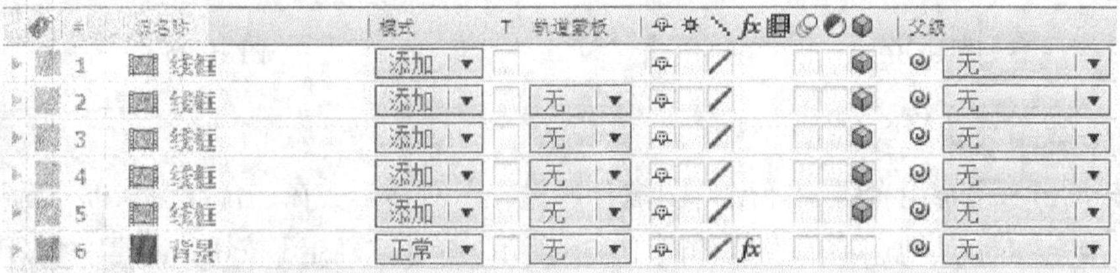

图 10-40

（4）选中图层 5，展开“线框”合层的“变换”属性，并在“变换”选项中设置参数，如图 10-41 所示。

图 10-41

（5）选中图层 4，展开“线框”合层的“变换”属性，并在“变换”选项中设置参数，如图 10-42 所示。

图 10-42

（6）选中图层 3，展开“线框”合层的“变换”属性，并在“变换”选项中设置参数，如图 10-43 所示。选中图层 2，展开“线框”合层的“变换”属性，并在“变换”选项中设置参数，如图 10-44 所示。

图 10-43

图 10-44

（7）选中图层 1，展开“线框”合层的“变换”属性，并在“变换”选项中设置参数，如图 10-45 所示。合成窗口中的效果如图 10-46 所示。

图 10-45

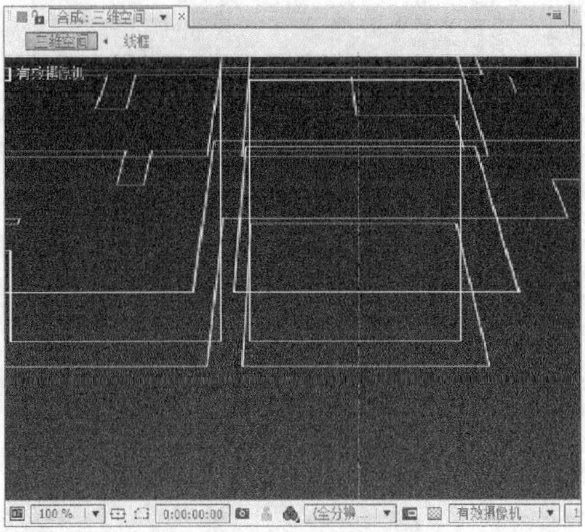

图 10-46

（8）在“项目”面板中选中“文字”合成并将其拖曳到“时间线”面板中，单击文字层右面的“3D 图层”按钮，打开三维属性，如图 10-47 所示。将时间标签放置在 3s 的位置，按<T>键展开“文字”合层的“透明度”属性，设置“透明度”选项的数值为100，单击“透明度”选项前面的“关键帧自动记录器”按钮，如图 10-48 所示，记录第 1 个关键帧。将时间标签放置在 4s 的位置，设置“透明度”选项的数值为 0，如图 10-49 所示，记录第 2 个关键帧。

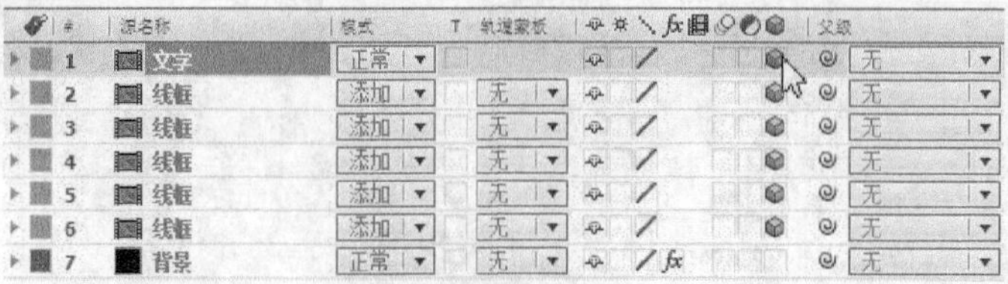

图 10-47

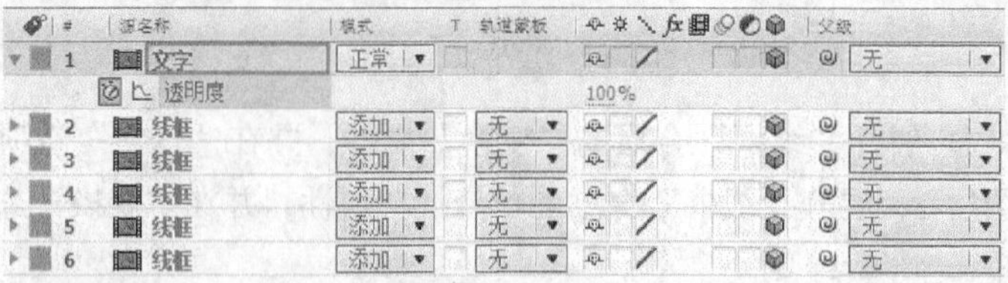

图 10-48

图 10-49

（9）选择“图层 > 新建 > 摄像机”命令，弹出“摄像机设置”对话框，选项的设置如图 10-50 所示，单击“确定”按钮，在“时间线”面板中新增一个摄像机层，如图 10-51 所示。

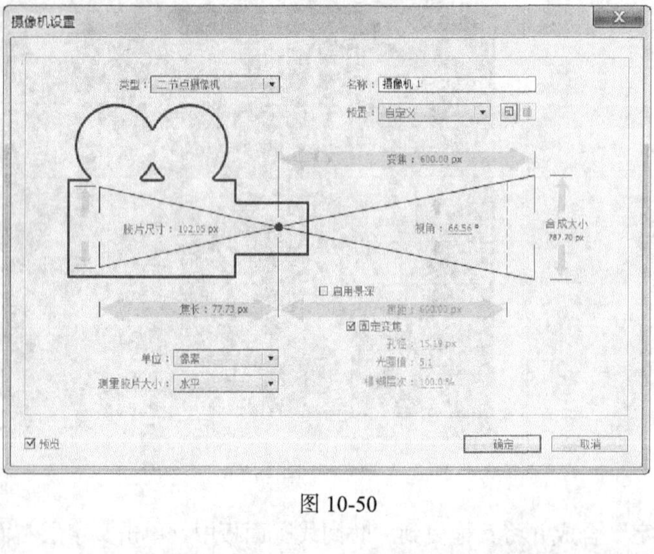

图 10-50

图 10-51

（10）选中摄像机层，按<P>键展开摄像机层的“位置”属性，将时间标签放置在 0s 的位置，设置“位置”选项的数值为 600、-150、-600，单击“位置”选项前面的“关键帧自动记录器”按钮，如图 10-52 所示，记录第 1 个关键帧。将时间标签放置在 4s 的位置，设置“位置”选项的数值为 360、288、-600，如图 10-53 所示，记录第 2 个关键帧。

图 10-52

图 10-53

（11）选择“图层 > 新建 > 调节层”命令，在“时间线”面板中新增一个调节层，选中调节层，将它放置在“文字”合成下方，如图 10-54 所示。选择“效果 > 风格化 > 辉光”命令，在“特效控制台”面板中进行参数设置，如图 10-55 所示。合成窗口中的效果如图 10-56 所示。

图 10-54

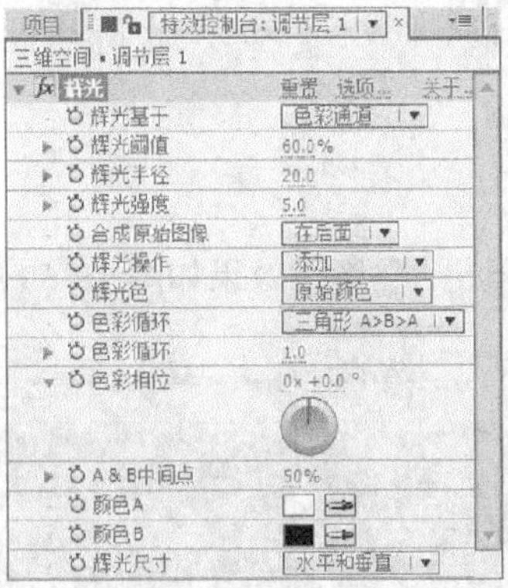

图 10-55

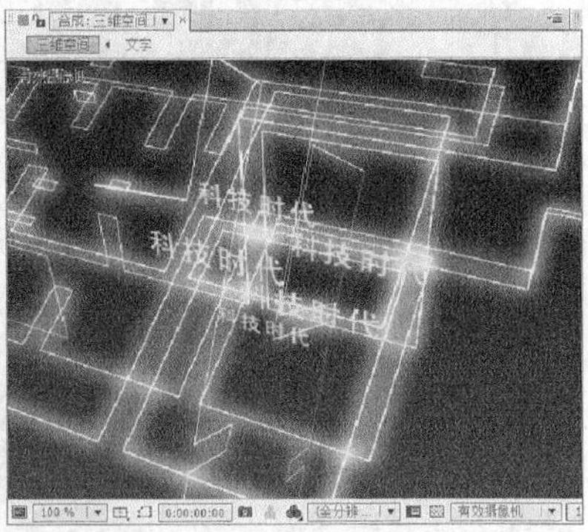

图 10-56

（12）在“时间线”面板中设置调节层的叠加混合模式为“叠加”，如图 10-57 所示。三维空间效果制作完成，如图 10-58 所示。

图 10-57

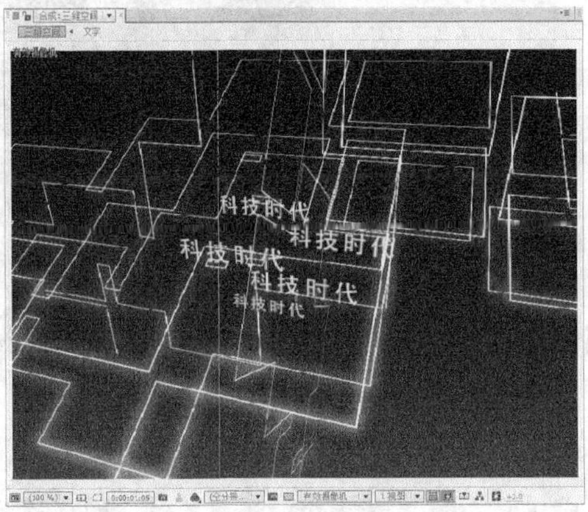

图 10-58

10.1.2　转换成三维层

除了声音以外，所有素材层都有可以实现三维层的功能。将一个普通的二维层转化为三维层也非常简单，只需要在层属性开关面板打开“3D 图层”按钮即可，展开层属性就会发现变换属性中无论是定位点属性、位置属性、缩放属性、方向属性、还是旋转属性，都出现了 *z* 轴向参数信息，另外还添加了另一个“质感选项”属性，如图 10-59 所示。

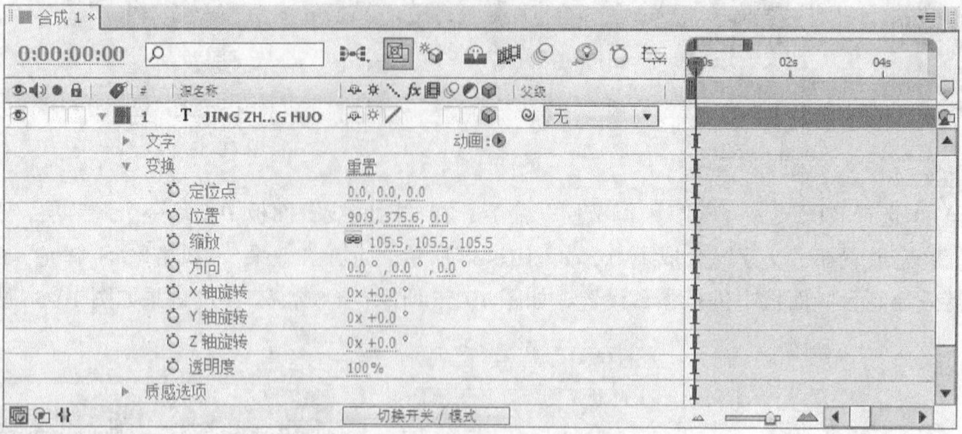

图 10-59

调节“Y 轴旋转”值为 45°，合成后的影像效果如图 10-60 所示。

图 10-60

如果要将三维层重新变回二维层，只需要在层属性开关面板再次单击“3D 图层”按钮，关闭三维属性即可，三维层当中的 *z* 轴信息和“质感材质”信息将丢失。

提示

虽然很多特效可以模拟三维空间效果（例如，“效果 > 扭曲 > 膨胀”滤镜），不过这些都是实实在在的二维特效，也就是说，即使这些特效当前作用是三维层，但是它们仍然只是模拟三维效果而不会对三维层轴产生任何影响。

10.1.3 变换三维层的位置属性

对于三维层来说，“位置”属性由 *x*、*y*、*z* 3 个维度的参数控制，如图 10-61 所示。

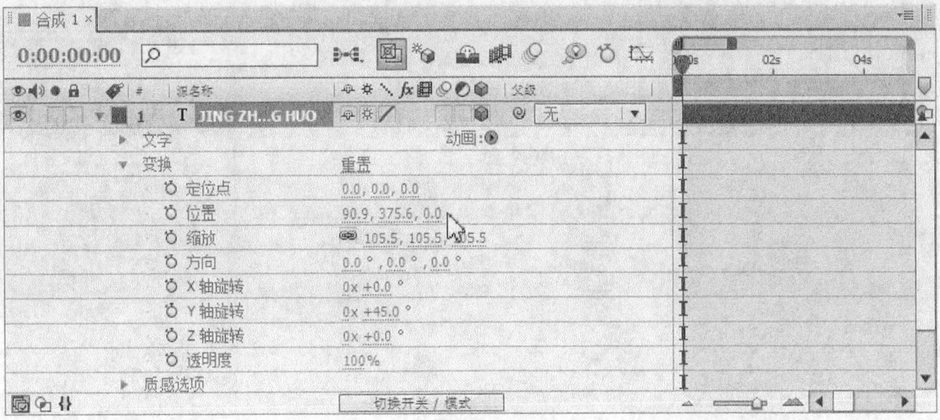

图 10-61

（1）打开 After Effects 软件，选择“文件 > 打开项目”命令，选择光盘目录下的“基础素材 > Ch10 > 项目 1.aep”文件，单击“打开”按钮打开此文件。

（2）在“时间线”窗口中，选择某个三维层，或者摄像机层，或者灯光层，被选择层的坐标轴将会显示出来，其中红色坐标代表 x 轴向，绿色坐标代表 y 轴向，蓝色坐标代表 z 轴向。

（3）在“工具”面板，选择“选择”工具，在“合成”预览窗口中，将鼠标停留在各个轴向上，观察光标的变化，当光标变成时，代表移动锁定在 x 轴向上；当光标变成时，代表移动锁定在 y 轴向上；当鼠标变成时，代表移动锁定在 z 轴向上。

提示　光标如果没有呈现任何坐标轴信息，可以在空间中全方位地移动三维对象。

10.1.4　变换三维层的旋转属性

1. 使用“方向”属性旋转

（1）选择“文件 > 打开项目”命令，选择光盘目录下的“基础素材 > Ch10 > 项目 1.aep”文件，单击“打开”按钮打开此文件。

（2）在“时间线”窗口中，选择某三维层、或者摄像机层或者灯光层。

（3）在“工具”面板中，选择“旋转”工具，在坐标系选项的右侧下拉列表中选择“旋转”选项，如图 10-62 所示。

图 10-62

（4）在“合成”预览窗口中，将鼠标光标放置在某坐标轴上，当光标出现时，进行 x 轴向旋转；当光标出现时，进行 y 轴向旋转；当光标出现时，进行 z 轴向旋转；在没有出现任何信息时，可以全方位旋转三维对象。

（5）在“时间线”窗口中，展开当前三维层变换属性，观察 3 组“旋转”属性值的变化，如图 10-63 所示。

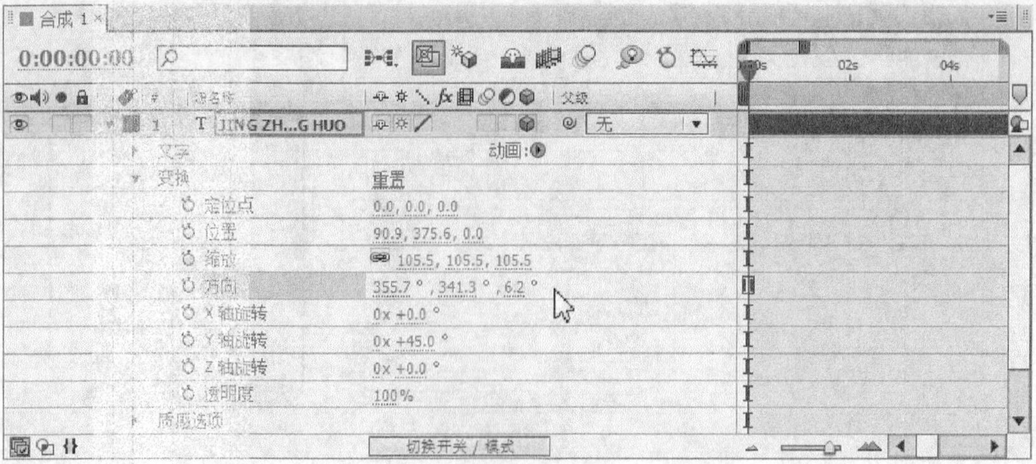

图 10-63

2．使用“旋转”属性旋转

（1）使用上面的素材案例，选择“文件 > 返回”命令，还原到项目文件的上次存储状态。

（2）在“工具”面板中，选择“旋转”工具，在坐标系选择的右侧下拉列表中选择“旋转”选项，如图 10-64 所示。

图 10-64

（3）在“合成”预览窗口中，将鼠标光标放置在某坐标轴上，当光标出现时，进行 x 轴向旋转；当光标出现时，进行 y 轴向旋转；当光标出现时，进行 z 轴向旋转；在没有出现任何信息时，可以全方位旋转三维对象。

（4）在“时间线”窗口中，展开当前三维层变换属性，观察 3 组“旋转”属性值的变化，如图 10-65 所示。

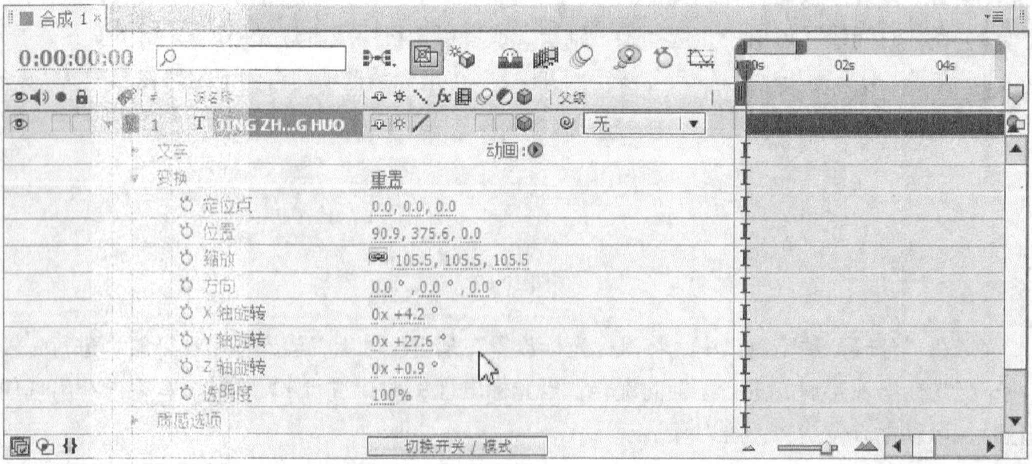

图 10-65

10.1.5 三维视图

虽然对三维空间感知并不需要通过专业的训练，是任何人都具备的本能感应，但是在制作过程中，往往会由于各种原因（场景过于复杂等因素）导致视觉错觉，无法仅通过对透视图的观察正确判断当前三维对象的具体空间状态，因此往往需要借助更多的视图作为参照，例如，顶视图、前视图、左视图、有效摄像机视图等。从而达到准确的空间位置信息，如图 10-66、图 10-67、图 10-68、图 10-69 所示。

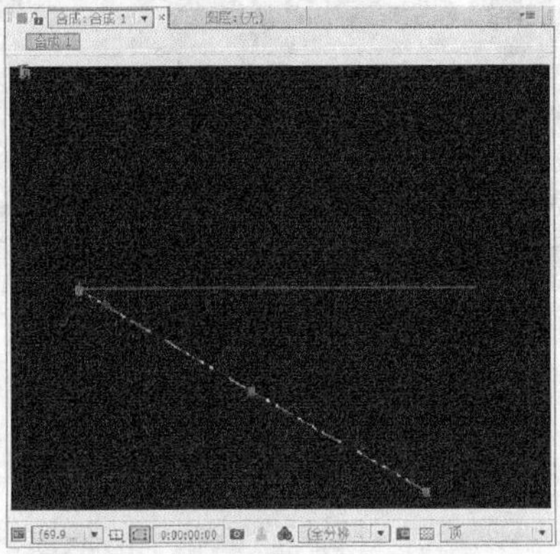

图 10-66

图 10-67

图 10-68

图 10-69

在“合成”预览窗口中，可以通过单击 有效摄像机 ▼ （3D 视图）下拉式菜单，在各个视图模块中进行切换，这些模式大致分为 3 类：正交视图、摄像机视图和自定义视图。

1．正交视图

正交视图包括：前视图、左视图、顶视图、后视图、右视图和底视图，其实就是以垂直正交的方式观看空间中的 6 个面，在正交视图中，长度尺寸和距离以原始数据的方式呈现，从而忽略掉了透视所导致的大小变化，也就意味着在正交视图观看立体物体时没有透视感，如图 10-70 所示。

2．摄像机视图

摄像机视图是从摄像机的角度，通过镜头去观看空间，与正交视图不同的是，这里描绘出的空间和物体是带有透视变化的视觉空间，非常真实地再现近大远小、近长远短的透视关系，通过镜头的特殊属性设置，还能对此进行一步的夸张设置等，如图 10-71 所示。

图 10-70

图 10-71

3．自定义视图

自定义视图是从几个默认的角度观看当前空间，可以通过“工具”面板中的摄像机视图工具调整其角度，同摄像机视图一样，自定义视图同样是遵循透视的规律来呈现当前空间，不过自定义视图并不要求合成项目中必须有摄像机才能打开，当然也不具备通过镜头设置带来的景深、广角、长焦之类的观看空间方式，可以仅仅理解为 3 个可自定义的标准透视视图。

有效摄像机 ▼（3D 视图）下拉式菜单中具体选项，如图 10-72 所示。

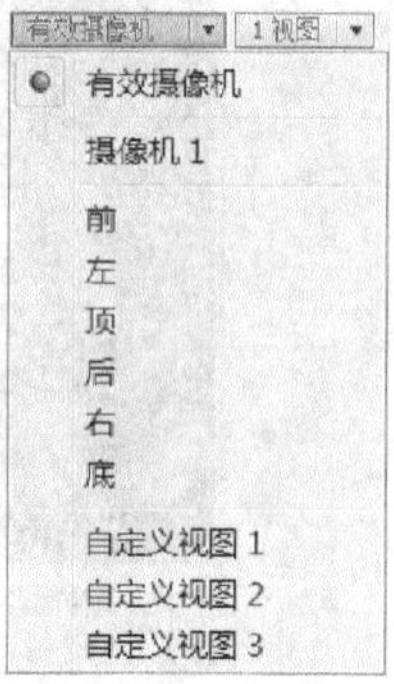

图 10-72

⊙ 有效摄像机：当前激活的摄像机视图，也就是当前时间位置被打开的摄像机层的视图。

⊙ 前：前视图，从正前方观看合成空间，不带透视效果。

⊙ 左：左视图，从正左方观看合成空间，不带透视效果。

⊙ 顶：顶视图，从正上方观看合成空间，不带透视效果。

⊙ 后：背视图，从后方观看合成空间，不带透视效果。

⊙ 右：右视图，从正右方观看合成空间，不带透视效果。

⊙ 底：底视图，从正底部观看合成空间，不带透视效果。

⊙ 自定义视力 1~3：3 个自定义视图，从 3 个缺省的角度观看合成空间，含有透视效果，可以通过“工具”面板里的摄像机位置工具移动视角。

⊙ 摄像机+Name：以摄像机名称命名的摄像机视图，如果没有建立任何摄像机，此菜单选项将不出现，一旦建立了摄像机，将以摄像机的名称出现在菜单中，通过选择可以迅速切换到各个摄像机视角。

10.1.6　多视图方式观测三维空间

在进行三维创作时，虽然可以通过 3D 视图下拉式菜单方便地切换各个不同视角，但是仍然不利于各个视角的参照对比，而且来回频繁地切换视图也导致创作效率低下。不过庆幸的是，After Effects 提供了多种视图方式，可以同时多角度观看三维空间，通过“合成”预览窗口中的“选定视图方案”下拉式菜单中进行选择。

⊙ 1 视图：仅显示一个视图，如图 10-73 所示。

⊙ 2 视图-左右：同时显示两个视图，左右排列，如图 10-74 所示。

图 10-73

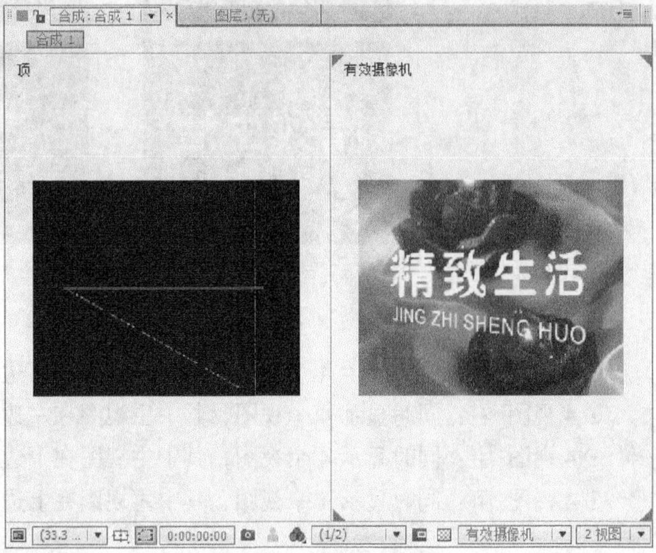

图 10-74

⊙ 2 视图-上下：同时显示两个视图，上下排列，如图 10-75 所示。

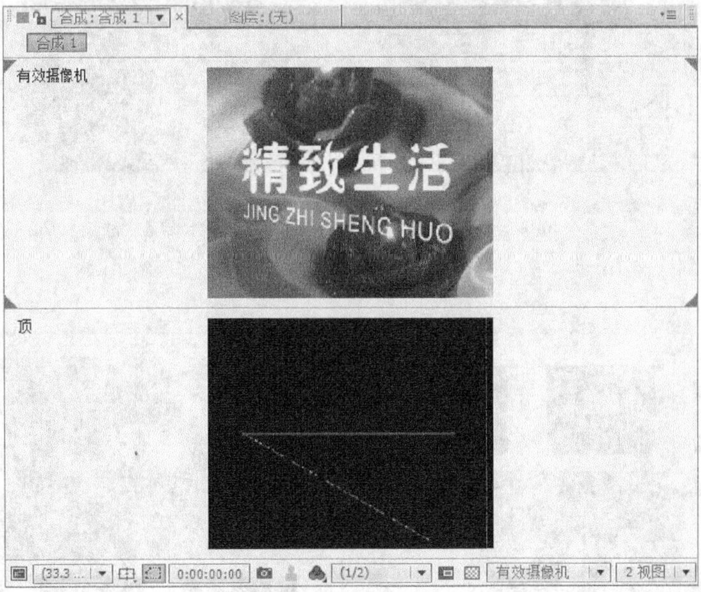

图 10-75

⊙ 4 视图：同时显示 4 个视图，如图 10-76 所示。

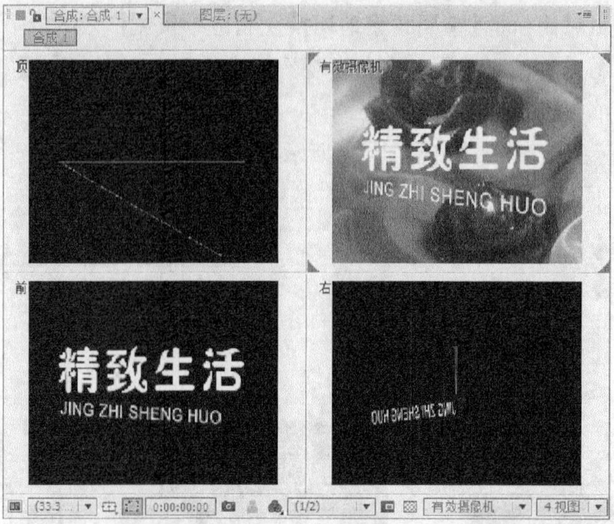

图 10-76

⊙ 4 视图-左：同时显示 4 个视图，其中主视图在右边，如图 10-77 所示。
⊙ 4 视图-右：同时显示 4 个视图，其中主视图在左边，如图 10-78 所示。
⊙ 4 视图-上：同时显示 4 个视图，其中主视图在下边，如图 10-79 所示。
⊙ 4 视图-下：同时显示 4 个视图，其中主视图在上边，如图 10-80 所示。

图 10-77

图 10-78

图 10-79

图 10-80

其中每个分视图都可以在被激活后，用 3D 视图菜单更换具体观测角度，或者进行视图显示设置等。

另外，通过选中“共享视图选项”选项，可以让多视图共享同样的视图设置。例如，安全框显示选项、网格显示选项、通道显示选项等。

提示 通过上下滚动鼠标中键的滚轴，可以在不激活视图的情况下，对鼠标位置下的视图进行缩放操作。

10.1.7　坐标体系

在控制三维对象的时候，都会依据某种坐标体系进行轴向定位，在 After Effects 里，提供了 3 种轴向坐标：当前坐标系、世界坐标系和视图坐标系。坐标系的切换是通过“工具”面板里的、和实现的。

1．当前坐标系

此坐标系采用被选择物体本身的坐标轴向作为变换的依据，当物体的方位与世界坐标不同时很有帮助，如图 10-81 所示。

图 10-81

2．世界坐标系

世界坐标系是使用合成空间中的绝对坐标系作为定位，坐标系轴向不会随着物体的旋转而改变，属于一种绝对值。无论在哪一个视图，x 轴向始终是往水平方向延伸，y 轴向始终是往垂直方向延伸，z 轴向始终往纵深方向延伸，如图 10-82 所示。

图 10-82

3．视图坐标系

视图坐标系同当前所处的视图有关，也可以称之为屏幕坐标系，对于正交视图和自定义视图，*x* 轴向仍然和 *y* 轴向始终平行于视图，其纵深轴 *z* 轴向始终垂直于视图；对于摄像机视图，*x* 轴向和 *y* 轴向仍然始终平行于视图，但 *z* 轴向则有一定的变动，如图 10-83 所示。

图 10-83

10.1.8　三维层的材质属性

当普通的二维层转化为三维层时，还添加了一个全新的属性——“质感选项”属性，可以通过此属性的各项设置，决定三维层如何响应灯光光照系统，如图 10-84 所示。

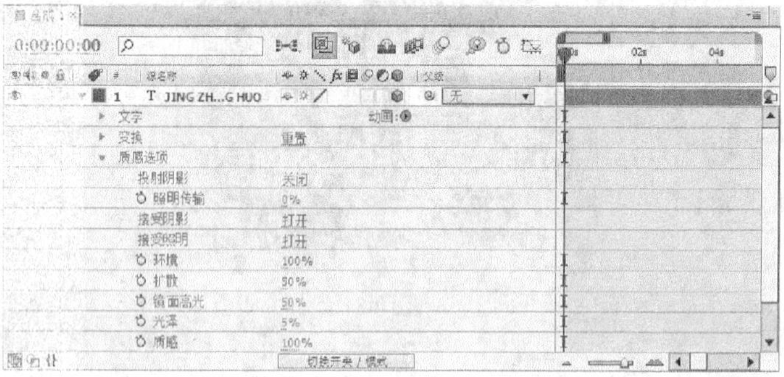

图 10-84

选中某个三维素材层，连续两次按<A>键，展开“质感选项”属性。

投射阴影：是否投射阴影选项。其中包括：“打开”、“关闭”、“只有阴影”3 种模式，如图 10-85、图 10-86、图 10-87 所示。

图 10-85

图 10-86

图 10-87

照明传输：透光程度，可以体现半透明物体在灯光下的照射效果，主要效果体现在阴影上，如图 10-88、图 10-89 所示。

照明传输值为 0%

图 10-88

照明传输值为 40%

图 10-89

接受阴影：是否接受阴影，此属性不能制作关键帧动画。

接受照明：是否接受光照，此属性不能制作关键帧动画。

环境：调整三维层受“环境”类型灯光影响的程度。设置“环境”类型灯光如图 10-90 所示。

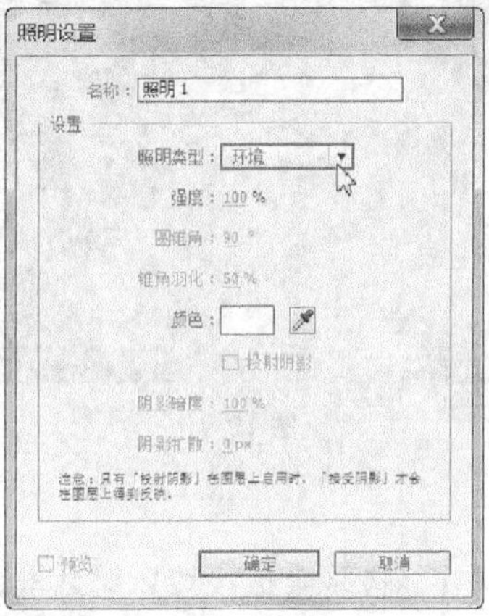

图 10-90

扩散：调整层漫反射程度。如果设置为 100%，将反射大量的光；如果为 0%，则不反射大量的光。

镜面高光：调整层镜面反射的程度。

光泽：设置“镜面高光”的区域，值越小，“镜面高光”区域就越小。在“镜面高光”值为 0 的情况下，此设置将不起作用。

质感：调节由“镜面高光”反射的光的颜色。值越接近 100%，就会越接近图层的颜色；值越接近 0%，就越接近灯光的颜色。

10.2 应用灯光和摄像机

After Effects 中三维层具有了材质属性，但要得到满意的合成效果，还必须在场景中创建和设置灯光，无论是图层的投影、环境和反射等特性都是在一定的灯光作用下才发挥作用的。

在三维空间的合成中，除了灯光和图层材质赋予的多种多样的效果以外，摄像机的功能也是相当重要的，因为不同的视角所得到的光影效果也是不同的，而且在动画的控制方面也增强了灵活性和多样性，丰富了图像合成的视觉效果。

10.2.1 课堂案例——星光碎片

案例学习目标：学习使用调整摄像机制作星光碎片。

案例知识要点：使用“渐变”命令制作背景渐变效果；使用“分形杂波”命令制作发光特效；使用“闪光灯”命令制作闪光灯效果；使用“渐变”命令制作彩色渐变效果；使用矩形遮罩工具绘制形状遮罩效果；使用“LF Stripe”命令制作光效；使用“摄像机”命令添加摄像机层并制作关键帧动画；使用“位置”属性改变摄像机层的位置动画；使用“启用时间重置”命令改变时间。星光碎片如图 10-91 所示。

效果图所在位置：光盘\Ch10\星光碎片. aep。

图 10-91

1. 制作渐变效果

（1）按<Ctrl>+<N>组合键，弹出“图像合成设置”对话框，在“合成组名称”选项的文本框中输入“渐变”，其他选项的设置如图 10-92 所示，单击“确定”按钮，创建一个新的合成“渐变”。选择“图层 > 新建 > 固态层”命令，弹出“固态层设置”对话框，在“名称”选项的文本框中输入“渐变”，将“颜色”选项设置为黑色，单击“确定”按钮，在“时间线”面板中新增一个固态层，如图 10-93 所示。

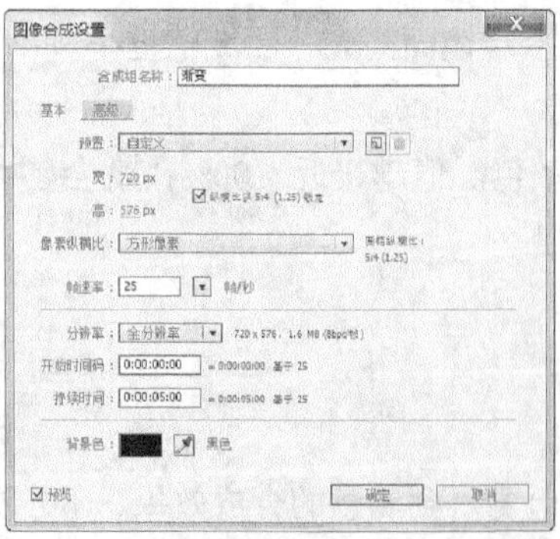

图 10-92

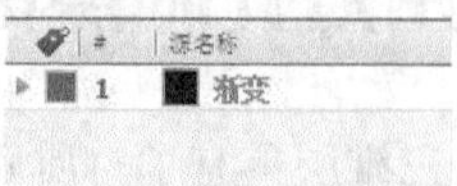

图 10-93

（2）选中“渐变”层，选择“效果 > 生成 > 渐变”命令，在“特效控制台”面板中设置“开始色”的颜色为黑色，“结束色”的颜色为白色，其他参数设置如图 10-94 所示，设置完成后合成窗口中的效果如图 10-95 所示。

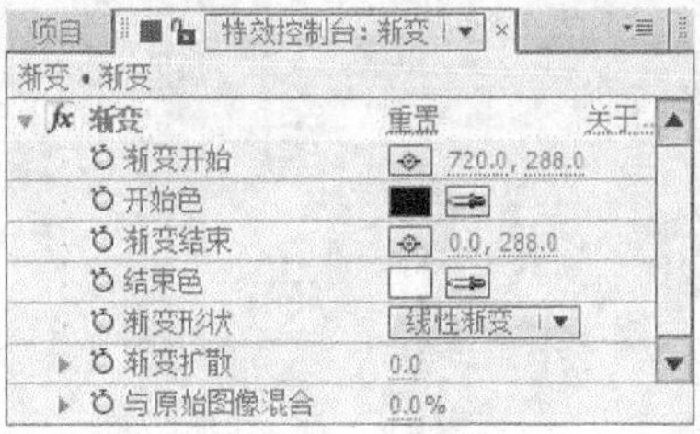

图 10-94

图 10-95

2. 制作发光效果

（1）再次创建一个新的合成并命名为“星光”。在当前合成中建立一个新的固态层“噪波”。选中“噪波”层，选择“效果 > 杂波与颗粒 > 分形杂波”命令，在“特效控制台”面板中进行参数设置，如图 10-96 所示。合成窗口中的效果如图 10-97 所示。

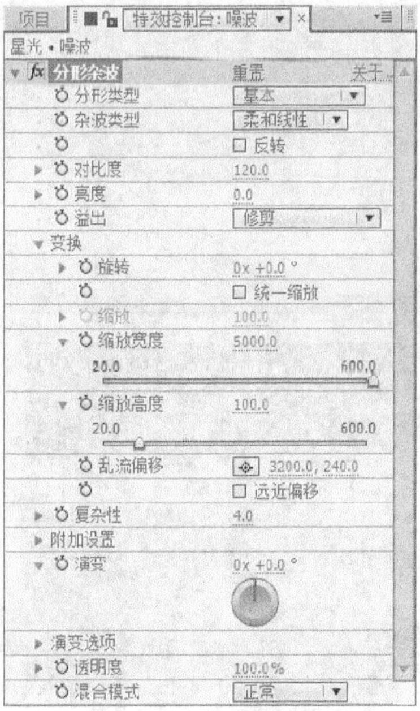

图 10-96

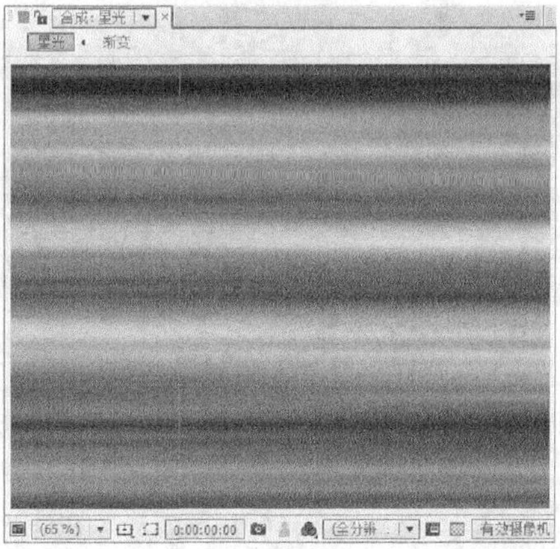

图 10-97

（2）选中“噪波”层，在“时间线”面板中将时间标签放置在 0s 的位置，如图 10-98 所示。在“特效控制台”面板中分别单击“变换”下的“乱流偏移”和“演变”选项前面的“关键帧自动记录器”按钮 ⏱，如图 10-99 所示，记录第 1 个关键帧。

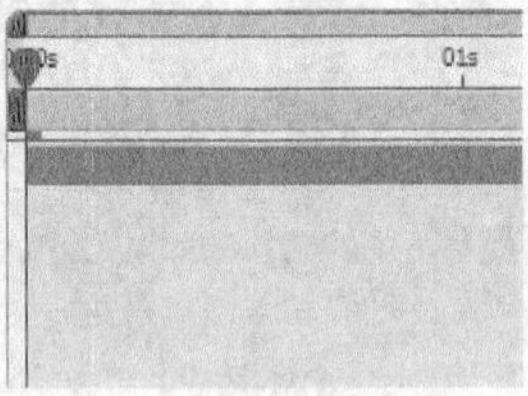

图 10-98

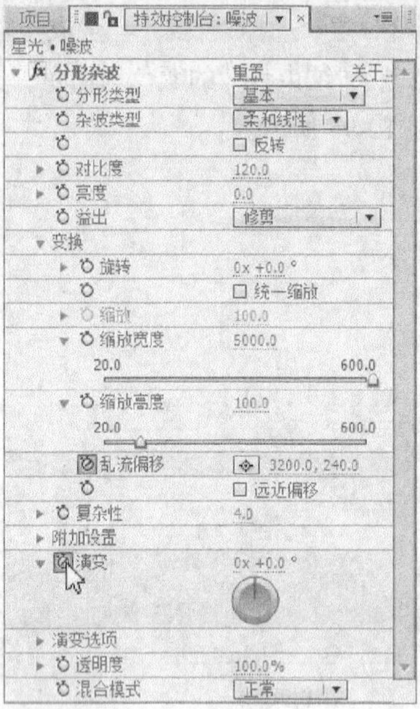

图 10-99

（3）将时间标签放置在 4:24s 的位置，在“特效控制台”面板中设置“乱流偏移”选项的数值为-3200、240，“演变”选项的数值为 1、0，如图 10-100 所示，记录第 2 个关键帧。合成窗口中的效果如图 10-101 所示。

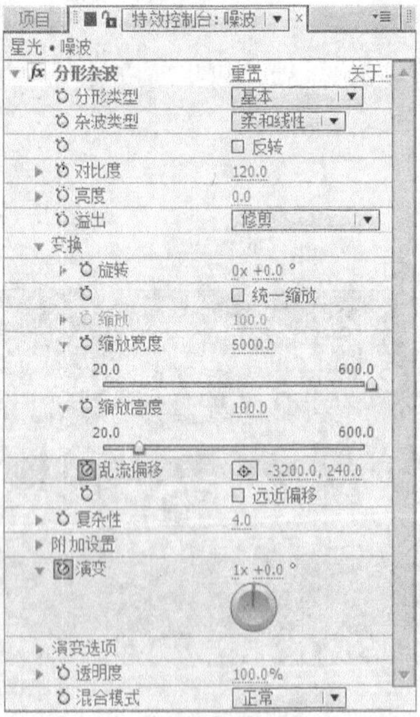

图 10-100

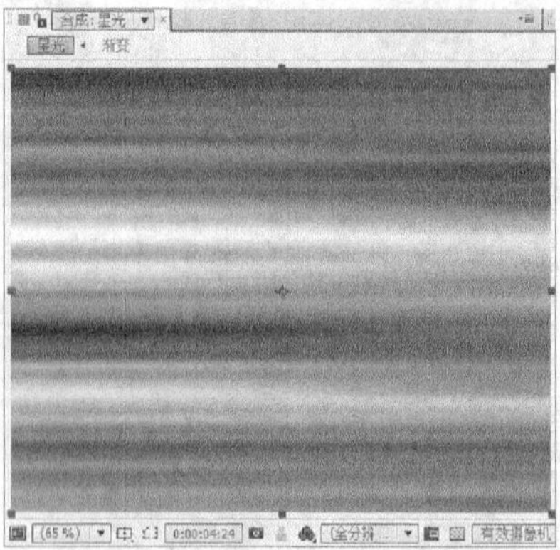

图 10-101

（4）选中“噪波”层，选择“效果 > 风格化 > 闪光灯”命令，在“特效控制台”面板中进行参数设置，如图 10-102 所示。合成窗口中的效果如图 10-103 所示。

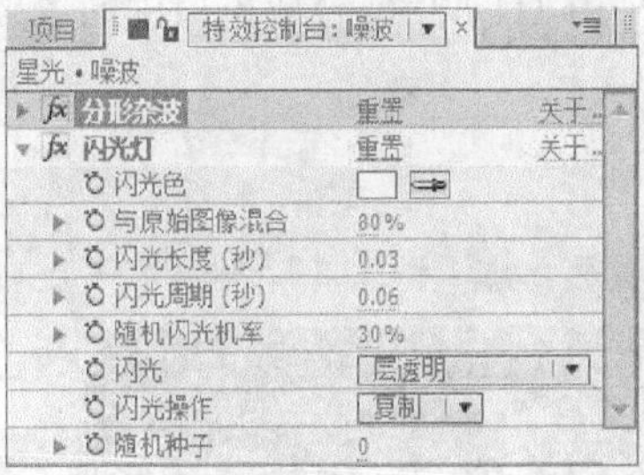

图 10-102

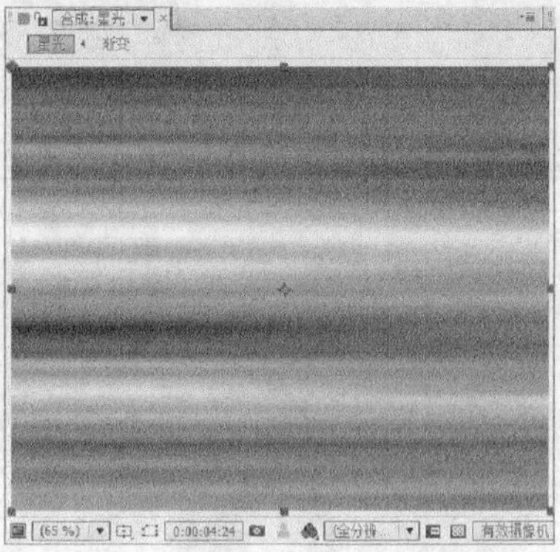

图 10-103

（5）在“项目”面板中选中“渐变”合成并将其拖曳到“时间线”面板中，层的排列如图 10-104 所示。将“噪波”层的“轨道蒙板”选项设置为“亮度蒙板‘渐变’”，如图 10-105 所示。隐藏“渐变”层，合成窗口中的效果如图 10-106 所示。

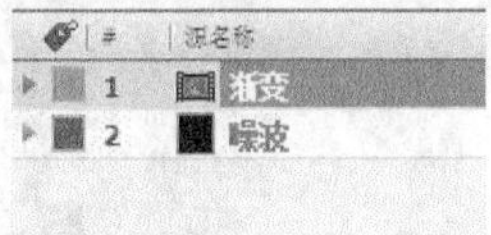

图 10-104

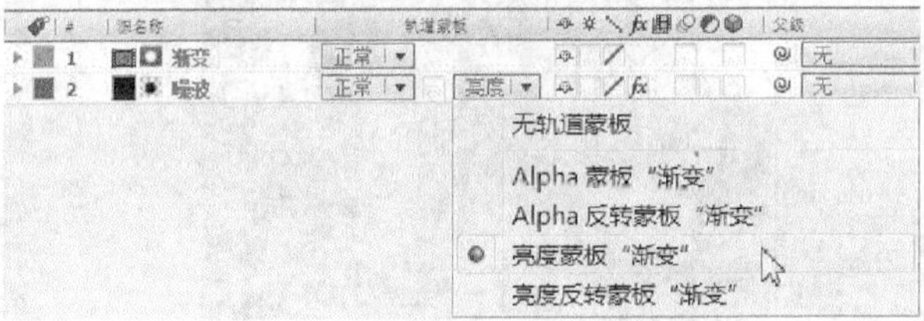

图 10-105

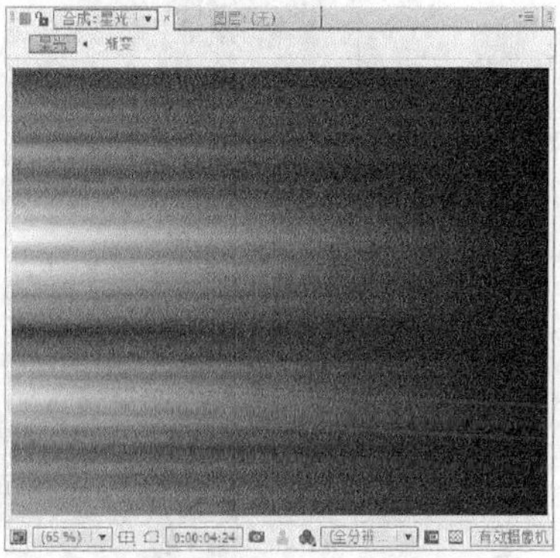

图 10-106

3．制作彩色发光效果

（1）在当前合成中建立一个新的固态层“彩色光芒”。选择“效果 > 生成 > 渐变”命令，在“特效控制台”面板中设置“开始色”的颜色为黑色，“结束色”的颜色为白色，其他参数设置如图 10-107 所示，设置完成后合成窗口中的效果如图 10-108 所示。

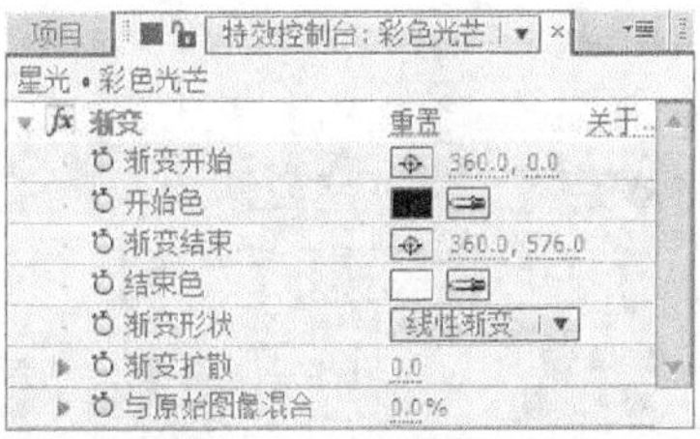

图 10-107

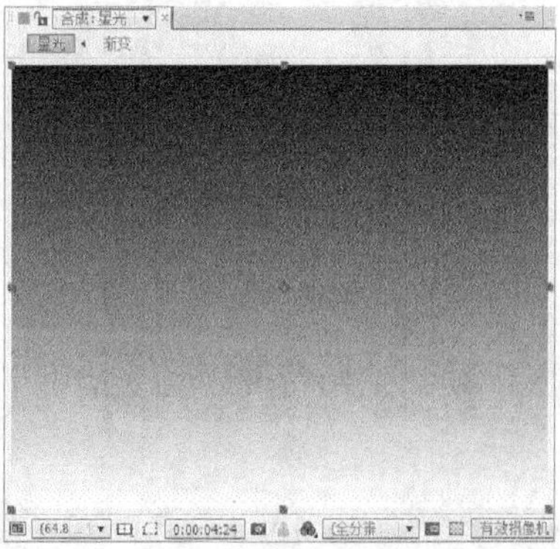

图 10-108

（2）选中“彩色光芒”层，选择“效果 > 色彩校正 > 彩色光”命令，在“特效控制台”面板中进行参数设置，如图 10-109 所示。合成窗口中的效果如图 10-110 所示。在“时间线”面板中设置“彩色光芒”层的遮罩混合模式为“颜色”，如图 10-111 所示。合成窗口中的效果如图 10-112 所示。

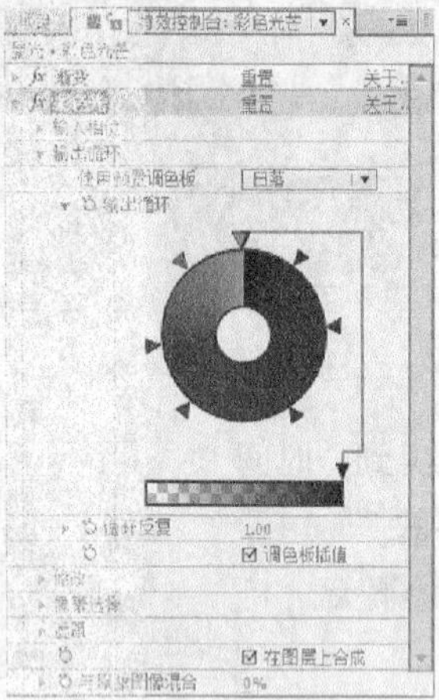

图 10-109

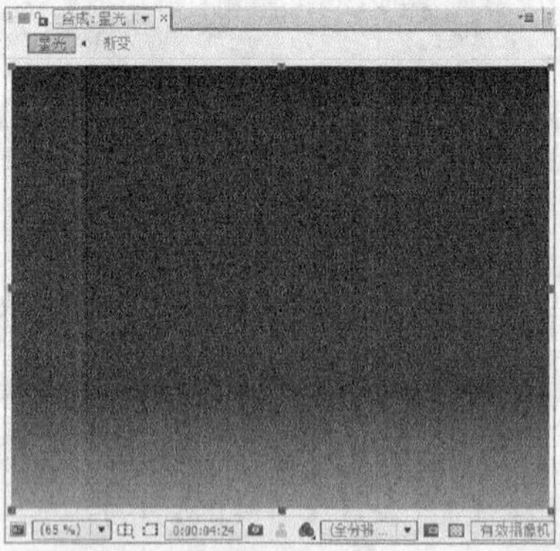

图 10-110

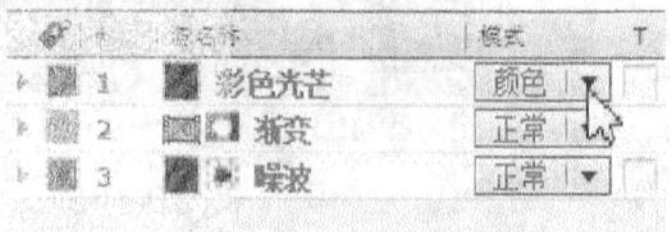

图 10-111

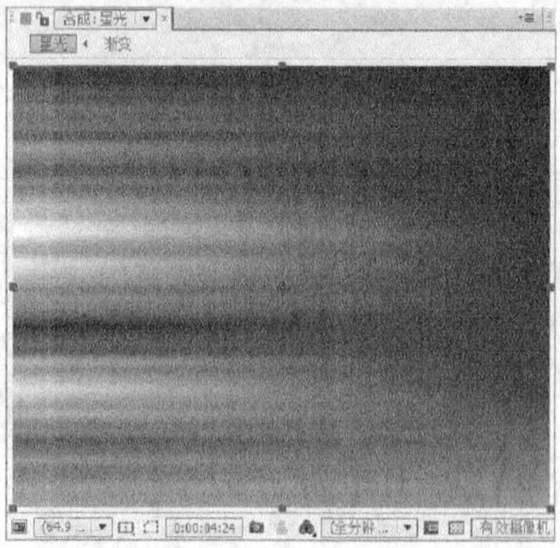

图 10-112

（3）在当前合成中建立一个新的固态层“遮罩”。选择“矩形遮罩”工具，在合成窗口中拖曳鼠标绘制一个矩形遮罩图形，如图 10-113 所示。按<F>键展开“遮罩羽化”属性，设置“遮罩羽化”选项的数值为“200”，如图 10-114 所示。

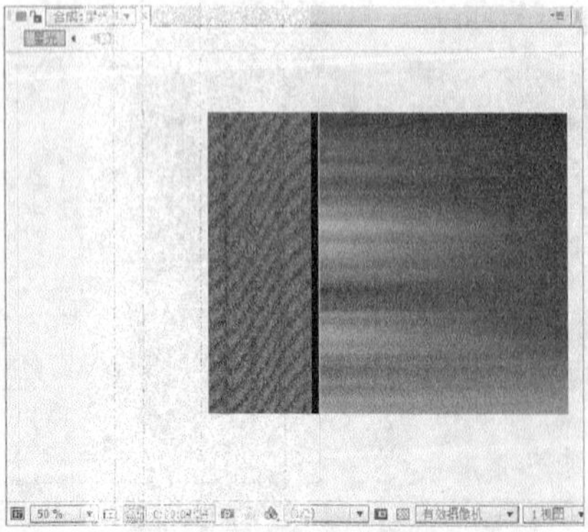

图 10-113

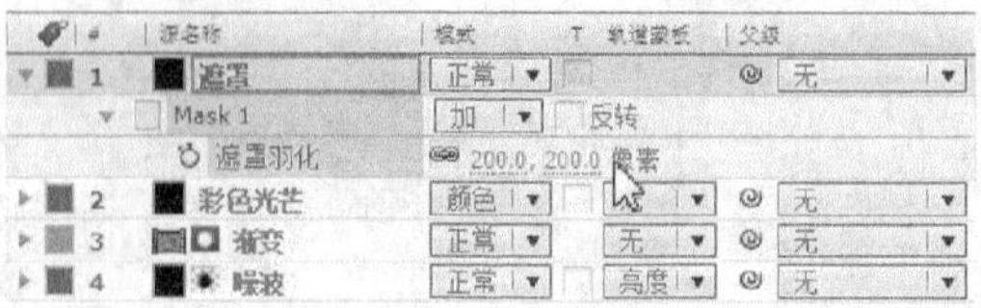

图 10-114

（4）选中“彩色光芒”层，将“彩色光芒”层的“轨道蒙版”选项设置为“Alpha 蒙板‘遮罩’”，如图 10-115 所示。隐藏“遮罩”层，合成窗口中的效果如图 10-116 所示。

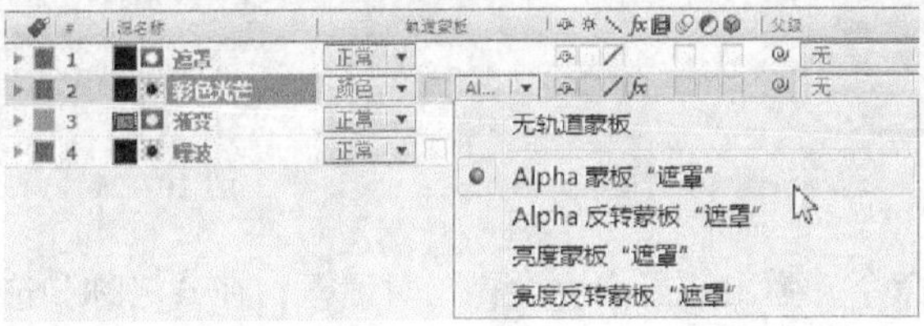

图 10-115

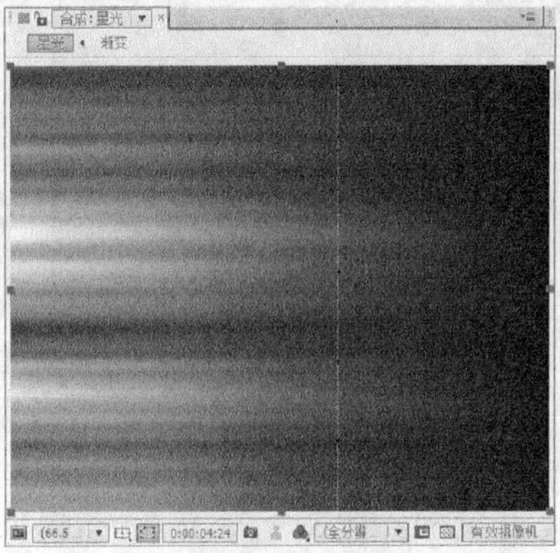

图 10-116

（5）再次创建一个新的合成并命名为“光效”。在当前合成中建立一个新的固态层“光效”。选中“光效”层，选择“效果 > Knoll Light Factory > LF Stripe”命令，在“特效控制台”面板中设置“Outer Color”的颜色为紫色（其 R、G、B 的值分别为 126、0、255），“Center Color”的颜色为青色（其 R、G、B 的值分别为 64、149、255），其他参数设置如图 10-117 所示，设置完成后合成窗口中的效果如图 10-118 所示。

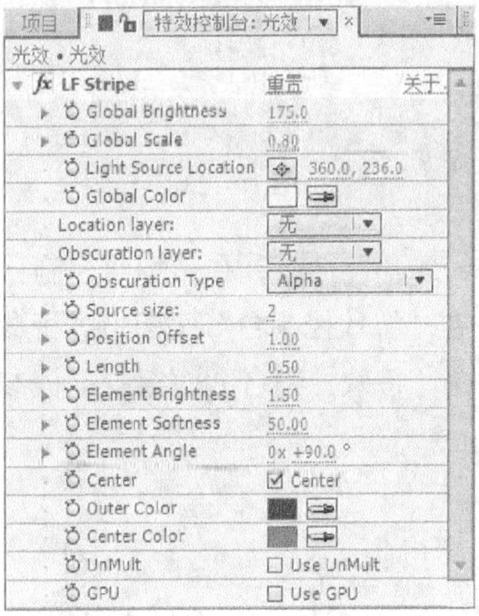

图 10-117

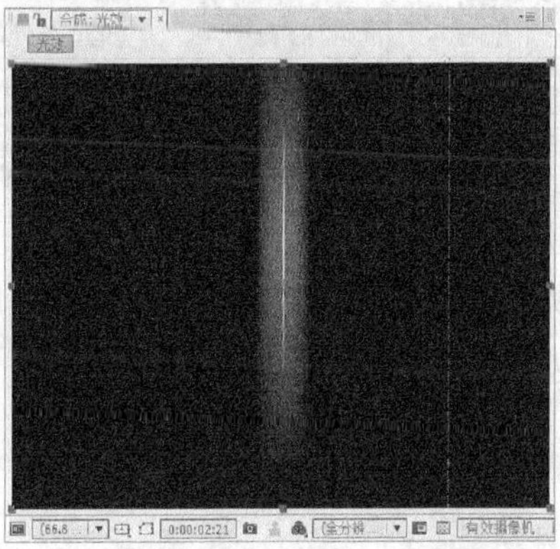

图 10-118

4．编辑图片光芒效果

（1）按<Ctrl>+<N>组合键，弹出“图像合成设置”对话框，在“合成组名称”选项的文本框中输入“碎片”，其他选项的设置如图 10-119 所示，单击“确定”按钮。

（2）选择“文件 > 导入 > 文件”命令，弹出“导入文件”对话框，选择光盘中的“Ch10\ 星光碎片 \ (Footage) \ 01”文件，单击“打开”按钮，导入图片，如图 10-120 所示。在“项目”面板中选中“渐变”合成和“01”文件，将其拖曳到“时间线”面板中，同时单击“渐变”层前面的眼睛按钮，关闭该层的可视性，如图 10-121 所示。

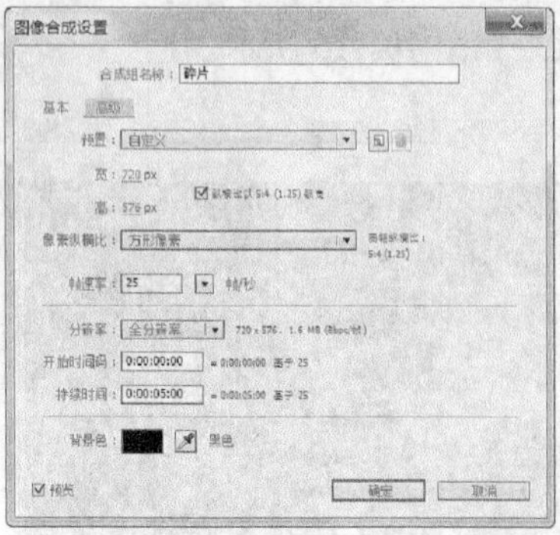

图 10-119

图 10-120

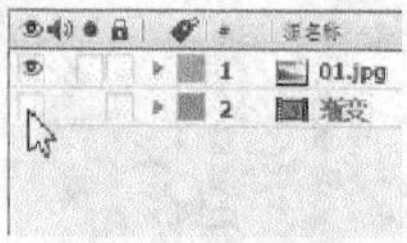

图 10-121

（3）选择“图层 > 新建 > 摄像机”命令，弹出“摄像机设置”对话框，在“名称”选项的文本框中输入“摄像机 1”，其他选项的设置如图 10-122 所示，单击“确定”按钮，在“时间线”面板中新增一个摄像机层，如图 10-123 所示。

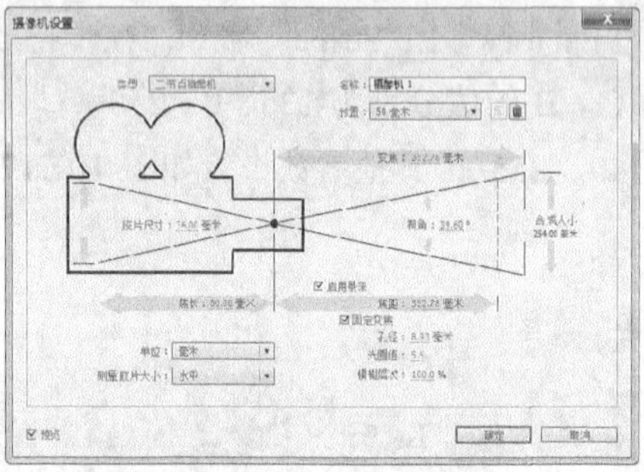

图 10-122

图 10-123

（4）选中“01”文件，选择“效果 > 模拟仿真 > 碎片”命令，在“特效控制台”面板中将“查看”选项改为“渲染”模式，展开“外形”属性，在“特效控制台”面板中进行参数设置，如图 10-124 所示。展开“焦点 1”和“焦点 2”属性，在“特效控制台”面板中进行参数设置，如图 10-125 所示。

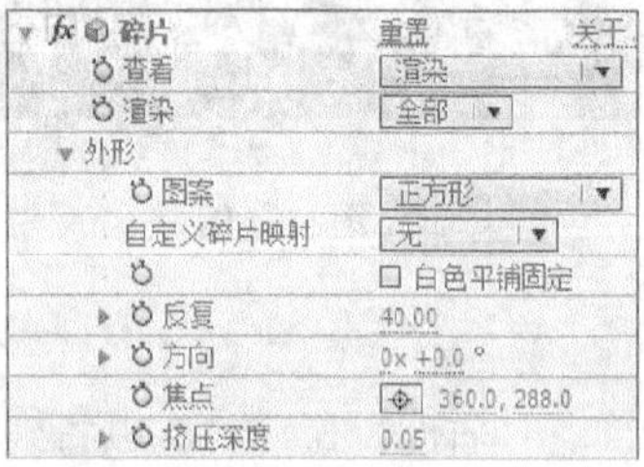

图 10-124

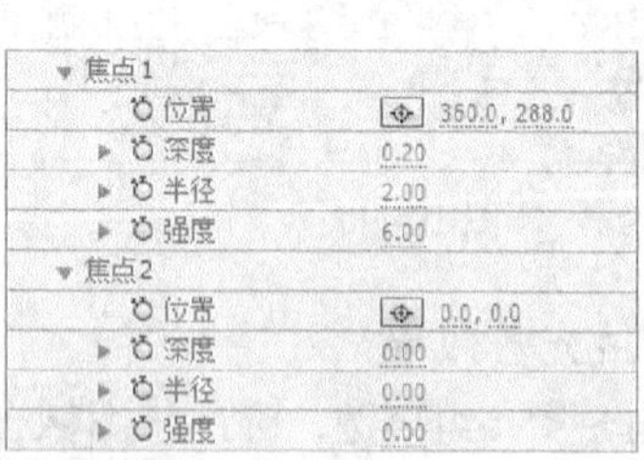

图 10-125

（5）展开“倾斜”和“物理”属性，在“特效控制台”面板中进行参数设置，如图 10-126 所示。将时间标签放置在 2s 的位置，在“特效控制台”面板中单击“倾斜”选项下的“碎片界限值”选项前的“关键帧自动记录器”按钮⏱，如图 10-127 所示，记录第 1 个关键帧。将时间标签放置在 3:18s 的位置，设置“碎片界限值”选项的数值为 100，如图 10-128 所示，记录第 2 个关键帧。

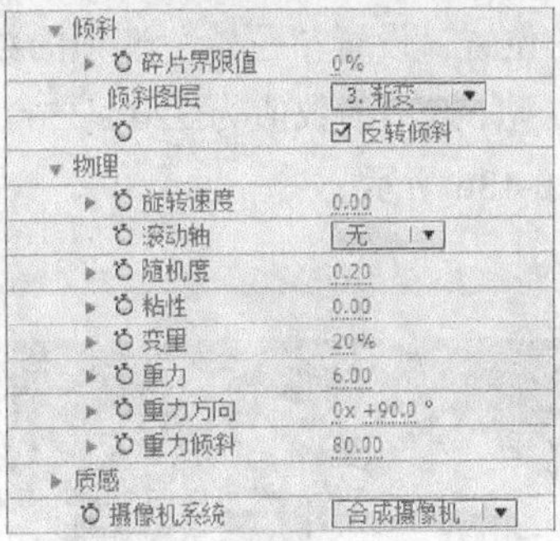

图 10-126

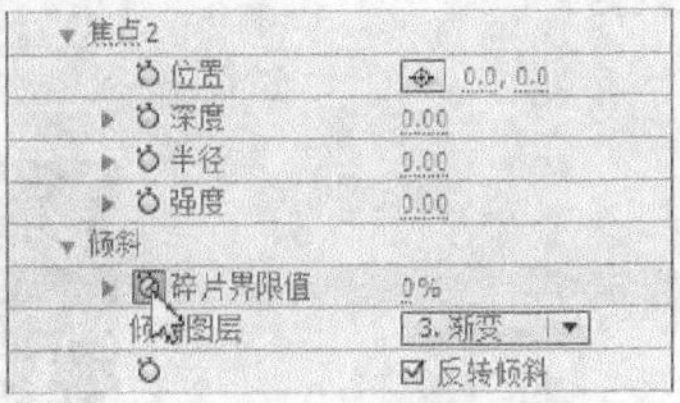

图 10-127

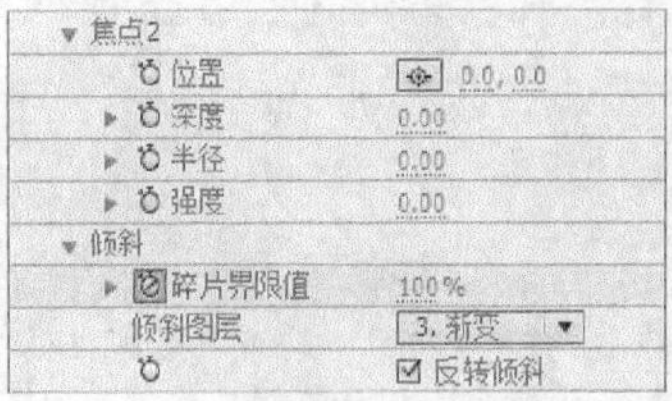

图 10-128

（6）在当前合成中建立一个新的红色固态层“参考层”。单击“参考层”右面的“3D 图层”按钮，打开三维属性，同时单击“参考层”前面的“眼睛”按钮，关闭该层的可视性。设置“摄像机 1”的“父级”关系为“参考层”，如图 10-129 所示。

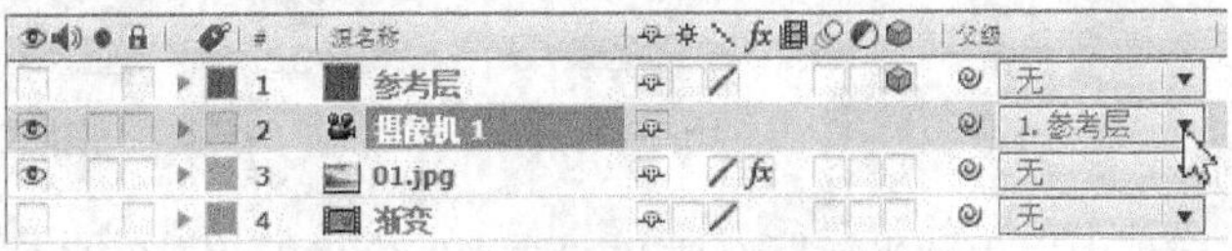

图 10-129

（7）选中“参考层”，按<R>键展开旋转属性，设置“方向”选项的数值为 90、0、0，如图 10-130 所示。将时间标签放置在 1:06s 的位置，单击“Y 轴旋转”选项前的“关键帧自动记录器”按钮，设置“Y 轴旋转”选项的数值为 0、0，如图 10-131 所示，记录第 1 个关键帧。将时间标签放置在 4:24s 的位置设置“Y 轴旋转”选项的数值为 0、120，如图 10-132 所示，记录第 2 个关键帧。然后选中两个关键帧，在任意一个关键帧上单击鼠标右键，在弹出的选项中选择“关键帧辅助 > 柔缓曲线”，如图 10-133 所示。

图 10-130

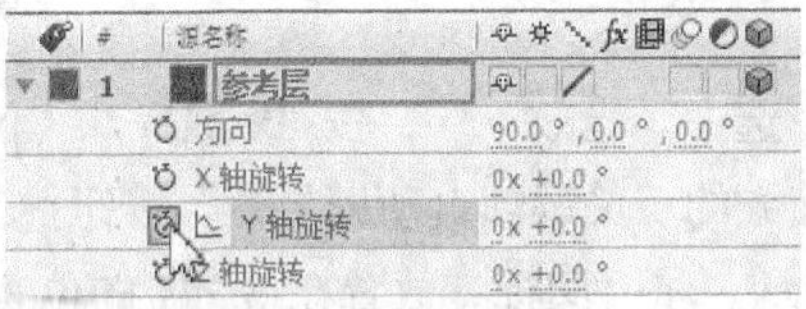

图 10-131

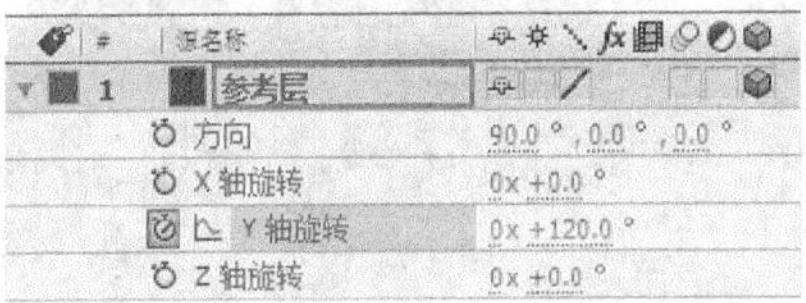

图 10-132

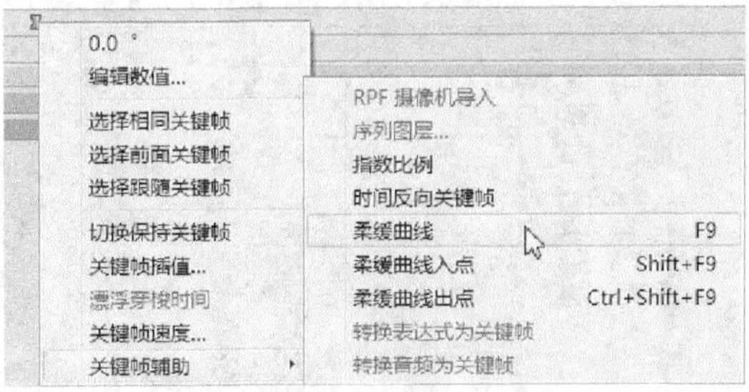

图 10-133

（8）选中“摄像机 1”层，按<P>键展开“位置”属性，将时间标签放置在 0s 的位置，单击“位置”选项前的“关键帧自动记录器”按钮，设置“位置”选项的数值为 320、−900、−50，如图 10-134 所示，记录第 1 个关键帧。将时间标签放置在 1:10s 的位置，设置“位置”选项的数值为 320、-700、-250，将时间标签放置在 4:24s 的位置，设置“位置”选项的数值为 320、-560、-1000，关键帧的显示如图 10-135 所示。合成窗口中的效果如图 10-136 所示。

图 10-134

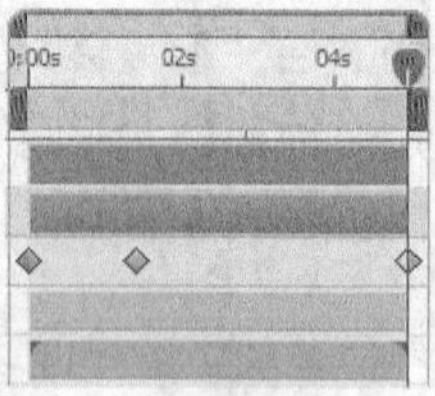

图 10-135

图 10-136

（9）在“项目”面板中选中“光效”合成和“星光”合成，将其拖曳到“时间线”面板中，单击这两层右面的“3D 图层”按钮，打开三维属性，同时在“时间线”面板中设置这两层的遮罩混合模式为“添加”，如图 10-137 所示。

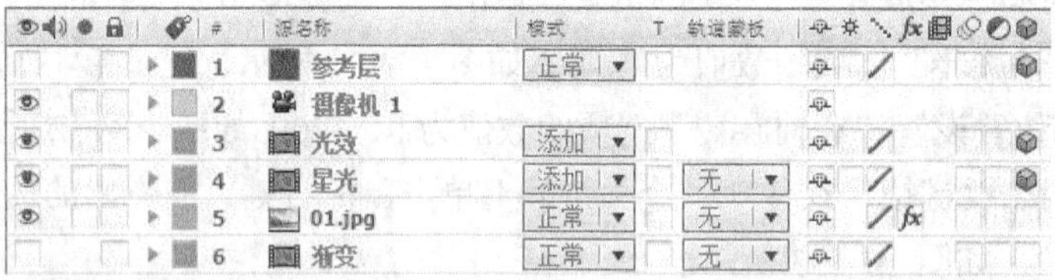

图 10-137

（10）选中“光效”层，按<P>键展开“位置”属性，将时间标签放置在 1:22s 的位置，单击“位置”前方的“关键帧自动记录器”按钮，设置“位置”选项的数值为“720、288、0”，如图 10-138 所示。将时间标签放置在 3:24s 的位置，设置“位置”选项的数值为“0、240、0”，如图 10-139 所示。

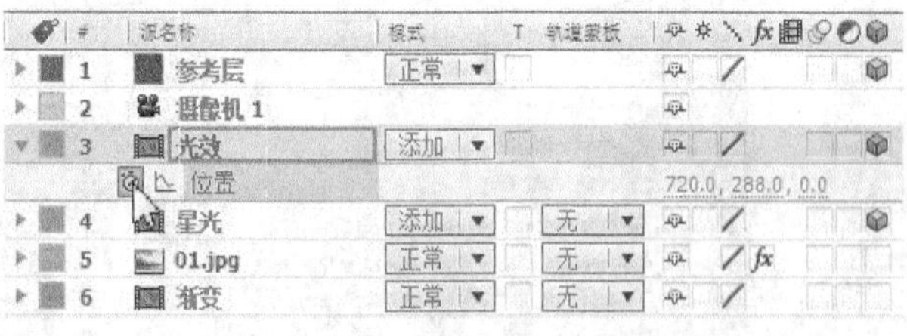

图 10-138

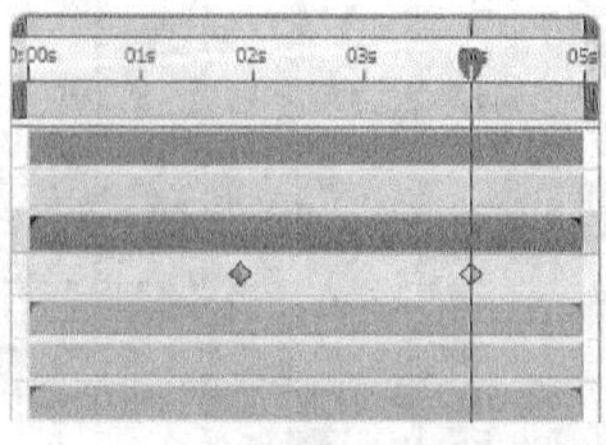

图 10-139

（11）选中“光效”层，按<T>键展开“透明度”属性，将时间标签放置在 1:11s 的位置，单击“透明度”前方的“关键帧自动记录器”按钮，设置“透明度”选项的数值为“0”，如图 10-140 所示。将时间标签放置在 1:22s 的位置，设置“透明度”选项的数值为“100”，将时间标签放置在 3:24s 的位置，设置“透明度”选项的数值为“100”，将时间标签放置在 4:11s 的位置，设置“透明度”选项的数值为“0”，关键帧的显示如图 10-141 所示。

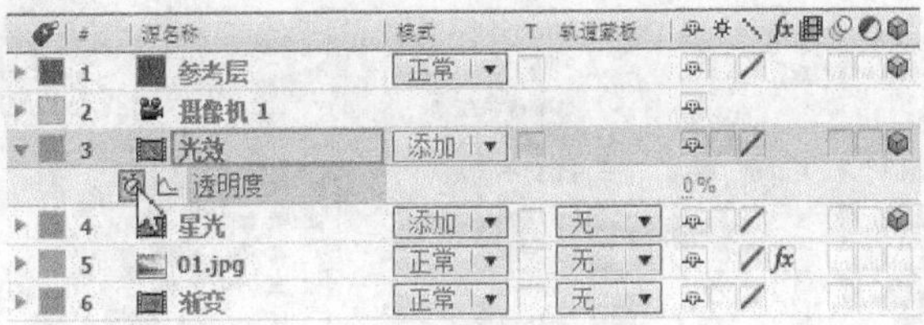
图 10-140

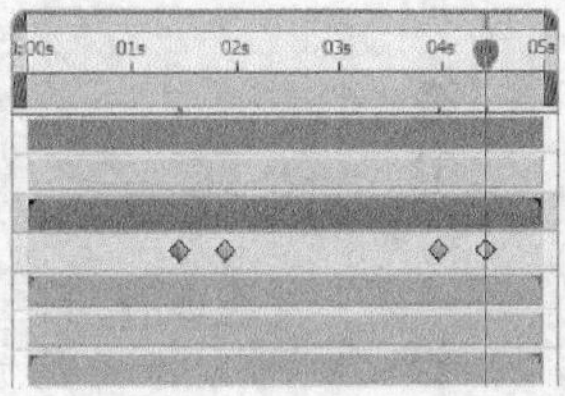
图 10-141

（12）选中“星光”层，按<P>键展开“位置”属性，将时间标签放置在 1:22s 的位置，设置“位置”选项的数值为“720、288、0”，单击“位置”前方的“关键帧自动记录器”按钮○，如图 10-142 所示。将时间标签放置在 3:24s 的位置，设置“位置”选项的数值为“0、288、0”，如图 10-143 所示。

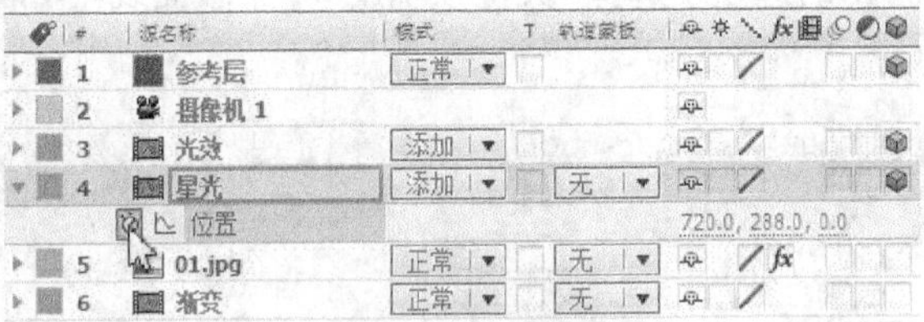
图 10-142

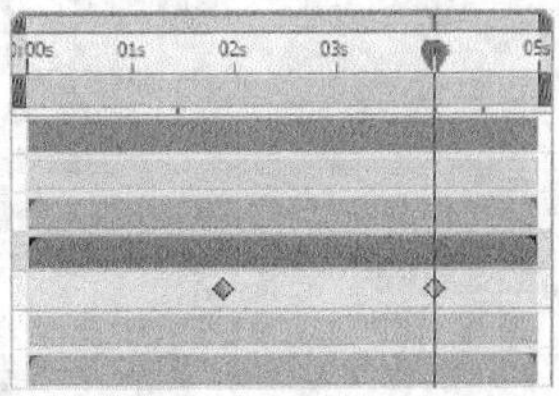
图 10-143

（13）选中“星光”层，按<T>键展开“透明度”属性，将时间标签放置在 1:11s 的位置，单击“透明度”前方的“关键帧自动记录器”按钮○，设置“透明度”选项的数值为“0”，如图 10-144 所示。将时间标签放置在 1:22s 的位置，设置“透明度”选项的数值为“100”，将时间标签放置在 3:24s 的位置，设置“透明度”选项的数值为“100”，将时间标签放置在 4:11s 的位置，设置“透明度”选项的数值为“0”，关键帧的显示如图 10-145 所示。

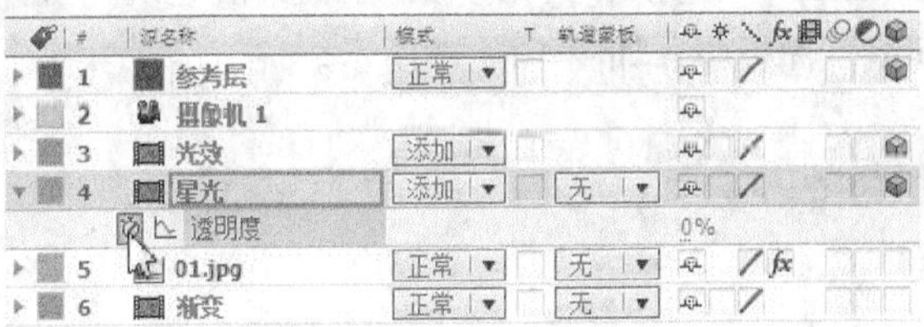
图 10-144

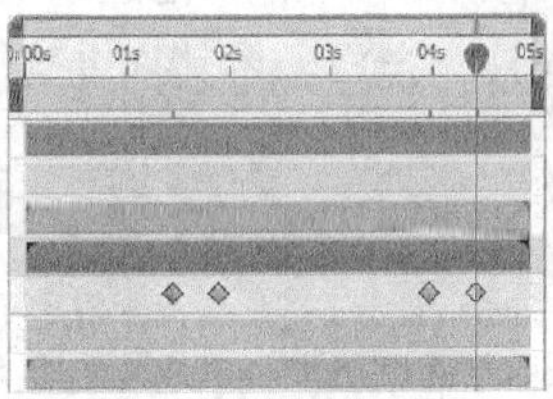
图 10-145

（14）选择“图层 > 新建 > 固态层”命令，弹出“固态层设置”对话框，在“名称”选项的文本框中输入“底板”，将“颜色”选项设置为灰色（其 R、G、B 的值分别为 175、175、175），单击“确定”按钮，在当前合成中建立一个新的固态层，将其拖曳到最低层，如图 10-146 所示。

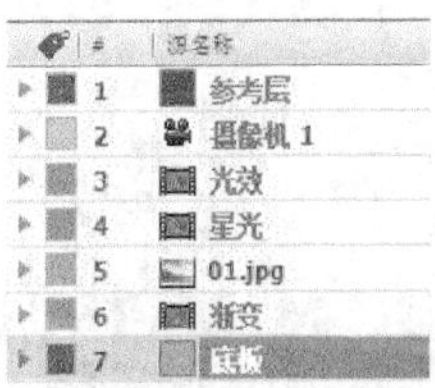
图 10-146

（15）单击“底板”层右面的“3D 图层”按钮，打开三维属性，按<P>键展开“位置”属性，将时间标签放置在 3:24s 的位置，单击“位置”前方的“关键帧自动记录器”按钮○，设置“位置”选项的数值为 360、288、0，如图 10-147 所示。将时间标签放置在 4:24s 的位置，设置“位置”选项的数值为-550、288、0。然后选中两个关键帧，在任意一个关键帧上单击鼠标右键，在弹出的选项中选择“关键帧辅助 > 柔缓曲线出点”，如图 10-148 所示。

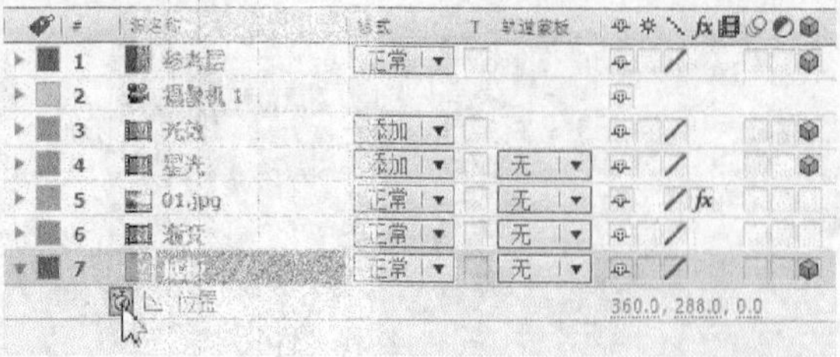

图 10-147

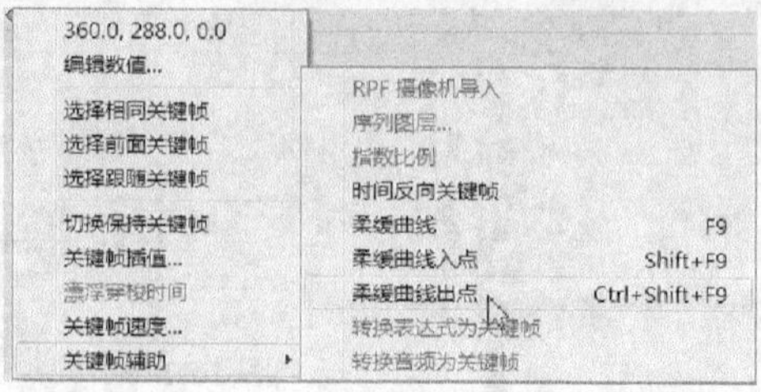

图 10-148

（16）选中“底板”层，按<T>键展开“透明度”属性，将时间标签放置在 3:24s 的位置，单击“透明度”前方的“关键帧自动记录器”按钮，设置“透明度”选项的数值为 50，如图 10-149 所示。将时间标签放置在 4:24s 的位置，设置“透明度”选项的数值为 0。然后选中两个关键帧，在任意一个关键帧上单击鼠标右键，在弹出的选项中选择“关键帧辅助 > 柔缓曲线”，如图 10-150 所示。

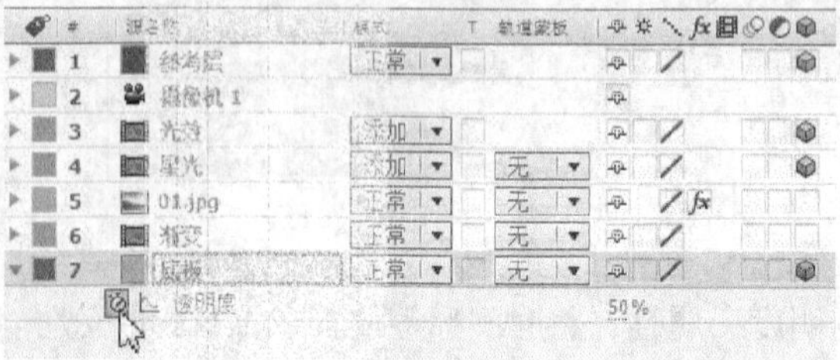

图 10-149

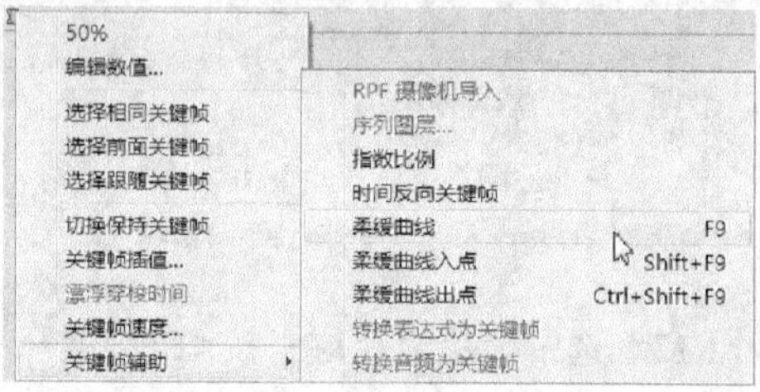

图 10-150

5．制作最终效果

（1）按<Ctrl>+<N>组合键，弹出“图像合成设置”对话框，在“合成组名称”选项的文本框中输入“最终效果”，其他选项的设置如图 10-151 所示，单击“确定”按钮。在“项目”面板中选中“碎片”合成，将其拖曳到“时间线”面板中，如图 10-152 所示。

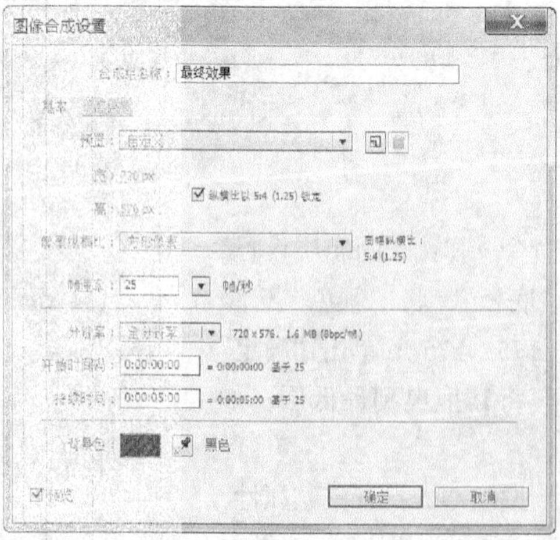

图 10-151

图 10-152

（2）选择“图层 > 时间 > 启用时间重置”命令，将时间标签放置在 0s 的位置，设置“躲避”选项的数值为 4:24，如图 10-153 所示。将时间标签放置在 4:24s 的位置，设置“躲避”选项的数值为 0，如图 10-154 所示。

图 10-153

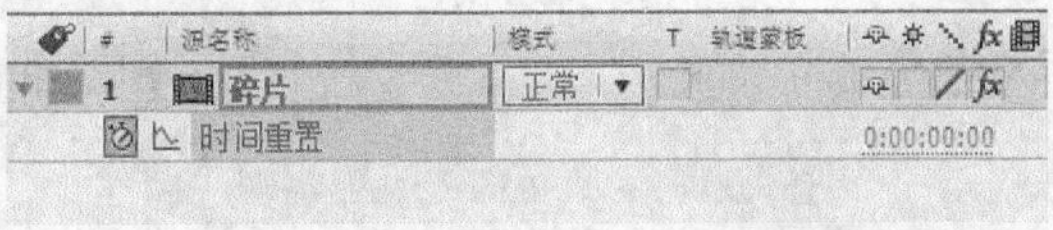

图 10-154

（3）选中“碎片”合成，选择“效果 > Trapcode > Starglow”命令，在“特效控制”面板中进行参数设置，如图 10-155 所示。

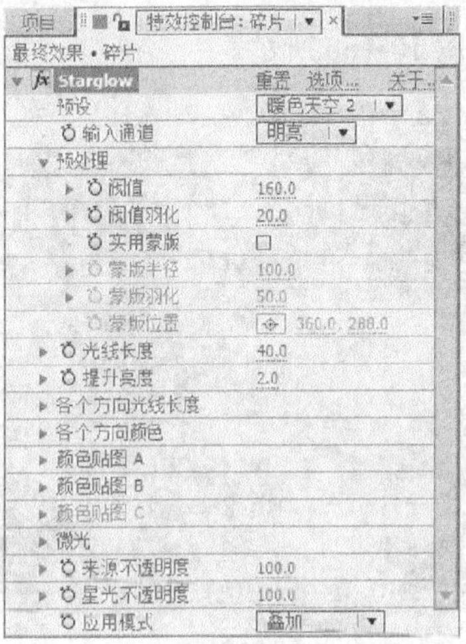

图 10-155

（4）将时间标签放置在 0s 的位置，单击“阈值”前方的“关键帧自动记录器”按钮，设置“阈值”选项的数值为 160，如图 10-156 所示。将时间标签放置在 4:24s 的位置，设置“阈值”选项的数值为 480，如图 10-157 所示。

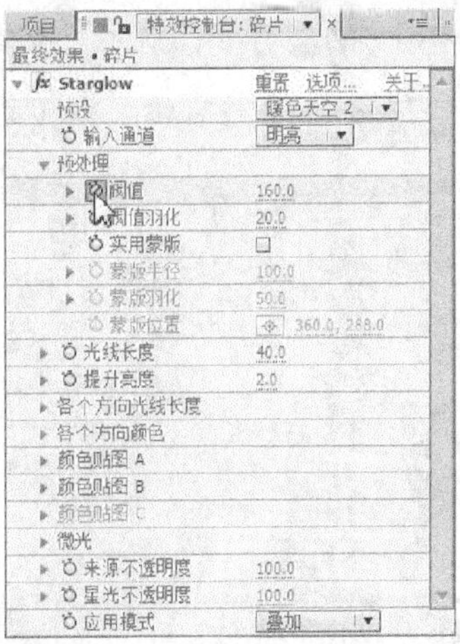

图 10-156

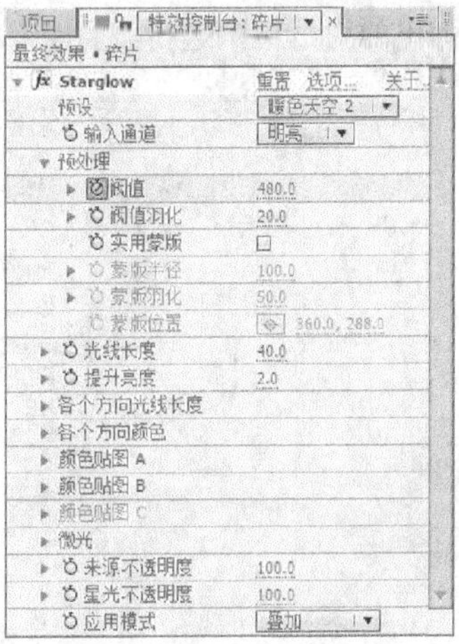

图 10-157

（5）选中“碎片”合成，按<U>键显示所有关键帧，选择“选择”工具，框选“阈值”选项的所有关键帧，如图 10-158 所示。在任意一个关键帧上单击鼠标右键，在弹出的选项中选择“关键帧辅助 > 柔缓曲线入点”，如图 10-159 所示。

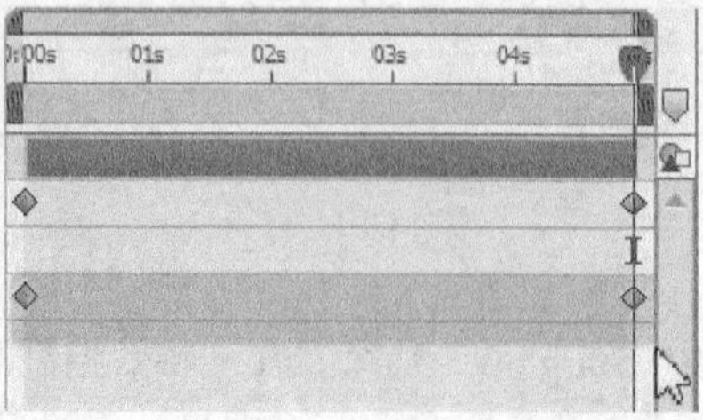

图 10-158

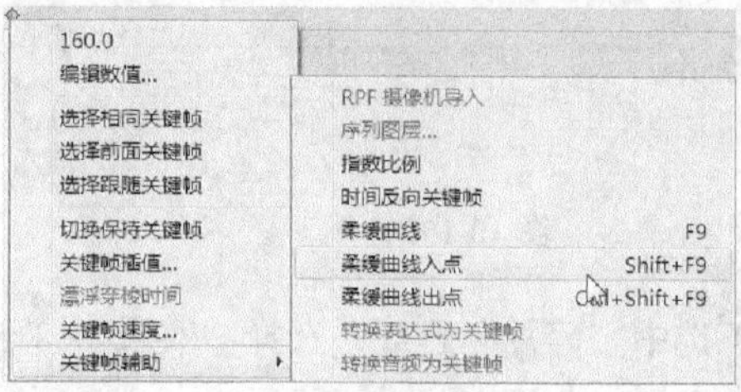

图 10-159

（6）星光碎片制作完成，如图 10-160 所示。

图 10-160

10.2.2 创建和设置摄像机

创建摄像机的方法很简单，选择“图层 > 新建 > 摄像机”命令，或按<Ctrl>+<Shift>+<Alt>+<C>组合键，在弹出的对话框中进行设置，如图 10-161 所示，单击“确定”按钮完成设置。

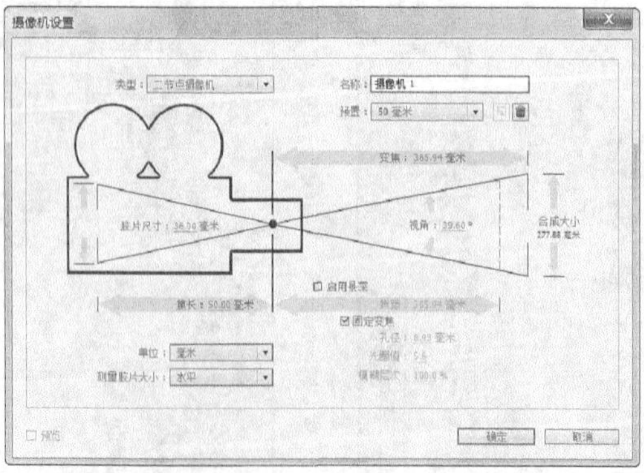

图 10-161

名称：设定摄像机名称。

预置：摄像机预置，此下拉菜单中包含了 9 种常用的摄像机镜头，有标准的“35mm”镜头、“15mm”广角镜头、“200mm”长焦镜头以及自定义镜头等。

单位：确定在“摄像机设置”对话框中使用的参数单位，包括：像素、英寸和毫米 3 个选项。

测量胶片大小：可以改变“胶片尺寸”的基准方向，包括：水平、垂直和对角 3 个选项。

变焦：设置摄像机到图像的距离。“变焦”值越大，通过摄像机显示的图层大小就会越大，视野也就相应地减小。

视角：视角设置。角度越大，视野越宽，相当于广角镜头；角度越小，视野越窄，相当于长焦镜头。调整此参数时，会和“焦长”、“胶片尺寸”、“变焦”3 个值互相影响。

焦长：焦距设置，指的是胶片和镜头之间的距离。焦距短，就是广角效果；焦距长，就是长焦效果。

启用景深：是否打开景深功能。配合“焦距”、“孔径”、“光圈值”和“模糊层次”参数使用。

焦距：焦点距离，确定从摄像机开始，到图像最清晰位置的距离。

孔径：设置光圈大小。不过在 After Effects 里，光圈大小与爆光没有关系，仅仅影响景深的大小。设置值越大，前后的图像清晰的范围就会越来越小。

光圈值：快门速度，此参数与“孔径”是互相影响的，同样影响景深模糊程度。

模糊层次：控制景深模糊程度，值越大越模糊，为 0%则不进行模糊处理。

10.2.3　利用工具移动摄像机

在“工具”面板中有 4 个移动摄像机的工具，在当前摄像机移动工具上按住鼠标不放，弹出其他摄像机移动工具的选项，或按<C>键可以实现这 4 个工具之间的切换，如图 10-162 所示。

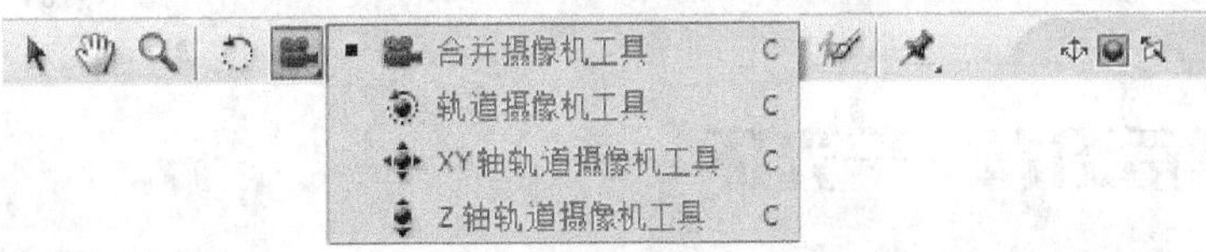

图 10-162

“合并摄像机”工具：合并以下几种摄像机工具的功能，使用 3 键鼠标的不同按键可以灵活变换操作，鼠标左键为旋转、中键为平移、右键为推拉。

“轨道摄像机”工具：以目标为中心点，旋转摄像机的工具。

“XY 轴轨道摄像机”工具：在垂直方向或水平方向，平移摄像机的工具。

“Z 轴轨道摄像机”工具：摄像机镜头拉近、推远的工具，也就是让摄像机在 z 轴向上平移的工具。

10.2.4　摄像机和灯光的入点与出点

在“时间线”默认状态下，新建立摄像机和灯光的入点和出点就是合成项目的入点和出点，即作用于整个合成项目中。为了设置多个摄像机或者多个灯光在不同时间段起到的作用，可以修改摄像机或者灯光的入点和出点，改变其持续时间，就像对待其他普通素材层一样，这样就可以方便地实现多个摄像机或者多个灯光在时间上的切换，如图 10-163 所示。

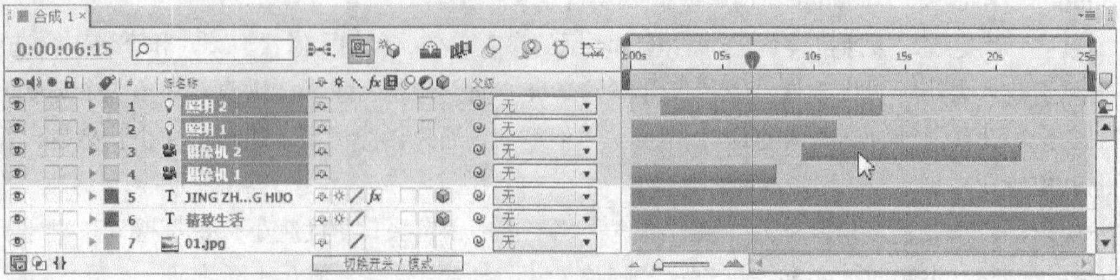

图 10-163

10.3 课堂练习——光束

练习知识要点：使用“蜂巢图案”命令制作马赛克效果；使用“3D”属性制作空间效果；使用“亮度与对比度”命令、“快速模糊”命令、“辉光”命令制作光束发光效果。光束效果如图 10-164 所示。

效果所在位置：光盘\Ch10\另类光束. aep。

图 10-164

10.4 课后习题——光环

习题知识要点：使用椭圆遮罩工具绘制椭圆形；使用“粗糙边缘”命令制作形状粗糙化并添加关键帧；使用“Shine”命令制作形状发光效果；使用“3D”属性调整形状空间效果；使用“缩放”选项与“透明度”选项编辑形状的大小与不透明度。光环效果如图 10-165 所示。

效果所在位置：光盘\Ch10\光环. aep。

图 10-165

第11章 渲染与输出

对于制作完成的影片，渲染输出的好坏能直接控制影片的质量，使影片可以在不同的媒介设备上都能得到很好的播出效果，更方便用户的作品在各种媒介上的传播。本章主要讲解了 After Effects 中的渲染与输出功能。读者通过本对章的学习，可以掌握渲染与输出的方法和技巧。

课堂学习目标

- 渲染
- 输出的方法和形式

11.1 渲染

渲染在整个过程中是最后的一步，也是相当关键的一步。即使前面制作再精妙，不成功的渲染也会直接导致操作的失败，渲染方式影响着影片最终呈现出的效果。

After Effects 可以将合成项目渲染输出成视频文件、音频文件或者序列图片等。输出的方式包括两种：一种是选择“文件 > 导出”命令直接输出单个的合成项目；另一种是选择“图像合成 > 添加到渲染队列”或“图像合成 > 制作影片”命令，将一个或多个合成项目添加到“渲染队列”中，逐一批量输出，如图 11-1 所示。

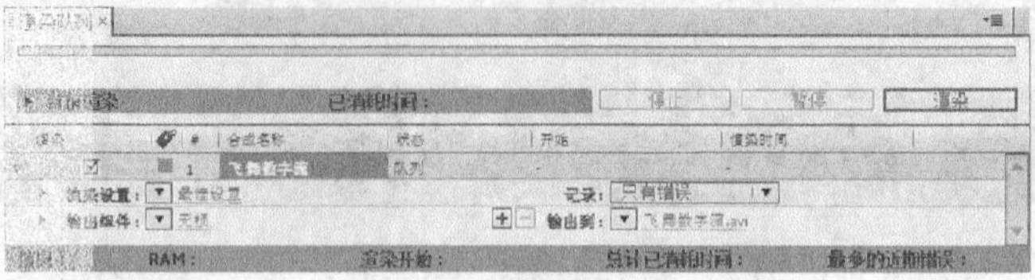

图 11-1

其中，通过“文件 > 导出”命令输出时，可选格式和解码较少，而通过“渲染队列”进行输出，则可以进行非常高级的专业控制，并有着广泛的格式和解码支持。因此，在这里主要探讨如何使用“渲染队列”窗口进行输出，掌握了它，就掌握了“文件 > 导出”方式输出影片。

11.1.1 渲染队列窗口

在“渲染队列”窗口可以控制整个渲染进程，整理各个合成项目的渲染顺序，设置每个合成项目的渲染质量，输出格式和路径等。在新添加项目到“渲染队列”时，“渲染队列”将自动打开，如果不小心关闭了，也可以通过菜单“窗口 > 渲染队列”命令，再次打开此窗口，如图 11-2 所示。

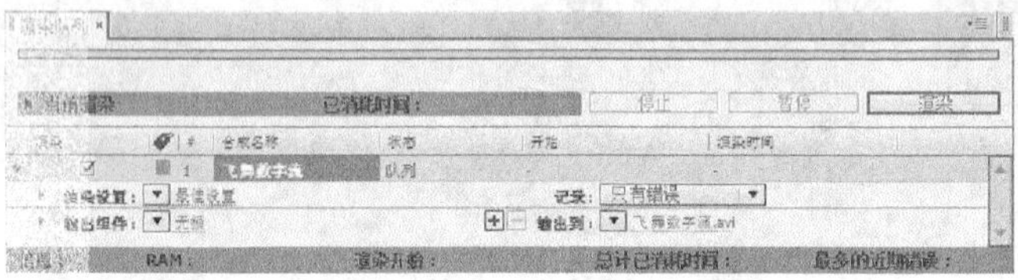

图 11-2

单击“当前渲染”左侧的三角按钮▶，显示的信息如图 11-3 所示。

主要包括当前正在渲染的合成项目的进度、正在执行的操作、当前输出的路径、文件大小、预测的最终文件、剩余的硬盘空间等。

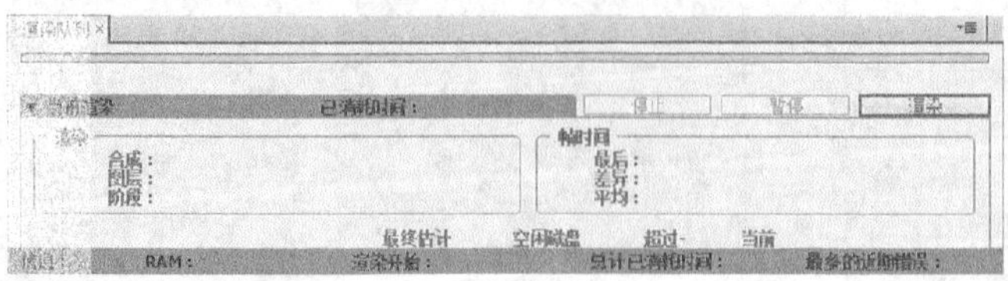

图 11-3

渲染队列区，如图 11-4 所示。

图 11-4

需要渲染的合成项目都将逐一排列在渲染队列里，在此，可以设置项目的“渲染设置”、“输出组件”（输出模式，格式和解码等）、“输出到”（文件名和路径）等。

沉浸：是否进行渲染操作，只有勾选上的合成项目会被渲染。

：标签颜色选择，用于区分不同类型的合成项目，方便用户识别。

#：队列序号，决定渲染的顺序，可以在合成项目上按下鼠标并上下拖曳到目标位置，改变先后顺序。

合成名称：合成项目名称。

状态：当前状态。

开始：渲染开始的时间。

渲染时间：渲染所花费的时间。

单击左侧的按钮展开具体设置信息，如图 11-5 所示。单击按钮可以选择已有的设置预置，通过单击当前设置标题，可以打开具体的设置对话框。

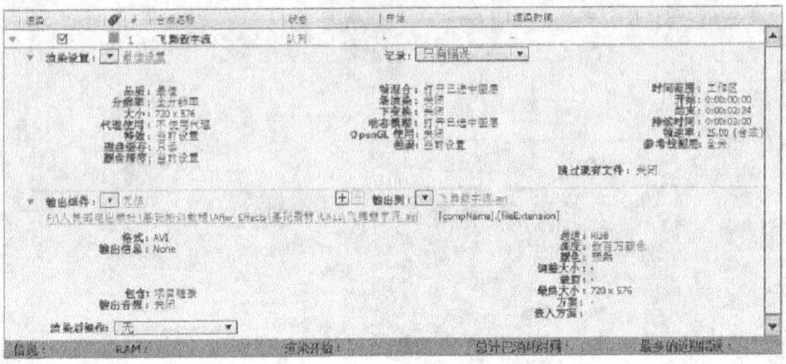

图 11-5

11.1.2　渲染设置选项

对于“渲染设置”，一般会通过单击按钮，选择“最佳设置”预置，单击右侧的设置标题，即可打开“渲染设置”对话框，如图 11-6 所示。

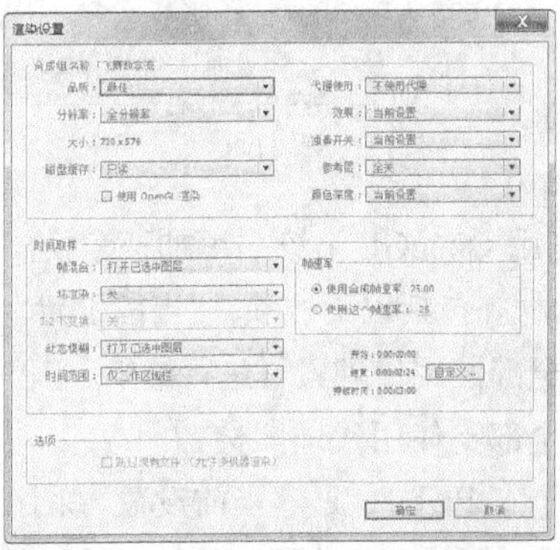

图 11-6

（1）“合成组”项目质量设置区，如图 11-7 所示。

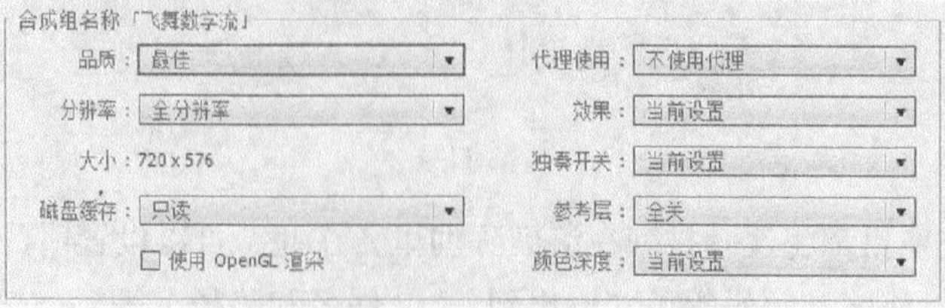

图 11-7

品质：层质量设置，其中包括：“当前设置”采用各层当前设置，即根据“时间线”窗口中各层的属性开关面板上＼的图层画质设定而定；“最佳”全部采用最好的质量（忽略各层的质量设置）；“草稿”全部采用粗略质量（忽略各层的质量设置）；“线框图”全部采用线框模式（忽略各层的质量设置）。

分辨率：像素采样质量，其中包括全分辨率、1/2 质量、1/3 质量和 1/4 质量；另外，用户还可以通过选择“自定义”质量命令，在弹出的“自定义分辨率”对话框中自定义分辨率。

磁盘缓存：决定是否采用“编辑 > 首选项 > 内存与多处理器控制”命令中内存缓存设置，如图 11-8 所示。如果选择“只读”则代表不采用当前“首选项”里的设置，而且在渲染过程中，不会有任何新的帧被写入到内存缓存中。

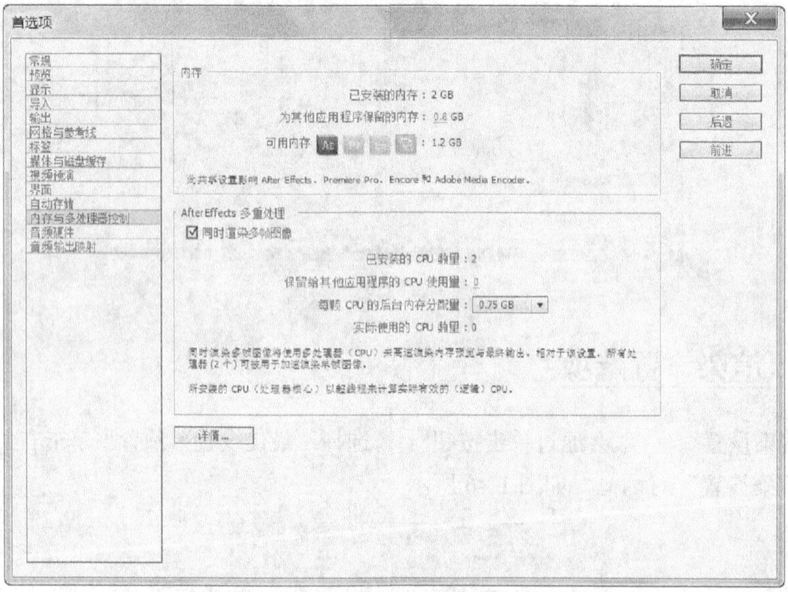

图 11-8

使用 OpenGL 渲染：是否采用 OpenGL 渲染引擎加速渲染。

代理使用：是否使用代理素材。包括以下选项：“当前设置”采用当前“项目”窗口中各素材当前的设置；“使用全部代理”全部使用代理素材进行渲染；“仅使用合成的代理”只对合成项目使用代理素材；“不使用代理”全部不使用代理素材。

效果：是否采用特效滤镜。包括以下选项：“当前设置”采用当前时间轴中各个特效当前的设置；“全开”启用所有的特效滤镜，即使某些滤镜 fx 是暂时关闭状态；“全关”关闭所有特效滤镜。

独奏开关：指定是否只渲染“时间线”中“独奏”开关被开启的层，如果设置为“全关”则代表不考虑独奏开关。

参考层：指定是否只渲染参考层。

颜色深度：色深选择，如果是标准版的 After Effects 则设有“16 位/通道”和“32 位/通道”这两个选项。

（2）“时间取样”设置区，如图 11-9 所示。

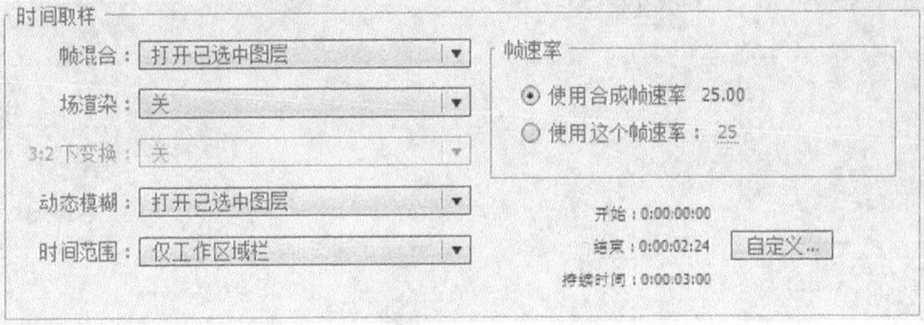

图 11-9

帧混合：是否采用“帧混合”模式。此类模式包括以下选项：“当前设置”根据当前时间线窗口中的“帧混合开关”的状态和各个层“帧混合模式”的状态，来决定是否使用帧混合功能；“打开已选中图层”是忽略“帧混合开关”的状态，对所有设置了“帧混合模式”的图层应用帧混合功能；如果设置了“图层全关”则代表不启用“帧混合”功能。

场渲染：指定是否采用场渲染方式。包括以下选项：“关”渲染成不含场的视频影片；“上场优先”渲染成上场优先的含场的视频影片；“下场优先”渲染成下场优先的含场的视频影片。

3:2 下变换：决定 3:2 下拉的引导相位法。

动态模糊：是否采用运动模糊。包括以下选项：“当前设置”根据当前时间轴窗口中“动态模糊开关”的状态和各个层“动态模糊”的状态，来决定是否使用帧混合功能；“打开已选中图层”是忽略“动态模糊开关”，对所有设置了“动态模糊”的图层应用运动模糊效果；如果设置为“图层全关”则表示不启用运动模糊功能。

时间范围：定义当前合成项目的渲染范围。包括以下选项：“合成长度”渲染整个合成项目，也就是合成项目设置了多长的持续时间，输出的影片就有多长时间；“仅工作区域栏”根据时间轴中设置的工作环境范围来设渲染的时间范围（按<B>键，工作范围开始；按<N>键，工作范围结束）；“自定度”自定义渲染范围。

使用合成帧速率：使用合成项目中设置的帧速率。

使用这个帧速率：使用此处设置帧速率。

（3）“选项”设置区，如图 11-10 所示。

图 11-10

跳过现有文件：选中此选项将自动忽略已存在的序列图片，也就忽略已经渲染过的序列帧图片，此功能主要用在网络渲染时。

11.1.3　输出组件设置

渲染设置第一步“渲染设置”完成后，就开始进行“输出组件设置”，主要是设定输出的格式和解码方式等。通过单击按钮▼，可以选择系统预置的一些格式和解码，单击右侧的设置标题，弹出“输出组件设置”（输出模式设置）对话框，如图 11-11 所示。

（1）基础设置区，如图 11-12 所示。

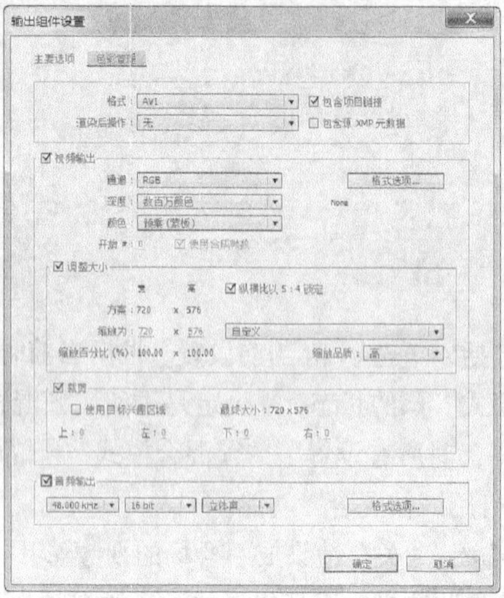

图 11-11

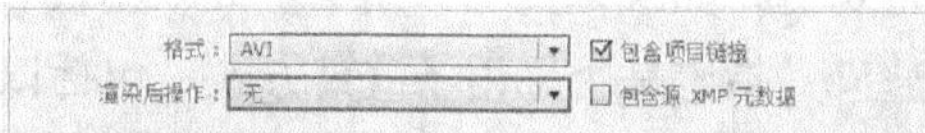

图 11-12

格式：输出的文件格式设置。例如：“QuickTime Movie”苹果公司 QuickTime 视频格式、“MPEG2-DVD”DVD 视频格式、“JPEG 序列”JPEG 格式序列图、“WAV”音频等，非常丰富。

渲染后操作：指定 After Effects 软件是否使用刚渲染的文件作为素材或者代理素材。包括以下选项：“导入”渲染完成后自动作为素材置入当前项目中；“导入并替换”渲染完成后自动置入项目中替代合成项目，包括这个合成项目被嵌入到其他合成项目中的情况；“设置代理”渲染完成后作为代理素材置入项目中。

（2）视频设置区，如图 11-13 所示。

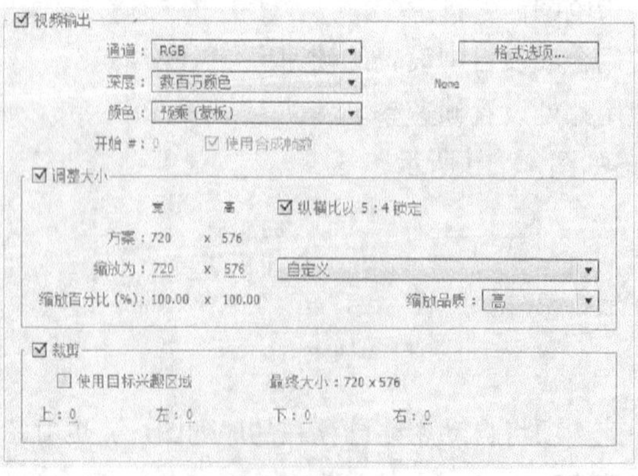

图 11-13

视频输出：是否输出视频信息。

通道：输出的通道选择。包括“RGB”（3 个色彩通道）、“Alpha”（仅输出 Alpha 通道）和“RGB+Alpha”（三色通道和 Alpha 通道）。

深度：色深选择。

颜色：指定输出的视频包含的 Alpha 通道为哪种模式，“直通（无蒙版）”模式还是“预乘（蒙版）”模式。

开始：当输出的格式选择的是序列图时，在这里可以指定序列图的文件名序列数，为了将来识别方便，也可以选择“使用合成帧数”选项，让输出的序列图片数字就是其帧数字。

格式选项：视频的编码方式的选择。虽然之前确定了输出的格式，但是每种文件格式中又有多种编码方式，编码方式的不同会生成完全不同质量的影片，最后产生的文件量也会有所不同。

调整大小：是否对画面进行缩放处理。

缩放为：缩放的具体高宽尺寸，也可以从右侧的预置列表中选择。

缩放品质：缩放质量选择。

纵横比：是否强制高宽比为特殊比例。

裁剪：是否裁切画面。

使用目标兴趣区域：仅采用“合成”预览窗口中的“目标兴趣范围”工具确定的画面区域。

上、左、下、右：这 4 个选项分别设置上、左、下、右 4 个被裁切掉的像素尺寸。

（3）音频设置区，如图 11-14 所示。

图 11-14

音频输出：是否输出音频信息。

格式选项：音频的编码方式，也就是用什么压缩方式压缩音频信息。

音频质量设置：包括 Hz、bit、立体声或单声道设置。

11.1.4　渲染和输出的预置

虽然 After Effects 已经提供了众多的“渲染设置”和“输出”预置，不过可能还是不能满足更多的个性化需求。用户可以将常用的一些设置存储为自定义的预置，以后进行输出操作时，不需要一遍遍地反复设置，只需要单击按钮，在弹出的列表中选择即可。

设置“渲染设置”和“输出组件设置”的命令分别是“编辑 > 模板 > 渲染设置”和“编辑 > 模板 > 输出组件”，如图 11-15、图 11-16 所示。

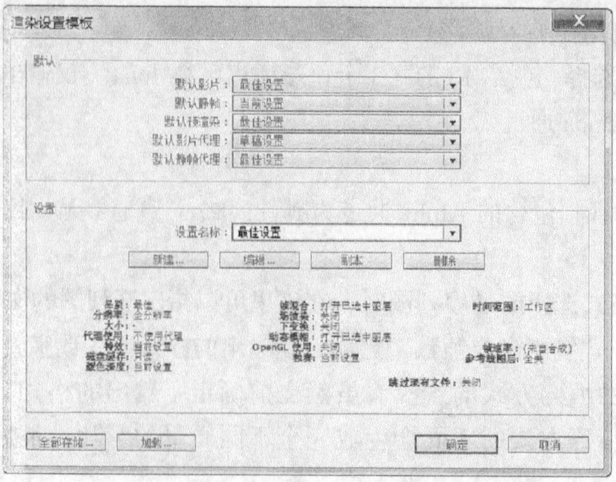

图 11-15

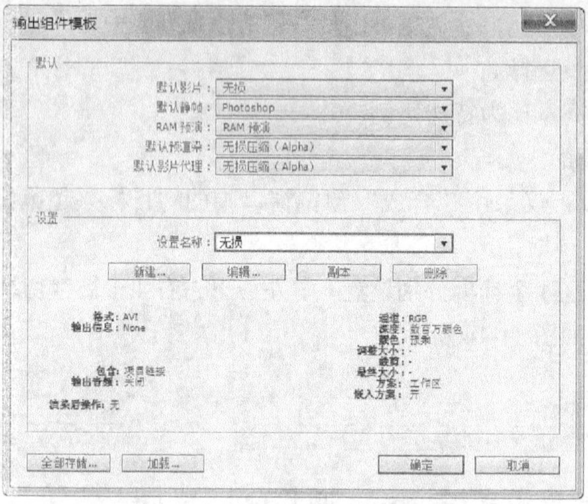

图 11-16

11.1.5　编码和解码问题

完全不压缩的视频和音频数据量是非常庞大的，因此在输出时需要通过特定的压缩技术对数据进行压缩处理，以减小最终的文件量，便于传输和存储。这样就产生了输出时选择恰当的编码器播放时使用同样的解码器进行解压还原画面的过程。

目前视频流传输中最为重要的编码标准有国际电联的 H.261、H.263，运动静止图像专家组的 M-JPEG 和国际标准化组织运动图像专家组的 MPEG 系列标准，此外互联网上被广泛应用的还有 Real-Networks 的 RealVideo、微软公司的 WMT 以及 Apple 公司的 QuickTime 等。

就文件的格式来讲，对于.avi 微软视窗系统中的通用视频格式，现在流行的编码和解码方式有 Xvid、MPEG-4、DivX、Microsoft DV 等；对于.mov 苹果公司的 QuickTime 视频格式，比较流行的编码和解码方式有 MPEG-4、H.263、Sorenson Video，等等。

在输出时，最好是选择普遍的编码器和文件格式，或者是目标客户平台共有的编码器和文件格式，否则，在其他播放环境中播放时，会因为缺少解码器或相应的播放器而无法看见视频或者听到声音。

11.2 输出

可以将设计制作好的视频效果进行多种方式的输出，如输出标准视频、输出合成项目中的某一帧、输出序列图片、输出胶片文件、输出 Flash 格式文件、跨卷渲染等。下面具体介绍视频的输出方法和形式。

11.2.1　标准视频的输出方法

（1）在“项目”窗口中，选择需要输出的合成项目。

（2）选择“编辑 > 添加到渲染队列”命令，或按<Ctrl>+<Shift>+</>组合键，将合成项目添加到渲染队列中。

（3）在“渲染队列”窗口中进行渲染属性、输出格式和输出路径的设置。

（4）单击“渲染”按钮开始渲染运算。

（5）如果需要将此合成项目渲染成多种格式或者多种解码，可以在第 3 步之后，选择“图像合成 > 添加输出组件”命令，添加输出格式和指定另一个输出文件的路径以及名称，这样可以方便地做到一次创建，任意发布，如图 11-17 所示。

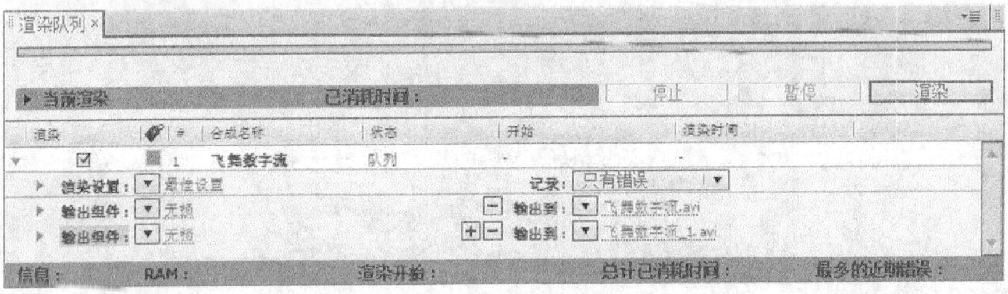

图 11 17

11.2.2　输出合成项目中的某一帧

（1）在“时间线”窗口中，移动当前时间指针到目标帧。

（2）选择“图像合成 > 另存单帧为 > 文件”命令，或按<Ctrl>+<Alt>+<S>组合键。添加渲染任务到“渲染队列”中。

（3）单击“渲染”按钮开始渲染运算。

（4）另外，如果选择“图像合成 > 另存单帧为 >Photoshop 图层”命令，则直接打开文件存储对话框，选择好路径和文件名即可完成单帧画面的输出。

11.2.3　输出序列图片

After Effects 中支持多种格式的序列图片输出，其中包括：AIFF、AVI、DPX/Cineon 序列、F4V、FLV、H.264、H.264Blu-ray、TFF 序列、Photoshop 序列、Targa 序列等。输出的序列图片可以使用胶片记录器将其转换为电影。

（1）在“项目”窗口中，选择需要输出的合成项目。

（2）选择“图像合成 > 制作影片”命令，将合成项目添加到渲染队列中。

（3）单击“输出组件”右侧的输出设置标题，打开“输出组件设置”对话框。

（4）在“格式”下拉列表中选择序列图格式，其他选项的设置如图 11-18 所示，单击“确定”按钮，完成序列图的输出设置。

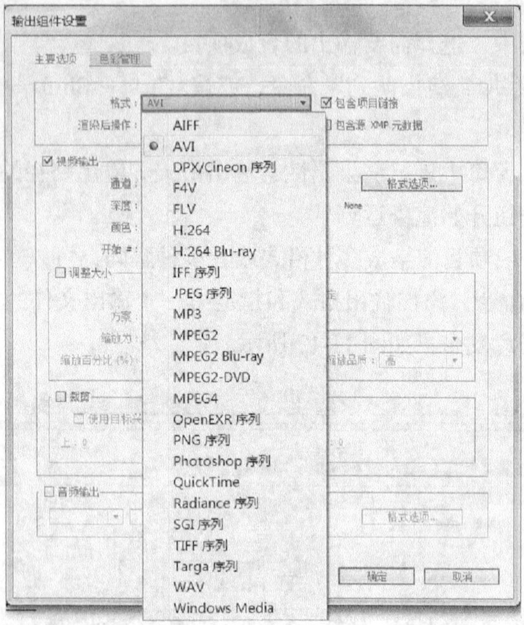

图 11-18

（5）单击“渲染”按钮开始渲染运算。

11.2.4　输出 Flash 格式文件

After Effects 还可以将视频输出成 Flash SWF 格式文件或者 Flash FLV 视频格式文件，步骤如下。

（1）在“项目”窗口中，选择需要输出的合成项目。

（2）选择“文件 > 导出 > Adobe Flash Player（SWF）”命令，在弹出的文件保存对话框中选择 SWF 文件存储的路径和名称，单击“保存”按钮，打开“SWF 设置”对话框，如图 11-19 所示。

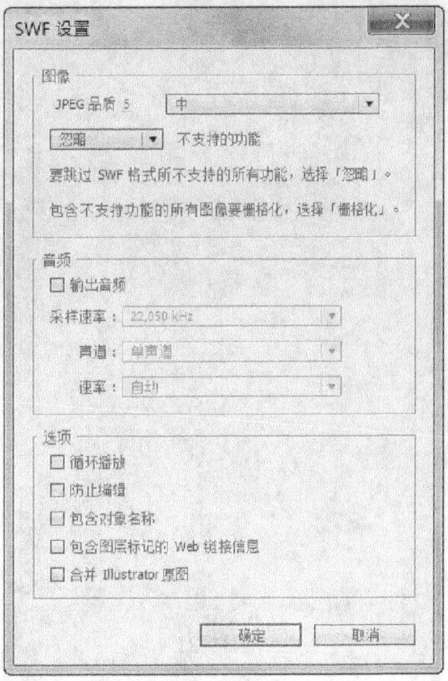

图 11-19

JPEG 品质：分为低、中、高、最高 4 种品质。

不支持的功能：对 SWF 格式文件不支持的效果进行设置。包括的选项："忽略"忽略所有不兼容的效果；"栅格化"将不兼容的效果位图化，保留特效，但是可能会增大文件量。

音频：SWF 文件音频质设置。

循环播放：是否让 SWF 文件循环播放。

防止编辑：禁止在此置入，对文件进行保护加密，不允许再置入到 Flash 软件中。

包含对象名称：保留对象名称。

包含图层标记的 Web 链接信息：保留在层标记中设置的网页链接信息。

合并 Illustrator 原图：如果合成项目中含有 Illustrator 素材，建议选择上此选项。

（3）完成渲染后，产生两个文件：".html" 和 ".swf"。

（4）如果是要渲染输出成 Flash FLV 视频格式文件，在第 2 步时，选择"文件 >导出 > Flash Interchange(.amx)"命令，弹出"Adobe Flash Professional(XFL)设置"对话框，如图 11-20 所示，单击"格式选项"对话框，弹出"FLV 选择"对话框，如图 11-21 所示。

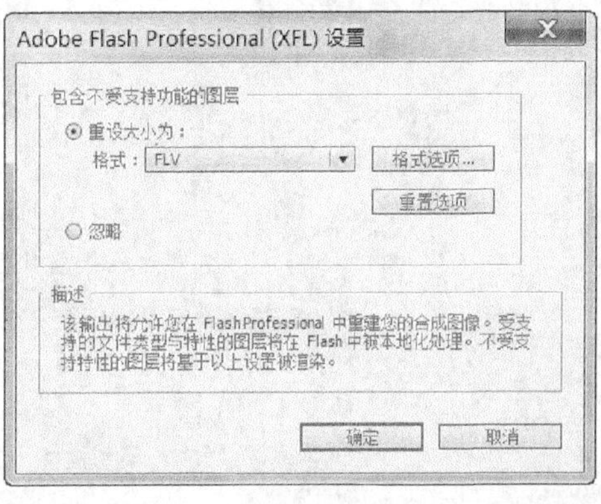

图 11-20

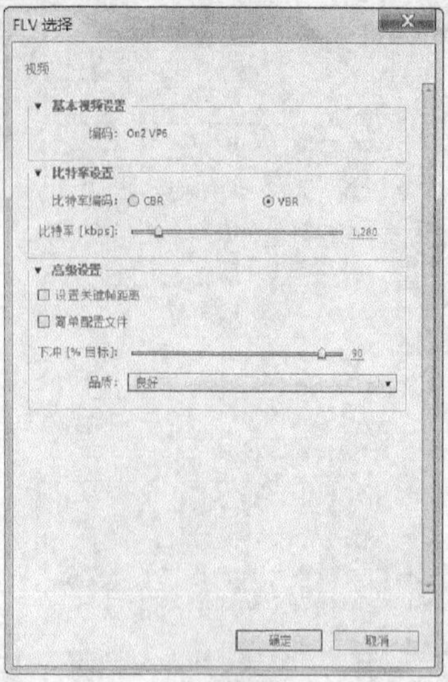

图 11-21

（5）设置完成后，单击“确定”按钮，在弹出的存储对话框中指定路径和名称，单击“保存”按钮输出影片。